시대에듀

답만 외우는 **미용사 메이크업** 필기

Always with you

사람이 길에서 우연하게 만나거나 함께 살아가는 것만이 인연은 아니라고 생각합니다.
책을 펴내는 출판사와 그 책을 읽는 독자의 만남도 소중한 인연입니다.
시대에듀는 항상 독자의 마음을 헤아리기 위해 노력하고 있습니다.
늘 독자와 함께하겠습니다.

끝까지 책임진다! 시대에듀!
QR코드를 통해 도서 출간 이후 발견된 오류나 개정법령, 변경된 시험 정보, 최신기출문제, 도서 업데이트 자료 등이 있는지 확인해 보세요! 시대에듀 합격 스마트 앱을 통해서도 알려 드리고 있으니 구글 플레이나 앱 스토어에서 다운받아 사용하세요.
또한, 파본 도서인 경우에는 구입하신 곳에서 교환해 드립니다.

편집진행 윤진영 · 김미애 | **표지디자인** 권은경 · 길전홍선 | **본문디자인** 정경일

PREFACE

2024년 국내 화장품 시장 규모는 전년 대비 8% 성장한 15조 원을 기록하였으며, 메이크업 아티스트 자격증 취득자도 꾸준히 증가하고 있다.

메이크업 산업의 지속적인 성장세는 미용 산업의 발전과 전문 인력에 대한 수요 증가를 반영하는 것으로, 메이크업 관련 자격증의 중요성은 앞으로 더욱 커질 것으로 예상된다.

이에 메이크업 아티스트를 꿈꾸는 수험생들이 한국산업인력공단에서 실시하는 미용사(메이크업) 필기 자격시험에 효과적으로 대비할 수 있도록 다음과 같은 특징을 가진 도서를 출간하게 되었다.

본 도서의 특징

1. 자주 출제되는 기출문제의 키워드를 분석하여 정리한 빨간키를 통해 시험에 완벽하게 대비할 수 있다.
2. 정답이 한눈에 보이는 기출복원문제 7회분과 해설 없이 풀어보는 모의고사 7회분으로 구성하여 필기 시험을 준비하는 데 부족함이 없도록 하였다.
3. 명쾌한 풀이와 관련 이론까지 꼼꼼하게 정리한 상세한 해설을 통해 문제의 핵심을 파악할 수 있다.

이 책이 메이크업 아티스트를 준비하는 수험생들에게 합격의 안내자로서 많은 도움이 되기를 바라면서 수험생 모두에게 합격의 영광이 함께하기를 기원하는 바이다.

편저자 올림

자격증・공무원・금융/보험・면허증・언어/외국어・검정고시/독학사・기업체/취업
이 시대의 모든 합격! 시대에듀에서 합격하세요!
www.youtube.com ➡ 시대에듀 ➡ 구독

시험 안내

개 요
메이크업에 관한 숙련기능을 가지고 현장업무를 수행할 수 있는 능력을 가진 전문 기능인력을 양성하고자 자격제도를 제정하였다.

시행처
한국산업인력공단(www.q-net.or.kr)

자격 취득 절차

필기 원서접수
- 접수방법 : 큐넷 홈페이지(www.q-net.or.kr) 인터넷 접수
- 시행일정 : 상시 시행(월별 세부 시행계획은 전월에 큐넷 홈페이지를 통해 공고)
- 접수시간 : 회별 원서접수 첫날 10:00 ~ 마지막 날 18:00
- 응시 수수료 : 14,500원
- 응시자격 : 제한 없음

필기시험
- 시험과목 : 이미지 연출 및 메이크업 디자인
- 검정방법 : 객관식 4지 택일형, 60문항(60분)

필기 합격자 발표
- 발표방법 : CBT 필기시험은 시험 종료 즉시 합격 여부 확인 가능
- 합격기준 : 100점 만점에 60점 이상

실기 원서접수
- 접수방법 : 큐넷 홈페이지 인터넷 접수
- 응시 수수료 : 17,200원
- 응시자격 : 필기시험 합격자

실기시험
- 시험과목 : 메이크업 실무
- 검정방법 : 작업형(2시간 35분 정도)
- 채점 : 채점기준(비공개)에 의거 현장에서 채점

최종 합격자 발표
- 발표일자 : 회별 발표일 별도 지정
- 발표방법 : 큐넷 홈페이지 또는 전화 ARS(1666-0100)를 통해 확인

자격증 발급
- 상장형 자격증 : 수험자가 직접 인터넷을 통해 발급 · 출력
- 수첩형 자격증 : 인터넷 신청 후 우편배송만 가능
  ※ 방문 발급 및 인터넷 신청 후 방문 수령 불가

검정현황

필기

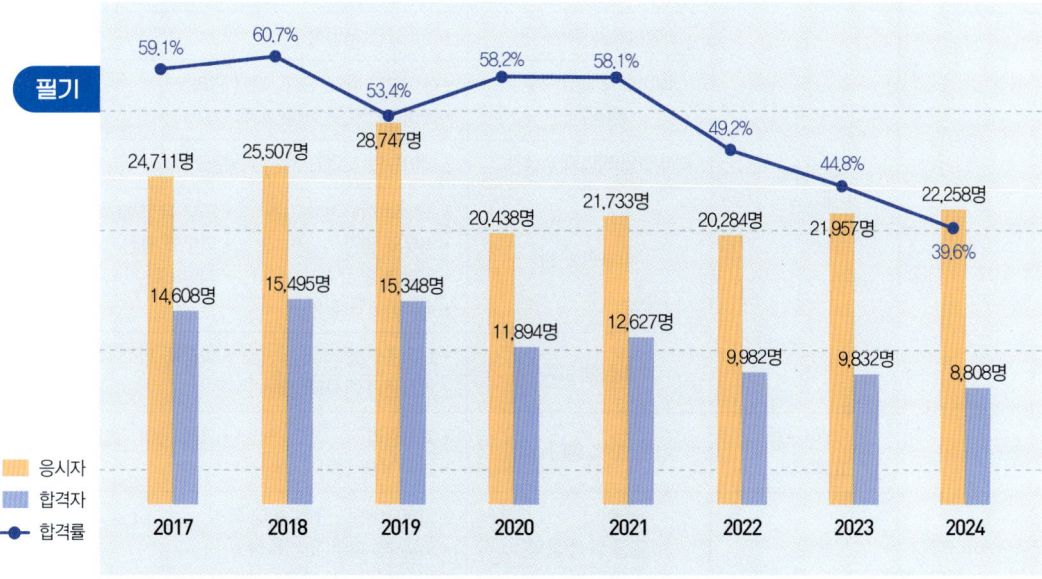

실기

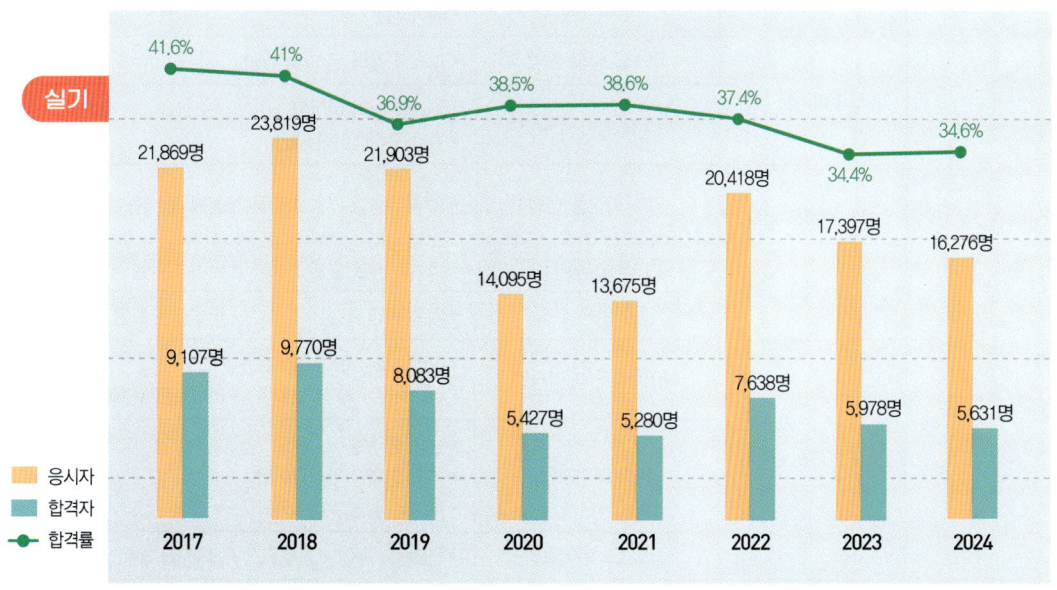

시험 안내

출제기준(필기)

과목명	주요항목	세부항목	세세항목	
이미지 연출 및 메이크업 디자인	메이크업 위생관리	메이크업의 이해	• 메이크업의 개념	• 메이크업의 역사
		메이크업 위생관리	• 메이크업 작업장 관리	
		메이크업 재료·도구 위생관리	• 메이크업 재료, 도구, 기기 관리 • 메이크업 도구, 기기 소독	
		메이크업 작업자 위생관리	• 메이크업 작업자 개인 위생관리	
		피부의 이해	• 피부와 피부 부속기관 • 피부와 영양 • 피부면역 • 피부장애와 질환	• 피부 유형 분석 • 피부와 광선 • 피부노화
		화장품 분류	• 화장품 기초 • 화장품의 종류와 기능	• 화장품 제조
	메이크업 고객 서비스	고객 응대	• 고객관리 • 고객 응대 절차	• 고객 응대 기법
	메이크업 카운슬링	얼굴 특성 파악	• 얼굴의 비율, 균형, 형태 특성 • 피부 톤, 피부 유형 특성 • 메이크업 고객 요구와 제안	
		메이크업 디자인 제안	• 메이크업 색채 • 메이크업 기법	• 메이크업 이미지
	퍼스널 이미지 제안	퍼스널 컬러 파악	• 퍼스널 컬러 분석 및 진단	
		퍼스널 이미지 제안	• 퍼스널 컬러 이미지 • 컬러 코디네이션 제안	
	메이크업 기초 화장품 사용	기초 화장품 선택	• 피부 유형별 기초 화장품의 선택 및 활용	
	베이스 메이크업	피부 표현 메이크업	• 베이스 제품 활용	• 베이스 제품 도구 활용
		얼굴 윤곽 수정	• 얼굴 형태 수정	• 피부결점 보완
	색조 메이크업	아이브로우 메이크업	• 아이브로우 메이크업 표현 • 아이브로우 수정 보완	• 아이브로우 제품 활용
		아이 메이크업	• 눈의 형태별 아이섀도 • 눈의 형태별 아이라이너 • 속눈썹 유형별 마스카라	
		립&치크 메이크업	• 립&치크 메이크업 컬러	• 립&치크 메이크업 표현

과목명	주요항목	세부항목	세세항목	
이미지 연출 및 메이크업 디자인	속눈썹 연출	인조 속눈썹 디자인	• 인조 속눈썹 종류 및 디자인	
		인조 속눈썹 작업	• 인조 속눈썹 선택 및 연출	
	속눈썹 연장	속눈썹 연장	• 속눈썹 위생관리	• 속눈썹 연장 제품 및 방법
		속눈썹 리터치	• 연장된 속눈썹 제거	
	본식웨딩 메이크업	신랑신부 본식 메이크업	• 웨딩 이미지별 특징	• 신랑신부 메이크업 표현
		혼주 메이크업	• 혼주 메이크업 표현	
	응용 메이크업	패션 이미지 메이크업 제안	• 패션 이미지 유형 및 디자인 요소	
		패션 이미지 메이크업	• TPO 메이크업	• 패션 이미지 메이크업 표현
	트렌드 메이크업	트렌드 조사	• 트렌드 자료수집 및 분석	
		트렌드 메이크업	• 트렌드 메이크업 표현	
		시대별 메이크업	• 시대별 메이크업 특성 및 표현	
	미디어 캐릭터 메이크업	미디어 캐릭터 기획	• 미디어 특성별 메이크업 • 미디어 캐릭터 표현	
		볼드캡 캐릭터 표현	• 볼드캡 제작 및 표현	
		연령별 캐릭터 표현	• 연령대별 캐릭터 표현	• 수염 표현
		상처 메이크업	• 상처 표현	
	무대공연 캐릭터 메이크업	작품 캐릭터 개발	• 공연 작품 분석 및 캐릭터 메이크업 디자인	
		무대공연 캐릭터 메이크업	• 무대공연 캐릭터 메이크업 표현	
	공중위생관리	공중보건	• 공중보건 기초 • 가족 및 노인보건 • 식품위생과 영양	• 질병관리 • 환경보건 • 보건행정
		소독	• 소독의 정의 및 분류 • 병원성 미생물 • 분야별 위생·소독	• 미생물 총론 • 소독방법
		공중위생관리법규 (법, 시행령, 시행규칙)	• 목적 및 정의 • 영업자 준수사항 • 업무 • 업소 위생등급 • 벌칙 • 시행령 및 시행규칙 관련 사항	• 영업의 신고 및 폐업 • 면허 • 행정지도감독 • 위생교육

CBT 응시 요령

기능사 종목 전면 CBT 시행에 따른
CBT 완전 정복!

"CBT 가상 체험 서비스 제공"
한국산업인력공단
(http://www.q-net.or.kr) 참고

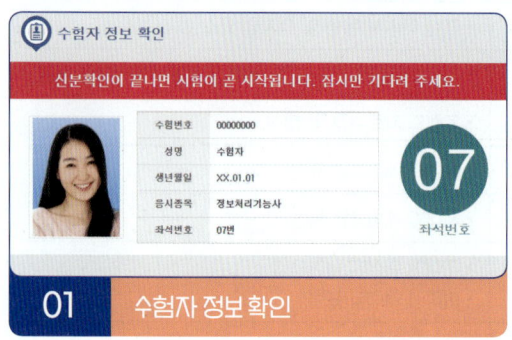

01 수험자 정보 확인

시험장 감독위원이 컴퓨터에 나온 수험자 정보와 신분증이 일치하는지를 확인하는 단계입니다. 수험번호, 성명, 생년월일, 응시종목, 좌석번호를 확인합니다.

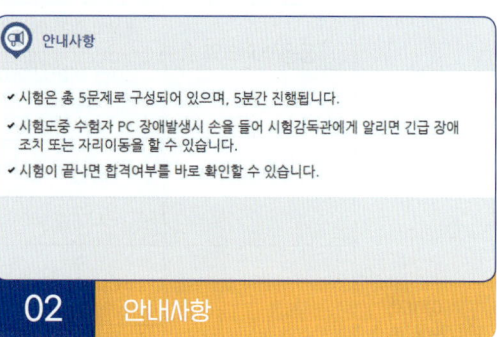

02 안내사항

시험에 관한 안내사항을 확인합니다.

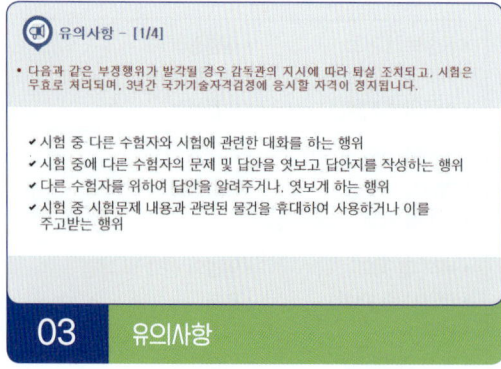

03 유의사항

부정행위에 관한 유의사항이므로 꼼꼼히 확인합니다.

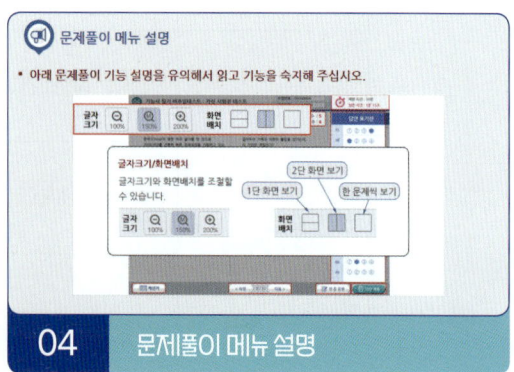

04 문제풀이 메뉴 설명

문제풀이 메뉴의 기능에 관한 설명을 유의해서 읽고 기능을 숙지해 주세요.

CBT GUIDE
합격의 공식 Formula of pass · 시대에듀 www.sdedu.co.kr

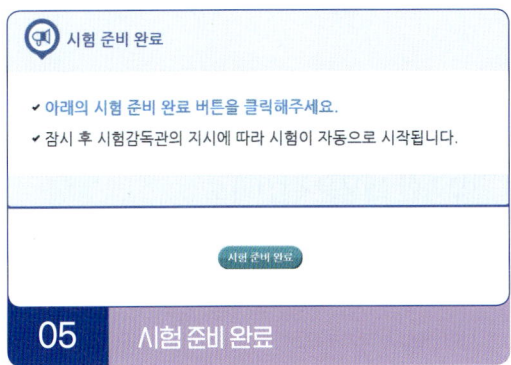

05 시험 준비 완료

시험 안내사항 및 문제풀이 연습까지 모두 마친 수험자는 시험 준비 완료 버튼을 클릭한 후 잠시 대기합니다.

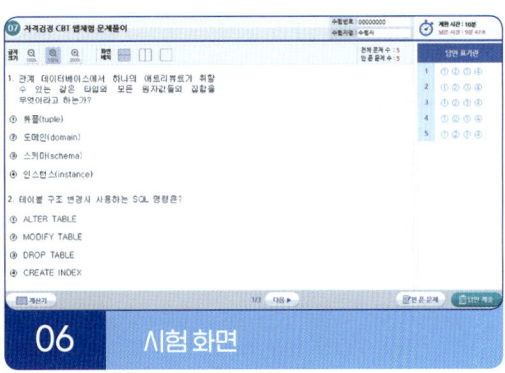

06 시험 화면

시험 화면이 뜨면 수험번호와 수험자명을 확인하고, 글자크기 및 화면배치를 조절한 후 시험을 시작합니다.

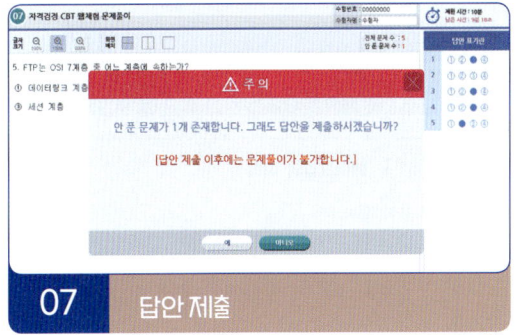

07 답안 제출

[답안 제출] 버튼을 클릭하면 답안 제출 승인 알림창이 나옵니다. 시험을 마치려면 [예] 버튼을 클릭하고 시험을 계속 진행하려면 [아니오] 버튼을 클릭하면 됩니다. 답안 제출은 실수 방지를 위해 두 번의 확인 과정을 거칩니다. [예] 버튼을 누르면 답안 제출이 완료되며 득점 및 합격여부 등을 확인할 수 있습니다.

CBT 완전 정복 Tip

내 시험에만 집중할 것
CBT 시험은 같은 고사장이라도 각기 다른 시험이 진행되고 있으니 자신의 시험에만 집중하면 됩니다.

이상이 있을 경우 조용히 손을 들 것
컴퓨터로 진행되는 시험이기 때문에 프로그램상의 문제가 있을 수 있습니다. 이때 조용히 손을 들어 감독관에게 문제점을 알리며, 큰 소리를 내는 등 다른 사람에게 피해를 주는 일이 없도록 합니다.

연습 용지를 요청할 것
응시자의 요청에 한해 연습 용지를 제공하고 있습니다. 필요시 연습 용지를 요청하며 미리 시험에 관련된 내용을 적어놓지 않도록 합니다. 연습 용지는 시험이 종료되면 회수되므로 들고 나가지 않도록 유의합니다.

답안 제출은 신중하게 할 것
답안은 제한 시간 내에 언제든 제출할 수 있지만 한 번 제출하게 되면 더 이상의 문제풀이가 불가합니다. 안 푼 문제가 있는지 또는 맞게 표기하였는지 다시 한 번 확인합니다.

이 책의 100% 활용법

STEP 1
답이 한눈에 보이는 문제를 보고 정답을 외운다.

기출문제 풀이는 합격으로 가는 지름길입니다. 기출 복원문제의 정답을 외워 최신 경향을 파악하고, 상세한 해설로 이론 학습을 대신합니다.

STEP 2
부족한 내용은 빨간키로 보충 학습한다.

시험에 꼭 나오는 핵심 포인트만 정리하였습니다. 시험장에서 마지막으로 보는 요약집으로도 활용할 수 있습니다.

METHOD OF LEARNING

합격의 공식 Formula of pass · 시대에듀 www.sdedu.co.kr

STEP 3
실전처럼 모의고사를 풀어본다.

해설의 도움 없이 시간을 재며 실제 시험처럼 모의고사 문제를 풀어봅니다.

STEP 4
어려운 문제는 반복 학습한다.

어려운 내용이 있다면 상세한 해설을 참고합니다. 14회분 문제 풀이를 최소 3회독 합니다.

STEP 5
시대에듀 CBT 모의고사로 최종 마무리한다.

시험 전날 시대에듀에서 제공하는 온라인 모의고사로 자신의 실력을 최종 점검합니다. (쿠폰번호 뒤표지 안쪽 참고)

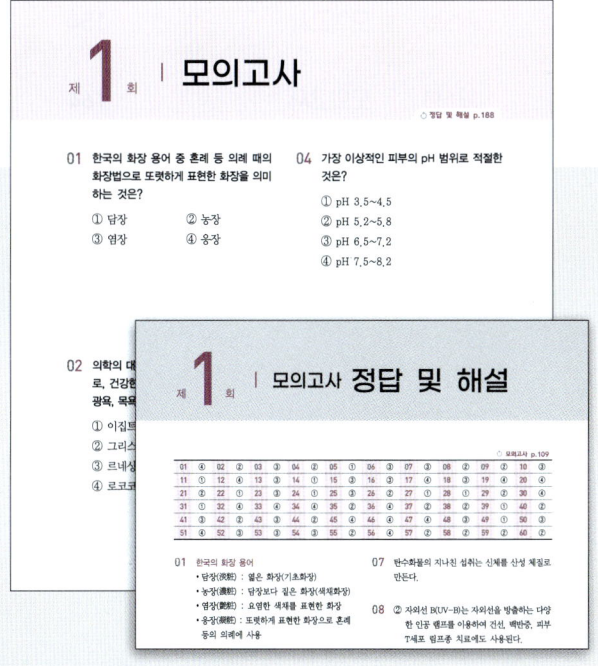

목차

빨리보는 간단한 키워드

PART 01 | 기출복원문제

제1회	기출복원문제	003
제2회	기출복원문제	018
제3회	기출복원문제	033
제4회	기출복원문제	048
제5회	기출복원문제	063
제6회	기출복원문제	078
제7회	기출복원문제	092

PART 02 | 모의고사

제1회	모의고사	109
제2회	모의고사	120
제3회	모의고사	131
제4회	모의고사	143
제5회	모의고사	154
제6회	모의고사	164
제7회	모의고사	176
정답 및 해설		188

답만 외우는 미용사 메이크업

빨간키

빨리보는 간단한 키워드

당신의 시험에 빨간불이 들어왔다면!
최다빈출키워드만 모아놓은 합격비법 핵심 요약집 **빨간키**와 함께하세요!
그대의 합격을 기원합니다.

CHAPTER 01 | 메이크업 위생관리

[01] 메이크업의 이해

■ 메이크업의 정의
① 사전적 의미로, '제작하다', '보완하다', '완성시키다'라는 뜻을 가짐
② 일반적 의미로, 화장품이나 도구를 사용하여 얼굴 또는 신체의 아름다운 부분을 돋보이게 하고, 결점은 수정·보완하여 미적 가치를 추구하는 행위를 뜻함

■ 우리나라 화장 용어
① 담장(淡粧) : 엷은 화장(기초화장)
② 농장(濃粧) : 담장보다 짙은 화장(색채화장)
③ 염장(艷粧) : 요염한 색채를 표현한 화장
④ 응장(凝粧) : 또렷하게 표현한 화장으로 혼례 등의 의례에 사용
⑤ 성장(盛粧) : 남의 시선을 끌만큼 화려하게 표현한 화장
⑥ 야용(冶容) : 분장을 의미

■ 메이크업의 기능
① 보호적 기능 : 외부의 환경오염이나 물리적 환경으로부터 피부를 보호
② 미화적 기능 : 인간의 미화 욕구를 충족시키며, 개인의 개성있는 이미지를 창출
③ 사회적 기능 : 개인이 갖는 지위, 신분, 직업 등을 구분해 주며, 사회적 관습 및 예절을 표현
④ 심리적 기능 : 외모에 대한 자신감 부여로 긍정적인 삶의 태도로 변화

■ 메이크업의 기원
① 장식설 : 원시시대부터 인간은 문신을 새기거나 치장하였는데 이를 화장의 시초로 봄
② 보호설 : 인간은 바람, 자외선, 야생 동물 등으로부터 자신을 보호하고 위장하기 위해 치장했으며, 이것으로부터 화장이 발전
③ 종교설 : 악령으로부터 보호받기 위해 또는 주술적 행위로 화장을 하거나 가면을 착용하면서 화장이 발전
④ 신분 표시설 : 종족에서의 계급, 신분, 성별 등을 알리기 위한 수단으로 화장이 사용
⑤ 이성 유인설 : 이성에게 호감을 이끌거나 타인보다 우월함을 표현하는 수단으로 화장 시작

메이크업의 역사

① 한국의 메이크업

- 고대 및 삼국시대

고대	• 단군신화에 쑥을 달인 물과 마늘을 피부 미백을 위해 이용하였다는 기록이 있음 • 읍루 사람들은 추위로부터 피부를 보호하기 위해 겨울에는 돼지기름을 발랐고, 말갈인들은 미백효과를 위해 오줌으로 세수를 함	
삼국시대	고구려	• 머리를 곱게 빗고, 뺨에 연지화장을 함 • 평안도 수산리 고분벽화의 귀부인상, 쌍영총 고분벽화의 여인상을 통해 당시의 화장 형태를 엿볼 수 있음
	백제	• 시분무주(분은 바르되, 연지는 하지 않) 화장을 함 • 화장품 제조기술과 화장법을 일본에 전수했다는 일본 문헌의 기록이 있음
	신라	• 영육일치 사상으로 남녀 모두 깨끗한 몸과 단정한 옷차림을 추구 • 일찍부터 화장, 화장품 발달 • 홍화로 연지를 만들어 치장하고, 눈썹은 나무재를 개어 만든 미묵을 사용했으며, 동백이나 아주까리 기름으로 머리를 손질함

- 고려시대 및 조선시대

고려시대	• 국가에서 정책적으로 화장을 장려
	• 불교문화, 신라의 영향을 받아 청결에 대한 개념 강조(영육일치 사상 계승)
	• 미백 및 피부를 보호하는 화장품인 면약을 만들어 사용
	• 신분에 따른 이원화된 화장 기술이 자리 잡음
	  - 분대화장 : 기생을 중심으로 한 짙은 화장
	  - 비분대화장 : 여염집 여성(일반 여성)의 엷은 화장

조선시대	• 유교사상의 영향으로 외면보다 내면의 아름다움을 중시하여 단아하고 청결함을 추구 • 목욕을 즐기고, 맑은 피부를 위해 미안수(美顔水), 미안법(美顔法)으로 피부관리를 함 • '규합총서(閨閤叢書)'에 여러 향과 화장품 제조 방법들이 기록되어 있음 • 화장품 행상을 매분구, 궁중의 화장품 생산 관청을 보염서라고 함

- 근대 및 현대

근대	• 1916년 가내수공업으로 제조된 우리나라 최초의 화장품 박가분(朴家粉)이 출시됨 ※ 박가분 : 얼굴을 하얗고 뽀얗게 만들어 주는 분 • 1920년 미백 로션인 연부액(軟膚液), 1922년 머릿기름, 연향유, 유백금강액 등이 개발 • 1930년에는 서가분, 장가분 등이 출시 • 1945년에는 콜드크림, 바니싱 크림 등이 제조
1950년대	• 수세미와 오이로 증류수를 받아 화장품을 직접 만들어 사용 • 오드리 헵번 등 영화 스타의 모방 스타일이 헤어, 화장, 복식에 유행 • 전쟁 이후 수입화장품, 밀수화장품 등이 범람
1960년대	• 정부의 국산 화장품 보호정책에 따라 화장품 산업이 정상 궤도에 진입하였고, 국내 화장품 생산이 본격화됨 • 화장품 산업이 본격적으로 발전, 화장품의 종류가 다양화됨 • 자연스러운 피부 표현에 수정 화장이 더해져 세련된 느낌을 강조
1970년대	• 의상에 맞춰 화장하는 토털코디네이션 등장 • 샴푸, 보디(바디)제품, 팩 등 화장품 시장이 급성장함 • 인조 속눈썹, 아이라이너, 매니큐어가 보급되어 부분화장이 강조됨

1980년대	• 메이크업 인구가 증가였으며, 대중화 현상 촉진 • 컬러 TV의 보급으로 색채에 대한 수요가 폭발적으로 일어났고, 선진국의 다양한 색채 화장품을 자신의 개성과 라이프 스타일에 맞춰 선택하는 지적 소비자 시대가 도래함
1990년대	• 기능성 화장품이 대중화됨 • 광고와 드라마 주인공들에 영향을 받은 메이크업 경향, 헤어스타일 등이 유행
2000년대 이후	• 청소년 및 남성의 메이크업이 확대되어 관련 시장이 급성장 • 자연스러운 화장법을 추구하며, 웰빙, 안티에이징 등의 피부 건강을 강조하는 화장품이 다양하게 등장

② 서양의 메이크업

고대	이집트	• 고대 문명의 발상지로, 최초로 화장을 시작 • 의복, 가발, 메이크업, 장신구 등으로 계급의 차등을 둠 • 아름다움을 표현하기보다 종교적 이유로 제사 전에 향유를 뿌리거나 악령을 쫓기 위해 눈 화장을 짙게 함
	그리스	• 화장보다는 건강한 아름다움을 추구 • 의학의 대가 히포크라테스(Hippocrates)는 건강한 아름다움을 위해 미용식이, 일광욕, 목욕과 마사지 등을 권장
	로마	• 그리스의 목욕문화를 체계적으로 발전시킴 • 레몬, 염소 우유 등으로 마사지를 하며 흰 피부를 유지함
중세 (4~15C)		• 기독교 영향의 금욕적 생활로 화장을 경시하는 풍조가 생겨남 • 여성들은 피부 톤을 창백할 정도로 하얗게 표현, 아이섀도나 입술 등의 색채 표현은 자제함
르네상스 (16C)		• 동서양 문물의 교류가 활발해지며 화장품, 파우더, 향수 등이 원활히 유통 • 귀족과 부유층은 남녀 모두 과장되고 화려한 의복 및 화장에 관심, 창백해 보이는 하얀 피부를 선호
바로크, 로코코 (17~18C)		• 사치스런 의복과 과도한 장식, 헤어, 메이크업, 향수가 유행 • 진한 화장으로 백랍으로 만든 인형처럼 보이게 함 • 얼굴에 잡티나 상처를 가리기 위해 뷰티 패치(beauty patch)를 붙임
근대 (19C)		• 위생과 청결 개념이 중요시되면서 비누 사용이 보편화됨 • 백납분보다 안전한 산화아연으로 만든 새로운 분이 확산됨 • 인위적인 메이크업의 경향이 없어지고 자연스러운 화장으로 변화됨
현대		• 1910년대 : 오리엔탈풍 화장이 유행, 눈썹은 새까맣게 일자형으로, 눈 주위에 음영을 강하게 넣는 콜(kohl) 메이크업 등장 • 1920년대 : 창백한 느낌의 피부에 졸린 듯한 눈매를 표현, 붉은 립스틱으로 앵두같은 입술 표현 • 1930년대 : 활 모양의 가늘고 긴 눈썹 표현, 인조 속눈썹과 마스카라로 눈 강조 • 1940년대 : 세계 대전 중에는 성적 매력을 강조하여 두껍고 또렷한 곡선형 눈썹과 치켜올린 눈 화장이 유행 • 1950년대 : 굵은 눈썹과 아이라인으로 젊음을 강조한 헵번 스타일 등장, 새빨간 입술과 아이라인을 길게 그린 섹시한 이미지의 메릴린 먼로 메이크업이 유행 • 1960년대 : 인형같은 눈매를 연출하고 누드톤의 창백한 입술을 표현 • 1970년대 : 자연스러운 형태와 색상으로 건강미를 살린 파라포셋 메이크업이 유행 • 1980년대 : 두껍고 강한 눈썹, 선명하고 빨간 입술 등 브룩 쉴즈 스타일이 유행 • 1990년대 : 화려한 메이크업부터 내추럴 메이크업까지 다양한 스타일 공존

[02] 메이크업 위생관리

■ 위생관리의 필요성
① 메이크업 작업장은 많은 사람들이 모이기 때문에 병원균에 의한 감염, 실내 환경오염 등 각종 질병을 유발시킬 수 있는 위험 요소가 존재
② 메이크업 작업자의 개인 위생과 메이크업 재료 및 도구, 기기, 작업 환경 등이 오염원으로 작용할 수 있으므로 지속적인 위생관리가 필요

■ 메이크업 작업 환경의 위생관리
① 메이크업 작업장, 상담실, 제품 보관실 등을 청소 도구를 사용하여 청소
② 청소 점검표를 작성하여 주기적인 청소 점검 필요
③ 실내 공기가 오염되지 않도록 주기적으로 환기하여 관리
  - 배기 후드가 정상적으로 작동하도록 수시로 청소, 관리
  - 쾌적한 실내 공기 유지를 위해 적정 온도(실내·외 온도차 5~7℃), 습도(40~70%) 유지

■ 메이크업 도구의 세척
① 스펀지류
  - 미지근한 물에 라텍스를 적신 다음 비누 등을 이용해 눌러주며 세척한 후 흐르는 물에 헹굼
  - 물기를 제거한 후 통풍이 잘 되는 곳에서 건조
② 퍼프(분첩)류
  - 폼 클렌징이나 비누를 미온수에 녹인 후 부드럽게 세척
  - 흐르는 물에 여러 번 헹궈 낸 후 마지막에 유연제를 푼 물에 담갔다 꺼냄
  - 구김이 생기지 않게 양 손바닥으로 누르듯이 물기를 제거한 후 통풍이 잘 되는 그늘에서 건조
③ 스패츌러, 믹싱 팔레트
  - 화장품 잔여물을 티슈로 제거
  - 중성세제로 세척하고 알코올 또는 자외선 소독기로 소독
④ 족집게, 눈썹 가위, 눈썹 칼 : 화장품의 산여물을 물티슈로 제거한 후, 알코올을 분무하여 소독
⑤ 메이크업 브러시
  - 천연모 브러시는 샴푸를 희석한 물에 넣었다가 꺼내어 손바닥에서 모의 결대로 세척
  - 립, 아이라인, 파운데이션, 컨실러 브러시는 주방 세제나 브러시 전용 세척제를 사용
  - 흐르는 물에 브러시 모 결대로 헹구고, 전에 사용한 컬러나 잔여 세제가 나오지 않는지 확인
  - 린스를 희석한 물에 천연모 브러시만 넣었다가 꺼내어 흐르는 물에 헹궈 브러시 모의 결대로 수건에 감싸 물기를 제거

- 손으로 브러시 모의 결대로 모양을 잡고 바닥에 닿지 않게 말아 놓은 수건 위에 뉘어서 또는 브러시 모가 아래로 향하도록 매달아서 건조

⑥ 아이래시컬러 : 알코올이나 토너로 잔여물이 묻기 쉬운 프레임 상부와 프레임 하부에 끼워진 고무 부분, 얼굴에 직접 닿는 고무를 지지하는 부분을 깨끗이 닦음

⑦ 면봉, 화장 솜 : 일회용으로 반드시 1회 사용 후 버림

⑧ 수건, 가운, 메이크업 케이프 : 1회 사용 후 주방 세제를 사용하여 오염물질을 제거한 후에 세탁

⑨ 자외선 소독기 : 젖은 천이나 거즈로 안과 밖을 닦고 물기를 제거한 후 알코올로 깨끗하게 소독

⑩ 에어브러시
- 물기가 있는 젖은 천이나 거즈로 에어브러시, 컴프레서, 에어호스 등 외부를 닦음
- 물기 제거 후, 에어브러시의 레버를 작동시켜 입구가 막히지 않았는지 확인
- 에어브러시 컵에 알코올을 넣어 레버를 작동시키고 알코올을 분사시켜 내부와 외부 소독

[03] 메이크업 작업자 위생관리

■ 메이크업 작업자의 용모 위생관리

① 헤어스타일은 단정한 느낌으로 깔끔하게 연출(앞머리는 흘러내리지 않게 정리하며, 긴 머리는 흘러내리지 않게 묶음)

② 화장은 자연스럽게 표현하며, 전문성이 돋보이는 메이크업으로 표현

③ 손톱은 항상 손질이 되어 있는 청결한 상태여야 하며 네일 색상은 무난한 색으로 함

④ 복장을 단정하고 청결하게 갖춰 입도록 함

■ 메이크업 작업자의 작업 전후 위생관리

① 메이크업 작업 전후, 화장실 사용 후에는 항상 손을 철저하게 씻고 소독해야 함

② 작업하기 전에 작업 공간과 그 밖의 공간을 깨끗하고 위생적으로 관리

③ 부주의하게 흘리거나 깨뜨리지 않도록 모든 제품과 장비가 잘 정비되도록 함

④ 작업을 마치고 난 뒤에 재사용할 수 있는 물건이나 작업 공간을 철저하고 위생적으로 처리

⑤ 오염 방지를 위해 용기에서 제품을 덜어서 쓸 때에는 스패출러를 사용하며, 절대로 손을 사용하지 않고, 한번 덜어낸 것은 다시 용기 안에 넣지 않아야 함

⑥ 항상 방부제와 소독제를 봉하고 안전한 장소에 두어야 함(분명하게 사용 목적, 사용량과 유효 기간을 표시하고 실수로도 다른 제품과 혼동하지 않도록 주의)

[04] 피부의 이해

■ 피부의 구조 및 기능

① 피부는 인체의 외부 표면을 가장 바깥에서 덮고 있는 기관으로 외부의 물리적·화학적 자극으로부터 우리 몸을 보호하는 중요한 역할을 담당
② 피부는 표피(epidermis), 진피(dermis), 피하조직(subcutaneous tissue)으로 구성
③ 피부는 촉각·압각·통각·온각·냉각 등을 감지하며 체온 조절, 분비 및 배설기능, 보호기능, 비타민 D 합성, 호흡작용 등의 기능이 있음

■ 표피(epidermis)

① 피부의 가장 외부층으로 자외선, 세균, 먼지, 유해물질 등으로부터 피부를 보호
② 표피의 구조

각질층	• 표피의 가장 바깥층 • 각화가 완전히 된 세포로 구성 • 비듬이나 때처럼 박리현상을 일으키는 층 • 케라틴, 천연보습인자(NMF), 세포간지질(주성분 : 세라마이드) 등이 주성분 • 외부 자극으로부터 피부를 보호하고 이물질의 침투를 막음
투명층	• 손바닥과 발바닥에 주로 분포 • 엘라이딘이라는 단백질이 존재하는 투명한 세포층 • 수분 침투를 막는 방어막 역할
과립층	• 케라토하이알린이 각질 유리 과립 모양으로 존재 • 수분 증발 방지(레인방어막) 및 외부로부터의 이물질 침투에 대한 방어막 역할 • 각질화가 시작되는 층(무핵층) • 해로운 자외선 침투를 막는 작용
유극층	• 표피 중 가장 두꺼운 층, 유핵세포로 구성 • 림프액이 흐르고 있어 혈액순환이나 영양공급의 물질대사 • 면역기능이 있는 랑게르한스 세포가 존재
기저층	• 단층의 원주형 세포로 유핵세포 • 새로운 세포들을 생성 • 멜라닌 세포가 존재하여 피부의 색을 결정 • 물결 모양의 요철이 깊고 많을수록 탄력 있는 피부

③ 표피의 구성세포

각질형성 세포	• 표피를 구성하는 세포의 약 90% 이상 차지 • 새로운 각질세포 형성
멜라닌 세포	• 표피를 구성하는 세포의 약 4~10% 차지 • 피부색 결정, 색소 형성
랑게르한스 세포	• 표피를 구성하는 세포의 약 2~8% 차지 • 면역기능
머켈 세포	기저층에 위치한 촉각 인지 세포

▌ 진피(dermis)

① 표피와 피하조직 사이에 위치하며, 피부의 90% 이상을 차지하는 실질적인 피부

② 진피의 구조

유두층	• 진피의 상단 부분으로, 유두 모양의 돌기를 형성 • 다량의 수분을 함유 • 혈관을 통해 기저층에 영양분을 공급 • 혈관과 신경이 존재
망상층	• 유두층의 아래에 위치하며, 피하조직과 연결되는 층 • 진피층에서 가장 두꺼운 층으로, 그물 형태로 구성 • 진피의 약 80~90% 차지, 피부의 유연성 조절 • 교원섬유와 탄력섬유, 섬유아세포 등으로 구성 • 피부의 탄력과 긴장을 유지 • 모낭, 혈관, 림프관, 신경, 한선, 입모근, 피지선 등이 분포

③ 진피의 구성세포

콜라겐(교원섬유)	• 피부에 탄력성, 신축성, 보습성을 부여 • 진피의 70~90%를 차지 • 피부장력 제공 및 상처 치유에 도움
엘라스틴(탄력섬유)	• 피부 탄력에 기여하는 중요한 요소 • 탄력섬유가 파괴되면 피부가 이완되고 주름이 발생
기질	진피 내 섬유성분과 세포 사이를 채우는 무정형의 물질(gel 상태)

▌ 피하조직(subcutaneous tissue)

① 진피와 뼈, 근육 사이에 존재하며, 피부의 가장 아래층에 위치

② 그물 모양으로 밀고 잡아당기는 성질을 지닌 느슨한 결합조직임

③ 혈관, 림프관, 신경관 등이 함께 연결되어 있음

④ 기능 : 열 손실 차단, 충격 흡수(쿠션 역할), 에너지원으로 저장, 신체의 곡선미 부여

▌ 피부 부속기관의 구조 및 기능

① 피지선(기름샘)
- 진피의 망상층에 위치, 모낭과 연결
- 작은 주머니 모양, 꽈리 모양을 하고 있으며, 분비된 피지는 한선에서 분비된 땀과 함께 모공을 통해서 배출되어 피부 표면에 피지막을 형성함
- 안면과 두피에 풍부하게 분포(손바닥, 발바닥을 제외하고 거의 전체 피부에 분포)
- 피지선은 사춘기에 최고로 발달하고 노화됨에 따라 서서히 퇴화함

② 한선(땀샘)
- 땀을 분비하는 피부의 외분비선
- 에크린선(소한선)과 아포크린선(대한선)으로 구분

에크린선(소한선)	아포크린선(대한선)
• 입술, 생식기를 제외한 전신에 분포(손바닥, 발바닥, 겨드랑이에 많이 분포) • 약산성의 무색·무취 • 노폐물 배출 • 체온조절 기능	• 겨드랑이, 유두 주위, 배꼽 주위, 성기 주위, 항문 주위 등 특정한 부위에 분포 • 사춘기 이후 주로 분비 • 단백질 함유량이 많은 땀을 생산 • 세균에 의해 부패되어 불쾌한 냄새

③ 털(모발)
- 모발은 단백질 70~80%, 수분 10~15%, 색소 1%, 지질 3~6% 등으로 구성
- 모발의 수명은 여성의 경우 약 4~6년, 남성의 경우 약 2~5년 정도
- 모발의 성장 속도는 하루에 0.3~0.5mm, 한 달에 약 1~1.5cm 정도
- 건강 모발의 pH는 약 4.5~5.5
- 모발의 성장주기는 '성장기 → 퇴행기 → 휴지기'를 반복

④ 조갑(손톱과 발톱)
- 손가락, 발가락 끝부분에 생긴 각질의 판
- 손톱은 평균 1일에 0.1mm, 1개월에 3mm 정도로 성장(정상적인 손톱의 교체는 대략 6개월가량 걸림)

■ 피부 유형별 특징

정상 피부	• 피부의 수분과 유분의 밸런스가 이상적인 상태 • 각질층의 수분 함유량이 10~20% 정도 • 세안 후 피부 당김이 별로 느껴지지 않음 • 모공이 섬세하고 매끄럽고 부드러우며, 윤기가 있음 • 혈색이 좋고 피부가 촉촉함
건성 피부	• 피지와 땀의 분비가 적어 건조하고 윤기가 없음(모공이 작음) • 피부가 거칠어 보이고 잔주름이 많이 나타남 • 세안 후 당김이 심하며, 화장이 잘 받지 않고 들뜨기 쉬움 • 관리가 소홀해지면 피부 노화현상이 빠르게 나타남 • 각질층의 수분 함유량이 10% 이하로 부족
지성 피부	• 모공이 넓고 피지가 과다 분비되어 항상 번들거림 • 피부결이 거칠고 두꺼움 • 피지 분비가 많아서 면포나 여드름이 생기기 쉬움 • 화장이 쉽게 지워지고 오래 지속되지 못함
민감성 피부	• 피부조직이 얇고 섬세하며, 모공이 작음 • 화장품이나 약품 등의 자극에 피부 부작용을 일으키기 쉬움 • 정상 피부에 비해 환경 변화에 쉽게 반응을 일으킴 • 피부 건조화로 당김이 심함 • 모세혈관이 피부 표면에 잘 드러나 보임
복합성 피부	• 한 얼굴에 두 가지 이상의 타입이 공존 • 피부 톤이 전체적으로 일정하지 않음 • 화장품 성분에 민감하여, 피부에 맞는 화장품의 선택이 어려움 • T존은 지성이나 여드름 피부, U존은 건성이나 민감성의 경향을 나타냄

노화 피부	• 콜라겐과 엘라스틴의 변화로 탄력이 없고, 잔주름이 많음 • 피지 및 수분의 감소로 피부가 건조하고 당김이 심함 • 자외선에 대한 방어력이 떨어져 색소침착이 일어남 • 각질 형성과정의 주기가 길어져 표피가 거칠함
여드름 피부	• 피지 분비가 많고 피부가 두꺼운 편 • 여드름균이 증식하여 모공 내 염증이 생김 • 피부가 번들거리고, 피부 표면의 유분기에 먼지가 잘 붙어 지저분해지기 쉬움

▌ 피부와 영양

① 영양소의 구성

구성 영양소	신체조직을 구성 예 단백질, 지방, 무기질, 물
열량 영양소	에너지로 사용 예 탄수화물, 지방, 단백질
조절 영양소	대사조절과 생리기능 조절 예 비타민, 무기질, 물

② 탄수화물
- 인체의 주된 에너지원으로, 1g당 4kcal 열량을 공급
- 혈당을 공급하며 핵산을 만드는 데 필요
- 피부세포에 활력 및 보습효과를 줌
- 과잉 섭취 시 : 피부 면역력 저하 및 피지 분비 증가, 산성 체질
- 결핍 시 : 저혈당, 피로 등을 야기

③ 단백질
- 우리 몸의 구성 성분이며, 1g당 4kcal 열량을 공급
- 피부의 재생작용, pH 평형 유지, 면역세포와 항체 형성 등에 필요
- 필수 아미노산과 비필수 아미노산

필수 아미노산	우리 몸에서 만들어질 수 없어 반드시 외부에서 공급되어야 하는 아미노산(류신, 아이소류신, 라이신, 메티오닌, 페닐알라닌, 트레오닌, 트립토판, 발린, 히스티딘)
비필수 아미노산	우리 몸에서 생성되는 아미노산

- 과잉 섭취 시 : 색소침착의 원인
- 결핍 시 : 잔주름 형성, 탄력 상실

④ 지방
- 고효율의 에너지원으로, 1g당 9kcal 열량을 공급
- 체온 조절 및 장기 보호, 필수 지방산 공급
- 필수 지방산 : 리놀레산, 리놀렌산, 아라키돈산

⑤ 비타민
- 체내의 생리작용을 조절하며, 진피의 콜라겐 합성을 촉진
- 대부분 음식을 통해 섭취

- 비타민의 분류

구분		특징	결핍증
지용성 비타민	비타민 A (레티놀)	• 상피조직 보호, 노화 방지 • 피지 분비 억제, 피부재생 도움	야맹증, 피부 표면 경화
	비타민 D (칼시페롤)	• 자외선을 통해 합성 가능 • 칼슘 및 인의 흡수 촉진	구루병, 골다공증
	비타민 E (토코페롤)	• 항산화제, 호르몬 생성 • 노화 방지	유산, 불임
	비타민 K	• 혈액응고 작용에 관여 • 모세혈관벽 강화	피부 점막 출혈
수용성 비타민	비타민 B_1 (티아민)	• 피부의 면역력 증진 • 에너지 대사의 보조 효소 역할	각기병, 식욕부진
	비타민 B_2 (리보플라빈)	• 피부에 보습, 탄력 부여 • 단백질 대사 관여, 성장 촉진	구순염, 구각염, 설염
	비타민 C (아스코르브산)	• 미백작용, 항산화제 • 기미, 주근깨 등의 치료 • 모세혈관벽 강화, 콜라겐 합성 촉진	괴혈병, 잇몸 출혈, 빈혈

⑥ 무기질
- 인체 내의 대사과정을 조절하는 중요 성분
- 신체의 골격과 치아조직의 형성에 관여함
- 신경자극 전달, 체액의 산과 알칼리 평형 조절에 관여함

피부와 광선

① 자외선이 피부에 미치는 영향
- 긍정적 영향 : 비타민 D 합성, 살균 및 소독, 혈액순환 촉진
- 부정적 영향 : 홍반 형성, 색소 침착, 피부노화, 일광화상
- 자외선의 종류

종류	UV-A(장파장)	UV-B(중파장)	UV-C(단파장)
파장	320~400nm	290~320nm	200~290nm
특징	• 진피층까지 침투 • 즉각 색소침착 • 광노화 유발 • 피부탄력 감소	• 표피의 기저층까지 침투 • 홍반 발생, 일광화상 • 색소침착(기미)	• 오존층에서 흡수 • 강력한 살균작용 • 피부암 원인

② 적외선이 피부에 미치는 영향
- 피부에 온열 자극을 주어 혈액순환, 신진대사 촉진
- 피부에 영양분의 흡수를 촉진
- 근육이완 및 수축과 통증 완화 및 진정효과가 있음

피부면역

① 선천면역(비특이성 면역) : 태어날 때부터 선천적으로 가지고 있는 병원체에 대한 방어작용

1차 방어	• 기계적 방어벽 : 피부 각질층, 점막, 코털 • 화학적 방어벽 : 위산, 소화효소 • 반사작용 : 섬모운동, 재채기
2차 방어	• 식세포 작용 : 단핵구, 대식세포 • 염증 및 발열 : 히스타민 • 방어 단백질 : 인터페론, 보체 • 자연살해 세포 : 종양세포나 바이러스에 감염된 세포를 죽이는 세포

② 후천면역(특이성 면역) : 병원체에 감염된 후에 나타나는 후천적인 방어작용

체액성 면역	• B림프구에 의해 만들어진 항체에 의해 이루어지는 면역반응 • B림프구는 골수에서 생성, 항체는 체액에 존재 • 항체는 면역글로불린이라는 당단백질로 구성
세포성 면역	• T림프구의 작용을 수반하는 면역반응 • 세포독성 T림프구가 직접 감염된 세포를 제거 • 다양한 사이토카인 분비의 활성화를 포함하는 면역반응

피부노화

외인성 노화 (광노화)	• 자외선 노출, 환경적 요인에 의해 발생하는 노화 • 표피의 각질층 두께가 두꺼워짐 • 피부탄력 저하 및 모세혈관 확장이 나타남 • 콜라겐의 변성 및 멜라닌 세포 증가로 색소침착이 나타남
내인성 노화 (자연노화)	• 나이가 들면서 자연스럽게 발생하는 노화 • 피지선의 기능 저하로 피부가 건조하고 윤기가 없어짐 • 진피층의 콜라겐과 엘라스틴 감소로 탄력 저하, 주름 발생 • 표피와 진피 두께는 얇아지고, 각질층의 두께는 두꺼워짐 • 랑게르한스 세포 수 감소(피부 면역기능 감소) • 멜라닌 세포 감소로 자외선 방어기능이 저하되어 색소침착 불균형이 나타남(피부색 변함)

피부장애와 질환

① 원발진 : 피부의 1차적 장애 증상으로, 피부질환의 초기 병변에 해당

반점	• 융기나 함몰 없이 색깔만 변하는 현상 • 기미, 주근깨, 노인성 반점, 오타모반 등
구진	• 1cm 미만 크기, 속이 단단하게 튀어나온 융기물 • 피지선이나 땀샘 입구에 생김
농포	고름이 있는 소수포 크기의 융기성 병변
팽진	가려움과 함께 피부 일부가 일시적으로 부풀어 오른 상태
대수포	직경 1cm 이상의 혈액성 물집
소수포	직경 1cm 미만의 투명한 액체 물집
결절	• 구진보다 크며 종양보다 작고 단단함 • 기저층 아래에 형성(섬유종, 지방종)

종양	직경 2cm 이상의 큰 피부의 증식물
낭종	• 액체나 반고형 물질로 진피층에 있으며 통증을 유발 • 치료 후에도 흉터가 남음
면포	• 모공 내 표피세포의 과각질화로 빠져나와야 할 피지가 모공 내부에 갇혀서 얼굴, 이마, 콧등에 발생 • 각질이 덮여 있으면 흰 면포(화이트헤드), 공기와 접촉하여 산화된 면포는 검은 면포(블랙헤드)

② **속발진** : 2차적 피부장애로, 피부질환의 후기 단계에 해당

인설	피부 표면의 각질세포가 병적으로 하얗게 떨어지는 부스러기(비듬)
찰상	물리적 자극에 의해 피부 표피가 벗겨지는 증상, 흉터 없이 치료 가능
가피	딱지를 말하며 혈액과 고름 등이 말라붙은 증상
미란	수포가 터진 후 표피만 떨어진 증상
균열	외상이나 질병으로 표피가 진피층까지 갈라진 상태
궤양	진피나 피하조직까지 결손으로 분비물과 고름 출혈, 흉터 생김
반흔	병변의 치유 흔적, 흉터
위축	피부의 생리적 기능 저하로 피부가 얇게 되는 현상
태선화	표피 전체가 가죽처럼 두꺼워지며 딱딱해지는 현상

③ **여드름** : 피지선의 만성질환으로 피지 분비가 많은 부위인 얼굴, 목, 가슴과 등에 주로 발생하는 비염증성 또는 염증성 피부질환

④ **색소 질환**
- 저색소 침착 : 백반증, 백색증
- 과색소 침착 : 기미, 주근깨, 노인성 반점, 지루성 각화증(검버섯) 등

⑤ **화상**

1도 화상	• 피부의 가장 겉 부분인 표피만 손상된 단계 • 빨갛게 붓고 달아오르는 증상과 통증
2도 화상	• 진피도 어느 정도 손상된 단계 • 수포 생성, 피하조직의 부종과 통증
3도 화상	• 피부의 전층 모두 화상으로 손상된 단계 • 체액 손상 및 감염

[05] 화장품 분류

▌ 화장품 기초

① **화장품의 정의(화장품법 제2조 제1호)**

화장품이란 "인체를 청결·미화하여 매력을 더하고 용모를 밝게 변화시키거나 피부·모발의 건강을 유지 또는 증진하기 위하여 인체에 바르고 문지르거나 뿌리는 등 이와 유사한 방법으로 사용되는 물품으로서 인체에 대한 작용이 경미한 것"을 말한다. 다만, 「약사법」의 의약품에 해당하는 물품은 제외한다.

② 기능성 화장품(화장품법 제2조 제2호)
- 피부의 미백에 도움을 주는 제품
- 피부의 주름 개선에 도움을 주는 제품
- 피부를 곱게 태워주거나 자외선으로부터 피부를 보호하는 데에 도움을 주는 제품
- 모발의 색상 변화·제거 또는 영양 공급에 도움을 주는 제품
- 피부나 모발의 기능 약화로 인한 건조함, 갈라짐, 빠짐, 각질화 등을 방지하거나 개선하는 데에 도움을 주는 제품

③ 화장품과 의약외품, 의약품의 사용 구분

구분	화장품	의약외품	의약품
사용 대상	정상인	정상인	환자
사용 목적	청결, 미화	위생, 미화	질병 진단 및 치료
사용 기간	장기간, 지속적	장기간/단기간	일정 기간
사용 범위	전신	특정 부위	특정 부위
부작용	인정하지 않음	인정하지 않음	인정함
허가 여부	제한 없음	승인	허가

④ 화장품의 4대 품질 요건
- 안전성 : 피부에 대한 자극, 알레르기, 독성이 없을 것
- 안정성 : 보관에 따른 산화, 변질, 미생물의 오염 등이 없을 것
- 사용성 : 피부에 도포했을 때 사용감이 우수하고 매끄럽게 잘 스밀 것
- 유효성 : 피부에 적절한 보습, 세정, 노화 억제, 자외선 차단 등을 부여할 것

화장품의 원료

① 수성원료

물(정제수)	화장수, 로션 등의 기초 물질로, 수분 공급과 용매로 사용
에탄올	• 독성이 없으며 무색·투명하고, 물 또는 유기용매와 잘 섞임 • 화장수, 향수, 헤어토닉 등에 주로 사용

② 유성원료

오일류	• 식물성 오일 : 수분 증발을 억제하고 사용감을 향상시킴, 산패 우려가 있음
	  예 올리브 오일, 마카다미아 너트 오일, 아보카도 오일, 아몬드 오일, 동백 오일, 피마자 오일 등
	• 동물성 오일 : 피부 생리활성 및 흡수력이 우수하지만 쉽게 산패하고 변질 우려가 있음
	  예 밍크 오일, 스쿠알렌(상어의 간유), 난황 오일, 마유 등
	• 광물성 오일 : 유성감이 강하고 피부 호흡을 방해할 수 있음
	  예 유동파라핀, 바셀린
	• 실리콘 오일 : 피부나 모발에 퍼짐성 우수, 자외선 차단제 및 워터프루프 형태의 화장품에 사용
	  예 디메티콘, 사이클로메티콘, 메틸페닐폴리실록산

왁스류	• 크림의 사용감 증대나 립스틱의 경도 조절용, 탈모제 등에 사용 • 식물성 왁스 : 카르나우바 왁스, 칸데릴라 왁스 • 동물성 왁스 : 밀납, 라놀린

| 고급 지방산 | 비누 제조 및 유화제로 사용
예 라우르산, 미리스트산, 팔미트산, 스테아린산, 이소스테아린산 |

③ 계면활성제 : 두 물질 경계면이 잘 섞이도록 도와주는 물질

양이온성	• 살균, 소독작용 우수 • 헤어 린스, 유연제 및 대전 방지제
음이온성	• 세정력, 기포, 거품 형성 우수 • 클렌징 제품(보디 클렌징, 클렌징 폼), 샴푸, 치약
양쪽성	• 양이온과 음이온을 동시에 가지며, 알칼리에서는 음이온, 산성에서는 양이온 • 저자극 샴푸, 어린이용 샴푸
비이온성	• 이온성 계면활성제보다 피부 자극이 적어 피부 안전성이 높음 • 대부분의 화장품에서 사용, 가용화제, 유화제

※ 피부 자극 정도 : 양이온성 > 음이온성 > 양쪽성 > 비이온성

④ 기타 원료

보습제	• 수분을 흡수하거나 결합하여 피부의 건조를 막아 촉촉하게 함
	• 천연보습인자(NMF) : 아미노산, 젖산염, 요소(urea) 등
	• 보습제가 갖추어야 할 조건
	  - 적절한 보습력이 있으며, 환경 변화에 흡습력이 영향을 받지 않을 것
	  - 피부 친화성이 높으며, 응고점이 낮고 휘발성이 없을 것
	  - 다른 성분과 잘 섞일 것

방부제	화장품의 미생물 성장을 억제하고, 부패·변질을 막고 살균작용을 함 예 파라벤류(파라옥시안식향산메틸, 파라옥시안식향산프로필) 등
산화방지제	산소를 흡수하여 산화되는 것을 방지 예 토코페롤아세테이트(비타민 E), BHT, BHA 등
색소	• 염료 : 물이나 오일에 잘 녹고, 기초 화장품(화장수, 로션 등)에 색상을 부여하기 위해 사용 • 안료 : 물과 오일에 잘 녹지 않으며, 빛 반사 및 차단효과 우수
기타 주요 성분	• 알파하이드록시산(AHA) : 각질 제거 및 보습기능, 과일 속에 많이 함유, 글리콜릭산, 젖산, 사과산 등 • 아줄렌 : 피부 진정작용, 염증 및 상처 치료에 효과 • 카모마일 : 항알레르기 작용, 피부염 치료에 효과 • 라놀린 : 양모에서 추출한 기름을 정제한 것으로, 유화제로 사용 • 캄파 : 항염, 수렴, 진정효과 • 알부틴 : 티로시나아제 효소의 작용 억제 • 레시틴 : 보습제, 유화제, 항산화제로 사용

■ 화장품의 기술

① 가용화(solubilization)
- 물에 소량의 오일을 넣으면 계면활성제(가용화제)에 의해 용해됨
- 미셀입자가 작아 가시광선이 통과되므로 투명하게 보임
- 화장수, 향수, 헤어 토닉, 네일 에나멜 등

② 유화(emulsion)
- 다량의 오일과 물이 계면활성제에 의해 균일하게 섞이는 것
- 미셀입자가 가용화의 미셀입자보다 커서 가시광선이 통과하지 못하므로 불투명하게 보임

- 에멀션, 영양크림, 수분크림 등
- 유화의 종류

종류	특징
O/W형(수중유형)	• 물 베이스에 오일 성분이 분산되어 있는 상태 • 로션, 에센스, 크림
W/O형(유중수형)	• 오일 베이스에 물이 분산되어 있는 상태 • 영양크림, 클렌징 크림, 자외선 차단제
O/W/O형, W/O/W형	분산되어 있는 입자가 영양물질과 활성물질에 안정된 상태

③ 분산(dispersion)
- 물 또는 오일 성분에 안료 등 미세한 고체입자가 계면활성제에 의해 균일하게 혼합되어 있는 것으로, 이때 계면활성제를 분산제라고 함
- 파운데이션, 아이섀도, 마스카라, 아이라이너, 립스틱 등

화장품의 종류와 기능

① 기초 화장품
- 기능

세안	비누, 클렌징 크림, 클렌징 로션, 클렌징 워터, 클렌징 오일, 클렌징 폼
피부 정돈	화장수, 팩, 마사지 크림
피부 보호	로션, 크림, 에센스

- 유연화장수 : 세안 후 피부 유연·보습을 목적으로 한 제품으로, 피부의 유·수분 균형을 맞추고 피부 본래의 pH 상태를 회복시킴
- 수렴화장수 : 각질층에 수분을 공급, 모공을 수축시켜 피부결을 정리
- 팩의 제거 방법에 따른 분류

필 오프 타입	팩이 건조된 후에 피막을 떼어내는 형태
워시 오프 타입	팩 도포 후 일정 시간이 지나면 미온수로 닦아내는 형태
티슈 오프 타입	티슈로 닦아내는 형태

② 메이크업 화장품

베이스 메이크업	• 메이크업 베이스 : 피부 톤을 보정하고, 파운데이션의 밀착력을 높이기 위한 것으로, 색소침착 방지 • 파운데이션 : 주근깨, 기미 등 피부의 결점을 커버하고 화장을 지속시키며, 피부에 광택 부여 • 파우더 : 피부의 번들거림을 방지, 화사한 피부 표현에 적합
포인트 메이크업	• 아이섀도 : 눈에 색감을 주고, 입체감을 살려줌 • 아이라이너 : 눈을 크고 또렷하게 보이게 함 • 마스카라 : 속눈썹 숱이 풍부하고 길어 보이게 함 • 아이브로 : 눈썹을 풍부하고 단정한 모양으로 보이게 함 • 블러셔(치크) : 얼굴이 생기있어 보이게 하며, 입체감을 줌 • 립스틱 : 입술의 건조를 방지하고, 입술에 색채와 입체감을 줌

③ 보디(body) 관리 화장품

세정용	비누, 보디클렌저
트리트먼트용	보디로션, 보디크림, 보디오일
일소 및 일소 방지용	• 일소용 : 피부를 곱게 태움, 선탠용 젤·크림 • 일소 방지용 : 자외선으로부터 피부 보호, 선스크린 젤·크림
액취 방지용	데오도란트

④ 방향용 화장품
- 향수의 종류 : 퍼퓸, 오드 퍼퓸, 오드 토일렛, 오드 코롱, 샤워 코롱
- 향수의 부향률(농도)

구분	부향률	지속시간	특징
퍼퓸	15~30%	6~7시간	향이 제일 오래 지속되며, 비쌈
오드 퍼퓸	9~12%	5~6시간	퍼퓸보다 지속성 약하지만 경제적
오드 토일렛	6~8%	3~4시간	일반적으로 가장 많이 사용
오드 코롱	3~5%	1~2시간	향수를 처음 사용하는 사람에게 적합
샤워 코롱	1~3%	약 1시간	샤워 후 가볍게 뿌려주는 용도

⑤ 에센셜(아로마) 오일 및 캐리어 오일
- 오일의 종류 및 효과

에센셜 오일	• 라벤더 : 피부재생 및 이완작용 • 자스민 : 건조하고 민감한 피부에 효과 • 제라늄 : 피지분비 정상화, 셀룰라이트 분해 • 레몬그라스 : 모공 수축, 여드름에 효과 • 로즈마리 : 주름 완화, 노화피부 개선
캐리어 오일 (베이스 오일)	• 에센셜 오일을 피부에 효과적으로 침투시키기 위해 사용하는 식물성 오일 • 호호바 오일(여드름 피부에 사용 가능), 아몬드 오일, 포도씨 오일, 아보카도 오일, 살구씨 오일 등

- 에센셜 오일 활용법

흡입법	• 코로 직접 아로마 향기를 들이마시는 법 • 손수건, 티슈 등에 1~2방울 떨어뜨리고 냄새를 맡음
확산법	• 아로마 램프나 훈증기 등을 이용해 오일 입자를 공기 중에 발산시키는 방법 • 불면증, 신경안정 등에 효과적
목욕법	욕조에 오일을 3~5방울 떨어뜨린 후 몸을 담그는 방법(족욕, 좌욕, 입욕을 이용)
마사지법	오일을 희석 후 원하는 부위에 도포하여 마사지하는 방법

⑥ 기능성 화장품

피부 미백제	• 피부에 멜라닌 색소침착을 방지하며, 기미 등의 생성 억제 • 주요 효과 성분 : 알부틴, 코직산, 비타민 C 유도체, 닥나무 추출물, 감초 추출물, 하이드로퀴논
주름 개선제	• 피부에 탄력을 주어 주름을 완화 • 주요 효과 성분 : 레티놀, 아데노신, 레티닐팔미테이트
자외선 차단제	• 자외선 산란제 : 물리적인 산란작용을 이용, 발랐을 때 불투명, 자외선 차단율이 높으며, 타이타늄다이옥사이드, 징크옥사이드 등이 주요 성분 • 자외선 흡수제 : 화학적인 흡수작용을 이용, 발랐을 때 투명, 벤조페논, 살리실레이트 등이 주요 성분

CHAPTER 02 | 메이크업 고객 서비스

[01] 고객 응대

▌고객관리

① 개념 : 신규고객의 확보, 고객 선별 및 기존 고객의 재구매 유도뿐만 아니라 고객과의 관계 형성 등을 통해 수익을 증대시키기 위한 일련의 활동

② 단계별 고객관리

고객의 분류	관리 방법
신규고객	• 기업(매장)의 긍정적 이미지 전달 • 고객 DB 확보 및 입력 • 해피콜로 고객만족도 조사
재방문 고객/일반고객	• 고객에 대한 인지 및 친밀감 유발 • 적극적인 서비스 정보 및 이벤트 제공 • 고객 우대정책 소개 • 이탈 방지프로그램 시작
단골	• 고객 우대정책 및 통합 관리 시작 • 고객별 차별화 및 맞춤형 서비스 제공 • 소개 고객 유치에 따른 우대정책 전달 • 이탈 방지프로그램 유지

▌고정고객 관리

① 고객 만족도를 높이기 위한 고객관리
- 최신 트렌드에 맞는 메이크업을 제공하기 위해 지속적인 개발·교육 실시
- 우수 고객 프로그램, 예약 시스템, 소개 고객 우대 방안, 불평·불만 처리로 단골 확보
- 다양한 소셜 미디어를 활용한 1:1 맞춤 고객관리를 통해 고객과 신뢰도 4단계 이상을 유지
- 직원과 고객의 밀착도가 높으므로 전문 지식과 기능을 갖춘 직원을 관리하여 이직률을 줄이고 고객에게 직원이 제공하는 서비스 품질 유지

② 고객 신뢰도 5단계

단계	내용
1단계	인사말만 주고받는 관계
2단계	이야기는 나눌 수 있지만 고객이 원하는 시간 예약만 가능한 관계
3단계	용건을 말하지 않아도 시간을 내어 줄 수 있는 관계
4단계	신뢰가 돈독해 비즈니스에 필요한 유익한 정보를 제공해 주고 미리 알려 주며 응원하는 관계
5단계	고객이 온전하게 신뢰하는 관계

■ 이탈고객 관리
  ① 고객의 소리(VOC ; Voice of Customer) 관리 : 고객 중심 전략의 중요한 기법의 하나로, 고객의 소리에 귀를 기울여 고객으로부터 받은 피드백을 수용하고자 하는 고객관리 기법
  ② 고객 관계 관리(CRM ; Customer Relationship Management) : 고객 관계를 관리하는 방법으로, 고객과 관련된 자료를 분석하고 통합하여 고객의 특성에 맞도록 마케팅 활동을 계획하고 평가하는 경영 기법

■ 고객 응대 기법 및 절차
  ① 방문 고객
    • 고객에게 인사 후 고객의 소지품과 의복 등을 보관
    • 고객의 방문 사유를 확인한 후 서비스 공간으로 안내
    • 대기하고 있는 고객에게 지루하지 않도록 다과 및 책자 등을 제공
    • 상담 후 예약이 필요한 경우 예약 카드 작성
    • 작업이 종료된 후 고객에게 서비스한 내역과 요금을 안내한 후 정산
    • 다음 방문을 기약하며 감사의 멘트와 함께 밝은 미소로 친절하게 배웅
  ② 전화 상담 고객
    • 전화 예절
      - 전화상에서 얼굴이 보이지 않더라도 웃는 표정을 지으면 공명감이 옆으로 넓어져 밝은 소리가 나고, 화난 표정은 공명감이 좁아져 어둡고 큰 소리가 나므로 고객의 전화에 응대할 때는 밝은 표정을 짓도록 함
      - 발음에 착오가 있을 시 고객이 원하는 서비스에 차질이 생길 수 있으므로 정확한 발음으로 서비스가 전달되도록 신경 씀
    • 전화 응대
      - 전화벨이 세 번 이상 울리지 않도록 하며 그 전에 받기
      - 인사 후 메이크업 사업장 이름과 본인의 성명 말하기
      - 고객관리 시스템으로 고객을 확인하고, 통화 내용의 중요한 부분은 메모하기
      - 전화를 끊는 타이밍, 끝인사 목소리의 톤 등 전화를 내려놓을 때도 유의하기
  ③ 온라인 상담 고객
    • 대형 포털 사이트, SNS 등에 온라인 마케팅으로 신규고객을 유치하여 사업장의 플랫폼에서 정보를 제공하며 1:1 채팅으로 상담
    • 온라인의 특성상 신속한 대응이 필요하며 온라인상에서 개인 정보 유출, 개인 초상권 문제 등의 사고 방지에 유의

④ 불만 고객
- 고객 불만 요인 : 불쾌한 언행, 불확실하거나 잘못된 정보의 전달, 약속 불이행, 불친절한 태도, 서비스 본질에 대한 불만족 등
- 불만 사항 처리 : 고객의 불만이 무엇인지 경청하여 고객을 위로하고 '불편하게 해 죄송합니다.' 라고 말하며 고객의 불만을 처리할 수 있도록 상세하게 기록

[02] 메이크업 카운슬링

▌얼굴 특성 파악

① 이상적인 얼굴 비율
- 헤어라인에서 눈썹 머리, 눈썹 머리에서 코끝, 코끝에서 턱 끝까지의 비율 : 1 : 1 : 1
- 윗입술과 아랫입술의 비율 : 1 : 1.5
- 얼굴의 가로 길이와 세로 길이의 비율 : 1 : 1.618

② 이상적인 얼굴의 균형도

가로 3등분	
1등분	헤어라인부터 눈썹
2등분	눈썹부터 콧방울
3등분	콧방울부터 턱 끝

세로 5등분	
1등분	왼쪽 헤어라인부터 왼쪽 눈꼬리
2등분	왼쪽 눈꼬리부터 왼쪽 눈 앞머리
3등분	왼쪽 눈 앞머리부터 오른쪽 눈 앞머리
4등분	오른쪽 눈 앞머리부터 오른쪽 눈꼬리
5등분	오른쪽 눈꼬리부터 오른쪽 헤어라인

③ 얼굴 중 돌출되어 보이는 골격의 명칭

전두골(앞머리뼈, 이마뼈)	얼굴 상부의 형태 결정
후두골(뒤통수뼈)	머리뼈의 뒤쪽을 차지하는 큰 뼈
관골(광대뼈)	얼굴의 양쪽 뺨과 관자놀이 사이의 뼈
상악골(위턱뼈)	위쪽 턱을 형성하는 뼈로 얼굴 뼈에서 가장 큰 부분
하악골(아래턱뼈)	아래쪽 턱을 형성하는 뼈로 얼굴형을 결정짓는 데 가장 중요

④ 얼굴 근육근

눈둘레근	눈 주위를 공처럼 감싸고 있으며 명암을 그러데이션 하여 들어가 보이게 표현하는 부분으로, 표현 방법에 따라 다양한 이미지 표현이 가능
입둘레근	입술 주위의 입술을 여닫는 데 사용하는 근이며, 표현과 표정을 나타냄
아랫입술 올림근	입꼬리를 양쪽으로 당기는 근으로 감정을 표현하기 좋은 부분
입꼬리 올림근	입꼬리를 위쪽으로 올리는 근
입꼬리 내림근	입꼬리를 아래로 내리는 근으로 하향식으로 표현하면 슬프거나 화난 표정이 됨

■ 메이크업 디자인 제안

① 메이크업 디자인 요소
- 색 : 피부를 돋보이게 하고 얼굴의 형태를 수정·보완해 주며 입체를 부여하고 의상, 헤어스타일과의 조화를 통하여 개성을 부각함으로써 상황에 맞도록 메시지를 전달하는 역할
- 형태 : 선과 면으로 표현되며 눈썹 라인, 입술 라인, 아이라인 등은 선으로 표현하고 얼굴형, 아이섀도, 볼, 입술은 면으로 표현
  - 선의 종류와 이미지

직선	단순, 명료, 경직, 엄격함
곡선	부드러움, 여성적임
대각선	대각선에서 시선이 집중되는 쪽이 좁아 보이며 다른 곳은 넓어 보임
상향선	생기 있어 보이는 선으로 지나치면 차갑고 사나워 보일 수 있음
하향선	부드러워 보이지만 우울하고 노화되어 보임
수평선	고요함, 안정적, 평안함, 비활동적인 정적인 느낌으로 무난하고 차분하지만 지루해 보임
수직선	강인한 이미지이며 아래, 위로 시선을 가게 하여 길어 보임

  - 면

좁은 면	눈이나 입술과 같이 표현하기 좁은 부분으로 포인트가 되는 부분
돌출된 면	얼굴에서 나와 있는 부분으로 주로 하이라이트를 주는 부분
들어간 면	얼굴에서 들어가 있는 부분으로 주로 셰이딩을 주는 부분

- 질감 : 주로 피부의 결을 고르게 보이게 하기 위해서 피부 전체에 바르는 파운데이션과 파우더의 양에 따라 표현
- 착시 : 크기나 모양이 같아도 선이나 색에 따라 눈이 착각을 일으켜 다르게 보일 수 있는 것으로, 메이크업에서는 이를 이용하여 개성을 강조하고 단점을 수정하여 원하는 이미지를 만들어 냄

② 메이크업 색채
- 빛의 성질

반사	빛이 물체에 부딪힐 때 진행 방향이 바뀌어 나가는 현상
굴절	빛이 다른 매질의 경계면을 만나면 밀도 차에 의해 진행 방향이 꺾이는 현상
간섭	서로 다른 경로를 지나온 둘 또는 그 이상의 파동이 만나면서 일으키는 현상
회절	직진하는 파동이 장애물의 가장자리에서 휘어져 나오는 것으로 빛이 직진하지 않는 영역에도 도달하는 현상

- 색의 3속성
  - 색상 : 빛의 파장에 따라 생겨나는 수많은 색
  - 명도 : 색의 밝고 어두움의 정도를 나타내는 명암 단계
  - 채도 : 색의 맑고 탁함과 강약을 나타내는 것
- 색의 분류

무채색	• 색상과 채도가 없이 명도만 존재하며 밝을수록 명도가 높음 • 흰색, 검은색, 회색
유채색	무채색을 제외한 모든 색을 말하며 색의 3속성 모두 갖고 있음

- 색의 혼합 : 2가지 이상의 색을 섞는 것

색광 혼합 (가법 혼합)	• 빛을 서로 더했을 때 점점 밝아지는 혼합 • 색광 혼합의 3원색 : 빨강(R), 초록(G), 파랑(B) 예 TV 모니터, 무대 조명, 액정 모니터 등
색료 혼합 (감산 혼합)	• 색을 더했을 때 점점 어두워지는 혼합 • 감법 혼합의 3원색 : 시안(C), 마젠타(M), 노랑(Y) 예 물감, 잉크, 색 필터 등

- 색채의 감정

온도감	• 색상이 주는 따뜻함과 차가움의 정도로 난색일수록 따뜻한 느낌이 들고, 한색일수록 차가운 느낌이 듦 • 색의 3속성 중 색상의 영향이 가장 큼
흥분과 진정	• 난색 계열의 고채도는 감정을 흥분시키고, 한색 계열의 저채도는 진정시키는 효과가 있음 • 색의 3속성 중 색상의 영향이 가장 큼
거리감	• 진출색 : 앞으로 나와 보이는 색 • 후퇴색 : 들어가 보이는 색
중량감	• 색의 3속성 중 명도의 영향이 가장 큼 • 명도가 낮을수록 무겁게 느껴짐

- 색채 배색 : 두 가지 이상의 색을 효과나 목적에 맞게 배치하여 조화로운 이미지를 나타냄
  - 그러데이션 배색 : 색채가 한 방향으로 점진적인 변화를 나타내는 배색
  - 반복 배색 : 두 가지 이상의 색을 일정하게 반복하면서 조화를 주는 방법으로 통일감을 줌
  - 동일 색상 배색 : 동일한 색상에 명도와 채도만 변화시킨 배색으로 무난한 느낌 표현

[03] 퍼스널 이미지 제안

▮ 퍼스널 컬러 파악

① 퍼스널 컬러 분석
- 퍼스널 컬러는 개인이 타고날 때부터 가지고 있는 신체 색이다. 결정요인으로 개인의 피부(팔목 안쪽, 손바닥 색, 모근 등), 머리카락, 눈동자 색 등이 있다.
- 퍼스널 컬러의 이론적 배경

요하네스 이텐 (Johannes Itten)	• 개개인이 사용하는 색상과 그들의 신체 색상이 서로 관련이 있다는 것을 처음으로 알아냄 • 피부색을 사계절 색상으로 구분하여 사계절 색상 분석 방법 고안
로버트 도어 (Robert Dorr)	color key Ⅰ(블루 베이스)과 color key Ⅱ(옐로 베이스)의 차가움과 따뜻함을 기본으로 사람의 신체 색을 옐로 베이스는 따뜻한 유형으로, 블루 베이스는 차가운 유형으로 분류
캐롤 잭슨 (Carole Jackson)	퍼스널 컬러를 패션과 뷰티 분야에 접목하여 의상, 화장, 옷장 계획 등을 위한 가이드로 사계절 컬러 팔레트를 제공하고 신체 색의 톤에 따라 따뜻한 유형의 봄과 가을, 차가운 유형의 여름과 겨울로 세분화

- 퍼스널 유형별 신체 색상의 특징

봄	• 노르스름한 피부에 옐로 베이지가 혼합된 피부 • 피부 결이 섬세하고 투명하며, 볼 부분의 복숭앗빛 혈색이 특징 • 볼의 주근깨는 오렌지빛을 띠며 유난히 쉽게 붉어지는 경향 • 머리카락 색도 밝은 황색이 가미된 비교적 밝은 편 • 눈동자 색도 골든 브라운, 밝은 갈색 등 비교적 밝은 편 • 신체 색상 사이에 콘트라스트가 적으며, 여성스럽고 귀여우며 동안으로 보이는 이미지로 사계절 유형 중 피부색이 가장 밝음
여름	• 불그스름한 피부에 로즈 베이지가 혼합된 피부 • 피부 톤이 밝거나 어둡기보다는 중간색이 많으며, 붉은 경향 • 자외선에 노출되었을 때도 쉽게 붉어졌다 원래 상태로 돌아옴 • 머리카락 색은 중간색으로 밝은 회갈색, 로즈 브라운이 많음 • 눈동자 색도 흐린 빛의 회색이 가미된 로즈 브라운, 그레이 브라운이 많음 • 신체 색상 간의 콘트라스트가 적어, 소프트하고 여성스러운 이미지
가을	• 노르스름한 피부에 골든 베이지가 혼합된 피부로, 봄의 피부보다 짙은 피부색을 띠는 경향이 있음 • 멜라닌 색소가 많아 쉽게 타며 잡티, 기미가 짙고 혈색이 없는 것이 특징 • 헤어 색은 어두운색으로 짙은 적갈색이거나 목탄처럼 불투명한 검은색이 많음 • 눈동자도 어두운색을 지닌 브라운과 검정, 다크 브라운 계열로 깊고 어두운 편 • 신체 색상 사이에 콘트라스트가 적으며, 차분하고 성숙하며 고상한 이미지
겨울	• 푸르스름하고 핑크 베이지가 혼합된 피부로, 유난히 희고 푸른빛의 창백한 피부 • 올리브 계열로 회색이나 흑색이 가미된 짙은 피부인 경우도 있음 • 홍조를 띠지 않으며 피부 결이 얇고 혈관이 비칠 정도로 투명한 것이 특징 • 머리카락 색은 푸른빛을 지닌 어두운 색으로 블루 블랙이거나 회갈색이 많음 • 눈동자 색도 유난히 검은색이거나 밝은 회갈색의 선명한 톤이 많음 • 사계절 피부 유형 중 유일하게 신체 색상 사이에 콘트라스트가 많이 있어 선명하고 명쾌한 이미지

② 퍼스널 컬러 진단
- 퍼스널 컬러 진단을 위한 사전 준비

모델 준비	피부색이 정확하게 드러나도록 화장기가 없는 맨얼굴인 상태가 좋으며, 안경 및 액세서리 등은 빛을 반사해 진단에 방해를 줄 수 있으므로 착용하지 않도록 함
적합한 진단 환경 조성	햇살이 가장 좋은 오전 11시부터 오후 3시 사이에 진단하는 것이 효과적이고, 조명을 사용할 경우 95~100W의 중성광이 적당
드레이핑 진단 도구 준비	• 드레이핑 진단 도구는 사계절마다 톤이 정확하게 구성되어 있는지 확인 • 구성된 색상은 메이크업, 헤어, 의상에 활용하기에 적합한지 확인 • 모델에 적용했을 때 천의 재질이 적절한 반사도를 가졌는지 점검하여 준비
모델에 드레이핑 진단 천 적용	• 드레이핑 진단 천을 모델의 어깨 부위에서 목 밑 부분에 적용 • 한 장씩 넘기면서 얼굴의 색과 형태 변화의 추이 살핌 • 조화와 부조화의 요인으로 분석하여 유형 진단

- 1차에서부터 5차까지 진단을 시행하고 분석한 신체 색상을 진단지에 기록
- 메이크업에서 활용도가 높은 따뜻한 유형과 차가운 유형의 컬러 팔레트를 만듦

■ 퍼스널 이미지 제안하기

① 퍼스널 유형별 컬러 이미지

봄	• 생동감이 있으며 경쾌하고 따뜻한 이미지로 꽃봉오리와 새순 같은 느낌을 연상하게 함 • 밝은 옐로 계열, 피치 계열, 그린 계열로 화사한 분위기의 귀엽고 로맨틱한 이미지가 많고 명도와 채도가 높아 화사하고 경쾌한 이미지 • 노란색을 기본으로 따뜻한 색으로 구분되며 선명하고 강함 • 비비드, 노랑, 오렌지, 블루 그린, 코럴 핑크 등이 대표적인 색
여름	• 기본으로 흰색이 혼합되어 명도가 높고 채도가 낮아 부드러운 이미지 • 부드러운 블루, 퍼플, 핑크 계열의 파스텔 톤으로 자연스러우며 산뜻한 여성 이미지가 많음 • 베이비 핑크, 로즈 핑크, 실버 그레이, 블루 그레이, 소프트 화이트 등이 대표적
가을	• 명도와 채도가 낮아 선명하지 않고 완전한 자연색이며 포근하고 부드러우며 차분하고 우아한 이미지 • 골드, 브라운, 카키, 코럴 핑크, 와인 계열의 중후하고 원숙한 클래식, 엘레강스, 에스닉 이미지가 많음 • 따뜻한 색으로 모든 색에 황색과 노랑이 들어 있음 • 올리브 그린, 커피 브라운, 머스터드, 베이지 등이 대표적인 색
겨울	• 이미지는 차갑고 강렬하며 흑백, 네이비, 마젠타, 와인 계열의 활동적이고 도시적인 모던, 다이내믹, 액티브 이미지가 많음 • 차가운 색으로 모든 색에 푸른색과 검은색이 들어 있음 • 채도가 높으며 명도 차이가 분명 • 바이올렛, 버건디, 그레이 등이 대표적인 색

② 봄 유형에 어울리는 코디네이션

- 귀엽고 사랑스러운 소녀 같은 여성의 이미지를 연출하는 것이 효과적
- 패션 스타일 : 생동감과 경쾌한 색상으로 밝고 활동적인 이미지를 연출하며 노란빛이 가미된 선명한 색과 중간색의 베이지, 아이보리, 핑크 베이지, 피치, 오렌지, 오렌지 브라운, 코럴, 옐로, 옐로 그린, 블루 그린 등으로 밝고 화사한 색 선택
- 메이크업 스타일 : 전체적으로 밝고 맑게 연출하며 밝은색과 중간색으로 은은하고 부드럽게 표현하며 아이라인과 눈썹은 강하지 않게 표현

파운데이션	기본적으로 노란색을 띠는 웜 베이지와 라이트 베이지, 내추럴 베이지, 피치 베이지 계열 선택
아이섀도	노란색이 가미된 색조의 베이지, 아이보리, 피치 핑크, 코럴 핑크, 오렌지, 라이트 옐로, 옐로 그린, 블루 그린 계열 선택
블러셔	피치 베이지, 코럴 핑크, 핑크 베이지, 오렌지 계열 선택
립스틱	코럴 핑크, 피치, 오렌지 계열의 밝은색 선택

③ 여름 유형에 어울리는 코디네이션

- 부드럽고 자연스러우며 우아하고 여성스러운 이미지를 연출하는 것이 효과적
- 패션 스타일 : 부드럽고 차가운 느낌의 파스텔 계열이나 크림 베이지, 라이트 핑크, 인디언 핑크, 로즈 핑크, 아쿠아 블루, 라벤더, 블루 그린, 퍼플, 블루, 그레이 등을 선택해서 세련된 이미지를 연출하는 것이 어울림
- 메이크업 스타일 : 화사하고 우아하게 깨끗한 느낌으로 연출하며, 파스텔과 펄을 사용하여 여성스럽게 연출하고 아이라인과 눈썹은 강하지 않게 표현

파운데이션	흰색과 붉은색을 띠는 쿨 베이지의 파운데이션 색조로 내추럴 베이지, 핑크 베이지, 로즈 베이지 계열 선택
아이섀도	흰색, 푸른색이 가미된 색조의 밝은 옐로, 화이트 핑크, 아쿠아 블루, 베이지 핑크, 핑크, 라벤더, 퍼플, 바이올렛, 블루 그레이 계열 선택
블러셔	붉은색이 가미된 색조의 코럴 핑크, 내추럴 브라운, 핑크, 로즈 핑크 계열을 선택
립스틱	붉은색이 가미된 색조의 로즈 베이지, 베이지 브라운, 핑크 계열 선택

④ 가을 유형에 어울리는 코디네이션
- 성숙하고 고급스러우며 품격 있는 이미지를 연출하는 것이 효과적
- 패션 스타일 : 황색 빛을 띠는 색으로 자연스럽고 차분한 계열의 골드, 오렌지, 베이지, 산호색, 살구색, 머스터드, 카키, 브라운, 코럴 핑크, 올리브 그린 등 전체적으로 온화한 자연의 색상을 선택하여 원숙하고 고급스러운 이미지를 연출하는 것이 어울림
- 메이크업 스타일 : 이지적이고 성숙하게 연출하며 깊이 있는 색조와 그윽한 그러데이션으로 표현하고 한쪽으로 치우치는 포인트 메이크업은 피하며, 전체적으로 색상의 톤을 맞추어 표현

파운데이션	노란색과 황색을 띠는 웜 베이지 색조로 내추럴 베이지, 코럴 베이지, 골든 베이지 계열 선택
아이섀도	황색이 가미된 색조의 베이지, 코럴 핑크, 코럴 베이지, 골드, 카키, 올리브 그린, 브라운 계열 선택
블러셔	코럴 핑크, 코럴, 레드 오렌지 계열 선택
립스틱	버건디, 코럴 베이지, 레드 브라운 등 레드 계열의 중간색이나 짙은 색 선택

⑤ 겨울 유형에 어울리는 코디네이션
- 도도하고 세련되며 도시적인 이미지를 연출하는 것이 효과적
- 패션 스타일 : 푸른빛을 띠는 차가운 색조의 핑크, 블루, 퍼플, 버건디, 블루 그린, 마젠타, 화이트, 블랙, 실버, 그레이, 와인, 레드와인, 블루 그레이 등 강렬하며 선명한 대비가 있는 색상으로 도시적이고 세련된 이미지를 연출하는 것이 어울림
- 메이크업 스타일 : 깔끔하고 또렷한 느낌으로 연출하며 강한 대비효과 또는 선명하고 절제된 원 포인트로 눈매를 강하게 표현하고 입술을 자연스럽게 연출. 혹은 눈매에 최소한의 메이크업을 하며 입술을 또렷하게 표현해 대비가 강하게 연출

파운데이션	흰색과 붉은색을 띠는 쿨 베이지와 화이트 베이지, 내추럴 베이지, 피치 베이지 계열 선택
아이섀도	흰색, 푸른색, 검은색이 가미된 색조의 밝은 옐로, 화이트 핑크, 퍼플, 바이올렛, 그레이, 코코아 브라운 계열 선택
블러셔	붉은색이 가미된 색조의 코럴 핑크, 내추럴 브라운, 화이트 핑크 계열 선택
립스틱	붉은색이 가미된 색조의 누드 핑크 베이지, 누드 베이지, 베이지 브라운, 버건디, 레드, 레드 브라운 계열 선택

CHAPTER 03 | 메이크업 시술 기법

[01] 기초 화장품의 선택 및 활용

▌클렌징

① 클렌징의 역할
- 피부 표면의 메이크업 화장물, 먼지 등을 제거하여 피부를 청결하게 유지함
- 피부 분비물(죽은 각질 등) 등을 제거하여 피부 표면을 부드럽게 함
- 신진대사와 혈액순환을 촉진시켜 건강한 피부를 유지할 수 있게 함

② 클렌징제의 종류

클렌징 워터	• 끈적임이 없고 수분함량이 많아 지성, 건성, 여드름 피부에 적합 • 세정력이 약해 가벼운 메이크업 제거 시 사용
클렌징 젤	• 세정력이 우수하고 물로 제거 가능하며, 피부에 부드럽게 밀착됨 • 지방에 예민한 알레르기 피부, 모공이 넓은 피부, 여드름 피부에 적합
클렌징 로션	• 친수성(O/W형태)의 부드러운 클렌저로 크림 타입보다 유분감이 적음 • 가벼운 메이크업 제거 시 적합 • 피부에 자극이 적어 건성, 지성, 민감성, 노화 피부 등 넓은 범위에서 사용
클렌징 크림	• 유성 성분이 많고(W/O형태, 친유성) 세정력이 우수해 화장이 진한 메이크업 제거에 효과적이며 중성, 건성 피부에 적당 • 부드러운 미용 티슈나 해면 등으로 제거 후 폼 클렌징 등으로 이중 세안 필요
클렌징 오일	• 피부 자극이 적어 건성, 민감성, 수분 부족 피부에 적합 • 물에 지워지지 않는 색조 화장, 포인트 화장 제거에도 효과적 • 지성이나 복합성 피부는 물로만 헹구는 것보다 폼 클렌저로 이중 세안 필요
클렌징 폼 (거품 타입)	• 풍부한 거품으로 피부 자극이 적어 민감성 피부, 건성 피부를 포함한 대부분의 피부에 적합 • 거품이 많고 클수록 피부 자극이 적고 깨끗하게 세안됨
스크럽류	• 알갱이가 함유되어 노화 각질과 노폐물 제거 시 사용(T존 부위에 효과적) • 건성, 민감성 피부는 자극이 갈 수 있으므로 사용 자제
포인트 리무버	피부의 두께가 얇고 짙은 색조 화장을 하는 눈가나 입술 전용 부분 클렌징제

③ 클렌징 수행 순서
- 1차 클렌징(포인트 메이크업 클렌징) 후 2차 클렌징(얼굴 전체 클렌징)
- 2차 클렌징 진행 순서 : 얼굴과 목에 클렌징 로션 또는 크림을 나누어 펴 바르고 가볍고 신속하게, 피부결을 따라 순서대로 문지름 → 찜질 수건, 젖은 해면, 메이크업 티슈 등으로 닦아 냄 → 화장수를 적신 화장솜으로 피부결 방향으로 닦아 피부결 정돈

■ 기초 화장품

① 기초 화장품의 종류

화장수	유연 화장수	• 보습제, 유연제 함유로 각질층을 촉촉하고 부드럽게 하며(수분 공급, 피부 유연 기능), 다음 단계 화장품의 흡수를 용이하게 함 • 건성, 중성, 복합성, 민감성, 노화 피부에 적합
	수렴 화장수	• 알코올 배합량이 많아 청량감을 주는 화장수 • 각질층에 수분 공급 및 모공 수축으로 피부결 정리 및 메이크업 잔여물 제거와 피부 보호 등 피부청결 기능 • 피지, 땀 분비 억제 기능이 있어 지성 피부나 여드름 피부에 적합 • 피부 표면을 건조하게 하여 노화, 건성, 민감성 피부에 부적합
로션		• 피부의 유·수분 균형 조절을 통해 피부의 항상성 유지, 영양 공급 • 점성이 낮은 크림(수분 60~80%, 유분 30% 이하)
에센스		• 보습, 피부 보호, 영양 공급을 위한 미용 성분 고농축 미용액(앰플, 세럼) • 토너 타입, 유화 타입, 오일 타입, 젤 타입으로 구분
크림		• 세안 후 소실된 천연보호막을 일시적으로 보충하기 위해 피부에 촉촉함을 줌 • 외부 자극으로부터의 피부 보호, 영양 공급을 통해 피부의 문제점 개선 • 로션보다 안정성의 폭이 넓고 유분, 보습제, 수분 등의 다량 배합이 가능하여 피부의 수분 밸런스를 일정하게 유지할 수 있음
자외선 차단제		• 자외선을 차단하여 피부를 보호 • 로션이나 크림 형태

② 피부 유형별 사용 방법

정상 피부	관리 요령	• 대부분의 화장품 사용이 가능하나, 선택 시 계절적 요인을 고려해야 함 • 피부 보호능력 저하 방지, 피부 보습 유지 관리를 목적으로 사용
	아침	• 미온수로 세안(클렌저 사용 안 함) • 수렴 및 보습효과가 있는 화장수와 보습크림을 얼굴 및 목 전체에 바른 후 자외선 차단제로 마무리
	저녁	• 젤 클렌저(모든 타입 가능)로 메이크업과 피부 분비물 제거 • 주 1회 효소 클렌저(효소 파우더)로 각질 정리 • 수분 에센스와 아이케어 제품, 보습크림을 얼굴과 목 전체에 사용
건성 피부	관리 요령	• 수분 함량 10~12% 이하에 피지 분비량 부족으로 유·수분 균형이 맞지 않음 • 유·수분 균형 정상화가 필요하므로 알칼리성 비누로 지나친 세안 자제 • 세안 후 유연효과와 보습효과가 있는 화장수와 영양 성분이 높은 건성용 크림 사용
	아침	• 세안 시 미지근한 물로 가볍게 물 세안 • 건성 피부용 토너, 보습 및 보호 크림, 자외선 차단제 사용
	저녁	클렌징(로션, 크림, 오일, 워터, 거품 타입 클렌저) 후 보습효과가 뛰어난 에센스와 크림을 얼굴 및 목 전체 사용
지성 피부	관리 요령	• 호르몬 분비가 활발하여 피지 분비 왕성, 심한 번들거림, 큰 모공, 거친 피부결의 문제가 있고 블랙헤드가 쉽게 발생 • 모공 속 피지·노폐물 제거를 통해 여드름 예방 및 피지 조절 • 피지 조절, 항염증, 수렴 성분이 있는 화장수와 수분 전용 에센스·크림 사용
	아침	• 로션이나 워터, 젤 타입 클렌저로 세안 • 보습크림, 피지 조절크림으로 관리
	저녁	이중 세안으로 꼼꼼히 세안한 후 화장수와 보습크림을 얼굴 및 목 전체에 도포(유분기 높은 화장품 사용 자제)

민감성 피부	관리 요령	• 외부 자극에 예민한 얇고 투명한 피부 • 피부 진정 및 보습, 쿨링효과가 있는 화장품이 좋으며, 항산화 작용을 하는 무알코올 화장수나 식물성 보습크림 등 피부 자극이 없는 화장품 사용
	아침	• 미온수로 세안 • 무알코올 화장수, 수딩 세럼, 크림 도포 후 자외선 차단제 사용
	저녁	클렌징(로션이나 오일, 거품 타입의 저자극 약산성 클렌저) 후 무알코올 화장수와 아이케어 제품, 수딩 세럼, 영양크림 사용
복합성 피부	관리 요령	• T존 부위 : 피지 분비가 많으므로, 피지를 조절할 수 있도록 유분기가 많은 화장품은 자제하고 수렴화장수와 수분 함량이 높은 크림 사용, 클렌징은 로션·젤 타입 사용 • U존 부위 : 피지 분비가 적고 모공이 작으므로, 유·수분을 조절하여 pH를 정상화할 수 있도록 보습효과가 높은 유연화장수 및 영양 성분이 높고 보습효과가 있는 건성용 크림 사용, 클렌징은 유분기 있는 크림, 오일류 사용
	아침	• 젤 클렌징으로 세안 • 수렴, 유연화장수로 부위별로 관리 후 수분에센스·수분크림 사용, 마지막으로 자외선 차단제 바르기
	저녁	클렌징 후 수렴, 유연화장수로 부위별로 관리, 아이케어 화장품, 보습세럼, 보습크림 사용

[02] 베이스 메이크업(base make-up)

■ 베이스 제품 활용

① 메이크업 베이스(make-up base)
- 사용 목적 및 기능
  - 색조 화장 전에 사용하여 얼굴의 피부 톤을 조절하고 피부 색조 보정
  - 파운데이션의 퍼짐성, 밀착력, 지속력을 높임
  - 파운데이션이나 색조 메이크업의 색소침착 방지
  - 자외선 및 외부 환경으로부터 피부 보호
- 종류

리퀴드 타입	데일리 메이크업
젤 타입	청량감이 있어 여름에 사용하기 좋음
에센스 타입	보습 성분 함유로 겨울에 사용하거나 건성 피부에 좋음
크림 타입	두꺼운 화장 전에 사용하며 건성 피부에 좋음
컨트롤 타입	커버력이 있으면서도 촉촉하여 잡티가 많은 피부에 좋음

- 색상 선택

녹색(초록)	붉은 기가 많은 피부(여드름 피부)를 중화, 잡티 커버 가능
분홍색	희고 창백한 피부에 혈색 부여, 신부 메이크업에 사용
흰색	칙칙하고 지저분한 피부를 밝게 표현
노란색	어두운 피부를 중화시켜 밝게 표현
보라색	노란 피부를 중화시켜 화사하게 표현
주황색	탄력 있고 건강한 느낌의 태닝 피부 표현
청색	붉거나 잡티가 많은 피부를 중화시켜 밝게 표현

② 프라이머(primer)
- 넓은 모공, 주름, 여드름 등 피부 요철을 메워 피부 표면을 매끈하게 정돈
- 과도한 유분 분비를 억제하여 피지 조절, 번들거림 방지, 피부 질감 보정
- 다음 단계 화장품의 밀착력을 높여 화장 지속력을 높임

③ 컨실러(concealer)

기능		• 다크서클, 붉은 반점, 기미, 주근깨, 여드름 등 잡티와 결점을 자연스럽게 커버하여 화사하고 깨끗한 피부로 연출 • 파운데이션 도포 전후에 사용
종류	리퀴드 타입	• 수분 함량이 많아 자연스러운 피부 표현이 가능하나 커버력 미흡 • 다크서클 등 다소 넓은 부위에 사용
	크림 타입	유분 함량이 많으며 발림성 및 지속성이 좋음
	펜슬 타입	• 작은 결점 커버에 효과적이며 사용이 간편함 • 점, 입술 라인 등 좁은 부위의 커버에 많이 사용됨
	케이크 타입	• 발림성 및 지속성이 좋아 커버력이 우수함 • 커버 주위와 주변 피부의 경계를 잘 펴 발라 주어야 함
	스틱 타입	• 커버력이 우수하나 매트하며 발림성이 좋지 않음 • 붉은 반점, 뾰루지, 잡티 등 피부 결점 커버에 사용됨
제품 선택 방법	제형 선택	• 다크서클 커버 : 얇고 부드럽게 커버할 수 있는 리퀴드 타입, 크림 타입 • 피부 결점 커버 : 펜슬 타입, 스틱 타입
	컬러 선택	• 다크서클 커버 : 파운데이션보다 밝은 색상 선택 • 피부 결점 커버 : 파운데이션과 경계가 생기지 않도록 파운데이션 컬러와 비슷한 색 선택

④ 파운데이션(foundation)
- 사용 목적 및 기능
  - 자외선, 먼지 등 외부로부터 피부 보호
  - 피부색의 일정한 조절로 통일된 피부색을 만들어 색조 화장 표현을 도움
  - 피부 결점 커버 및 얼굴 윤곽 수정을 통해 입체감 연출
- 파운데이션 종류

리퀴드 타입	수분 함량이 많아 얇고 투명하게 표현되나 커버력, 지속력이 약함
크림 타입	• 유분 함량이 높으며 커버력, 지속력, 발림성 모두 좋음 • 중년층, 건성 피부에 좋음
스킨커버 타입	크림 타입보다 커버력이 좋아 잡티 커버, 웨딩·무대 메이크업 시 사용
스틱 타입	• 커버력이 좋은 농축된 고형 타입 • 커버력, 지속력이 뛰어나 연극 등 무대 분장용으로 사용 • 매트하고 발림성이 좋지 않아 바른 후 브러시나 퍼프를 한 번 더 사용해야 하므로 스피디한 메이크업 불가능
팬케이크 타입	• 물에 녹여 해면 스펀지로 바르고 전용 스펀지로 두드려 마무리 • 사용 시 수분이 증발하고 안료만 남아 안정적인 피부색 표현 가능 • 땀과 물에 강하여 지속력이 뛰어나며 끈적임이 없고 커버력·밀착력이 좋아 활동량이 많은 무용 메이크업 등에 사용

트윈케이크 (투웨이케이크) 타입	• 파운데이션과 파우더를 압축시킨 형태로 커버력과 밀착력이 좋음 • 땀·물 등 습기에 강해 지속력이 좋으므로 여름에 사용하기 좋으나, 매트하여 자주 사용하면 피부 건조 유발(중년 여성에게 부적합)
파우더 타입	• 파우더 분말을 압축하여 매트하며 휴대가 용이하고 빠른 화장 가능 • 습도가 높은 계절에 사용하기 좋으나, 건조함을 유발할 수 있어 민감성·건성 피부에 부적합
쿠션 타입	• 쿠션 형태의 스펀지로 파운데이션을 도장처럼 피부에 찍어 바르는 형태로 번들거림이 없고 간편하게 피부 표현 가능 • 휴대가 간편하며 커버력, 지속력이 뛰어남
BB크림 타입	• 피부과용으로 개발되어 피부과 치료 후 피부 재생이나 보호 목적으로 사용하였으나 현재는 보편적으로 사용됨 • 블레미시 밤(blemish balm)이라고도 하며, 메이크업 베이스와 파운데이션의 융합형으로 잡티 커버 및 피부 톤 정리

• 피부 타입에 맞는 파운데이션 종류

건성 피부	유·수분이 부족하므로 리퀴드, 크림 타입이 적당
지성 피부	수분은 적고 유분은 많으므로 리퀴드, 파우더, 팬케이크 타입이 적당
복합성 피부	U존은 리퀴드·크림 타입, T존은 리퀴드 타입이 적당
노화 피부	유분이 부족하므로 크림 타입이 적당
잡티가 많은 피부	커버력·지속력이 뛰어난 스킨커버, 스틱 타입이 적당

• 피부 색상에 맞는 파운데이션 컬러

흰 피부	• 너무 밝은 색의 파운데이션은 피부가 들떠 보일 수 있음 • 화사한 베이지 컬러로 차분하면서 밀착된 피부 표현
노란 피부	• 일반 베이지색 파운데이션은 칙칙해 보일 수 있음 • 연한 핑크빛 컬러로 화사하면서도 건강하게 표현
붉은 피부	옐로 베이지 컬러로 피부의 홍조를 커버하여 차분한 톤으로 표현
어두운 피부	• 진한 컬러의 파운데이션은 나이 들어 보일 수 있고 시간이 지나면 붉은 톤이 올라올 수 있음 • 연한 핑크빛의 자연스러운 베이지 컬러 선택

• 얼굴 부위에 따른 파운데이션 도포 방법

헤어라인	• 이마와 머리카락의 경계 부분으로, 귀 앞머리 부분까지 남은 파운데이션을 슬라이딩 기법을 사용해 바름 • 헤어라인에 가까울수록 파운데이션 및 파우더를 적게 사용해야 함
T존	• 이마와 콧대가 연결되는 부분으로 하이라이트를 주는 부분 • 유분이 많은 부위이므로 화장이 뭉칠 수 있어 파운데이션을 소량만 사용
Y존	• 눈 밑 광대뼈에 있는 Y모양 부위로 하이라이트를 주는 부분 • 얼굴 움직임이 많고 피부가 얇으므로 파운데이션, 파우더를 소량만 사용
U존(V존)	• 볼에서 턱선으로 이어지는 부위로 얼굴에서 가장 넓은 부분 • T존에 비해 유분이 적어 쉽게 건조해질 수 있으므로 파운데이션을 소량만 사용 • 잡티가 많은 부위로 스펀지를 이용해 패팅 기법으로 발라 주면 깨끗이 커버됨
S존	• 귀밑에서 턱까지 S자로 이어지는 부분으로 윤곽 수정 시 얼굴형에 따라 셰이딩이나 하이라이트를 줄 수 있음 • 메이크업 지속성을 높이기 위해 슬라이딩과 패팅 기법 병행
O존	움직임이 많고 피부가 얇은 눈과 입 주변 부위로, 파운데이션을 얇게 바름

- 파운데이션 바르는 기법

선긋기(lining)	얼굴 윤곽 수정 등을 위해 브러시를 사용하여 선을 긋는 듯 바름
패팅(patting)	• 손가락이나 스펀지 등으로 가볍게 두드리는 기법 • 피부 결점 부위의 밀착력과 흡수력을 높여 자연스럽게 베이스 색과 연결시킬 수 있음
슬라이딩(sliding)	• 얼굴 중심에서 바깥쪽으로 고르게 문지르듯 펴 바르는 기법 • 가장 기초적인 방법
블렌딩(blending)	셰이딩 색, 하이라이트 색 등을 파운데이션 베이스 색과 경계가 생기지 않도록 혼합하듯 바르는 방법
페더링(feathering)	선 경계가 뚜렷하지 않게 연결되어 자연스러워 보이게 하는 방법
에어브러시(airbrush)	에어브러시 건을 사용하여 파운데이션을 고르게 분사하는 방법
스트로크(stroke)	페이스라인, 눈 등을 라텍스 등으로 얇게 밀어 펴주는 방법

⑤ 페이스 파우더(face powder)
- 기능과 종류

기능	• 파운데이션의 유분기를 제거하고 메이크업의 지속성을 높임 • 메이크업이 땀과 물에 얼룩지는 것을 방지 • 자외선이나 유해 환경으로부터 피부 보호 • 난반사 효과(광선을 흡수하거나 반사)로 피부를 화사하고 매끈하게 보이게 함
종류	• 파우더(분말)형 : 피지나 땀 등을 흡수하여 피복성을 높이며 투명감이 있음 • 콤팩트형 : 사용이 간편하고 휴대하기 간편함

- 파우더에 필요한 성질

피복성	주근깨, 기미 등 잡티를 감추고 피부색을 조정함
신전성	부드럽고 매끄럽게 피부에 쉽게 잘 발려서 피부에 생동감을 부여함
착색성	적절한 광택 유지를 통해 피부색을 자연스럽게 조정하고 유지함
흡수성	피부 분비물을 흡수하고 파우더의 지속성을 높임
부착성	피부에 오랜 시간 부착할 수 있어야 함

- 파우더 색상

투명 파우더	색상이 없어 자연스러운 피부 색조 유지에 좋아 내추럴 메이크업에 사용
화이트 파우더	• 피부를 투명하고 밝고 화사하게 표현할 때 사용 • 입체감을 강조하기 위한 하이라이트로 사용하기도 함
컬러 파우더	• 핑크 : 혈색과 생기 부여, 신부 메이크업에 자주 사용 • 오렌지 : 생기 부여, 까무잡잡하고 건강한 피부 강조, 태닝 피부에 사용 • 그린 : 잡티 커버, 붉은 피부 중화, 투명 피부 연출 • 퍼플 : 인공조명 아래 돋보이며 화사한 분위기를 연출해 파티 메이크업에 자주 사용, 노란 피부 중화 • 브라운 : 셰이딩 표현 • 옐로 : 검은 피부 중화
펄 파우더	• 펄이 들어간 파우더로 하이라이트 표현이나 마무리에 사용 • 화려하고 화사한 느낌으로 무대용으로 사용

■ 베이스 메이크업 도구

① 스펀지(sponge)

용도		• 메이크업 베이스와 파운데이션을 펴 바를 때 사용하는 도구 • 탄력있고 밀도가 높은 제품이 밀착력을 높임
종류	라텍스 스펀지	• 천연 생고무가 주원료인 가장 일반적인 스펀지 • 화장품 유·수분 흡수로 지속력을 높이고 그러데이션을 쉽게 함 • 세척이 불가능하여 오염되면 해당 부분을 가위로 잘라낸 후 사용
	합성 스펀지	• 우레탄 등 석유화학물질로 만든 스펀지로 사용 후 세척 가능 • 유분 흡수 능력이 떨어지나 탄성이 좋고 가격이 저렴
	해면 스펀지	• 건조 상태에서는 딱딱하나 물에 담그면 부드러워지는 천연 제품 • 클렌징 도포 시 사용되며 세척 가능

② 브러시(brush)

용도		• 피부 표현과 포인트 메이크업을 위한 도구 • 용도에 따라 크기, 모양이 다양함
종류	컨실러 브러시	• 점, 기미와 같은 작은 잡티나 다크서클처럼 커버가 필요한 곳에 사용 • 작은 브러시를 사용하며, 탄력과 힘이 있는 합성모(인조모)가 좋음 • 일반적으로 1~1.5cm의 납작한 브러시를 고르는 것이 좋으나, 기미·주근깨 등 비교적 넓은 부위는 길고 넓은 브러시 선택
	파운데이션 브러시	• 파운데이션 등을 뭉침 없이 펴 바르기 위해 사용 • 균일하며 자연스러운 피부 표현 가능 • 탄력이 좋으면서 납작한 것을 선택 • 모가 너무 짧거나 두껍거나 강한 탄성은 제외 • 리퀴드나 크림 타입을 많이 사용하므로 인조모가 관리하기 쉬움
	파우더 브러시	• 가장 크고 부드러운 브러시 • 파우더를 피부에 밀착시키고, 깨끗하고 투명한 피부 연출 • 숱이 많고 둥글며, 얼굴 전체에 펴 바를 수 있게 넓적하고, 촉감이 자극 없는 것 선택
	팬 브러시	• 파우더나 아이섀도 가루의 여분을 털어낼 때 사용 • 부채꼴 모양으로 약간 뻣뻣한 모 형태가 좋음
	스크루 브러시	• 나선형으로, 뭉친 마스카라를 풀거나 눈썹 결 정리 • 스크루가 촘촘하고 억센 것은 선택하지 않음
	치크 브러시	• 붓끝이 둥글고 고급 양모로 만들어져 부드러운 촉감 • 파우더용 브러시와 아이섀도 브러시의 중간 크기
	노즈섀도 브러시	• 얼굴의 입체감을 위해 음영을 줄 때 사용 • 사선형의 브러시(코 벽에 음영을 주기 좋음)

③ 기타

퍼프(puff)	• 파우더를 바를 때 사용하는 도구로, 짧은 시간에 깨끗하고 간편한 사용 가능 • 100% 면제품, 결이 부드럽고 탄력성 있는 것이 좋음 • 종류 : 파우더 퍼프, 쿠션 퍼프, 콤팩트 파우더 퍼프 등
스패출러 (spatula)	• 파운데이션, 로션, 크림, 립스틱 등의 제품을 위생적으로 덜어 쓰기 위해 사용하는 주걱 형태의 제품 • 파운데이션 컬러를 피부 톤에 맞추기 위해 제품을 섞을 때 사용 • 짧을수록 손에 힘이 잘 실려 편하게 사용할 수 있음
면봉	눈 주위나 입술과 같이 섬세한 화장 수정 등 메이크업 수정 시 많이 사용됨

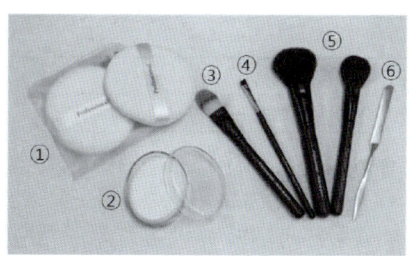

① 퍼프
② 스펀지
③ 파운데이션 브러시
④ 사선 브러시
⑤ 파우더 브러시
⑥ 스패출러

[메이크업 도구]

[03] 얼굴 윤곽 수정

▌얼굴 형태 수정 메이크업

① 얼굴 형태 수정 개요
- 색의 명암 차를 통한 착시 현상을 만들어 얼굴의 입체감을 살리고 얼굴형의 단점을 수정·보완하는 메이크업 방법
- 색의 진출·후퇴의 성질 및 팽창·수축의 성질을 이용함
- 메이크업 시 그러데이션을 자연스럽게 표현하여 서로 다른 톤의 경계가 생기지 않도록 잘 조화시켜야 함

② 윤곽 수정 메이크업 파운데이션 종류

하이라이트(highlight)용	• 화사함과 입체감을 주기 위해 베이스 컬러보다 1~2단계 밝은 톤 사용 • T존, 다크서클, 눈 아래 튀어나온 부분, 턱의 가장 튀어나온 부분, 눈썹 뼈 등 낮은 부분과 좁은 부분에 사용하여 돌출되고 팽창된 느낌 표현
베이스(base)용	• 피부색에 가장 가까운 색상 사용(최근엔 한 톤 밝은 핑크 톤 선호) • 목의 색과 비교하여 자연스러운 색 선택 • 얼굴 외곽을 제외한 전체에 사용
셰이딩(shading)용	• 음영을 주기 위해 베이스 컬러보다 1~2단계 어두운 톤 사용 • 얼굴의 각진 턱 부분, 넓은 이마, 뺨, 볼 뼈, 코 벽, 헤어라인, 얼굴라인 등 축소되게 혹은 움푹하게 보이고자 하는 부위에 사용하여 음영 표현

③ 얼굴형에 따른 윤곽 수정 메이크업
- 계란형 얼굴 : 가장 이상적인 미인형이자 메이크업 시 표준형이 되는 얼굴형으로, 다양한 연출과 테크닉을 구사할 수 있음
- 둥근형 얼굴

특징	• 볼이 둥글고 턱선, 이마, 헤어라인 경계선이 모두 둥근 형 • 얼굴의 폭과 길이가 거의 비슷
이미지	어려 보이며 귀여운 이미지
수정법	• 수정 방향 : 길어 보이도록 세로선, 상승선이나 각진 형 등으로 보완 • 셰이딩 : 얼굴 양쪽 볼 측면 • 하이라이트 : 이마 중앙에서 코끝을 향해 길게, 눈 밑에 연출

- 긴 형 얼굴

특징	얼굴의 가로 폭이 좁고 세로 길이가 긴 형
이미지	성숙하고 우아하나 나이 들어 보이는 이미지
수정법	• 수정 방향 : 얼굴 길이가 짧아 보이도록 가로를 좀 더 길어 보이게 처리 • 셰이딩 : 이마(헤어라인), 턱 끝을 가로 방향으로 어둡게 셰이딩 • 하이라이트 : 이마 중앙, 눈 밑에 수평형(가로 방향)으로 연출

- 사각형 얼굴

특징	이마선과 턱선이 각져 볼 선도 거의 직선에 가까운 형
이미지	활동적이고 남성적인 이미지
수정법	• 수정 방향 : 부드러운 이미지로 바꾸기 위해 이마, 턱선을 곡선형으로 보이게 처리 • 셰이딩 : 이마 양옆, 턱선의 각진 부분(턱뼈 부분)에 셰이딩을 주어 곡선적으로 연출 • 하이라이트 : T존(이마에서부터 콧등 끝까지)에 둥근 느낌으로 처리

- 역삼각형 얼굴

특징	이마가 넓고 턱이 뾰족한 형
이미지	지적이고 세련된 이미지
수정법	• 수정 방향 : 턱이 갸름해 보이는 것은 장점이므로, 이마 양 끝에 살짝 셰이딩을 주면 세련되고 현대적인 이미지를 부각할 수 있음 • 셰이딩 : 이마 양 끝, 턱 끝에 연출 • 하이라이트 : 콧등, 눈 밑, 양쪽 볼에 연출

④ 이미지에 따른 윤곽 수정 방법

부드럽고 귀여운 이미지	눈 밑 뺨 부분에 하이라이트를 넓고 둥글게 넣고, 헤어라인이 둥글어 보이도록 셰이딩을 줌
세련되고 지적인 이미지	볼 뼈 윗부분을 하이라이트 처리하고, 그 밑에 약간 어두운 색을 사용하여 사선으로 셰이딩을 줌
생기있고 활동적인 이미지	볼 뼈 아랫부분에 다소 짙게, 강한 사선의 느낌으로 셰이딩을 줌

■ 피부 결점 보완 메이크업

기미와 주근깨 등 잡티가 많은 피부	• 옐로나 그린 컬러의 메이크업 베이스로 잡티 중화 • 피부색과 비슷한 베이지 컬러의 스틱 파운데이션으로 커버력 있게 도포(파운데이션 도포 후 컨실러를 사용하여 잡티를 커버할 수도 있음) • 베이지 파우더로 마무리
여드름·흉터가 있는 피부	• 그린 컬러의 메이크업 베이스로 붉은 흉터 중화 • 먼저 살짝 어두운 컬러의 파운데이션으로 여드름과 흉터 부분을 커버한 후 피부색이 비슷한 파운데이션으로 전체 커버 • 그린이나 베이지 파우더로 마무리
백반증이 있는 피부	얼굴에 부분적으로 있는 흰 반점을 커버하기 위해 피부색과 가까운 컬러의 베이스 메이크업 제품들로 얼굴의 전체적인 톤을 조절

붉은 기가 많은 피부	• 붉은 기가 있는 부분에 그린이나 청색의 메이크업 베이스로 중화 • 피부 톤과 비슷한 옐로베이지 파운데이션으로 피부 홍조를 자연스럽게 커버 후 옐로 톤이 들어간 베이지 파우더로 마무리
어두운 황갈색 피부	• 옐로 컬러의 메이크업 베이스로 어두운 피부 중화 • 연한 핑크빛의 자연스러운 베이지 혹은 오클베이지 컬러 파운데이션으로 안정감 있게 커버 • 베이지 계열 파우더로 마무리

[04] 색조 메이크업

▌아이브로 메이크업

① 아이브로 기능
- 얼굴형과 눈매의 단점을 보완, 인상을 결정
- 얼굴 이미지에 따른 개성을 연출
- 얼굴 좌우 균형을 이루어 안정감을 줌

② 아이브로 형태별 이미지

직선형	• 활동적이며 남성적인 이미지 • 긴 얼굴형, 긴 네모형의 얼굴에 잘 어울림
각진형	• 단정하고 세련된 이미지 • 둥근 얼굴, 넓은 삼각형 얼굴에 잘 어울림
아치형	• 여성적이고 우아한 이미지 • 이마가 넓은 얼굴, 각진 얼굴, 역삼각형 얼굴에 잘 어울림
상승형	• 역동적이며 개성 있고 강한 이미지 • 둥근 얼굴형이나 각진 얼굴형에 잘 어울림

③ 아이브로 색상

블랙	단정하면서 시크해 보이고 중성적인 이미지를 표현
회갈색	동양인에게 가장 잘 어울리는 컬러로, 단정하고 자연스럽게 표현
브라운	머리 색이나 눈동자 색이 밝은 경우 잘 어울림. 부드럽고 밝은 이미지로 표현

④ 얼굴형에 따른 아이브로 표현

달걀형	가장 이상적인 얼굴형으로 기본형 아이브로를 자연스럽게 그림
둥근형	눈썹산을 약간 높게 그리면 얼굴이 갸름해 보임
긴 형	약간 도톰한 수평 형태의 일자형으로 그리면 얼굴이 길어 보이지 않음
삼각형	본래 형태보다 꼬리 부분을 늘려 약간 긴 형태로 그리면 얼굴이 작고 이마가 넓어 보임
역삼각형	눈썹산을 약간 앞으로 당겨 그리면 이마가 좁아 보임
사각형	눈썹산을 둥글게 그리면 여성스럽고 부드러워 보임

⑤ 아이브로 정리 방법
- 스크루 브러시로 눈썹 모 정리
- 모델의 얼굴형 및 눈썹 형태를 고려하여 눈썹 형 그리기

- 눈썹산에서 눈썹꼬리까지 아래로 빗어 형태 밖으로 벗어난 부분은 수정 가위나 눈썹 칼로 정리하기
- 길이가 긴 아이브로는 수정 가위로 자르기(너무 짧지 않게)
- 스크루 브러시를 이용하여 결대로 빗어 마무리

⑥ 기본형 아이브로 그리는 방법
- 얼굴형과 이미지를 고려하여 아이브로를 디자인한 후 콤 브러시로 눈썹 결대로 빗기
- 눈썹의 앞머리는 콧방울에서 수직으로 올렸을 때 눈썹과 만나는 곳에 위치
- 눈썹산은 눈썹을 3등분했을 때 2/3 지점에 위치
- 눈썹꼬리는 콧방울과 눈꼬리를 사선으로 연결하여 45°가 되는 지점에 위치
- 눈썹 앞머리는 최대한 자연스럽고 엷게 펴 바르고, 뒤로 갈수록 진하고 자연스럽게 그러데이션

⑦ 아이브로 특징에 따른 수정 방법

숱이 두꺼운 눈썹	얼굴형에 맞게 자연스럽게 손질하여 갈색과 회색 섀도로 정리 후 나머지 눈썹 부분은 제거함
숱이 적은 눈썹	아이브로 펜슬로 본래의 눈썹 모양을 최대한 살려서 자연스러운 형태로 그림
아래로 처진 눈썹	아래로 처진 눈썹을 정리하고 아이브로 펜슬로 형태를 그림
올라간 눈썹	올라간 눈썹을 정리하고 아이브로 펜슬로 형태를 그림
모가 불규칙한 눈썹	불규칙한 눈썹을 정리하고 아이브로 펜슬로 형태를 그린 후 갈색과 회색 섀도로 정리

▌아이섀도 메이크업

① 아이섀도 기능
- 눈에 음영을 주어 깊이감과 입체감 표현
- 눈매를 수정 및 보완, 컬러에 따라 다양한 이미지 연출

② 아이섀도 부위별 명칭

베이스 컬러	눈두덩이 전체에 바르는 컬러. 피부 톤과 비슷한 색상 사용
메인 컬러	아이섀도 전체 분위기는 내는 컬러. 눈 중앙 부분에 펴 바름
포인트 컬러	눈매를 강조하기 위하여 짙은 색으로 쌍꺼풀 라인이나 눈꼬리에 펴 바름
하이라이트 컬러	눈썹뼈 아랫부분, 눈 앞머리, 눈동자 중앙 위치에 발라 입체감을 표현
언더 컬러	눈 언더라인에 바르는 선 느낌의 섀도. 포인트 컬러로 사용한 색상을 바르면 자연스러움

③ 아이섀도 종류

케이크 타입 (프레스트 파우더 타입)	파우더를 압축시켜 만든 콤팩트 형으로 그러데이션이 쉽고 혼합과 도포가 쉽지만, 잘 지워지고 파우더가 날림
크림 타입	유분이 들어 있어 발림성이 좋고 발색력과 도포가 간단하지만, 얼룩과 뭉치는 경향이 있고 지속력이 미흡함
펜슬 타입	크림 타입과 같은 제형으로 휴대하기 좋고 발색력이 우수하나, 그러데이션 표현이 어려움
파우더 타입	펄을 함유한 파우더 타입은 광택 질감으로 화려한 느낌을 주어 하이라이트용으로 사용하지만 펄 날림이 심함
스틱 타입	전문가용으로 색감이나 표현력이 강함

④ 아이섀도 색상

핑크 계열	어려 보이고 소녀다운 느낌이 강조. 흰 피부에 적합
오렌지 계열	따뜻한 느낌, 밝고 경쾌한 느낌, 건강한 이미지. 약간 검은 피부에 적합
블루 계열	시원하고 차가운 느낌, 젊고 깨끗한 이미지. 여름 메이크업에 적합
그린 계열	젊고 생기 있어 보임, 신선한 느낌. 봄 메이크업에 포인트 색으로 적합
바이올렛 계열	귀족적, 우아한 여성미 강조. 흰 피부나 파티 메이크업에 적합
브라운 계열	자연스럽고 차분한 느낌. 어느 피부에나 적합하며 입체감을 살리는 데 사용
회색 계열	시크한 느낌. 흰 피부에 적합하며 스모키 메이크업에 많이 사용

⑤ 눈 모양에 따른 아이섀도 표현

큰 눈	연한 색으로 부드럽고 자연스럽게 표현. 포인트 색상도 너무 강하지 않게 표현
작은 눈	눈 앞머리부터 눈꼬리까지 라인을 중심으로 짙은 색으로 표현. 눈두덩이로 갈수록 옅은 색으로 그러데이션
눈두덩이가 나온 눈 (부어 보이는 눈)	펄감이 있거나 붉은 계열은 피하고 브라운이나 그레이 계열의 딥 톤을 선택. 포인트 색상은 선을 긋는 것처럼 선명하게 표현
움푹 들어간 눈	펄감이 있거나 따뜻한 계열의 밝은 색으로 그러데이션. 포인트 색상도 밝은 계열의 색상을 선택
처진 눈	눈두덩이에 아이섀도 컬러를 폭넓게 바르고 눈꼬리의 언더라인 부위에도 진하지 않은 색상으로 그러데이션
올라간 눈	눈 앞머리와 눈꼬리의 언더라인 부분을 강조하여 포인트를 주고 라인 주변을 부드럽게 그러데이션
눈 사이가 먼 눈	눈 앞머리에 포인트를 주어 눈 사이가 좁아 보이도록 표현
눈 사이가 가까운 눈	눈꼬리 쪽으로 포인트를 주어 눈 사이가 멀어 보이도록 표현

⑥ 아이섀도 바르는 방법
- 베이스 섀도 : 피부 톤과 비슷한 색상의 아이섀도를 눈두덩이에 넓게 바름
- 메인 섀도 : 베이스보다 진하고 포인트보다 옅은 색상의 아이섀도를 선택하여 눈을 떴을 때 보이는 부분까지 바름
- 포인트 섀도 : 메인 섀도보다 짙은 색을 눈 크기, 형태에 따라 쌍꺼풀 부위나 눈꼬리 부분 등 바를 부위를 선정하여 강약을 조절하며 바름

아이라인 메이크업

① 아이라인 기능
- 눈매를 강조하여 눈이 커 보이게 함
- 눈매를 보완하여 또렷하게 함

② 아이라인 색상

블랙	선명한 눈매를 표현. 두껍게 그리면 강한 이미지 연출이 가능
브라운	부드럽고 자연스러운 이미지 표현
기타	메이크업 이미지나 계절을 고려하여 블루, 와인, 그레이 선택 가능

③ 아이라이너 종류

펜슬 타입	초보자도 쉽게 사용할 수 있으며 그러데이션이 자연스러우나, 번짐이 많고 지속력이 떨어짐
리퀴드 타입	번짐이 없고 지속력이 우수하고 색상이 선명함. 섬세한 라인을 그릴 수 있으나 빛 반사 정도가 적은 제품을 선택하는 것이 좋음
젤 타입	선명하게 연출 가능하며 그러데이션이 쉬움. 리퀴드 타입보다 광택과 번짐이 적음
케이크 타입	액체를 섞어 사용하여 점성 조절이 가능하고 부드럽게 발색되며 자연스러운 눈매 표현이 가능. 펜슬보다는 적게 번지나 지속력이 높지 않음

④ 눈 모양에 따른 아이라인 표현

쌍꺼풀 없는 눈	눈 아래, 위 라인을 약간 굵게, 눈꼬리 부분에서 라인이 만나지 않게 그림
쌍꺼풀 있는 눈	속눈썹에 가깝게 가늘고 섬세하게 그림
올라간 눈	위 라인을 가늘게 그리고 언더라인을 수평 또는 살짝 아래로 그림
내려간 눈	위쪽 눈꼬리 부분에서 라인을 약간 올려서 굵게 채워 그리고 언더라인은 생략하거나 연하게 그림
두툼한 눈	눈 앞머리부터 꼬리까지 라인을 그리고, 눈꼬리 부분은 굵게 그림
동그란 눈	눈동자 중앙 부분은 생략하고 눈 앞머리, 눈꼬리 부분만 살짝 그림
가늘고 긴 눈	눈동자 중앙 부분을 도톰하게 그리고 눈 앞머리, 눈꼬리 부분은 자연스럽게 그림

⑤ 아이라인 그리는 방법
- 눈꺼풀 위치를 확인하고 눈 앞 부분 → 중앙 → 끝 부분 순서로 라인을 그림
- 속눈썹 사이를 메운다는 느낌으로 그리며 두께와 길이를 조정
- 눈의 3/4 지점을 지나면서 1~2mm 끌어 올리고 눈 길이보다 1~2mm 길게 그려 완성
- 아이라이너와 같은 색의 아이섀도를 덧발라 번짐 방지

■ 마스카라 메이크업

① 마스카라 기능
- 속눈썹을 길고 풍성하게 만듦
- 눈이 커 보이고 깊이감 있는 눈매를 연출

② 마스카라 색상

블랙	선명하고 깊은 눈매 표현에 적당
브라운	부드러운 눈매 표현에 적당
기타	메이크업 이미지나 계절에 따라 블루, 와인 등 선택 가능

③ 마스카라 종류

컬링 마스카라	속눈썹을 올려주는 효과가 뛰어나 속눈썹이 처진 사람에게 유용
볼륨 마스카라	속눈썹을 풍성하게 해 주어 속눈썹 숱이 적은 사람에게 유용
롱래시 마스카라	섬유질이 들어 있어 속눈썹이 길어 보이는 효과
워터프루프 마스카라	물에 강해 눈 주위가 쉽게 번지는 사람에게 효과적이고 건조가 빠르고 내수성이 좋아 여름철에 유용. 오일 타입 성분으로 클렌징
투명 마스카라	마스카라가 잘 번지는 경우 유용. 아이브로 메이크업 시 빗겨 주면 자연스러운 눈썹 연출

④ 속눈썹에 따른 마스카라 표현

긴 속눈썹	숱이 많고 두꺼운 오버사이즈 브러시
짧은 속눈썹	얇은 솔로 된 브러시
가늘고 숱이 적은 속눈썹	끝이 점점 가늘어지는 원뿔 모양 브러시
일자로 처진 속눈썹	볼록한 땅콩 모양 브러시
컬링이 된 속눈썹	살짝 휘어진 스푼 모양 브러시
아래 속눈썹	나선 모양 브러시

⑤ 마스카라 바르는 방법
- 속눈썹 컬링 : 속눈썹에 아이래시컬러를 대고 속눈썹 뿌리 → 중앙 → 끝부분을 살짝 눌러 줌. 2~3회 반복
- 마스카라 바르기 : 마스카라 액을 조절하고 눈을 아래로 뜨고 위쪽에서 아래로 쓸어 준 후 좌우로 흔들며 위로 3~4회 쓸면서 올림
- 언더 마스카라 : 시선을 위로 보게 하고 마스카라 브러시를 세로로 세워 바름
- 마스카라 액이 뭉치면 스크루 브러시로 빗겨 풀어주며 마무리

▌ 립 메이크업

① 립 메이크업 기능
- 립은 얼굴 형태에서 이미지를 결정하는 데 중요한 역할을 함
- 다양한 재료의 질감, 발색을 통하여 다양한 이미지 연출 가능
- 피부색, 아이섀도, 계절, 의상 등 전체적인 분위기에 맞춰야 함

② 립 라인 유형

스트레이트	• 입술 라인을 둥글리지 않고 구각에서 입술산까지 선을 직선으로 그림 • 활동적이고 지적인 이미지(유니폼에 어울림)
인 커브	• 입술이 두껍거나 큰 사람의 단점을 보완하기 위하여 원래 입술보다 1~2mm 작게 그림 • 귀엽고 여성스러운 이미지
아웃 커브	• 입술이 얇고 작은 사람의 단점을 보완하기 위하여 원래 입술보다 1~2mm 넓게, 입술선을 둥글게 그림 • 성숙하고 여성스러운 이미지

③ 립 제품 종류

립스틱	가장 대중화된 제품으로 색상과 질감이 다양하고 사용이 간편함 • 표준 질감 : 색상 변화가 적고 약간의 윤기가 있음. 가장 무난한 타입 • 매트 : 광택이 없고 색이 강하며 지속력이 우수. 쉽게 건조해짐 • 롱 래스팅 : 색소 성분을 강화하여 오랜 시간이 지나도 지워지지 않음 • 모이스처라이징 : 보습 성분이 있어 촉촉하고 윤기가 남. 색의 퍼짐성은 좋으나 번질 우려가 있고 지속력이 떨어짐 • 글로스 : 오일 함유량이 높아 색이 진하고 번들거림. 건조가 빨라 자주 덧발라야 함
립밤	빠르게 흡수되어 보습효과가 뛰어나며 입술 주름을 완화
립글로스	오일 타입으로 입술에 윤기를 주어 촉촉한 입술을 표현하고 볼륨감을 주지만 지속력이 미흡
립틴트	착색제의 일종으로 다른 립 종류보다 지속력이 뛰어남

④ 립 색상

레드	강렬하고 화려한 이미지
핑크	청순하고 부드러운 이미지
오렌지	밝고 생동감 있는 이미지
브라운	차분하고 지적인 이미지
퍼플	우아하고 신비로운 이미지

⑤ 입술 모양에 따른 립 표현

두꺼운 입술	파운데이션으로 입술을 커버하고 짙은 색을 선택하여 원래 입술 라인보다 1~2mm 안쪽으로 그림
얇은 입술	엷은 파스텔 계열이나 펄이 들어간 립스틱으로 원래 입술 라인보다 1~2mm 바깥쪽으로 그림
작은 입술	핑크, 오렌지 계열 색으로 입술 전체 길이와 넓이를 1~2mm 넓혀 그림
돌출형 입술	짙은 색 립라이너로 라인을 그리고 짙은 색을 선택하여 안쪽을 채움
처진 입술	밝고 펄이 든 색을 선택하여 입술 구각을 살짝 올려 그림
주름이 많은 입술	유분기가 적은 연한 계열 제품을 선택. 파우더로 유분기를 없앤 후 펜슬 타입 립라이너로 라인을 선명하게 그림
라인이 흐린 입술	립라이너, 립 펜슬 등으로 라인을 또렷하게 그리고 선명한 색으로 안을 채움

⑥ 립 바르는 방법
- 입술 정리 : 입술 보호제를 면봉이나 립 브러시에 묻혀 잔여물을 닦고 립밤 등을 발라 촉촉하게 정리한 후 컨실러를 이용하여 입술선 정리
- 윤곽 그리기 : 얼굴형 및 입술 형태를 고려하여 입술 두께 및 구각의 넓이 등을 정하고 립 브러시나 립라이너를 이용하여 입술산 → 아랫입술 수평선 → 구각에서 입술 중앙 순으로 그림
- 립스틱 바르기 : 윗입술과 아랫입술 비율을 1 : 1.5 정도로 하고, 입술산을 기준으로 대칭이 되도록 채움
- 마무리 : 면봉으로 입술 구각을 정리하고, 컨실러나 파운데이션으로 립 모양을 수정한 후 경우에 따라 립글로스나 펄 파우더로 하이라이트를 주어 마무리

▌ 치크 메이크업

① 치크 메이크업 기능
- 혈색을 부여하여 건강하고 활력 있어 보이게 함
- 얼굴에 입체감을 주며 얼굴형을 수정·보완
- 피부 색조를 보정하며, 방법에 따라 다양한 이미지 연출이 가능(립 메이크업과 조화를 이룰 수 있는 유사 색상 계열을 선택하는 것이 좋음)

② 치크 제품 종류

케이크 타입	파우더 압축 형태. 색감 표현이 쉬우며 혈색을 나타내거나 윤곽 수정용으로 사용
크림 타입	지속력과 발색이 뛰어나고 그러데이션이 용이. 글로시한 질감을 표현할 때 사용

③ 치크 색상

핑크	귀엽고 사랑스러운 이미지
오렌지	건강하고 밝은 이미지. 여드름 피부는 붉은 기가 두드러질 수 있음
로즈	화사하고 여성스러운 이미지
브라운	세련되고 지적인 이미지

④ 얼굴형에 따른 치크 표현

달걀형	다양한 연출과 테크닉 가능
둥근형	광대뼈 윗부분에서 입꼬리 끝 방향으로 사선으로 표현
긴 형	귀에서 볼 중앙을 향하여 가로 방향으로 표현
역삼각형	파스텔 톤 블러셔를 이용하여 광대뼈 윗부분을 부드럽게 표현
사각형	광대뼈 아랫부분에 둥글고 부드럽게 표현

⑤ 이미지에 따른 치크 표현

사랑스럽고 귀여운 이미지	핑크 계열로 광대뼈를 중심으로 둥글게 표현
세련되고 지적인 이미지	브라운 계열로 볼뼈를 중심으로 위쪽은 밝은색, 아래쪽은 어두운색으로 표현
여성스럽고 화려한 이미지	레드 계열로 볼뼈를 중심으로 감싸듯이 둥글려 표현
건강하고 활동적인 이미지	오렌지 컬러 크림 치크를 피부색과 유사한 파운데이션과 섞어 자연스럽게 표현
청순하고 연약한 이미지	핑크와 연보라를 섞어 광대뼈를 부드럽게 감싸고 혈색처럼 표현
동양인의 오리엔탈 이미지	오렌지 컬러 크림 치크를 애플 존에 발라 노란 피부색을 중화

⑥ 치크 바르는 방법
- 피부색, 아이섀도, 립 색상에 맞는 색상을 선택하여 손등에서 양을 조절
- 둥글게 튀어나오는 부분을 중심으로 볼뼈를 감싸듯 펴 바름
- 경계가 생기면 파우더 퍼프를 이용하여 T존은 좌우로, 광대뼈 위는 사선으로, 턱은 가볍게 돌려 경계선이 보이지 않도록 보완

[05] 속눈썹 연출 및 연장

▌인조 속눈썹 연출

① 인조 속눈썹 기능
- 속눈썹이 더 길고 풍성해짐
- 눈매가 또렷하고 커 보이는 효과
- 길이, 굵기, 모양, 형태에 따라 이미지 연출 가능

② 인조 속눈썹 종류

스트립 래시	눈 모양으로 휘어진 띠에 인조 속눈썹이 붙어 있는 형태. 눈 길이에 맞게 띠를 잘라 사용
인디비주얼 래시	인조 속눈썹이 한 가닥 또는 2~3가닥이 한 올을 이루는 형태. 본래 속눈썹 사이사이에 필요한 만큼 붙여 자연스러운 이미지 표현
연장용 래시	기존 속눈썹 위에 한 올씩 연장해 붙여 길어 보이도록 하는 인조 속눈썹. 2~3주 정도 지속 가능

③ 눈매별 인조 속눈썹 적용
- 지방층이 두껍고 쌍꺼풀이 없으며 강한 아이 메이크업을 선호하는 경우 : 일반적인 길이보다 1~2mm 정도 길게 재단
- 눈매 길이가 짧고 미간이 좁은 경우 : 눈 뒷머리의 길이를 길게 표현하고 속눈썹 숱에 포인트
- 눈매 길이가 길고 눈 크기가 작고 미간이 넓은 경우 : 눈 뒷부분을 짧게 하고 앞부분부터 중앙까지 길이감을 주어 답답해 보이지 않도록 적용

④ 인조 속눈썹 부착 도구

아이래시컬러	속눈썹 부착 전 속눈썹의 컬링을 조절
핀셋	속눈썹을 부착하거나 제거할 때 모양이 망가지지 않기 위해 사용
속눈썹 접착제	속눈썹을 붙일 때 사용
눈썹 가위	인조 속눈썹을 재단하거나 가닥을 자를 때 사용
면봉 또는 스틱	접착제 양을 조절하거나 부착할 때 사용
아이라이너	속눈썹 접착제 부위를 자연스럽게 감추는 데 사용
마스카라	속눈썹 부착 전후의 상태를 보고 적용

⑤ 속눈썹 부착 방법
- 속눈썹을 뿌리 앞, 중간, 끝부분 3단계로 구분하여 완만하게 C 커브의 컬을 만듦
- 눈 모양, 길이, 형태를 고려하여 인조 속눈썹을 재단. 3등분 또는 5등분하면 자연스러운 연출 가능
- 속눈썹 부착 부분인 띠를 부드럽게 하고, 안쪽 선을 따라 접착제를 바르고 양 끝은 한 번 더 바름
- 눈 앞머리에서 5mm 떨어져서 속눈썹 가까이 붙임
- 눈꼬리 부분은 아이라인 형태에 맞춰 붙임
- 면봉이나 스틱으로 띠 부분을 살짝 누름
- 접착제 흔적이 보이지 않게 아이라인을 수정하고 마스카라를 덧발라 마무리

⑥ 속눈썹 제거 방법
- 메이크업 리무버 또는 스킨이나 진정제를 발라 눈 부위를 진정시키며 눈꼬리에서 눈 앞머리를 향하여 잡고 떼어냄
- 떼어낸 인조 속눈썹은 접착액과 마스카라액이 녹도록 리무버에 하루 정도 담가 둠
- 핀셋으로 담가 둔 인조 속눈썹을 꺼내 티슈에 댄 후 손으로 접착액, 마스카라 여분, 유분기 등을 제거하고 핀셋으로 접착액 여분을 제거
- 속눈썹의 양 끝부분에 속눈썹 접착액을 발라 원래 케이스에 고정하여 보관

■ 속눈썹 연장

① 속눈썹 연장 재료 및 도구

가모(연장모)	• 합성 섬유모 : PBT 원사를 가공하여 만든 것으로 부드럽고 탄성이 좋으며 컬 유지력이 우수 • 천연모 : 인모나 동물 털을 가공한 것으로 가볍고 자연스러우며 밀착력이 우수
글루(접착제)	속눈썹에 가모를 붙이는 접착제
글루 리무버	가모를 제거하거나 글루를 닦아낼 때 사용
글루판	글루를 덜어서 쓰는 판
전처리제	시술 전 속눈썹에 있는 이물질이나 유분기를 제거할 때 사용
소독제	손이나 도구를 소독할 때 사용
핀셋	가모를 잡아 부착하는 도구. 일자 핀셋, 곡자 핀셋이 있음
속눈썹 판	시술이 용이하도록 가모 길이를 단계별로 구분하여 부착
송풍기	시술 완성 후 글루를 건조할 때 사용
아이패치	위아래 속눈썹이 붙지 않도록 아래 속눈썹의 눈 밑 라인 곡선에 맞춰 부착
팬 브러시	시술 전후 이물질이나 잔여물을 털어내기 위해 사용
속눈썹 브러시	완성된 속눈썹을 정리할 때 사용
마이크로 브러시	글루 리무버를 묻혀 가모를 제거할 때 사용
우드 스패출러	전처리제나 글루 리무버 사용 시 눈썹 아래에 대고 사용
탈지면 용기	소독에 필요한 탈지면을 보관하는 용기
헤어 터번	시술 시 고객의 피부에 손이 닿는 것을 방지
스킨 테이프	위아래 속눈썹이 붙지 않도록 아래 속눈썹을 고정하거나 위 눈꺼풀을 당기는 용도로 사용

② 가모 컬 구분

J컬	가장 자연스러운 기본 컬. 내추럴한 이미지에 적합
JC컬	J컬과 C컬의 중간. 세련된 이미지에 적합하며 아이래시컬러를 사용한 효과를 줌
C컬	볼륨감이 있어 생기 있고 발랄한 이미지에 적합
CC컬	가장 풍성한 볼륨감과 컬링감. 화려한 스타일에 적합하며 눈매를 부각하고 커 보이게 하나 조금 인위적임
L컬	일반적인 라운드 형태보다 접착 부분이 길어 오래 유지. 자연스러움과 화려함을 동시에 연출

③ 가모의 길이

8mm	눈썹 앞머리와 사이사이 짧은 눈썹에 사용
9mm	본인 속눈썹 정도의 자연스러운 길이에 적합
10mm	적당한 길이를 원할 때 적합(일반적으로 10~12mm를 선호)
11mm	매혹적인 긴 눈썹을 원할 때 적합
12mm	긴 속눈썹으로 화려한 눈매를 연출하고자 할 때 적합

④ 가모의 굵기

0.10mm	마스카라를 약 2번 덧바른 느낌으로 자연스러움
0.15mm	마스카라를 약 3번 덧바른 느낌으로 또렷한 느낌
0.20mm	마스카라를 약 4번 덧바른 느낌으로 진하고 풍성한 느낌

⑤ 눈 형태에 따른 디자인

눈 형태	이미지	속눈썹 디자인
둥근 눈	명랑, 발랄, 귀여움, 밝음	J컬 가모로 눈꼬리에 포인트를 주고 길이와 밀도를 높여 눈이 길어 보이도록 연장
가는 눈	섬세함, 냉정, 예리함	J, C컬 가모로 눈 중앙에 포인트를 주고 길이를 높여 눈이 커 보이도록 부채꼴 모양으로 연장
올라간 눈	날카로움, 예리함, 고집	J컬 가모로 눈 앞쪽에 포인트가 되도록 밀도를 높이고, 눈꼬리 쪽 속눈썹의 길이를 높여 연장
처진 눈	온순, 순진, 비굴, 미숙함	C, CC, L컬 등 컬링이 강한 가모를 사용하여 눈꼬리가 올라가 보이도록 연장. 길이가 너무 길지 않도록 주의
큰 눈	시원, 명랑, 정열, 감수성	J컬 가모로 부채꼴 모양으로 연장
작은 눈	답답함, 완고함, 소극적	J, C컬 가모로 눈 중앙에서 눈꼬리 부분에 길이와 밀도를 높여 포인트가 되도록 연장
튀어나온 눈	고집, 심술, 퉁명	J컬 가모로 눈 앞머리와 눈꼬리 부분에 포인트를 주어 부드러운 이미지로 연장. 조금 짧은 가모를 선택
꺼진 눈	성숙, 피곤, 세련	J, C컬 가모로 눈 중앙 부위에 길이와 밀도를 높여 연장
미간이 넓은 눈	밝음, 발랄, 서구적, 현대적	C컬 가모로 눈 앞머리를 밀도나 컬을 높여 풍성하게 연장
외꺼풀 눈	고집, 고전, 냉정	JC컬, C컬의 다소 긴 가모로 연장

⑥ 이미지에 따른 디자인

내추럴 이미지	J컬(10~11mm)을 이용하여 전체적으로 고르게 시술하면서 뒷부분을 앞부분보다 길게 붙임
시크 이미지	J컬이나 JC컬(7~12mm)을 이용하여 눈꼬리에 포인트를 두고 중앙은 사이드 포인트로 연출. 눈 앞머리 숱을 적게 하고 눈꼬리로 갈수록 풍성하게 표현
큐트 이미지	CC컬(6~12mm)을 이용하여 눈 중앙에 포인트를 두고 눈 앞머리와 눈꼬리는 사이드 포인트로 연출

⑦ 속눈썹 연장 방법

준비 과정	• 속눈썹 연장에 필요한 시술 재료와 도구 준비 및 소독 • 고객의 머리를 터번으로 감싼 후 움직이지 않도록 고정 • 아래 속눈썹의 눈 밑 라인 곡선에 맞춰 아이패치 부착
시술 과정	• 전처리 : 속눈썹 전용 전처리제를 면봉과 마이크로 브러시에 묻힌 후 속눈썹 모근에서 모 끝 방향으로 닦기 • 가모 및 글루 준비 : 가모를 길이별로 플레이트 판에 부착하여 준비하고 필요한 양의 글루 준비 • 속눈썹 가르기 : 눈매 폭, 모양, 탈모 상태를 고려하여 기준점을 잡고 핀셋 2개를 사용하여 왼손 핀셋으로 속눈썹 가르기 • 가모 분리 : 오른손 핀셋으로 가모의 1/3 위치를 잡고 분리 • 글루 묻히기 : 분리한 가모를 45° 각도로 잡고 가모의 1/2 지점까지 글루 묻히기 • 가모 부착 : 눈매 폭, 모양, 속눈썹 탈모 상태를 고려하여 컬, 길이, 양을 적용하고 속눈썹 모근에서 1.5~2mm 정도 떨어뜨려 부착. 눈 앞부분은 8mm, 꼬리 부분은 9mm, 눈 앞머리와 중앙 사이는 10mm, 눈꼬리와 중앙 사이는 10~11mm, 눈 중앙은 11~12mm로 시술
마무리 과정	• 글루가 건조된 것을 확인하고 정제수를 묻힌 화장솜을 이용하여 부드럽게 테이프 제거 • 드라이어나 송풍기를 사용하여 글루 건조 • 건조 확인 후 속눈썹 빗을 이용하여 빗질하며 눈썹 정돈

■ 속눈썹 리터치

① 속눈썹 상태에 따른 리터치

정상적인 속눈썹	• 일반적인 리터치 주기는 4주이고, 4주 이후에는 전체를 제거한 후 재시술하는 것이 바람직 • 눈매 상태에 따라 다양한 컬과 길이를 상담한 후 결정
힘이 없거나 얇은 모	리터치 주기가 짧으면 좋지 않으며, 고객의 요구에 맞추어 0.07~0.10mm의 싱글 가모 등 얇고 가벼운 모가 적합
외부 자극으로 약해진 모	• 리터치 주기는 1~2주 빠르게 진행되며, 자연 속눈썹의 건강 상태에 따라 제품과 시술 방법 결정 • 0.10mm의 Y래시와 싱글 가모 등 가벼운 모를 사용 • 모가 심하게 손상되었을 경우 일정 기간 시술을 멈추는 것이 좋음
두껍고 처진 모	• CC컬, L컬, 아이래시컬러를 이용하여 처진 눈썹을 올려 줌 • 지나치게 두꺼운 자연모는 컬의 힘을 받지 못하므로 0.15mm 굵기의 가모로 시술하는 것이 적당

② 속눈썹 리터치 방법

준비 과정	• 속눈썹 연장에 필요한 시술 재료와 도구 준비 및 소독 • 고객의 머리를 터번으로 감싼 후 움직이지 않도록 고정 • 아래 속눈썹의 눈 밑 라인 곡선에 맞춰 아이패치 부착
시술 과정	• 리터치 범위 지정 : 가모 접착면의 뿌리가 들린 경우, 접착면의 방향이 틀어진 경우, 접착면이 흔들리는 경우를 구분하여 제거 범위 정하기 • 가모 제거 : 시술 범위에 따라 리무버 타입을 선택하여 가모 제거 • 전처리제 도포 : 전처리제를 면봉과 마이크로 브러시에 묻힌 후 속눈썹 모근에서 모 끝 방향으로 닦기 • 리터치 시술 : 숱이 적은 눈부터 붙이고 다른 쪽 눈의 균형을 맞춤
마무리 과정	테이프 제거 → 글루 건조 → 속눈썹 정리

■ 연장 속눈썹 제거

① 연장 속눈썹 제거 원인
- 가모가 거의 탈락하고 몇 가닥만 남아 지저분한 경우
- 속눈썹 시술 후 완성된 모습이 마음에 들지 않는 경우
- 시술 후 불편함을 느끼거나 이상 증상이 나타나는 경우

② 연장 속눈썹 제거 방법

부분 제거	• 시술 준비 : 도구 준비 및 소독, 터번 감싸기 • 아이패치 부착 • 제거할 모 선정 후 속눈썹을 가르고 제거할 모를 면봉 위에 올림 • 마이크로 브러시에 젤 리무버를 바른 후 가모에 부드럽게 발라 가모 분리 • 마무리 작업 : 새 면봉과 마이크로 브러시에 정제수를 묻혀 남은 리무버를 닦고 영양제 바르기
전체 제거	• 시술 준비 : 도구 준비 및 소독, 터번 감싸기 • 아이패치 부착 • 속눈썹과 연장 모의 접착면 전체에 크림 타입 리무버 도포 후 5분 정도 대기 • 마이크로 브러시를 이용하여 가모의 모근에서 모 끝 방향으로 부드럽게 밀어내듯 가모 분리 • 마무리 작업 : 새 면봉과 마이크로 브러시에 정제수를 묻혀 남은 리무버를 닦고 영양제 바르기

CHAPTER 04 | 메이크업 응용 기법

[01] 본식 웨딩 메이크업

■ 본식 웨딩 메이크업 연출의 특징
① 맨눈으로 보는 메이크업이므로 인위적이지 않은 연출이 중요
② 화사한 컬러를 사용하면서도 자연스러운 메이크업을 연출해야 함
③ 피부 결을 살린 촉촉한 베이스로 주름이나 결점이 드러나지 않도록 주의
④ 화사하고 두껍지 않은 광채 피부와 라인을 강조하여 또렷한 인상을 연출
⑤ 보디 메이크업 및 웨딩의 여러 가지 요소와 조화를 이루어야 함

■ 실내 웨딩 메이크업의 특징
① 조명의 영향을 많이 받으므로 빛을 확인하는 것이 기본
② 장시간 진행되므로 건강한 피부 표현 및 메이크업의 지속력과 밀착감이 중요
③ 색조 메이크업
- 주요 색상을 결정할 때 신부의 이미지, 계절, 피부 톤과 웨딩드레스의 색 등을 먼저 고려
- 신부의 헤어스타일, 신랑과 연령차, 예식 장소 등도 고려해야 함

④ 메이크업 연출

피부 표현	• 메이크업 베이스는 화사한 느낌을 위해 핑크나 퍼플 색을 발라 주되 많이 바르지 않아야 함 • 피부 톤은 좀 더 밝고 화사하게 표현하고 컨실러로 피부 결점을 완벽하게 커버
눈썹	• 신부의 얼굴형에 맞고 얼굴형을 보완해 줄 수 있는 형태로 그려 줌 • 산을 너무 높이 올리거나, 각이 많이 지거나, 진한 눈썹이 되지 않도록 주의
기타	• 야하거나 강한 색상을 사용하면 신부의 순결함과 청순함에 부정적인 영향을 줄 수 있으므로 강한 눈 화장, 얼굴의 과도한 윤곽 수정은 피해야 함 • 목과 경계선, 팔, 가슴 부위의 톤 차이가 느껴지지 않도록 파운데이션을 발라 주고, 지속력을 높이기 위해 패팅 기법으로 세심히 두드려 주어야 함

⑤ 장소별 메이크업

장소	이미지	메이크업 연출
호텔	화사하고 밝은 이미지	• 여성스럽고 우아하면서도 화사한 색상 사용 • 피부 표현과 아이섀도 색상은 펄감 있는 제품 사용
예식장	사랑스럽고 로맨틱한 이미지	• 화사하고 자연스러운 핑크 계열의 피부 표현 • 피부 톤보다 약간 더 밝은 파운데이션 선택
성당·교회	차분하고 우아한 이미지	• 강한 색조와 펄 제품보다 차분한 컬러 사용 • 정숙하고 우아한 이미지를 연출할 수 있는 색상 선택

■ 속눈썹 리터치

① 속눈썹 상태에 따른 리터치

정상적인 속눈썹	• 일반적인 리터치 주기는 4주이고, 4주 이후에는 전체를 제거한 후 재시술하는 것이 바람직 • 눈매 상태에 따라 다양한 컬과 길이를 상담한 후 결정
힘이 없거나 얇은 모	리터치 주기가 짧으면 좋지 않으며, 고객의 요구에 맞추어 0.07~0.10mm의 싱글 가모 등 얇고 가벼운 모가 적합
외부 자극으로 약해진 모	• 리터치 주기는 1~2주 빠르게 진행되며, 자연 속눈썹의 건강 상태에 따라 제품과 시술 방법 결정 • 0.10mm의 Y래시와 싱글 가모 등 가벼운 모를 사용 • 모가 심하게 손상되었을 경우 일정 기간 시술을 멈추는 것이 좋음
두껍고 처진 모	• CC컬, L컬, 아이래시컬러를 이용하여 처진 눈썹을 올려 줌 • 지나치게 두꺼운 자연모는 컬의 힘을 받지 못하므로 0.15mm 굵기의 가모로 시술하는 것이 적당

② 속눈썹 리터치 방법

준비 과정	• 속눈썹 연장에 필요한 시술 재료와 도구 준비 및 소독 • 고객의 머리를 터번으로 감싼 후 움직이지 않도록 고정 • 아래 속눈썹의 눈 밑 라인 곡선에 맞춰 아이패치 부착
시술 과정	• 리터치 범위 지정 : 가모 접착면의 뿌리가 들린 경우, 접착면의 방향이 틀어진 경우, 접착면이 흔들리는 경우를 구분하여 제거 범위 정하기 • 가모 제거 : 시술 범위에 따라 리무버 타입을 선택하여 가모 제거 • 전처리제 도포 : 전처리제를 면봉과 마이크로 브러시에 묻힌 후 속눈썹 모근에서 모 끝 방향으로 닦기 • 리터치 시술 : 숱이 적은 눈부터 붙이고 다른 쪽 눈의 균형을 맞춤
마무리 과정	테이프 제거 → 글루 건조 → 속눈썹 정리

■ 연장 속눈썹 제거

① 연장 속눈썹 제거 원인

- 가모가 거의 탈락하고 몇 가닥만 남아 지저분한 경우
- 속눈썹 시술 후 완성된 모습이 마음에 들지 않는 경우
- 시술 후 불편함을 느끼거나 이상 증상이 나타나는 경우

② 연장 속눈썹 제거 방법

부분 제거	• 시술 준비 : 도구 준비 및 소독, 터번 감싸기 • 아이패치 부착 • 제거할 모 선정 후 속눈썹을 가르고 제거할 모를 면봉 위에 올림 • 마이크로 브러시에 젤 리무버를 바른 후 가모에 부드럽게 발라 가모 분리 • 마무리 작업 : 새 면봉과 마이크로 브러시에 정제수를 묻혀 남은 리무버를 닦고 영양제 바르기
전체 제거	• 시술 준비 : 도구 준비 및 소독, 터번 감싸기 • 아이패치 부착 • 속눈썹과 연장 모의 접착면 전체에 크림 타입 리무버 도포 후 5분 정도 대기 • 마이크로 브러시를 이용하여 가모의 모근에서 모 끝 방향으로 부드럽게 밀어내듯 가모 분리 • 마무리 작업 : 새 면봉과 마이크로 브러시에 정제수를 묻혀 남은 리무버를 닦고 영양제 바르기

CHAPTER 04 | 메이크업 응용 기법

[01] 본식 웨딩 메이크업

■ 본식 웨딩 메이크업 연출의 특징
① 맨눈으로 보는 메이크업이므로 인위적이지 않은 연출이 중요
② 화사한 컬러를 사용하면서도 자연스러운 메이크업을 연출해야 함
③ 피부 결을 살린 촉촉한 베이스로 주름이나 결점이 드러나지 않도록 주의
④ 화사하고 두껍지 않은 광채 피부와 라인을 강조하여 또렷한 인상을 연출
⑤ 보디 메이크업 및 웨딩의 여러 가지 요소와 조화를 이루어야 함

■ 실내 웨딩 메이크업의 특징
① 조명의 영향을 많이 받으므로 빛을 확인하는 것이 기본
② 장시간 진행되므로 건강한 피부 표현 및 메이크업의 지속력과 밀착감이 중요
③ 색조 메이크업
  • 주요 색상을 결정할 때 신부의 이미지, 계절, 피부 톤과 웨딩드레스의 색 등을 먼저 고려
  • 신부의 헤어스타일, 신랑과 연령차, 예식 장소 등도 고려해야 함
④ 메이크업 연출

피부 표현	• 메이크업 베이스는 화사한 느낌을 위해 핑크나 퍼플 색을 발라 주되 많이 바르지 않아야 함 • 피부 톤은 좀 더 밝고 화사하게 표현하고 컨실러로 피부 결점을 완벽하게 커버
눈썹	• 신부의 얼굴형에 맞고 얼굴형을 보완해 줄 수 있는 형태로 그려 줌 • 산을 너무 높이 올리거나, 각이 많이 지거나, 진한 눈썹이 되지 않도록 주의
기타	• 야하거나 강한 색상을 사용하면 신부의 순결함과 청순함에 부정적인 영향을 줄 수 있으므로 강한 눈 화장, 얼굴의 과도한 윤곽 수정은 피해야 함 • 목과 경계선, 팔, 가슴 부위의 톤 차이가 느껴지지 않도록 파운데이션을 발라 주고, 지속력을 높이기 위해 패팅 기법으로 세심히 두드려 주어야 함

⑤ 장소별 메이크업

장소	이미지	메이크업 연출
호텔	화사하고 밝은 이미지	• 여성스럽고 우아하면서도 화사한 색상 사용 • 피부 표현과 아이섀도 색상은 펄감 있는 제품 사용
예식장	사랑스럽고 로맨틱한 이미지	• 화사하고 자연스러운 핑크 계열의 피부 표현 • 피부 톤보다 약간 더 밝은 파운데이션 선택
성당·교회	차분하고 우아한 이미지	• 강한 색조와 펄 제품보다 차분한 컬러 사용 • 정숙하고 우아한 이미지를 연출할 수 있는 색상 선택

야외 웨딩 메이크업의 특징

구분	내용
피부 표현	• 피부 표현은 밝게 하되 창백해 보이지 않아야 함(너무 밝으면 화장이 들떠 보이거나 부자연스러울 우려가 있음) • 장시간 촬영으로 화장이 들뜨거나 뭉칠 수 있으므로 티슈와 수분 공급 스프레이, 라텍스 스펀지 등으로 파운데이션 수정 작업 준비 • 햇빛이 강할 경우 쉽게 유분기가 올라와 번들거리고 끈적이기 때문에 베이스 메이크업은 속은 촉촉하게, 겉은 세미 매트로 완성
아이 메이크업	• 브라운 톤을 이용해 부드러우면서도 깊이 있는 분위기 연출 • 햇빛 아래서는 펄감이 없는 제품이 분위기 있는 눈매를 연출함 • 일광 반사판의 조명을 사용하므로 너무 흐릿한 색조 화장보다는 핑크나 오렌지 계열의 아이섀도를 바름 • 블루나 그린 계열의 아이섀도도 야외 촬영장에서 특히 돋보이는 색
립스틱	초록이 많은 공원에서 촬영할 경우 붉은 계열의 립스틱이 화사해 보이고 보색 대비에 따라 훨씬 선명하고 깔끔해 보임
기타	• 펄이 없는 제품을 주로 사용하기 때문에 전체적인 느낌이 너무 성숙해 보이지 않도록 블러셔나 립은 화사한 핑크 톤으로 매치 • 너무 과도한 펄감이 있는 화장 방법과 과한 색조 사용 자제 • 강한 셰이딩, 하이라이트 등 윤곽 수정은 인위적으로 보이므로 주의 • 붉은 계열의 볼 화장은 피해야 함 • 신랑과 피부 톤 차이가 심하게 날 수 있으므로 신부의 피부 톤 선택에 주의

웨딩 컬러 이미지

① 이미지에 따른 색채

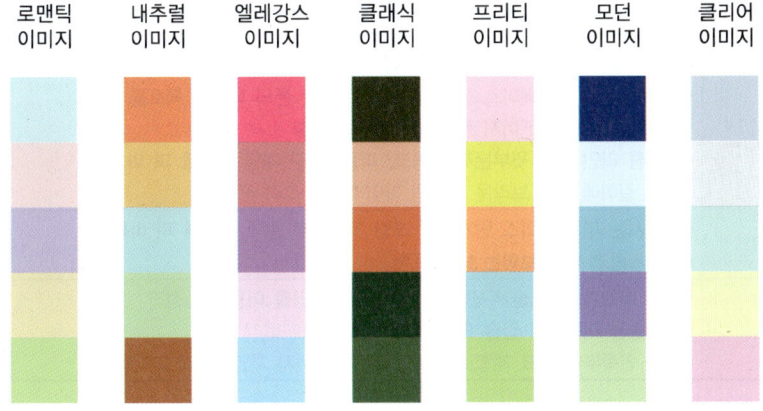

② 웨딩드레스 컬러에 따른 메이크업

컬러	이미지	메이크업 연출
화이트	순수함, 깨끗함	핑크와 베이지 톤으로 깨끗한 내추럴 이미지로 표현
핑크, 아이보리	귀여움, 로맨틱함	치크와 립에 포인트를 준 사랑스러운 이미지로 표현
크림	우아함, 고급스러움	골드와 피치 톤으로 우아하고 고급스러운 이미지로 표현

■ 웨딩 콘셉트에 따른 메이크업

① 내추럴(natural) : 자연스러우면서도 신부의 순결함이 묻어나는 청초한 느낌

베이스	• 피부 톤을 한 톤 정도 밝고 화사하게 표현, 파우더는 소량만 도포 • 피부를 최대한 얇게 표현하기 위해 리퀴드 파운데이션 사용
아이	색조를 최대한 배제, 아이라인·컬링된 속눈썹으로 또렷한 눈매 표현
치크	수줍은 신부를 표현하기 위해 볼에 연한 핑크로 은은하게 표현
립	• 최근 트렌드를 반영하여 자연스러운 느낌으로 표현 • 슈거 핑크 틴트로 물들이고 립글로스를 덧발라 연출

② 엘레강스(elegance) : 차분하고 세련된 이미지로, 더 여성스럽고 기품 있는 분위기로 표현

베이스	• 피부 톤보다 한 톤 밝은 파운데이션, 핑크 파우더로 화사하게 표현 • 신부의 피부 상태를 고려하여 리퀴드 파운데이션과 컨실러를 믹스 • 컨투어링 메이크업을 하고 부드러운 피부 표현을 하여야 함
아이	• 아이섀도는 핑크 베이지 톤을 눈두덩이 전체에 고르게 펴 바름 • 핑크, 그레이, 퍼플 계열을 아이홀까지 차례대로 펴 바름 • 퍼플과 브라운 컬러를 쌍꺼풀 라인에 발라 그윽한 분위기의 눈매 연출
치크	• 광대뼈 하단 부분으로 미디엄 브론즈로 셰이딩 • 피치 톤으로 애플 존에 색감을 더해 성숙함 표현
립	• 컨실러를 활용하여 입술 수정 • 내추럴 컬러 립라이너로 입술을 선명하게 그리고 골드 피치 톤으로 표현

③ 로맨틱(romantic) : 청순하고 사랑스러운 이미지를 표현

베이스	• 화장 솜에 스킨을 충분히 사용하여 피부 결 방향으로 닦아 줌 • 수분 크림을 보충하며 부드럽게 마사지 후 핑크 톤 업 크림으로 피부 톤 정리
아이	• 숱을 정리하고 눈썹 톤을 맞추기 위하여 눈썹 칼과 가위 이용 • 눈두덩이에 기본 베이스 컬러보다 한 톤 밝은 톤의 파우더 팩트를 바름 • 아이섀도는 핑크 베이지 컬러를 사용하여 연출 • 쌍꺼풀 라인 약간 윗부분까지 핑크, 퍼플, 살구 계열 색조를 펴 바름 • 눈매 길이에 맞춰 브라운 컬러의 아이라인을 그려 줌
치크	• 블러셔는 피부 베이스 단계에서 크림 타입으로 광대 부분에 펴 바름 • 자연스럽고 어려 보이는 느낌 표현
립	• 립을 바르기 전 입술 주변의 피부 톤을 컨실러를 이용하여 정리 • 립펜슬을 이용하여 입술 모양을 그려 줌 • 입술 안쪽부터 핑크 계열로 짙게, 입술 라인까지 자연스럽게 그러데이션

④ 클래식(classic) : 단아하면서 고급스럽고, 전형적이면서 기품 있는 신부의 느낌 연출

베이스	깨끗한 피부 표현 위해 잡티를 꼼꼼하게 커버, 윤광 피부로 고급스럽게 표현
아이	• 베이지나 브라운 톤으로 은은하게 색감을 넣음 • 과하지 않은 아이라인과 속눈썹으로 깨끗하게 표현
치크	로즈 핑크처럼 단아한 컬러로 생기 있게 표현
립	• 깔끔한 입술을 표현하기 위해 컨실러를 활용하여 입술을 수정 • 체리 핑크나 코럴 오렌지 등으로 윤기 있게 표현

⑤ 모던(modern) : 도시적이며 세련되고 현대적 여성의 자아를 표현하는 신부의 느낌 연출

베이스	• 피부 톤에 맞춰 차분한 피부 톤으로 고운 피부 결을 표현 • 파우더를 이용하여 약간의 유분만 잡아 줌
아이	• 누드 베이지 톤을 눈두덩이 전체에 고르게 펴 바름 • 베이지, 브라운 계열을 쌍꺼풀 라인까지 차례대로 펴 바름 • 다크 브라운, 블랙 색상으로 아이라인에 포인트를 주고, 눈매 길이를 길게 그림 • 선의 느낌이 너무 강하지 않게 면적인 느낌과 섞어 그려 줌 • 다크 브라운과 블랙 젤 라인을 믹스하여 아이라인을 그려 줌
치크	베이지 브라운 계열로 연하게 음영만 표현
립	레드와 와인 컬러 사용, 립의 컬러감을 또렷하게 표현

⑥ 트래디셔널(traditional) : 한복의 고전적 느낌 극대화, 단아함·절제됨을 은은하게 연출

베이스	• 메이크업 베이스로 피부 톤을 맞추고, 파운데이션으로 밝고 화사하게 표현 • 파우더로 마무리하되 너무 건조하지 않도록 유분기를 조절하여 마무리 • 베이스 단계에서 크림 블러셔를 이용하여 자연스러운 피부 톤을 만듦
아이	• 한복 깃과 한복의 고름 색상 등을 고려하여 아이섀도는 은은하게 표현 • 아이라인은 점막 부분을 채우고, 눈매 라인을 교정하여 마무리
치크	• 블러셔는 한복의 기본 컬러에 맞춤 • 소프트한 느낌의 컬러를 이용하여 광대뼈가 강조되지 않게 하고 화사하게 마무리
립	• 입술은 살짝 붉은색을 사용하여 자연스럽게 표현 • 입술 주변 어두운 부분 형태 등은 컨실러로 마무리한 후 자연스럽게 표현

■ 신랑 웨딩 메이크업

베이스	• 피부 타입에 맞는 기초 제품을 사용하여 유·수분 밸런스를 맞춤 • 자연스러운 연출을 위해 피부 톤과 유사한 컬러의 비비 크림을 바름 • 피부 톤에 맞는 색상의 파우더를 소량 사용하여 바름
윤곽 수정과 노즈섀도	• 피부 톤보다 약간 어두운 브라운 컬러의 섀도를 브러시에 묻히고 페이스 라인 외곽 부분부터 안쪽으로 쓸어 주듯 윤곽을 만듦 • 피부 톤보다 약간 어두운 섀도를 노즈 브러시를 사용하여 바름 • 눈썹머리 부분부터 가볍게 쓸어 주며 자연스러운 음영을 넣음
아이브로	• 눈썹 컨디션에 맞춰 아이브로 펜슬로 한 올 한 올 심어 채워주듯 그림 • 좌우 밸런스가 맞는 눈썹을 그려 윤곽을 잡고, 점차 눈썹 형태를 만듦 • 눈썹 컬러와 유사한 색상의 아이브로 섀도 사용 • 눈썹의 숱이 많다면 결을 매끄럽게 정리만 해주는 것도 좋음
아이	• 브라운 계열로 살짝 음영 표현 • 눈매를 수정하는 개념으로 자연스럽게 표현
립	• 립 라인이 없는 경우 입술 색과 동일한 펜슬로 살짝 잡아줌 • 베이지 계열의 립이나 립밤을 발라 촉촉하게 해줌

■ 혼주 메이크업

베이스	• 유·수분 밸런스를 위하여 기초 제품을 피부에 충분히 흡수시킴 • 파운데이션을 전체적으로 얇게 바르되, 주름이 강조되지 않도록 눈가와 입가는 최대한 얇게 바름 • 기미, 잡티는 컨실러와 믹스하여 도톰하게 덧바른 후 퍼프로 두드림 • 파우더는 볼, 눈두덩이, 콧방울 등 유분 발생 부위에 소량만 사용 • 윤곽 수정은 눈썹 머리 부분부터 아래로 가볍게 쓸어 주고, 자연스럽게 음영을 넣음
아이브로	• 눈썹용 가위를 이용해 양쪽 눈썹의 밸런스를 맞춰서 정리 • 눈썹 톤에 맞는 컬러의 섀도를 아이브로 브러시를 사용해 그림 • 다크 브라운 컬러의 아이브로 펜슬로 눈썹 결의 방향을 따라 그림 • 한복 착용 시 아치형 눈썹을 그려 우아함을 강조
아이	• 핑크, 피치 등 한복 색상에 맞는 컬러의 아이섀도를 아이홀의 앞머리와 끝부분에 바르고, 더 진한 음영 컬러로 눈꼬리 강조 • 중앙 부분에 골드 컬러로 하이라이트를 줌 • 브라운 젤 아이라이너로 눈매를 그리고 눈꼬리를 위로 살짝 올려 줌 • 블랙 리퀴드 라인으로 속눈썹을 채우고, 아이래시컬러로 속눈썹에 컬을 줌
치크	• 연한 코럴 컬러의 치크를 광대뼈 아랫부분부터 볼까지 사선으로 연결 • 연한 핑크색 치크를 볼 중앙에 둥글리듯 펴줌 • T존, Y존, 눈썹 뼈 부분에 하이라이터를 이용해 밝게 표현
립	• 처져 보이는 구각 부분을 베이지 핑크 컬러의 립라이너를 이용해 입꼬리가 올라가 보이도록 보완해서 그림 • 진한 핑크 톤으로 입술을 채우고, 소량의 립글로스를 바름

[02] 응용 메이크업

■ 패션 이미지의 개념

① 개성을 표현하는 시각적 요소로, 적극적으로 타인에게 자신의 이미지를 드러낼 수 있는 도구
② 체형을 고려하며 상황에 적합한 패션 스타일을 연출하고 이에 어울리는 메이크업을 구사하기 위하여 유형별 패션 이미지를 정확히 인식하는 것이 필요

■ 패션 이미지에 따른 메이크업

① 내추럴 : 자연스러움, 편안함, 소박함, 차분함, 따뜻함, 천연소재 사용

베이스	쉬머한 베이스 제품과 액상 파운데이션으로 가볍게 표현
아이브로	베이지 브라운색을 이용하여 눈썹 결을 살리며 기본형으로 그림
아이	• 아이섀도 : 베이지, 핑크, 피치 등의 소프트한 색상으로 표현 • 아이라인 : 자연스럽게 그리고 속눈썹을 마스카라로 마무리
립	누드 톤이나 생기 있어 보이는 색상으로 촉촉한 입술 표현
치크	• 얼굴형을 보완하여 하이라이트와 셰이딩을 가볍게 함 • 핑크나 피치 색상으로 부드럽게 볼을 감싸는 듯한 터치로 표현

② 클래식 : 고전적, 고상한 이미지, 고유의 독창성 유지, 장식 강하지 않음

베이스	• 피부의 결점은 컨실러로 커버하고 파운데이션과 파우더로 피부 표현 • 입체적 얼굴 표현을 위해 T존에 하이라이트, 헤어라인과 네크라인은 셰이딩을 강조
아이브로	브라운색으로 각지게 눈썹을 그려서 고전적인 이미지 연출
아이	• 아이섀도 : 하이라이트, 메인, 포인트 색상의 그러데이션으로 눈매가 입체적으로 보일 수 있도록 표현 • 아이라인 : 검정 아이라인을 선명하게 그리고 볼륨감 있는 마스카라로 마무리
립	립 라인을 직선으로 선명하게 그려 준 후 레드 또는 레드 브라운 계열의 립스틱으로 깨끗하게 발라 립라인과 경계가 없게 표현
치크	핑크 브라운 색상으로 광대뼈를 중심으로 사선 방향이 되도록 터치

③ 엘레강스 : 품위, 세련, 단정하면서 흘러내리는 듯한 우아한 드레이핑

베이스	부드러우면서도 격조가 느껴지게 결점을 커버하며 파운데이션을 바름
아이브로	그레이 브라운 색상으로 부드러운 아치형 눈썹을 그려 우아한 눈매를 만듦
아이	• 아이섀도 : 소프트한 색상 또는 샤이니한 질감의 아이섀도로 눈두덩이에 광택을 준 후 포인트 색상으로 눈매를 선명하게 표현 • 아이라인 : 너무 진하지 않게 그린 후 마스카라로 마무리
립	소프트한 핑크 베이지 또는 레드 색상의 립스틱으로 입술을 표현
치크	하이라이트와 셰이딩을 하고 피치 색상을 이용해 혈색 있는 볼을 만듦

④ 로맨틱 : 아름답고 달콤함, 섬세함, 꿈꾸는 듯한 분위기, 낭만, 온화함, 여성스러움, 부드러운 색조, 플레어스커트, 프릴・드레이프 원피스, 블라우스로 표현

베이스	깨끗하고 밝은 피부 표현을 위하여 한 톤 밝은 파운데이션 이용
아이브로	브라운 색상을 이용하여 귀여운 이미지 연출, 살짝 둥글리며 그림
아이	• 아이섀도 : 화이트와 파스텔 색상으로 사랑스러운 눈을 표현 • 아이라인 : 부드럽고 동그랗게 그림
립	핑크나 오렌지 색상을 이용하여 입술을 촉촉하게 발라 줌
치크	핑크나 피치 색상을 부드럽게 둥글려 소녀의 상기된 듯한 뺨 표현

⑤ 모던 : 진보적, 전위성, 현대적, 이지적, 차갑고 딱딱한 느낌의 세련되고 도회적인 스타일, 심플・샤프하며 개성적인 이미지, 포스트모던, 하이테크, 퓨처리스트 룩 등, 줄무늬・기하학적 무늬, 체크 등

베이스	도자기 같은 피부 표현 위해 프라이머나 쉬머한 제형 사용
아이브로	그레이 브라운을 이용하여 각지게 눈썹을 그려줌
아이	무채색 계열의 아이섀도로 눈매 표현, 이때 펄이 가미된 제품을 사용하면 미래적이고 도시적인 이미지 연출 가능. 마스카라로 마무리
립	누드 톤 또는 와인 색상의 립스틱을 이용하여 입술을 그려줌
치크	베이지 브라운을 이용하여 사선 방향으로 볼 터치하여 마무리

⑥ 매니시 : 남성적, 자립적, 1930년대 영화배우 디트리히의 신사복이 효시, 남녀 간 평등 의도, 화려함과 격조, 침착, 기품, 넥타이나 손수건, 딱 맞게 떨어지는 남성 맞춤 정장 등

베이스	남성적 이미지를 위해 얼굴 윤곽을 직선으로 강조되게 파운데이션을 발라 줌
아이브로	다크 그레이 색상으로 각진 상승형의 눈썹으로 표현하여 남성미를 더해 줌
아이	무채색 계열로 눈 메이크업 강조, 직선적인 검정 아이라인으로 눈매 강조
립	누드 톤 또는 상반된 깊은 색상으로 입술 라인을 각지게 하여 표현
치크	베이지 브라운을 이용하여 사선 방향으로 볼 터치하여 마무리

⑦ 액티브 : 건강미, 생동감, 적극적, 재킷에 바지나 스커트를 조합한 활동적인 스타일, 티셔츠, 면바지, 카디건 등을 간편하고 친밀하게 코디네이션, 경쾌하면서 자연스러운 스타일에 적합한 배색으로 젊은 감각을 지닌 이미지

베이스	활동적 이미지를 전달하기 위하여 피부 톤을 조금 글로시하게 표현
아이브로	브라운 색상으로 눈썹을 각진 기본형이나 상승형으로 그려줌
아이	밝고 경쾌한 이미지를 전달하기 위하여 채도가 높은 오렌지, 핑크, 블루, 그린 등의 색상으로 원 포인트 눈 메이크업을 표현
립	눈 메이크업 색상의 채도가 높으면 입술은 글로스로 마무리. 소프트하게 표현했다면 비비드한 레드, 핑크 색상의 립스틱으로 포인트를 줌
치크	핑크, 피치, 브라운 색상을 이용해 사선 방향으로 볼 터치

⑧ 에스닉 : 특정 지역의 자연환경 · 생활 풍습 · 민속 의상 · 장신구 등에서 영감을 얻은 독특한 색이나 소재, 수공예적 디테일 등을 넣어 소박한 느낌 강조, 잉카의 기하학적인 문양, 인도네시아의 바틱, 인도의 사리, 중국의 차이나 칼라, 유럽의 자수 문양, 아랍권의 민속 의상, 아프리카의 토속 의상 등

베이스	어떤 민족풍의 메이크업인지에 따라 매트 또는 촉촉하게 연출
아이브로	레드 브라운 또는 다크 브라운으로 눈썹을 일자로 진하게 그려줌
아이	• 아이라인을 중심으로 콜 메이크업 또는 스머지 효과를 주며 아이섀도 표현 • 볼륨 마스카라로 눈매를 또렷이 표현
립	투명 립글로스 또는 레드 브라운 색상의 립스틱으로 그려줌
치크	볼 터치를 넓게 수평으로 발라 주거나, 사선으로 강하게 표현

⑨ 아방가르드 : 예술사적 전통 거부, 극단적 새로움 추구, 예술과 비예술의 틀을 없애 자유롭게 표현한 급격한 진보적 성향, 독특한 재단 · 스타일, 비대칭 · 과장된 실루엣, 미니멀리즘과 볼륨감 있는 스타일의 조화 등으로 혁신적인 감각을 표현, 유머와 재미를 더함

베이스	매트 또는 글로시로 피부 질감을 표현
아이브로	블랙 색상으로 진하고 선명하게 상승형으로 눈썹을 그려줌
아이	• 아이섀도의 패턴 또는 색상을 과감하고 과장되게 표현 • 어두운 무채색이거나 강렬한 원색, 펄 입자 등으로 표현
립	아이섀도의 패턴, 색상, 강도에 따라 입술 색은 누드 톤, 다크 톤으로 매치
치크	브라운 색상을 사선 방향으로 볼 터치

T·P·O에 따른 메이크업

Time (시간)	데이 메이크업	• 햇빛 아래서 보여지므로 자연미를 강조한 면 위주의 메이크업 • 가볍고 은은하게 피부 표현, 파스텔 톤의 포인트 컬러를 정하여 사용
	나이트 메이크업	• 인공조명 아래서 보여지므로 선을 강조한 뚜렷한 메이크업 • 광택 또는 펄이 있는 글로스 제품으로 하이라이트를 주어 입체감과 화려함 표현
Place (장소)	실내 메이크업	• 장소의 크기나 공간 디자인, 조명의 조건 등에 따라 영향을 받음 • 오피스 메이크업은 착용한 옷에 맞게 무난하고 밝게 메이크업을 하고, 파티 메이크업은 파티가 열리는 장소의 조명이나 분위기 등을 고려하여 그에 맞는 메이크업 연출
	실외 메이크업	날씨, 온도 등에 따라 영향을 받음
Occasion (상황)	하객	분위기를 살리기 위해 완벽한 메이크업 필요
	조문객	조의를 표하기 위해 내추럴 메이크업 필요
	면접	자신감을 어필하기 위해 단정하고 깔끔한 메이크업 필요

계절에 따른 메이크업

① 사계절의 이미지 컬러 팔레트

② 계절에 따른 메이크업 색상 조합

봄	옐로, 오렌지, 피치, 핑크, 그린	여름	화이트, 실버, 라이트블루, 블루
가을	골드, 베이지, 브라운, 카키	겨울	화이트펄, 레드, 버건디, 퍼플

③ 계절에 따른 메이크업 특징 및 연출 방법

	특징	생기, 신선, 화사, 사랑스러움
	베이스	피부 톤보다 조금 밝은 톤 선택, 어둡지 않게 표현, 리퀴드 파운데이션 사용
봄	아이브로	그레이와 브라운을 혼합하여 너무 진하지 않게 그려야 함
	아이	오렌지, 옐로, 그린 계열 아이섀도 사용, 아이라인은 너무 굵지 않게 그림
	립·치크	누드 오렌지 등 오렌지 톤 또는 연한 핑크 톤
	특징	시원함, 청량감, 상쾌함, 건강미(태닝 메이크업)
	베이스	가볍고 투명한 이미지 표현, 오렌지색 메이크업 베이스로 구릿빛 피부 표현
여름	아이브로	그레이와 브라운을 혼합하여 연출, 시원한 느낌의 각진 눈썹형 표현
	아이	화이트, 블루 톤으로 시원하게 연출, 워터프루프 마스카라 사용
	립·치크	펄이 든 립스틱, 치크는 핑크 색상(생략해도 됨)으로 시원해 보이도록 연출

가을	특징	지성미, 차분함, 음영 강조
	베이스	오클·베이지 계열 파운데이션을 사용하여 따뜻하게 표현
	아이브로	자연스러운 흑갈색을 사용하고 각진 형태로 연출하여 지성미 표현
	아이	골드, 카키, 베이지, 브라운 계열 색상으로 눈매를 그윽하게 연출, 아이라인을 약간 길게 빼서 깊은 눈매 연출
	립·치크	립은 짙은 오렌지, 다크 브라운, 골드를 혼합하여 발라 주고, 치크는 베이지 브라운 또는 핑크 브라운 등으로 안정감을 주는 이미지 연출
겨울	특징	지성미, 강렬, 심플, 깨끗, 콘트라스트가 강한 색
	베이스	유·수분을 함유한 크림 타입 파운데이션 사용, 파우더는 조금 사용(건조하므로)
	아이브로	흑갈색 계열 사용, 조금 강한 느낌이 나도록 그려줌
	아이	와인·브라운 계열 사용, 아이라인을 뚜렷하게 그리고 검정 마스카라로 연출
	립·치크	다크 브라운과 레드나 와인 계열을 혼합하여 스트레이트형으로 발라 주고, 치크는 누드 베이지나 핑크 베이지로 깔끔하고 자연스럽게 표현

[03] 트렌드 메이크업

▌ 트렌드 조사하기

유형	이미지 맵	메이크업 제안
내추럴		베이지, 카멜, 카키 계열의 소프트한 색상과 라이트 그레이시, 그레이시 톤 등을 사용하여 완성
클래식		유행에 민감하지 않은 무채색, 브라운, 딥 그린 등의 컬러를 사용하여 메이크업 완성
엘레강스		지나치게 화려하지 않은 디테일, 소프트한 톤과 퍼플, 와인 색상이 조화를 이룬 온화하고 성숙한 이미지로 완성

유형	이미지 맵	메이크업 제안
로맨틱		베이비 핑크, 크림 옐로, 피치 등 부드러운 파스텔 톤과 가볍고 깨끗한 페일 톤이 대표 색상이며 귀엽고 사랑스러운 감성 표현 이미지로 완성
모던		무채색을 주색으로 하여 블루와 같은 포인트 색상이 가미되어 차갑고 도회적인 이미지 연출
매니시		남성적인 이미지를 연출하는 앤드로지너스, 유니섹스 이미지를 지향하는 스타일로 무채색이나 딥 그레이시 톤의 색상과 남성적 소품과 슈트 등으로 이미지 완성
액티브		활동적인 이미지로서 비비드한 톤이 주를 이루며, 스포티하고 발랄하며 생동감이 표현되게 이미지를 완성
에스닉		토속적이며 민족풍의 문양과 기하학적, 추상적 패턴이 주를 이루며 동양적, 이국적, 열대, 민속적인 분위기를 나타내는 배색을 많이 사용하여 완성
아방 가르드		독특한 재단과 스타일, 비대칭적이고 과장된 실루엣, 미니멀리즘, 볼륨감 스타일의 조화 등으로 혁신적인 감각 표현, 무채색, 다크, 다크 그레이시 톤을 사용하여 완성

■ 트렌드 메이크업하기

구분	Y2K	글로시	맥시멀
컬러 배색			
스킨	탐스러운 광으로 입체감을 극대화한 피부 표현이 포인트	원래 피부결을 그대로 살려 촉촉한 피부 밑바탕을 다지는 것이 포인트	피부 톤에 따른 누드 세미 매트로 가볍고 내추럴하게 표현
아이	갈매기 형태의 얇은 눈썹, 아이시한 섀도, 글리터를 활용해 빛나는 아이 메이크업 연출이 포인트, 부드러운 파스텔 컬러와 네온이 가미된 표현	자연스러운 눈썹과 음영 표현으로 아이 메이크업을 표현한 후 마스카라로 속눈썹의 결을 정성껏 살려주는 것이 포인트	자연스러운 눈썹 연출 후 눈꼬리까지 길게 연장된 그래픽적 아이라인 표현, 다양한 컬러 아이라이너로 강렬한 눈매 표현, 네온 컬러감을 추가하거나 굵은 스팽글을 눈 밑에 연출하는 것도 가능
립	작은 다이아몬드처럼 반짝이는 라일락 핑크색 립글로스를 채워 투명한 반짝임이 포인트	글로시 립의 부활이 포인트로 과감하고 볼륨감 있는 입술 표현, 컬러는 다양하나 글로시함은 유지	자연스러운 건강함을 연출하고 강렬한 아이 메이크업과 매치하기 위하여 누드 립밤 또는 글로스로 표현
블러셔	샤이니한 오버사이즈 블러셔로 과감하게 표현	자연스럽게 음영을 표현	광대뼈 아래쪽으로 퍼지도록 표현

■ 시대별 메이크업

1900년대	피부	광택 없고 창백한 피부 표현, 통통한 이미지가 미인으로 여겨진 시대이므로 음영은 생략
	눈썹	관능적인 모습을 위해 눈썹 손질 후 펜슬로 짙게 눈썹 모양을 잡아줌
	눈 주변	베이지색 아이섀도로 눈 주위 음영 표현 후 검정 아이라인과 속눈썹을 두껍게 표현
	입술	붉은 색상의 립스틱으로 표현
1910년대	피부	하얗고 창백하게 표현
	눈썹	검은 펜슬로 진하고 길게 그리며 눈썹 끝부분을 다소 처지게 그려 우울한 이미지 표현
	눈 주변	검정과 다크 브라운 색상으로 눈 주위에 음영을 주며, 마스카라와 인조 속눈썹으로 눈매를 더 신비롭고 그윽하게 표현
	입술	어둡고 붉은 색상의 립스틱으로 입술을 얇고 작게 표현

연대	부위	내용	
1920년대	피부	밝은 파운데이션과 컨실러로 피부 잡티를 제거하고 파우더로 마무리	
	눈썹	검정 펜슬로 눈썹을 수평으로 그리고 눈썹 꼬리는 살짝 처지게 표현	
	눈 주변	아이홀 부분에 음영을 넣고 위아래 검은 아이라인을 바르되 눈꼬리가 올라가지 않게 주의함. 마스카라와 인조 속눈썹으로 눈매를 깊게 표현	
	입술	붉은 립스틱으로 입술 형태를 인 커브로 그리고 꽃봉오리처럼 마무리	
1930년대	피부	피부를 밝고 창백하게 표현, 하이라이트와 셰이딩으로 얼굴에 음영을 주고 파우더로 매트하게 마무리	
	눈썹	더마 왁스로 눈썹을 완벽히 커버한 후, 아치형으로 눈썹을 그림	
	눈 주변	펄이 없는 갈색 계열의 아이섀도로 아이홀을 그리고 그러데이션을 줌, 아이라인으로 눈매를 교정하고 인조 속눈썹을 붙여 깊고 그윽하게 연출	
	볼	브라운 색으로 광대뼈 아래쪽을 강하게 표현하고 얼굴 전체는 핑크 톤으로 처리, 얼굴의 윤곽선을 셰이딩으로 정리하여 입체적인 얼굴 연출	
	입술	적당한 유분기를 가진 레드 브라운 립 컬러로 인 커브 형태로 표현	
1940년대	피부	파운데이션과 컨실러로 피부를 커버한 후 파우더로 마무리	
	눈썹	두껍고 또렷한 곡선 형태로 그려줌	
	눈 주변	베이지 색상으로 눈두덩이에 음영을 표현, 마스카라를 칠하고 인조 속눈썹을 붙여줌	
	볼	하이라이트와 셰이딩으로 입체감을 준 후 광대뼈 아래에서 구각으로 사선형 치크를 표현	
	입술	입술 라인은 크고 선명하게 그린 후 레드 브라운 색상으로 입술 안을 채움	
1950년대	모델	오드리 헵번 메이크업	메릴린 먼로 메이크업
	피부	밝은 색상의 파운데이션으로 하얀 피부 표현, 컨실러로 잡티 제거한 후 파우더로 마무리	밝은 핑크 톤의 파운데이션으로 피부 표현, 잡티 제거, 윤곽 수정 후 파우더로 마무리
	눈썹	다크 브라운 컬러의 섀도로 눈썹산을 각지고 두껍게 표현	양미간이 좁지 않게 각진 눈썹 표현
	눈 주변	베이지 브라운으로 음영을 주고 화이트 색상으로 눈썹산 아래 표현, 아이라인은 두껍고 끝을 살짝 위로 올림, 마스카라를 칠하고 인조 속눈썹을 붙임	눈두덩이 중심으로 핑크와 베이지색으로 아이홀을 표현하고 그러데이션을 함, 아이라인을 길게 그려준 후 인조 속눈썹을 눈보다 길게 위로 올려붙여 섹시하게 마무리
	볼	핑크 컬러로 광대뼈와 얼굴 윤곽선 표현	핑크 톤으로 광대뼈 아래쪽으로 구각을 향해 사선으로 표현
	입술	붉은 색상으로 입술을 도톰하게 그려줌	유분기를 가진 붉은 컬러를 이용해 아웃 커브 형태로 입술을 그림
1960년대	모델	브리짓 바르도 메이크업	트위기 메이크업
	피부	컨실러와 파운데이션으로 피부를 커버해 준 후 파우더로 마무리	얇고 고르게 리퀴드 파운데이션을 이용해 피부 표현
	눈썹	눈썹 결을 따라서 자연스럽게 표현	눈썹산을 강조하여 자연스러운 색상을 이용해 그려줌
	눈 주변	녹색 아이섀도를 눈두덩이에 바르고 아이라인은 길고 눈꼬리를 섹시하게 강조한 후 마스카라를 칠하고 인조 속눈썹을 붙임	화이트 베이스 컬러와 핑크, 네이비, 그레이 아이섀도로 쌍꺼풀 라인을 그리고, 검은색 아이라인으로 아이홀 바깥쪽을 그린 후 마스카라를 칠하고 인조 속눈썹을 붙임
	볼	하이라이트와 셰이딩을 한 후 핑크 피치 색상으로 치크 표현	핑크 톤으로 표현하고 브라운 섀도나 펜슬로 주근깨를 표현
	입술	누드 톤의 색상으로 입술을 관능적으로 표현	누드 톤의 핑크 입술로 마무리

1970년대	피부	밝고 창백한 피부 표현을 위해 화이트 베이스, 파운데이션, 컨실러로 커버하고, 투명 파우더나 화이트 파우더를 이용해 마무리
	눈썹	검정 펜슬을 이용하여 직선적이고 상승형으로 그려줌
	눈 주변	화이트, 그레이, 블랙 섀도를 이용하여 눈꼬리가 올라가 보이도록 그러데이션을 준 후 마스카라와 인조 속눈썹으로 볼륨감을 줌
	볼	블랙과 그레이 컬러를 믹스하여 직선적인 느낌으로 표현
	입술	검정 펜슬로 각진 립 라인을 그린 후 다크 레드 브라운 색상으로 그러데이션을 주어 입술을 마무리
1980년대	피부	피부 톤에 맞는 파운데이션으로 피부색과 질감을 살려 준 후 자연스럽게 윤곽을 표현하여 얼굴에 입체감을 줌
	눈썹	브라운 색상을 이용해 자연스럽게 그려줌
	눈 주변	블루·퍼플 등 아이섀도를 눈두덩이에 바르고 언더라인에 그러데이션을 준 후 검정 아이라인으로 눈을 표현하고 하이라이트 부분에 펄로 화려함을 연출, 마스카라와 인조 속눈썹으로 눈매를 마무리
	볼	피치 색상을 이용해 볼을 표현하여 얼굴에 생기를 줌
	입술	다크 레드 립 펜슬로 형태를 그린 후 붉은 립스틱을 발라 줌
1990년대	피부	피부색에 어울리는 파운데이션으로 내추럴하게 피부 표현을 한 후 컨실러로 잡티만 가볍게 커버
	눈썹	얼굴형을 수정 보완하는 형태의 눈썹으로 자연스러운 색상으로 표현
	눈 주변	베이지, 핑크 베이지, 브라운 색상으로 눈두덩이를 표현, 아이라인은 속눈썹 뿌리 부분만 채우듯이 그린 후 마스카라로 속눈썹을 칠해줌
	볼	하이라이트와 셰이딩을 가볍게 해 준 후 핑크, 피치 색상으로 표현
	입술	핑크 베이지 색상의 립스틱 또는 립글로스를 이용하여 촉촉하고 자연스럽게 마무리

[04] 미디어 캐릭터 메이크업

▍미디어 캐릭터 기획

① 미디어 특성별 메이크업

영화 메이크업	• 현실감과 생동감이 있고, 사실적이고 자연스러워야 함 • 각 신과 컷별 연속성을 유지하기 위해 연결표를 작성하여 체크함
방송 메이크업	• 카메라 조명 등 매체 특성을 파악하고 그 특성에 맞추어 메이크업 실행 • 실내에서 붉은색의 영향을 받아 얼굴이 어둡게 보일 때 황색 계열의 밝은 베이스 사용 • 야외에서 강한 빛 반사로 얼굴이 검붉게 보일 경우 밝은 색 베이스 사용
광고 메이크업	• 광고 콘셉트를 잘 파악해서 최대한 광고효과를 누릴 수 있는 메이크업 선정 • 지면 광고는 정지 화면이므로 세심한 주의가 필요하고 얼굴을 더욱 입체적으로 완결성 있게 표현

② 미디어 메이크업의 종류

스트레이트 메이크업	• 시청자 또는 관객이 매체를 통해 볼 때에는 메이크업이 되지 않은 듯 느끼게 최대한 자연스럽게 연출 • 출연자의 피부색과 결점을 최소화하여 보완하고 조명 반사를 방지하는 역할
캐릭터 메이크업	• 극중 캐릭터에 맞게 연기자에게 외형적 변화를 부여하는 것으로 연기자의 연령, 직업, 성격, 건강 등을 표현함 • 종류로 연령별 메이크업, 대머리, 상처 메이크업, 수염 분장 등이 있음 • 일반적인 분장으로 캐릭터 메이크업을 연출할 수 없을 경우 특수 분장 시행

■ 미디어 캐릭터 표현

① 현대극 청순 이미지 캐릭터

베이스	• 피부 톤과 같은 파운데이션을 발라 자연스러운 피부 표현 • 입체감을 위해 컨실러를 눈 밑 다크서클, 잡티, 하이라이트 부분에 발라 줌 • 윤곽 부위는 한 톤 어두운 파운데이션 사용
눈썹	• 눈썹 컬러와 비슷한 섀도 사용, 부족한 부분 아이브로 펜슬로 연결 • 아이브로 마스카라로 눈썹 결 정리
눈	• 스킨 베이지, 핑크 베이지 등 차분한 컬러를 눈두덩이 전체에 바른 후 펄이 없는 옅은 코랄 컬러를 쌍꺼풀에 바르고, 브라운 컬러로 눈매에 덧칠함 • 눈매를 또렷하게 하기 위해 브라운 컬러의 젤 라이너를 속눈썹 사이사이 바른 후 한 톤의 아이섀도로 블렌딩함
볼	• 핑크 베이지, 코랄 핑크로 광대뼈 앞쪽으로 둥글게 그라데이션하며 칠함 • 입체감을 위해 중앙 부위는 한 번 더 칠하고 눈 밑, 미간, 이마, 턱에 한 톤 밝은 하이라이터를 쓸어 주듯 발라 줌
입술	코랄 핑크 컬러의 립스틱을 원 톤으로 바르고 입술 안쪽에 립밤을 덧발라 자연스럽게 마무리
머리	굵은 웨이브를 넣은 헤어 스타일링

② 현대극 매니시 이미지 캐릭터

베이스	• 피부 톤과 유사한 리퀴드 파운데이션을 브러시를 이용하여 바름 • 피부 톤보다 한 톤 어두운 파운데이션으로 셰이딩을 넣어 주고 스펀지로 그라데이션 • 컨실러로 잡티 부분을 커버하고 입체감을 위해 눈 밑과 코, 이마 부분에 리퀴드 하이라이터를 발라 줌 • 루즈 파우더를 퍼프에 묻혀 전체적으로 가볍게 발라 줌
눈썹	• 헤어 컬러와 같은 아이섀도로 숱을 채우고 같은 톤 펜슬로 눈썹 모양 잡아 줌 • 눈썹 마스카라를 이용해 눈썹 앞쪽의 결을 아래에서 위로 살려 줌
눈	• 아이홀 부분에 베이지 브라운 컬러 아이섀도로 음영을 넣어 줌 • 쌍꺼풀 부분에 브라운 컬러를 눈 앞머리에서 꼬리 방향으로 펴 줌 • 다크브라운 컬러 섀도로 눈꺼풀 앞머리에서 꼬리 부분까지 라인을 그린 후 블랙 젤 아이라이너로 덧바름 • 라인을 그린 부분에 브라운 컬러 아이섀도로 블렌딩하며 음영을 넣어 줌
볼	• 광대뼈가 돋보이도록 미디엄 컬러 브론저를 광대뼈 아래 부분에서 볼 안쪽으로 골격을 따라 칠함 • 다크 컬러 브론저로 포인트를 주어 입체감을 살리고, 눈썹 앞머리부터 콧방울 방향으로 콧대에 음영을 넣음 • 입체감을 위해 눈 밑, 미간, 이마, 턱에 한 톤 밝은 하이라이터를 발라 줌
입술	립 컨실러로 입술 컬러 다운 후 톤 다운된 로즈핑크 컬러 립스틱을 발라 마무리
머리	가벼운 웨이브를 넣은 헤어스타일링

■ 볼드캡 캐릭터 표현

① 볼드캡의 용도 : 대머리 캐릭터의 표현, 특수분장 작업 시 얼굴 캐스팅을 위한 사전 작업, 어플라이언스와 함께 시행되는 특수효과 캐릭터 등에서 사용

② 볼드캡 유형
- 대머리 캐릭터 : 유전, 직업, 환경 등의 요소를 고려하여 표현
- 특수효과 캐릭터 : 얼굴 화상, 질병으로 인한 탈모, SF 영화 속의 캐릭터, 외계인, 괴물 등 외형적 변화와 캐릭터 특징 표현을 위해 시행

③ 볼드캡 재료

라텍스 캡	• 가장 오래된 피부용 특수 분장 재료로, 쉽게 마르고 비용이 저렴하여 가장 많이 사용 • 단단하고 두꺼워질수록 투명도가 떨어짐 • 채색 시 주의 필요 • 가장자리에 이음새가 표시가 남
플라스틱 캡	• 액체 플라스틱에 아세톤을 첨가하여 농도를 조절하여 제작한 것 • 가장자리 마무리는 아세톤으로 녹여 시행 • 가장자리의 표현이 라텍스에 비해 완성도 있게 표현되지만 제작 비용이 비쌈 • 신축성이 없어 모델의 두상에 맞는 사이즈가 필요함

■ 연령별 캐릭터 표현

① 연령별 캐릭터 메이크업의 종류

명암법	• 음영을 이용하여 노인처럼 보이게 하는 방법(TV에서 가장 효과적으로 사용) • 배우의 실제 나이보다 20년 이상 차이나는 표현은 불가능 • 재료 : 크림 파운데이션, 파우더, 펜슬, 브러시, 헤어 화이트너 등
라텍스 빌드업	• 라텍스를 이용하여 피부의 주름을 사실적으로 만들어 주는 방법 • 명암법에 비해 세심하고 자연스러운 연출 가능 • 나이 차가 많아도 효과적으로 연출 가능하며, 화면이 큰 영화 등에 적합 • 재료 : 라텍스, 베이비파우더, RMG, 캐스터 오일, 알코올 등
플라스틱 빌드업	• 액체 플라스틱에 아타겔(파우더)을 이용하여 농도를 조절한 후 주름의 두께에 따라 발라서 피부의 주름을 표현하는 방법 • 라텍스 빌드업에 비해 사실적이고 시간이 적게 걸림 • 재료 : 액체 플라스틱, 아타겔, 에어브러시, 컴프레서, 아세톤 등
어플라이언스 메이크업	• 핫 폼(hot foam)이나 실리콘(silicone)으로 제작된 슬랩(slab) 등을 이용하여 피부에 부착하는 방법 • 영화 및 극사실적인 분장에 사용하며, 비싼 비용과 긴 분장 시간 필요 • 재료 : 핫폼, 실리콘 슬랩, 전용 접착제, 에어브러시, 컴프레서, 리무버 등

② 연령대별 캐릭터 표현

청장년기	• 피부가 점점 건조해짐 • 장년기로 가면서 아이백, 스마일 라인에 연한 주름이 생김
중년기	• 얼굴에 골격이 드러나기 시작함 • 아이홀 부분의 윤곽이 깊어지며 눈 밑 주름이 생김 • 볼이 꺼지고 콧방울 옆의 볼 주름이 생기며 수염 자국이 짙어짐 • 눈썹의 굵기가 가늘어지기 시작하며 눈썹이 후반으로 갈수록 흐려짐
노년기	• 이마, 스마일 라인, 아이백 등 큰 주름이 생김 • 코가 길어지고 귀가 커짐 • 턱선, 아이백, 스마일 라인 주변의 근육이 처짐 • 피부가 변하고 머리 색과 수염 색이 변화함

③ 수염 표현

표현 방법	• 그리는 방법 : 군중 신에서 엑스트라에게 주로 활용 • 찍는 수염 : 수염이 난 피부 부분의 파릇한 느낌을 주거나 면도 후의 모습을 표현, 스트레이트 메이크업 시행 후 표현 • 가루 수염 : 면도 후 1시간~하루 정도 지난 정도의 수염을 표현하는 방법. 야크헤어, 인조사 등을 1~2mm 정도로 짧게 잘라 활용 • 붙이는 수염 : 생사 또는 인조사 붙이기, 망 수염 제작하여 붙이기
분장의 형태	• 성격, 연령, 신분에 따라 수염의 폭, 길이, 양이 달라짐 • 캐릭터의 성격적 분류에 따라 선비, 산적, 간신, 왕, 무관, 평민, 산신령 등으로 표현
분장 실행	• 재료 : 각종 털, 수염 가위, 수염 접착제(프로세이드 또는 스피릿 검), 헤어스프레이(망 수염 표현 시), 브러시, 헤어 드라이어, 가제 수건, 핀셋 등 • 분장 순서 : 수염 접착제 바르기 → 수염 붙이기 → 그러데이션 하기 → 마무리하기
털의 종류	• 생사 : 실제 수염과 가장 비슷하여 오래 착용해도 부담이 없음 • 인조사 : 플라스틱 베이스의 원사로 주로 가발에 사용되는 재료. 생사에 비해 비용 저렴 • 인모 : 사람의 머리카락으로 무겁고 두꺼워 망 수염 제작에 적합 • 야크헤어 : 털이 두껍고 뻣뻣하여 가루 수염, 짧은 수염, 망 수염 제작에 적합 • 크레이프 울 : 양털을 가공하여 만든 것으로 얇고 가벼워 부착하기 쉬움. 서양인 수염으로 적합

■ 상처 메이크업

타박상	• 시간 흐름에 따른 색상 변화(레드 → 머룬 → 퍼플 → 그린 → 옐로)를 고려하여 분장 시행 • 스펀지나 브러시로 텍스처를 살려가며 색을 표현 • 재료 : 크림 라이너 또는 글레이징 젤, FX 팔레트, 오렌지 스펀지, 브러시 등
찰과상	• 메이크업할 부위를 알코올로 깨끗하게 정돈 • 블랙 스펀지에 크림 라이너(또는 FX 팔레트)를 묻혀 상처 표현 • 깊은 상처는 부드러운 왁스를 먼저 사용 후 색을 표현 • 재료 : 크림 라이너, FX 팔레트, 블랙 스펀지, 왁스, 인조 피, 에틸알코올 등
절상	• 예리한 날로 상처가 생기는 것으로 다량의 출혈을 표현 • 메이크업 할 부위를 알코올로 정돈, 스패출러를 사용하여 왁스를 펴 바른 후 가장자리를 자연스럽게 블렌딩 • 레드 스펀지를 이용하여 피부 질감 표현 • 크림 라이너나 FX 팔레트의 붉은색으로 상처 주변 채색, 인조 피로 사실감 더함 • 재료 : 왁스 또는 3rd degree, 크림 라이너, FX 팔레트, 인조 피, 에틸알코올, 스패출러 등

[05] 무대 공연 캐릭터 메이크업

■ 무대 유형별 분석

① 형태와 크기에 따른 무대 분류

형태에 따른 무대 종류	액자 무대, 돌출 무대, 원형 무대, 가변 무대
크기에 따른 무대 종류	소극장(200석 이하), 중극장(1,000석 이내, 문예회관, 호암아트홀 등), 대극장(1,000석 이상, 예술의 전당, 국립극장 등)

② 무대 공연 조명색에 따른 색상 변화

조명＼색상	레드 메이크업 색상	옐로 메이크업 색상	그린 메이크업 색상	블루 메이크업 색상	바이올렛 메이크업 색상
레드 조명	흐려짐	레드	어두워짐	어두워짐	옅은 레드
오렌지 조명	밝아짐	조금 흐려짐			밝아짐
옐로 조명	화이트	화이트 또는 흐려짐		바이올렛	핑크
그린 조명	어두워짐	어두운 그레이	옅은 그린	밝아짐	옅은 블루
블루 조명	어두운 그레이	어두운 그레이	어두운 그린	옅은 블루	어두워짐
바이올렛 조명	블랙	어두운 그레이	어두운 그레이	바이올렛	매우 옅어짐

▌작품 캐릭터 개발

① 대본(시나리오)상의 캐릭터 분석
- 캐릭터의 직업 분석 : 작품 캐릭터의 직업에 따라 나타나는 특징이 각기 다르므로 캐릭터의 직업을 정확히 파악하고 분석하여 메이크업 설정
- 캐릭터의 연령 분석 : 연령별 다양한 특징을 파악하여 메이크업 진행

② 얼굴 특성에 따른 캐릭터의 성격 특징
- 눈썹의 형태에 따른 성격 특징

두꺼운 눈썹	뚜렷한 개성, 강한 의지, 적극적	일자형 눈썹	실질적, 엄격하고 무뚝뚝함, 현명함
각진 눈썹	절도, 박력, 활동적, 엄격함, 날카로움	아치형 눈썹	온화함, 부드러움, 고전적임
긴 눈썹	점잖음, 고상함, 안정감, 인품	짧은 눈썹	불안정, 횡포, 명랑, 날렵함, 경쾌
가는 눈썹	연약함, 우유부단함, 섬세함, 세련미	처진 눈썹	우울함, 인색함, 어리석음
미간이 넓은 눈썹	여유 있어 보임, 온화함	미간이 좁은 눈썹	속이 좁아 보임, 급함, 고집 있어 보임, 소심함

- 눈의 형태에 따른 성격 특징

큰 눈	뛰어난 관찰력, 겁이 많음	작은 눈	둔감함, 보수적, 통찰력, 소극적, 귀여움
동그란 눈	발랄, 경쾌, 불안, 공포	가느다란 눈	섬세함, 예리함, 관찰력, 냉정, 인내력
튀어나온 눈	현저함, 예술가, 심미안에게 많음	들어간 눈	관찰력, 분석력이 좋음
처진 눈	온순, 순진, 부드러움, 소극적, 내성적		

- 코의 형태에 따른 성격 특징

높은 코	자존심이 강함, 독단적인 자신감, 공격적	낮은 코	의존적, 감수성이 둔하고 수동적임, 소심함
긴 코	책임감, 경계적, 조심스러움, 인내심	짧은 코	명랑함, 낙천적

- 입의 형태에 따른 성격 특징

큰 입술	생활력, 지도력, 통솔력, 활동력	작은 입술	보수적, 소심, 자주성 결여
얇은 입술	겸손함, 정확함, 냉정함	두꺼운 입술	온화, 풍부한 정서, 애교가 있음
올라간 입술	명랑, 쾌활, 공격적, 사교성이 풍부함	처진 입술	비관적, 진지함, 고집이 있음

■ 무대 공연 캐릭터 메이크업 실행
　① 무대 공연 메이크업에 필요한 도구
　　• 컨투어링 브러시(contouring brush) 크기별 형태 및 용도

1cm (flat)	어두운 색 파운데이션을 발라 깊이감을 주어 명암 표현에 효과적
0.6cm (flat)	밝은 색 파운데이션을 발라 입체감을 표현하는 데 효과적
0.3cm (flat)	굵은 주름을 그릴 때 주로 사용
세필	잔주름을 표현할 때 사용

　　• 무대 공연 메이크업에 필요한 1회용 도구와 재사용 도구

1회용 도구	라텍스 스펀지, 면봉, 화장 솜, 물티슈, 비닐 백 등
재사용 도구	가위, 브러시, 아이래시컬러, 스패출러, 팔레트 등

　② 무대 크기에 따른 음영법

소극장	관객과 배우의 거리가 가까우므로 인위적인 명암법보다 세밀하고 자연스러운 메이크업 표현
중극장	눈썹과 아이라인을 강조하고 얼굴 윤곽을 강조하는 명암법 사용
대극장	스크린으로 배우를 보여주는 경우가 많으므로 너무 과하지 않게 소극장과 중극장의 중간 정도 명암법 사용

　③ 무대 공연 소품
　　• 가발(헤어스타일)

특징	• 공연 중 배우가 이미지를 가장 효과적으로 바꿀 수 있는 소품 • 작품의 시대성과 등장인물의 신분, 성격, 직업, 환경, 인종, 신상의 변화 등을 알 수 있음
종류	고대 이집트 시대 가발, 바로크 시대 가발, 로코코 시대 가발, 르네상스 시대 가발
착용	가발은 머리 앞쪽에서 뒷목 방향으로 당겨 씌우고 양옆 귀부터 핀으로 고정

　　• 수염

특징	• 남자 배우의 성격 및 시대적 특징을 잘 표현할 수 있는 방법 • 단순히 라이닝 컬러로 수염을 그리는 방법부터 수염을 붙이는 방법까지 다양한 수염 표현 기법이 있음
종류	• 벤틸레이티드 수염(ventilated beard) : 육각 모양의 망에 수염을 한 가닥씩 떠서 만드는 수염 • 라텍스백 수염(latex back beard) : 얼굴 모형의 마네킹에 여러 겹의 라텍스를 발라 형태를 만든 후 그 위에 수염을 붙이는 방법 • 플라스틱백 수염(plastic back beard) : 얼굴 모형의 마네킹에 액체 플라스틱을 바른 후 수염을 붙이는 방법
부착	• 망 수염 부착 시 턱밑, 턱 위, 턱선을 따라 스피릿 검을 발라 줌 • 스펀지로 스피릿 검을 바른 부위를 두드려 접착력을 높임 • 헤어스프레이를 손 또는 수염 빗에 뿌려 수염 형태를 잡음 • 근육의 움직임이 많은 경우 가위집을 넣어 편안하게 함 • 수염 전체 털에 라텍스를 발라 형태를 고정시키기도 함

　　• 속눈썹

특징	• 장기 공연 시에는 속눈썹에 이름을 표기한 후 보관 • 눈에 직접 붙이는 제품이므로 특별히 위생에 더 신경을 써야 함
부착	• 속눈썹 밴드 부분에 풀을 바르고 눈꼬리 부분이 살짝 올라가도록 붙임 • 시야에 방해되지 않도록 속눈썹의 컬이 올라가 보이도록 붙여야 함 • 무대 분장의 경우 튼튼한 밴드 속눈썹 사용 • 무대 공연 시 너무 눈 앞머리 가까이에 붙이지 않도록 함

CHAPTER 05 | 공중위생관리

[01] 공중보건

▌공중보건학의 정의

① 윈슬로(Winslow)의 정의 : 조직화된 지역사회의 노력을 통하여 질병을 예방하고, 수명을 연장하며, 신체적·정신적 효율을 증진시키는 기술이며 과학

② 공중보건학의 범위

환경보건	환경위생, 식품위생, 환경보전과 공해문제, 산업환경 등
질병관리	역학, 감염병 관리, 기생충 질병관리, 성인병 관리 등
보건관리	보건행정, 보건영양, 영유아 보건, 가족보건, 모자보건, 학교보건, 보건교육, 정신보건, 의료보장제도, 사고관리, 가족계획 등

③ 공중보건의 개념

주체	국가, 공공단체 및 조직화된 지역사회(최소 단위 : 지역사회)
대상	지역사회 주민 전체
목표	질병 예방, 수명 연장, 신체적·정신적 건강 증진
3대 수행요소	보건교육, 보건행정, 보건관계법규

▌인구보건 및 보건지표

① 인구 구성형태(5대 기본형)

피라미드형	출생률이 증가하고, 사망률이 낮은 형태(후진국형, 인구증가형) → 14세 이하 인구가 65세 이상 인구의 2배 이상
종형	출생률과 사망률이 모두 낮은 형태(인구정지형) → 14세 이하 인구가 65세 이상 인구의 2배 정도
항아리형 (방추형)	출생률이 사망률보다 낮은 형태(선진국형, 인구감소형) → 14세 이하 인구가 65세 이상 인구의 2배 이하

별형	생산층 인구가 많이 유입되는 형태(도시형, 인구유입형) → 생산층(15~49세) 인구가 전체 인구의 50% 이상	
호로형 (표주박형)	생산층 인구가 많이 유출되는 형태(농촌형, 인구유출형) → 생산층(15~49세) 인구가 전체 인구의 50% 미만	

② 보건지표

비례사망지수	• 한 국가의 건강 수준을 나타내는 지표 • 50세 이상의 사망자 수 / 연간 전체 사망자 수 × 100
평균수명	출생 후 평균 생존기간의 수준을 설명하는 지표(기대수명)
영아사망률	• 출산아 1,000명당 1년 미만 사망아 수 • 영아사망률 감소는 그 지역의 사회적, 경제적, 생물학적 수준 향상을 의미함 → 한 국가의 보건수준 지표
조사망률	인구 1,000명당 1년 동안의 사망자 수

③ 보건수준 평가지표

세계보건기구(WHO) 건강수준 지표	조사망률, 비례사망지수, 평균수명
보건수준 3대 평가지표	영아사망률, 비례사망지수, 평균수명

질병 관리

① 건강과 질병
- 세계보건기구(WHO)의 건강의 정의 : 단순히 질병이 없고, 허약하지 않은 상태만을 의미하는 것이 아니고 육체적, 정신적 건강과 사회적으로 안녕이 완전한 상태를 뜻함
- 질병 발생의 3대 요인

병인(병원체)	질병이나 병증을 일으키는 직접적 감염원
숙주	병원체가 옮겨 다니는 대상으로, 사람 또는 동물
환경	질병이 발생할 수 있는 환경적 조건

② 역학의 정의 및 역할
- 역학의 정의 : 특정 인간집단이나 지역에서 질병 발생 현상과 분포를 관찰하고 원인을 탐구하여 질병 관리의 예방대책을 강구하는 학문
- 역학의 역할
  - 질병의 원인 규명
  - 질병의 발생과 유행 감시
  - 지역사회의 질병 규모 파악

- 질병의 예후 파악
- 질병관리 방법의 효과에 대한 평가
- 보건정책 수립의 기초 마련

■ 감염병 관리

① 감염병의 정의 : 감염된 사람이나 동물 등의 병원소로부터 새로운 숙주로 병원체가 전파되어 발생하는 병

② 감염병 발생단계 : 병원체 → 병원소 → 병원소로부터 병원체의 탈출 → 병원체의 전파 → 새로운 숙주로 침입 → 감수성 있는 숙주의 감염

※ 한 단계라도 거치지 않으면 감염병은 형성되지 않음

③ 감염병의 분류

소화기계 감염병	세균성 이질, 파라티푸스, 콜레라, 폴리오, 장티푸스 등
호흡기계 감염병	디프테리아, 결핵, 유행성 이하선염, 백일해, 인플루엔자, 풍진, 홍역 등
절족동물 매개 감염병	발진티푸스, 말라리아, 일본뇌염, 페스트 등
동물 매개 감염병	공수병, 탄저병, 브루셀라증 등

■ 병원체와 병원소

① 병원체 : 숙주에 침입하여 감염증을 일으키는 기생 생물

세균	• 호흡기계 : 디프테리아, 결핵, 폐렴, 나병(한센병), 백일해, 수막구균성수막염, 성홍열 • 소화기계 : 콜레라, 장티푸스, 세균성 이질, 파라티푸스, 파상열 • 피부점막계 : 페스트, 파상풍, 매독, 임질
바이러스	• 호흡기계 : 유행성 이하선염, 홍역, 두창 • 소화기계 : 유행성 간염, 폴리오 • 피부점막계 : 에이즈(AIDS), 일본뇌염, 광견병
리케차	발진티푸스, 발진열, 쯔쯔가무시증 등
원충류	회충, 구충, 말라리아, 유구조충 등

※ 병원체 탈출 경로 : 호흡기 탈출, 소화기 탈출, 비뇨생식기 탈출, 개방 병소 탈출, 기계적 탈출

② 병원소 : 병원체가 생활하고 증식하면서 다른 숙주에 전파시킬 수 있는 상태로 저장된 장소

인간 병원소	건강 보균자	• 병원체가 침입했으나 임상 증상이 전혀 없고 건강자와 다름없으나 병원체를 배출하는 보균자 • 보건관리가 가장 어려움. 증상이 발현되지 않아 색출이 어려우며 활동 영역이 넓고, 격리가 힘듦
	회복기 보균자	감염병에 걸린 후 임상 증상이 소실되어도 계속 병원체를 배출하는 사람
	잠복기 보균자	잠복기 중에 타인에게 병원체를 전파시키는 사람
동물 병원소	소	결핵, 탄저, 파상열, 살모넬라증, 브루셀라(파상열), 보툴리눔독소증, 광우병
	돼지	렙토스피라증, 탄저, 일본뇌염, 살모넬라증, 브루셀라(파상열)
	양	탄저, 브루셀라(파상열), 보툴리눔독소증
	개	광견병, 톡소플라스마증

동물 병원소	말	탄저, 유행성 뇌염, 살모넬라증
	쥐	페스트, 발진열, 살모넬라증, 렙토스피라증, 유행성 출혈열
	고양이	살모넬라증, 톡소플라스마증
곤충 병원소	모기	말라리아, 일본뇌염, 황열, 뎅기열
	파리	장티푸스, 파라티푸스, 콜레라, 이질, 결핵, 디프테리아
	바퀴벌레	장티푸스, 이질, 콜레라
	이	발진티푸스, 재귀열, 참호열
	벼룩	페스트, 발진열, 재귀열
토양 병원소	각종 진균의 병원소, 파상풍	

▌면역의 분류

① 선천적 면역 : 종족, 인종, 개인 특성에 따라 변함
② 후천적 면역

능동면역	숙주 스스로가 면역체를 형성하여 면역을 지니게 되는 것으로 어떤 항원의 자극에 의하여 항체가 형성되어 있는 상태
	• 자연능동면역 : 감염병에 감염된 후 형성되는 면역
	  - 영구면역 : 홍역, 백일해, 장티푸스, 페스트
	  - 일시면역 : 디프테리아, 폐렴, 인플루엔자, 세균성 이질
	• 인공능동면역 : 예방접종 후 획득하는 면역
	  - 생균백신 : 결핵, 탄저, 광견병, 황열, 폴리오, 홍역
	  - 사균백신 : 콜레라, 장티푸스, 파라티푸스, 이질, 일본뇌염, 백일해

수동면역	다른 숙주에 의하여 형성된 면역체(항체)를 받아서 면역력을 지니게 되는 경우 • 자연수동면역 : 모체로부터 태반, 수유를 통해 얻는 면역 • 인공수동면역 : 항독소 등 인공제제를 주사하여 항체를 얻는 면역

▌법정 감염병(감염병의 예방 및 관리에 관한 법률 제2조)

제1급 감염병	• 생물테러감염병 또는 치명률이 높거나 집단 발생의 우려가 커서 발생 또는 유행 즉시 신고하여야 하고, 음압격리와 같은 높은 수준의 격리가 필요한 감염병 • 에볼라바이러스병, 마버그열, 라싸열, 크리미안콩고출혈열, 남아메리카출혈열, 리프트밸리열, 두창, 페스트, 탄저, 보툴리눔독소증, 야토병, 신종감염병증후군, 중증급성호흡기증후군(SARS), 중동호흡기증후군(MERS), 동물인플루엔자 인체감염증, 신종인플루엔자, 디프테리아
제2급 감염병	• 전파 가능성을 고려하여 발생 또는 유행 시 24시간 이내에 신고하여야 하고, 격리가 필요한 감염병 • 결핵, 수두, 홍역, 콜레라, 장티푸스, 파라티푸스, 세균성 이질, 장출혈성대장균감염증, A형간염, 백일해, 유행성이하선염, 풍진, 폴리오, 수막구균 감염증, b형헤모필루스인플루엔자, 폐렴구균감염증, 한센병, 성홍열, 반코마이신내성황색포도알균(VRSA) 감염증, 카바페넴내성장내세균목(CRE) 감염증, E형간염
제3급 감염병	• 그 발생을 계속 감시할 필요가 있어 발생 또는 유행 시 24시간 이내에 신고하여야 하는 감염병 • 파상풍, B형간염, 일본뇌염, C형간염, 말라리아, 레지오넬라증, 비브리오패혈증, 발진티푸스, 발진열, 쯔쯔가무시증, 렙토스피라증, 브루셀라증, 공수병, 신증후군출혈열, 후천성면역결핍증(AIDS), 크로이츠펠트-야콥병(CJD) 및 변종크로이츠펠트-야콥병(vCJD), 황열, 뎅기열, 큐열, 웨스트나일열, 라임병, 진드기매개뇌염, 유비저, 치쿤구니야열, 중증열성혈소판감소증후군(SFTS), 지카바이러스 감염증, 매독

제4급 감염병	• 제1급 감염병부터 제3급 감염병까지의 감염병 외에 유행 여부를 조사하기 위하여 표본감시 활동이 필요한 감염병 • 인플루엔자, 회충증, 편충증, 요충증, 간흡충증, 폐흡충증, 장흡충증, 수족구병, 임질, 클라미디아감염증, 연성하감, 성기단순포진, 첨규콘딜롬, 반코마이신내성장알균(VRE) 감염증, 메티실린내성황색포도알균(MRSA) 감염증, 다제내성녹농균(MRPA) 감염증, 다제내성아시네토박터바우마니균(MRAB) 감염증, 장관감염증, 급성호흡기감염증, 해외유입기생충감염증, 엔테로바이러스감염증, 사람유두종바이러스 감염증
기생충 감염병	• 기생충에 감염되어 발생하는 감염병 • 회충증, 편충증, 요충증, 간흡충증, 폐흡충증, 장흡충증, 해외유입기생충감염증
인수공통 감염병	• 동물과 사람 간에 서로 전파되는 병원체에 의하여 발생되는 감염병 • 장출혈성대장균감염증, 일본뇌염, 브루셀라증, 탄저, 공수병, 동물인플루엔자인체감염증, 중증급성호흡기증후군(SARS), 변종크로이츠펠트-야콥병(vCJD), 큐열, 결핵, 중증열성혈소판감소증후군(SFTS), 장관감염증(살모넬라균 감염증, 캄필로박터균 감염증)
성매개 감염병	• 성 접촉을 통하여 전파되는 감염병 • 매독, 임질, 클라미디아감염증, 연성하감, 성기단순포진, 첨규콘딜롬, 사람유두종바이러스 감염증

■ 기생충 질환

선충류	회충	• 오염된 음식으로 경구침입 → 위에서 부화 → 소장에 정착 • 우리나라에서 가장 높은 감염률
	구충 (십이지장충)	병원체가 입을 통해 전달되어 감염(경구감염)되거나 피부를 통해 전달되어 감염(경피감염)되어 공장(소장)에 기생함
	요충	• 자충포장란의 형태로 경구감염, 항문 주위에 산란 • 집단감염이 잘 되는 기생충으로, 직장에 기생 • 항문 주위 소양감을 보이며, 가족이 동시에 구충을 실시해야 예방 가능
	편충	경구감염되어 대장 상부에 기생
흡충류	간흡충 (간디스토마)	제1중간숙주 - 우렁이, 제2중간숙주 - 민물고기
	폐흡충 (폐디스토마)	제1중간숙주 - 다슬기, 제2중간숙주 - 게, 가재
	요코가와흡충	제1중간숙주 - 다슬기, 제2중간숙주 - 은어, 숭어
조충류	무구조충 (민촌충)	• 중간숙주 : 소 • 인간의 소장에 기생
	유구조충 (갈고리촌충)	• 중간숙주 : 돼지 • 인간의 소장에 기생
	광절열두조충 (긴촌충)	제1중간숙주 - 물벼룩, 제2중간숙주 - 송어, 연어

■ 인수공통감염병과 병원소

공수(광견병)	개
야토병	토끼
페스트	벼룩, 쥐
탄저	소, 양, 말
중증급성호흡기증후근(SARS)	박쥐, 사향고양이
조류인플루엔자인체감염증	닭, 오리 등의 가금류
브루셀라증	소, 염소, 돼지

광우병	소
큐열	소, 양, 염소
결핵	소, 돼지
장출혈성대장균감염증	소, 양, 염소, 돼지, 개, 닭
일본뇌염	모기
중증열성혈소판감소증후군(SFTS)	진드기(작은소피참진드기)

■ 절지동물 매개 감염병

페스트	쥐에 기생하는 벼룩에 의해 페스트균이 옮겨져 발생하는 급성 열성 전염병
말라리아	말라리아 원충에 감염된 매개모기에 의해 전파되는 급성 열성 전염병
발진티푸스	이, 벼룩에 의해 감염되는 제3급 감염병
쯔쯔가무시증	감염된 털진드기의 유충이 사람을 물면 감염되는 발열성 질환
일본뇌염	야간에 동물과 사람을 흡혈하는 작은빨간집모기에 의해 전파되는 제3급 감염병

■ 가족계획과 노인보건

① 가족계획
- 정의 : 가족 건강과 가정 경제 향상을 위한 우수하고 건강한 자녀 출산을 위한 출산 계획
- 목적 : 모자보건 향상, 양육능력 조절, 여성 해방, 경제적 능력 조절, 인구 조절, 자녀 양육
- 내용 : 초산연령 조절, 출산횟수 조절, 출산간격 조절, 출산기간 조절

② 노인보건
- 목적
    - 65세 이상 노인에 대한 적절한 건강검진으로 질병 예방 및 건강 유지
    - 사회보장 등 프로그램을 통한 노후 생활 안정 및 신체적 기능 상태 증진
- 3대 문제 : 경제적 빈곤, 노인성 질환, 고독 및 소외
- 노인보건 교육 : 개별 접촉을 통한 교육이 효과적

■ 환경보건

① 기후와 불쾌지수
- 기후의 3대 요소 : 기온, 기습, 기류
- 불쾌지수(DI) : 날씨에 따라 인체가 느끼는 불쾌감의 정도를 수치로 표시한 것

② 대기환경

대기는 질소 78.1%, 산소 20.93%, 아르곤 0.93%, 이산화탄소 0.03% 등으로 이루어짐

질소(N_2)	• 고기압 상태 시 질소는 중추신경계에 마취작용을 함 • 잠함병 : 고기압 상태에서 저기압 상태로 갑자기 복귀할 때 발생하는 질환으로, 체액 및 지방조직의 질소가스 과포화가 주원인
산소(O_2)	저산소증 : 산소 농도 15% 이하 시 발생, 10% 이하 시 호흡곤란, 7% 이하 시 질식사

이산화탄소 (CO_2)	• 무색, 무취, 비독성 가스, 약산성으로 지구온난화의 주된 원인 • 실내 공기의 오염지표로 사용됨 • 중독 : 3% 이상일 때 불쾌감을 느끼고 호흡이 빨라지며, 7%일 때 호흡곤란을 느끼고, 10% 이상일 때 의식상실 및 질식사
일산화탄소 (CO)	• 무색, 무취의 맹독성 가스 • 중독 : CO가 헤모글로빈의 산소결합 능력을 빼앗아 혈중 O_2 농도를 저하시키고 조직세포에 공급할 산소 부족 초래 • 증상 : 신경이상, 시력장애, 보행장애 등
아황산가스 (SO_2)	대기오염의 지표 및 대기오염의 주원인
군집독	다수의 사람이 장시간 밀폐된 실내에 있을 때 공기의 물리적, 화학적 조건이 문제가 되어 발생하는 불쾌감, 두통, 현기증, 구토, 식욕 저하 등의 생리적 현상

③ 공기의 자정작용 : 희석작용, 세정작용, 산화작용, 살균작용, 교환작용

④ 대기오염 현상

기온역전	대기층의 온도는 100m 상승할 때마다 1℃씩 낮아지나, 상부 기온이 하부 기온보다 높을 때 발생하며 공기의 수직 확산이 일어나지 않게 되어서 대기오염이 심화됨
산성비	pH 5.6 이하의 비로, 원인 물질은 아황산가스와 질소산화물
온실효과	이산화탄소 입자에 의해 복사열이 빠져나가지 못해 지구 표면과 대류권이 더워지는 현상으로, 해수면이 상승함

⑤ 수질오염지표

생물화학적 산소요구량(BOD)	• 하수 중 유기물이 호기성 미생물에 의해 산화·분해될 때 필요한 산소량 • 수질오염을 나타내는 대표적인 지표(하수 오염 대표지표) • BOD가 높을수록 물의 오염도가 높고, 낮을수록 오염도는 낮음
용존산소량(DO)	• 물속에 녹아 있는 산소량 • DO가 낮을수록 물의 오염도가 높고, 높을수록 오염도는 낮음
대장균 수	음용수 오염의 생물학적 지표
화학적 산소요구량 (COD)	• 물속의 오염물질을 화학적으로 산화시킬 때 소비되는 산소의 양 • 산업폐수·공장폐수의 오염도 측정지표

⑥ 수질오염에 따른 인체 질환

미나마타병	• 수은 중독현상으로 산업폐수에 오염된 어패류 섭취 시 주로 나타남 • 신경마비, 언어장애, 시력 약화, 팔다리 통증, 근육위축 등 증상
이타이이타이병	• 카드뮴에 의한 지하수 오염으로 발생 • 전신권태, 호흡기능 저하, 신장기능 장애, 피로감, 골연화증 등 증상

⑦ 주거 환경

실내 온도	실내의 쾌적 기온 18±2℃
습도	쾌적 습도 40~70%
쾌감기류	0.2~0.3m/s(실내), 1m/s 전후(실외)
환기	• 중성대(neutral zone) : 실내에서 따뜻한 공기는 상층으로, 차가운 공기는 하층으로 내려가는데, 중성대는 이 두 공기의 온도 차이가 상쇄되는 지점에 형성됨 • 중성대가 천장 가까이에 형성 : 환기량이 크고 공기 순환이 잘 이루어짐 • 중성대가 바닥 가까이에 형성 : 환기량이 적어지며, 공기 순환이 적어지고 불쾌한 냄새가 축적됨

식품위생과 영양

① 식중독의 분류

종류	구분	원인균 및 증상
세균성 식중독	감염형	**살모넬라균** • 사람, 가축, 가금류의 식육 및 가금류의 알, 하수와 하천수 등에 감염 • 발열, 두통, 복통, 구토, 설사 등의 증상 **장염비브리오균** • 어패류, 생선회 등에 감염 • 구토, 발열, 설사 등 **병원성 대장균** • 채소류, 생고기 또는 완전히 조리되지 않은 식품, 오염된 조리도구 • 장내염증, 설사 등
	독소형	**황색포도상구균** • 육류 및 그 가공품과 우유, 크림, 버터, 치즈 등과 이들을 재료로 한 과자류와 유제품 • 어지러움, 위경련, 구토, 발열, 설사 • 실온에 방치하지 말고 5℃ 이하에 냉장 보관 **보툴리누스균** • 통조림 및 소시지 등에 증식 • 현기증, 시야의 흐림, 호흡 불가, 삼킴 장애, 무기력, 호흡기 정지 • 치명적인 신경독소를 만들어내는 세균 → 식중독 중 치명률이 가장 높음
	생체 내 독소형 (감염형과 독소형 중간)	**웰치균** • 웰치균에 의해 오염·증식된 식품 섭취 시 균이 증식하여 독소를 생성함 • 돼지고기, 닭고기, 칠면조고기 등 • 설사, 복통이 주 증상
화학적 식중독	유독, 화학물질에 의한 것	**인공화합물에 의한 식중독** • 고의 또는 오용으로 첨가되는 유해물질 : 식품첨가물 • 본의 아니게 잔류, 혼입되는 유해물질 : 잔류농약, 유해성 금속 화합물 • 제조·가공·저장 중에 생성되는 유해물질 : 지질의 산화생성물, 나이트로소아민 • 기타 물질에 의한 중독 : 메탄올 등 • 조리기구·포장에 의한 중독 : 녹청(구리), 납, 비소 등
자연독 식중독	식물성	• 독버섯 : 무스카린 • 감자 : 솔라닌 • 청매 : 아미그달린 • 독미나리 : 시큐톡신
	동물성	• 복어 : 테트로도톡신 • 모시조개, 굴, 바지락 : 베네루핀
	곰팡이독	• 옥수수, 땅콩 : 아플라톡신 • 황변미 : 황변미독 • 맥각(밀, 보리, 호밀) : 에르고톡신

② 영양소

분류	• 열량소 : 단백질, 탄수화물, 지방 • 조절소 : 비타민, 무기질, 물
기능	• 신체조직 구성 : 단백질, 무기질, 물 • 신체 열량공급 : 탄수화물, 단백질, 지방 • 신체 생리기능 조절 : 무기질, 비타민, 물

③ 에너지 대사

기초대사량	체온 유지, 호흡, 심장박동 등 기초적인 생명활동을 위한 신진대사에 쓰이는 에너지량으로, 생명을 유지하는 데 필요한 최소한의 에너지량을 뜻함
활동대사량	직접적인 신체활동에 쓰이는 에너지량으로, 대사량에서 기초대사량을 제외한 것

■ 보건행정
① 정의 : 국민의 건강 유지와 증진을 위한 공적인 활동으로, 국가나 지방자체단체가 주도하여 국민의 보건 향상을 위해 시행하는 행정활동
② 목적 : 수명 연장, 질병 예방, 신체적·정신적 건강 증진
③ 범위(WHO) : 보건관계 기록의 보존, 모자보건, 대중에 대한 보건교육, 의료 제공 및 보건간호, 환경위생, 감염병 관리

[02] 소독

■ 소독의 정의
① 소독 관련 용어

멸균	병원균·비병원성 미생물과 포자까지 완전히 사멸시켜 제거하여 무균 상태로 만드는 것
살균	미생물을 물리적, 화학적으로 급속히 죽이는 것으로, 내열성 포자를 제외한 대부분의 병원성 미생물 제거
소독	• 병원성 미생물의 생활력을 파괴 또는 멸살시켜 감염 및 증식력을 없애는 것 • 유해한 병원균 증식과 감염의 위험성을 제거(포자는 제거되지 않음)
방부	병원성 미생물의 발육을 정지시켜 음식의 부패나 발효를 방지하는 것

※ 소독력 크기 : 멸균 > 살균 > 소독 > 방부

② 소독작용에 영향을 미치는 요인
• 온도가 높을수록 소독효과 상승
• 유기물질이 적을수록 소독효과 상승
• 접촉시간이 길수록 소독효과 상승
• 농도가 높을수록 소독효과 상승

③ 살균작용 기전

산화작용	과산화수소, 염소, 오존
탈수작용	설탕, 식염, 알코올
가수분해 작용	강알칼리, 강산
균체의 단백질 응고작용	크레졸, 알코올, 석탄산, 포르말린
균체의 효소 불활성화 작용	석탄산, 알코올, 역성비누, 중금속염

소독법의 분류

① 물리적 소독법

종류	구분	세부 내용
건열 멸균법	화염멸균법	• 물체에 직접 열을 가해 미생물을 태워 사멸 • 금속류, 유리류, 도자기류 등에 사용
	소각법	• 병원체를 불꽃으로 태워 멸균하는 방법 • 감염병 환자의 배설물, 오염된 가운, 수건 등에 사용
	건열멸균법	• 건열멸균기를 이용하는 방법 • 보통 멸균기 내의 온도 160~180℃에서 1~2시간 가열 • 유리제품, 금속류, 사기그릇 등의 멸균에 이용(미생물과 포자를 사멸)
습열 멸균법	자비소독법	• 100℃의 끓는 물에 15~20분 가열(포자는 죽이지 못함) • 아포형성균, B형간염 바이러스에는 부적합 • 물에 탄산나트륨(1~2%), 석탄산(5%), 붕소(2%), 크레졸(2~3%)을 넣으면 소독효과가 증대됨 • 의류, 식기, 도자기 등에 사용

	고압증기
	멸균법
		• 100~135℃ 고온의 수증기로 포자까지 사멸
		• 가장 빠르고 효과적인 방법
		• 고무, 유리기구, 금속기구, 의료기구, 무균실 기구, 약액 등에 사용
		• 소독시간
		  - 10파운드(lbs) : 115℃ → 30분간
		  - 15파운드(lbs) : 121℃ → 20분간
		  - 20파운드(lbs) : 126℃ → 15분간

	저온살균법	• 62~63℃의 낮은 온도에서 30분간 소독 • 파스퇴르가 발명 • 우유, 술, 주스 등에 사용
무가열 멸균법	자외선살균법	• 200~290nm의 파장의 자외선 조사(특히 260nm 부근에서 강한 살균력) • 높은 살균효과와 빠른 처리 속도 • 용기, 각종 기구, 식품, 물, 공기, 무균실, 수술실, 약제실 등에 사용
	일광소독법	태양광선 중 자외선을 이용한 소독법으로, 의류·침구류 소독에 사용
	초음파멸균법	8,800Hz의 음파, 20,000Hz 이상의 진동으로 살균
	방사선살균법	감마선을 이용해 살균, 플라스틱·알루미늄까지 투과 → 포장된 제품에 살균
	에틸렌옥사이드 가스멸균법(EO)	50~60℃ 저온에서 멸균하는 방법으로 EO 가스의 폭발 위험이 있어서 프레온가스 또는 이산화탄소를 혼합 사용 → 고무장갑, 플라스틱

② 화학적 소독법

알코올	70% 에탄올 사용 → 미용도구, 손 소독
과산화수소	3% 수용액 사용 → 피부 상처 소독
승홍수	• 강력한 살균력이 있어 0.1% 수용액 사용 → 손, 피부 소독 • 상처가 있는 피부에는 적합하지 않음(피부 점막에 자극 강함) • 금속을 부식시킴 • 무색, 무취이며 독성이 강하므로 보관에 주의
석탄산	• 고온일수록 효과가 높으며 살균력과 냄새가 강하고 독성이 있음(승홍수 1,000배의 살균력) • 3% 수용액을 사용, 금속을 부식시킴 • 포자나 바이러스에는 효과 없음 • 소독제의 살균력 평가 기준으로 사용

생석회	• 산화칼슘을 98% 이상 함유한 백색 분말로 가격이 저렴 • 오물, 분변, 화장실, 하수도 소독에 사용
크레졸	• 3% 수용액 사용하며 석탄산 소독력의 2배의 효과가 있음 • 손 소독 시 1~2% 수용액 사용 • 오물, 배설물의 소독, 이·미용실 실내나 바닥 소독에 사용
염소	• 살균력이 강하고 저렴하며 잔류효과가 크고 냄새가 강함 • 상수 또는 하수의 소독에 주로 사용
포르말린	• 폼알데하이드 36% 수용액으로 온도가 높을수록 소독력이 강함 • 병실, 고무제품, 플라스틱, 금속 소독 시 사용
역성비누	• 양이온 계면활성제이며 물에 잘 녹고 세정력은 거의 없음 • 살균작용이 강함 • 기구, 식기, 손 소독 등에 적당

③ 석탄산계수

- 석탄산의 소독력을 기준으로 표시되는 소독약의 계수로, 값이 클수록 살균력이 감함
- 석탄산계수가 2.0이라면 살균력이 석탄산의 2배임을 의미함
- 석탄산계수(페놀계수) = $\dfrac{\text{소독액의 희석배수}}{\text{석탄산의 희석배수}}$

■ 미생물 총론

① 미생물의 분류

병원성 미생물	• 인체에서 병적 반응을 일으키며 증식하는 미생물 • 다양한 매개체를 통해 병원균들이 전파됨 • 동식물에서 미생물 상호 간에 신호를 통해 숙주를 감염시킴 예 세균(구균, 간균, 나선균), 바이러스, 리케차, 진균 등
비병원성 미생물	인체에서 병적 반응을 일으키지 않는 미생물 예 발효균, 효모균, 유산균, 곰팡이균

※ 미생물의 크기 : 곰팡이 > 효모 > 세균 > 리케차 > 바이러스

② 미생물의 증식 환경

온도	저온성균(15~20℃), 중온성균(28~45℃), 고온성균(45~60℃)
수분	• 수분이 절대적으로 필요 : 미생물의 발육·증식에 필요한 영양소들이 물에 녹기 때문 • 미생물 생육에 필요한 수분량 : 보통 40% 이상이며, 40% 이하 시 증식 억제, 13% 이하 시 곰팡이 생육이 억제됨
영양소	미생물 생장을 위해 무기물, 탄소원, 질소원, 무기염류 등 영양이 필요
산소	• 호기성 세균 : 산소가 필요한 균 예 결핵균, 디프테리아균 등 • 혐기성 세균 : 산소가 없어야 하는 균 예 파상풍균, 보툴리누스균 등 • 통성혐기성 세균 : 산소의 유무와 관계없는 균 예 살모넬라균, 포도상구균 등
pH	세균이 잘 자라는 수소이온농도는 pH 6.5~7.5가 적당함
삼투압	미생물의 세포막 내부로의 침투 농도와 이온 농도 조절

③ 병원성 미생물의 분류

세균류	단세포 생물로서 0.2~2.0μm 정도 미세한 크기이며 감염과 질병의 가장 큰 원인 • 구균 : 둥근 모양의 세균, 포도상구균, 연쇄상구균, 임균, 수막염균 • 간균 : 막대 모양의 세균, 녹농균, 장티푸스균, 디프테리아균, 결핵균, 파상풍균 • 나선형 : 나선형 또는 S자 모양의 세균, 콜레라균, 헬리코박터파일로리, 렙토스피라균, 매독균
진균류	• 곰팡이균으로 미생물 중 크기가 가장 큼 • 종류 : 버섯, 효모, 곰팡이
원충류	단세포 진핵생물로, 아메바, 사상충 등의 병원성으로 이질, 사상충증, 말라리아, 수면병 등의 병원체가 있음
바이러스	• 크기가 가장 작은 미생물로 살아 있는 세포 내에만 생존 가능함 • 주요 질환 : 홍역, 뇌염, 인플루엔자, 천연두, 폴리오, 후천성 면역결핍증(AIDS) 등
리케차 (rickettsia)	• 세균과 바이러스의 중간에 속하는 미생물 • 진드기나 벼룩과 같은 절족동물을 매개로 하여 인체에 감염을 일으킴 • 주요 질환 : 쯔쯔가무시증, 발진티푸스, 발진열, 큐열, 참호열 등

소독약의 구비 조건 및 소독 시 고려사항

① 소독용 화학약품의 구비 조건
- 살균력이 강하고 미량으로도 빠르게 침투하여 효과가 우수해야 함
- 냄새가 강하지 않고 인체에 독성이 없어야 함
- 표백성과 부식성이 없어야 함
- 원액 또는 희석 상태에서 안정성이 있어야 함
- 높은 용해성이 있어야 함
- 사용법이 간단하고 경제적이어야 함
- 환경오염을 유발하지 않아야 함

② 소독 시 고려사항
- 소독할 제품에 따라 적당한 용량과 사용법을 지켜서 사용
- 소독액은 미리 만들어 놓지 말고 필요한 양만큼 만들어 사용
- 소독제는 햇빛이 들어오지 않는 서늘한 곳에 보관하고 유효기간 내에 사용하도록 함
- 소독 시 사용한 기구는 세척한 후 소독

분야별 위생·소독

① 이·미용기구의 소독 기준(공중위생관리법 시행규칙 [별표 3])

크레졸 소독	크레졸수(크레졸 3%, 물 97%의 수용액)에 10분 이상 담가 둔다.
석탄산수 소독	석탄산수(석탄산 3%, 물 97%의 수용액)에 10분 이상 담가 둔다.
에탄올 소독	에탄올 수용액(에탄올이 70%인 수용액)에 10분 이상 담가 두거나 에탄올 수용액을 머금은 면 또는 거즈로 기구의 표면을 닦아준다.
자외선 소독	1cm^2 당 85μW 이상의 자외선을 20분 이상 쬐어 준다.
증기 소독	100℃ 이상의 습한 열에 20분 이상 쬐어 준다.
건열멸균 소독	100℃ 이상의 건조한 열에 20분 이상 쬐어 준다.
열탕 소독	100℃ 이상의 물속에 10분 이상 끓여 준다.

② 소독대상별 소독법

고무제품, 플라스틱, 모피(가죽)	석탄산수, 에틸렌옥사이드, 역성비누, 포르말린수 등
대소변, 배설물, 토사물	소각법, 생석회, 석탄산수, 크레졸수 등
하수구, 쓰레기통, 분변	생석회, 석탄산수, 크레졸수 등
도자기, 유리기구, 목죽제품	자비소독, 증기소독, 석탄산수, 크레졸수 등
의복, 침구	일광소독, 자비소독, 증기소독, 크레졸수, 석탄산수 등
환자 및 접촉자	석탄산수, 크레졸수, 승홍수, 역성비누 등
미용실 실내 소독	크레졸
미용실 기구 소독	크레졸, 석탄산

③ 이·미용기구 소독법

가위	• 70%의 알코올(에탄올)로 소독 • 고압증기멸균기 사용 시에는 소독 전 가위의 이물질을 수건으로 제거하고 거즈에 싸서 소독함
일회용 시술기구	• 1인에 한하여 사용 • 일회용 레이저, 면도날은 재사용하면 안 됨
빗	미온수에 세제액으로 세척하여 이물질 제거 후 물기를 닦고 자외선 소독기에 보관
타월	• 자비소독 또는 세탁해서 일광소독 후 사용 • 스팀타월은 사용 전 80℃ 이상의 온도에서 보관, 사용 시 적정하게 식힌 후 사용

[03] 공중위생관리법규(법, 시행령, 시행규칙)

■ 공중위생관리법의 목적과 정의

① 목적(법 제1조)

공중이 이용하는 영업의 위생관리 등에 관한 사항을 규정함으로써 위생수준을 향상시켜 국민의 건강증진에 기여함을 목적으로 한다.

② 정의(법 제2조)
- 공중위생영업 : 다수인을 대상으로 위생관리서비스를 제공하는 영업으로서 숙박업·목욕장업·이용업·미용업·세탁업·건물위생관리업을 말한다.
- 이용업 : 손님의 머리카락 또는 수염을 깎거나 다듬는 등의 방법으로 손님의 용모를 단정하게 하는 영업을 말한다.
- 미용업 : 손님의 얼굴, 머리, 피부 및 손톱·발톱 등을 손질하여 손님의 외모를 아름답게 꾸미는 다음의 영업을 말한다.

일반미용업	파마·머리카락 자르기·머리카락 모양내기·머리피부손질·머리카락염색·머리감기, 의료기기나 의약품을 사용하지 아니하는 눈썹손질을 하는 영업
피부미용업	의료기기나 의약품을 사용하지 아니하는 피부 상태 분석·피부관리·제모·눈썹손질을 하는 영업
네일미용업	손톱과 발톱을 손질·화장하는 영업
화장·분장 미용업	얼굴 등 신체의 화장, 분장 및 의료기기나 의약품을 사용하지 아니하는 눈썹손질을 하는 영업

▍영업의 신고 및 폐업

① 영업신고 및 폐업신고(법 제3조)

- 공중위생영업을 하고자 하는 자는 공중위생영업의 종류별로 보건복지부령이 정하는 시설 및 설비를 갖추고 시장·군수·구청장에게 신고하여야 한다. 보건복지부령이 정하는 중요사항을 변경하고자 하는 때에도 또한 같다.
- 공중위생영업의 신고를 한 자(공중위생영업자)는 공중위생영업을 폐업한 날부터 20일 이내에 시장·군수·구청장에게 신고하여야 한다. 다만, 영업정지 등의 기간 중에는 폐업신고를 할 수 없다.
- 이용업 또는 미용업의 신고를 한 자의 사망으로 면허를 소지하지 아니한 자가 상속인이 된 경우에는 그 상속인은 상속받은 날부터 3개월 이내에 시장·군수·구청장에게 폐업신고를 하여야 한다.
- 시장·군수·구청장은 공중위생영업자가 관할 세무서장에게 폐업신고를 하거나 관할 세무서장이 사업자등록을 말소한 경우에는 보건복지부령으로 정하는 바에 따라 신고사항을 직권으로 말소할 수 있다.
- 시장·군수·구청장은 직권말소를 위하여 필요한 경우 관할 세무서장에게 공중위생영업자의 폐업여부에 대한 정보 제공을 요청할 수 있다. 이 경우 요청을 받은 관할 세무서장은 공중위생영업자의 폐업여부에 대한 정보를 제공하여야 한다.
- 신고의 방법 및 절차 등에 필요한 사항은 보건복지부령으로 정한다.

② 영업신고(규칙 제3조 제1항)

공중위생영업의 신고를 하려는 자는 공중위생영업의 종류별 시설 및 설비기준에 적합한 시설을 갖춘 후 영업신고서(전자문서로 된 신고서를 포함)에 다음의 서류를 첨부하여 시장·군수·구청장에게 제출하여야 한다.

- 영업시설 및 설비개요서
- 영업시설 및 설비의 사용에 관한 권리를 확보하였음을 증명하는 서류
- 교육수료증(미리 교육을 받은 경우에만 해당)

③ 변경신고(규칙 제3조의2)

- 보건복지부령이 정하는 중요사항 : 영업소의 명칭 또는 상호, 영업소의 주소, 신고한 영업장 면적의 3분의 1 이상의 증감, 대표자의 성명 또는 생년월일, 미용업 업종 간 변경 또는 업종의 추가
- 신고인 제출서류 : 영업신고증(신고증을 분실하여 영업신고사항 변경신고서에 분실 사유를 기재하는 경우에는 첨부하지 아니함), 변경사항을 증명하는 서류
- 변경신고서를 제출받은 시장·군수·구청장은 건축물대장, 토지이용계획서, 면허증을 확인해야 한다.

- 신고를 받은 시장·군수·구청장은 영업신고증을 고쳐 쓰거나 재교부해야 한다. 다만, 변경신고사항이 영업소의 주소, 미용업 업종 간 변경 또는 업종의 추가인 경우 변경신고를 받은 날부터 30일 이내에 확인해야 한다.

공중위생영업의 승계(법 제3조의2)

① 공중위생영업자가 그 공중위생영업을 양도하거나 사망한 때 또는 법인의 합병이 있는 때에는 그 양수인·상속인 또는 합병 후 존속하는 법인이나 합병에 의하여 설립되는 법인은 그 공중위생영업자의 지위를 승계한다.
② 경매, 환가나 압류재산의 매각 그 밖에 이에 준하는 절차에 따라 공중위생영업 관련 시설 및 설비의 전부를 인수한 자는 이 법에 의한 그 공중위생업자의 지위를 승계한다.
③ 이용업 또는 미용업의 경우에는 면허를 소지한 자에 한하여 공중위생영업자의 지위를 승계할 수 있다.
④ 공중위생영업자의 지위를 승계한 자는 1월 이내에 보건복지부령이 정하는 바에 따라 시장·군수 또는 구청장에게 신고하여야 한다.
⑤ 영업자의 지위승계신고(규칙 제3조의5)
영업자의 지위승계신고를 하려는 자는 다음 구분에 따른 서류를 첨부하여 시장·군수·구청장에게 제출해야 한다.

영업양도의 경우	양도·양수를 증명할 수 있는 서류 사본
상속의 경우	상속인임을 증명할 수 있는 서류(가족관계등록전산정보만으로 상속인임을 확인할 수 있는 경우는 제외)
영업양도 및 상속 외의 경우	해당 사유별로 영업자의 지위를 승계하였음을 증명할 수 있는 서류

영업자 준수사항

① 공중위생영업자의 준수사항(법 제4조)
- 공중위생영업자는 그 이용자에게 건강상 위해요인이 발생하지 아니하도록 영업관련 시설 및 설비를 위생적이고 안전하게 관리하여야 한다.
- 미용업을 하는 자는 다음의 사항을 지켜야 한다.
  - 의료기구와 의약품을 사용하지 아니하는 순수한 화장 또는 피부미용을 할 것
  - 미용기구는 소독을 한 기구와 소독을 하지 아니한 기구로 분리하여 보관하고, 면도기는 1회용 면도날만을 손님 1인에 한하여 사용할 것
  - 미용사면허증을 영업소 안에 게시할 것

② 미용업자가 준수해야 하는 위생관리기준(규칙 [별표 4])
- 점빼기·귓볼뚫기·쌍꺼풀수술·문신·박피술 그 밖에 이와 유사한 의료행위를 하여서는 아니 된다.
- 피부미용을 위하여 의약품 또는 의료기기를 사용하여서는 아니 된다.
- 미용기구 중 소독을 한 기구와 소독을 하지 아니한 기구는 각각 다른 용기에 넣어 보관하여야 한다.
- 1회용 면도날은 손님 1인에 한하여 사용하여야 한다.
- 영업장 안의 조명도는 75lx 이상이 되도록 유지하여야 한다.
- 영업소 내부에 미용업 신고증 및 개설자의 면허증 원본을 게시하여야 한다.
- 영업소 내부에 최종지급요금표를 게시 또는 부착하여야 한다.
- 신고한 영업장 면적이 66m^2 이상인 영업소의 경우 영업소 외부에도 손님이 보기 쉬운 곳에 최종지급요금표를 게시 또는 부착하여야 한다. 이 경우 최종지급요금표에는 일부 항목(5개 이상)만을 표시할 수 있다.
- 3가지 이상의 미용서비스를 제공하는 경우에는 개별 미용서비스의 최종 지급가격 및 전체 미용서비스의 총액에 관한 내역서를 이용자에게 미리 제공하여야 한다. 이 경우 미용업자는 해당 내역서 사본을 1개월간 보관하여야 한다.

③ 이·미용업의 시설 및 설비기준(규칙 [별표 1])

이용업	• 이용기구는 소독을 한 기구와 소독을 하지 아니한 기구를 구분하여 보관할 수 있는 용기를 비치하여야 한다. • 소독기, 자외선 살균기 등 이용기구를 소독하는 장비를 갖추어야 한다. • 영업소 안에는 별실 그 밖에 이와 유사한 시설을 설치하여서는 아니 된다.
미용업	• 미용기구는 소독을 한 기구와 소독을 하지 아니한 기구를 구분하여 보관할 수 있는 용기를 비치하여야 한다. • 소독기, 자외선 살균기 등 미용기구를 소독하는 장비를 갖추어야 한다.

▋ 면허

① 이·미용사 면허 발급 대상자(법 제6조 제1항)

이·미용사가 되고자 하는 자는 다음 하나에 해당하는 자로서 보건복지부령이 정하는 바에 의하여 시장·군수·구청장의 면허를 받아야 한다.
- 전문대학 또는 이와 같은 수준 이상의 학력이 있다고 교육부장관이 인정하는 학교에서 이용 또는 미용에 관한 학과를 졸업한 자
- 「학점인정 등에 관한 법률」에 따라 대학 또는 전문대학을 졸업한 자와 같은 수준 이상의 학력이 있는 것으로 인정되어 이용 또는 미용에 관한 학위를 취득한 자
- 고등학교 또는 이와 같은 수준의 학력이 있다고 교육부장관이 인정하는 학교에서 이용 또는 미용에 관한 학과를 졸업한 자
- 초·중등교육법령에 따른 특성화고등학교, 고등기술학교나 고등학교 또는 고등기술학교에 준하는 각종 학교에서 1년 이상 이용 또는 미용에 관한 소정의 과정을 이수한 자

- 「국가기술자격법」에 의한 이용사 또는 미용사 자격을 취득한 자

② 이·미용사의 면허 결격사유(법 제6조 제2항)

다음 하나에 해당하는 자는 이용사 또는 미용사의 면허를 받을 수 없다.
- 피성년후견인
- 정신질환자(다만, 전문의가 이용사 또는 미용사로서 적합하다고 인정하는 사람은 예외)
- 공중의 위생에 영향을 미칠 수 있는 감염병환자로서 보건복지부령이 정하는 자
- 마약 기타 대통령령으로 정하는 약물 중독자(대마 또는 향정신성의약품의 중독자)
- 면허가 취소된 후 1년이 경과되지 아니한 자

③ 면허증의 반납 등(규칙 제12조)
- 면허가 취소되거나 면허의 정지명령을 받은 자는 지체없이 관할 시장·군수·구청장에게 면허증을 반납하여야 한다.
- 면허의 정지명령을 받은 자가 반납한 면허증은 그 면허정지기간 동안 관할 시장·군수·구청장이 이를 보관하여야 한다.
- 면허증 재발급 신청 사유(규칙 제10조 제1항)
  - 면허증을 잃어버렸을 때
  - 면허증이 헐어 못 쓰게 되었을 때
  - 면허증의 기재사항에 변경이 있을 때

④ 이·미용사의 면허취소 등(법 제7조)
- 시장·군수·구청장은 이용사 또는 미용사가 다음 하나에 해당하는 때에는 그 면허를 취소하거나 6월 이내의 기간을 정하여 그 면허의 정지를 명할 수 있다.
  - 피성년후견인
  - 정신질환자, 공중의 위생에 영향을 미칠 수 있는 감염병환자로서 보건복지부령이 정하는 자, 마약 기타 대통령령으로 정하는 약물 중독자
  - 면허증을 다른 사람에게 대여한 때
  - 「국가기술자격법」에 따라 자격이 취소된 때
  - 「국가기술자격법」에 따라 자격정지처분을 받은 때(자격정지처분 기간에 한정)
  - 이중으로 면허를 취득한 때(나중에 발급받은 면허를 말함)
  - 면허정지처분을 받고도 그 정지기간 중에 업무를 한 때
  - 「성매매알선 등 행위의 처벌에 관한 법률」이나 「풍속영업의 규제에 관한 법률」을 위반하여 관계 행정기관의 장으로부터 그 사실을 통보받은 때
- 면허취소·정지처분의 세부적인 기준은 그 처분의 사유와 위반의 정도 등을 감안하여 보건복지부령으로 정한다.

■ 업무 범위

① 이·미용사의 업무범위 등(법 제8조 제1항)
- 이용사 또는 미용사의 면허를 받은 자가 아니면 이용업 또는 미용업을 개설하거나 그 업무에 종사할 수 없다. 다만, 이용사 또는 미용사의 감독을 받아 이용 또는 미용업무의 보조를 행하는 경우에는 그러하지 아니하다.
- 이용 및 미용의 업무는 영업소 외의 장소에서 행할 수 없다. 다만, 보건복지부령(규칙 제13조)이 정하는 특별한 사유가 있는 경우에는 그러하지 아니하다.

② 영업소 외에서의 이·미용업무(규칙 제13조)
- 질병·고령·장애나 그 밖의 사유로 영업소에 나올 수 없는 자에 대하여 이용 또는 미용을 하는 경우
- 혼례나 그 밖의 의식에 참여하는 자에 대하여 그 의식 직전에 이용 또는 미용을 하는 경우
- 사회복지시설에서 봉사활동으로 이용 또는 미용을 하는 경우
- 방송 등의 촬영에 참여하는 사람에 대하여 그 촬영 직전에 이용 또는 미용을 하는 경우
- 그 외에 특별한 사정이 있다고 시장·군수·구청장이 인정하는 경우

■ 행정지도감독

① 보고 및 출입·검사(법 제9조 제1항)

특별시장·광역시장·도지사 또는 시장·군수·구청장은 공중위생관리상 필요하다고 인정하는 때에는 공중위생영업자에 대하여 필요한 보고를 하게 하거나 소속공무원으로 하여금 영업소, 사무소 등에 출입하여 공중위생영업자의 위생관리의무 이행 등에 대하여 검사하게 하거나 필요에 따라 공중위생영업장부나 서류를 열람하게 할 수 있다.

② 영업의 제한(법 제9조의2)

시·도지사 또는 시장·군수·구청장은 공익상 또는 선량한 풍속을 유지하기 위하여 필요하다고 인정하는 때에는 공중위생영업자 및 종사원에 대하여 영업시간 및 영업행위에 관한 필요한 제한을 할 수 있다.

③ 위생지도 및 개선명령(법 제10조)

시·도지사 또는 시장·군수·구청장은 다음의 하나에 해당하는 자에 대하여 보건복지부령으로 정하는 바에 따라 기간을 정하여 그 개선을 명할 수 있다.
- 공중위생영업의 종류별 시설 및 설비기준을 위반한 공중위생영업자
- 준수사항을 위반한 공중위생영업자

④ 공중위생영업소의 폐쇄 등(법 제11조)
- 시장·군수·구청장은 공중위생영업자가 다음의 하나에 해당하면 6월 이내의 기간을 정하여 영업의 정지 또는 일부 시설의 사용중지를 명하거나 영업소 폐쇄 등을 명할 수 있다.

- 영업신고를 하지 아니하거나 시설과 설비기준을 위반한 경우
- 변경신고를 하지 아니한 경우
- 지위승계신고를 하지 아니한 경우
- 공중위생영업자의 준수사항을 지키지 아니한 경우
- 불법카메라나 기계장치를 설치한 경우
- 영업소 외의 장소에서 이용 또는 미용업무를 한 경우
- 보고를 하지 아니하거나 거짓으로 보고한 경우 또는 관계공무원의 출입, 검사 또는 공중위생영업 장부 또는 서류의 열람을 거부·방해하거나 기피한 경우
- 개선명령을 이행하지 아니한 경우
- 「성매매알선 등 행위의 처벌에 관한 법률」, 「풍속영업의 규제에 관한 법률」, 「청소년 보호법」, 「아동·청소년의 성보호에 관한 법률」, 「의료법」 또는 「마약류 관리에 관한 법률」을 위반하여 관계 행정기관의 장으로부터 그 사실을 통보받은 경우

• 시장·군수·구청장은 영업정지처분을 받고도 그 영업정지 기간에 영업을 한 경우에는 영업소 폐쇄를 명할 수 있다.
• 시장·군수·구청장은 다음의 하나에 해당하는 경우에는 영업소 폐쇄를 명할 수 있다.
    - 공중위생영업자가 정당한 사유 없이 6개월 이상 계속 휴업하는 경우
    - 공중위생영업자가 관할세무서장에게 폐업신고를 하거나 관할세무서장이 사업자 등록을 말소한 경우
    - 공중위생영업자가 영업을 하지 아니하기 위하여 영업시설의 전부를 철거한 경우
• 행정처분의 세부기준은 그 위반행위의 유형과 위반 정도 등을 고려하여 보건복지부령으로 정한다.
• 시장·군수·구청장은 공중위생영업자가 영업소 폐쇄명령을 받고도 계속하여 영업을 하는 때에는 관계공무원으로 하여금 해당 영업소를 폐쇄하기 위하여 다음의 조치를 하게 할 수 있다. 신고를 하지 아니하고 공중위생영업을 하는 경우에도 또한 같다.
    - 해당 영업소의 간판 기타 영업표지물의 제거
    - 해당 영업소가 위법한 영업소임을 알리는 게시물 등의 부착
    - 영업을 위하여 필수불가결한 기구 또는 시설물을 사용할 수 없게 하는 봉인
• 봉인을 해제할 수 있는 경우
    - 시장·군수·구청장이 봉인을 한 후 봉인을 계속할 필요가 없다고 인정되는 때
    - 영업자 등이나 그 대리인이 해당 영업소를 폐쇄할 것을 약속하는 때
    - 정당한 사유를 들어 봉인의 해제를 요청하는 때
    - 해당 영업소가 위법한 영업소임을 알리는 게시물 등의 제거를 요청하는 경우

과징금과 청문

① 과징금(법 제11조의2)
- 시장·군수·구청장은 영업정지가 이용자에게 심한 불편을 주거나 그 밖에 공익을 해할 우려가 있는 경우에는 영업정지 처분에 갈음하여 1억원 이하의 과징금을 부과할 수 있다. 다만, 제5조, 「성매매알선 등 행위의 처벌에 관한 법률」, 「아동·청소년의 성보호에 관한 법률」, 「풍속영업의 규제에 관한 법률」 제3조 각 호의 어느 하나, 「마약류 관리에 관한 법률」 또는 이에 상응하는 위반행위로 인하여 처분을 받게 되는 경우를 제외한다.
- 과징금을 부과하는 위반행위의 종별·정도 등에 따른 과징금의 금액 등에 관하여 필요한 사항은 대통령령으로 정한다.

② 청문(법 제12조)
보건복지부장관 또는 시장·군수·구청장은 다음의 하나에 해당하는 처분을 하려면 청문을 하여야 한다.
- 이용사와 미용사의 면허취소 또는 면허정지
- 위생사의 면허취소
- 영업정지명령, 일부 시설의 사용중지명령 또는 영업소 폐쇄명령

공중위생감시원

① 관계공무원의 업무를 행하게 하기 위하여 특별시·광역시·도 및 시·군·구에 공중위생감시원을 둔다(법 제15조).
② 시·도지사는 공중위생의 관리를 위한 지도·계몽 등을 행하게 하기 위하여 명예공중위생감시원을 둘 수 있다(법 제15조의2 제1항).
③ 공중위생감시원의 업무범위(영 제9조)
- 시설 및 설비의 확인
- 공중위생영업 관련 시설 및 설비의 위생상태 확인·검사, 공중위생영업자의 위생관리의무 및 영업자 준수사항 이행 여부의 확인
- 위생지도 및 개선명령 이행 여부의 확인
- 공중위생영업소의 영업의 정지, 일부 시설의 사용중지 또는 영업소 폐쇄명령 이행 여부의 확인
- 위생교육 이행 여부의 확인

■ 업소 위생등급

① 위생서비스수준의 평가(규칙 제20조)

공중위생영업소의 위생서비스수준 평가는 2년마다 실시하되, 공중위생영업소의 보건·위생관리를 위하여 특히 필요한 경우에는 보건복지부장관이 정하여 고시하는 바에 따라 공중위생영업의 종류 또는 위생관리등급별로 평가주기를 달리할 수 있다.

② 위생관리등급(규칙 제21조)

위생관리등급의 판정을 위한 세부항목, 등급결정 절차와 기타 위생서비스평가에 필요한 구체적인 사항은 보건복지부장관이 정하여 고시한다.

분류	특징
최우수업소	녹색등급
우수업소	황색등급
일반관리대상 업소	백색등급

③ 위생교육(법 제17조, 규칙 제23조)
- 공중위생영업자는 매년 위생교육을 받아야 한다.
    - 위생교육은 집합교육과 온라인 교육을 병행하여 실시하되, 교육시간은 3시간으로 한다.
    - 위생교육의 내용은 「공중위생관리법」 및 관련 법규, 소양교육(친절 및 청결에 관한 사항을 포함), 기술교육, 그 밖에 공중위생에 관하여 필요한 내용으로 한다.
- 공중위생영업의 신고를 하고자 하는 자는 미리 위생교육을 받아야 한다. 다음 하나에 해당하는 자는 영업신고를 한 후 6개월 이내에 위생교육을 받을 수 있다.
    - 천재지변, 본인의 질병·사고, 업무상 국외출장 등의 사유로 교육을 받을 수 없는 경우
    - 교육을 실시하는 단체의 사정 등으로 미리 교육을 받기 불가능한 경우
- 위생교육을 받아야 하는 자 중 영업에 직접 종사하지 아니하거나 2개 이상의 장소에서 영업을 하는 자는 종업원 중 영업장별로 공중위생에 관한 책임자를 지정하고 그 책임자로 하여금 위생교육을 받게 하여야 한다.
- 위생교육은 보건복지부장관이 허가한 단체 또는 공중위생영업자단체가 실시할 수 있다.
- 위생교육의 방법·절차 등에 관하여 필요한 사항은 보건복지부령으로 정한다.
- 위생교육을 받은 자가 위생교육을 받은 날부터 2년 이내에 위생교육을 받은 업종과 같은 업종의 영업을 하려는 경우에는 해당 영업에 대한 위생교육을 받은 것으로 본다.
- 위생교육 실시단체의 장은 위생교육을 수료한 자에게 수료증을 교부하고, 교육실시 결과를 교육 후 1개월 이내에 시장·군수·구청장에게 통보하여야 하며, 수료증 교부대장 등 교육에 관한 기록을 2년 이상 보관·관리하여야 한다.

■ 벌칙

① 벌금(법 제20조)

1년 이하의 징역 또는 1천만 원 이하의 벌금	6월 이하의 징역 또는 500만 원 이하의 벌금	300만 원 이하의 벌금
• 공중위생영업의 신고를 하지 아니하고 공중위생영업(숙박업은 제외)을 한 자 • 영업정지명령 또는 일부 시설의 사용중지명령을 받고도 그 기간 중에 영업을 하거나 그 시설을 사용한 자 • 영업소 폐쇄명령을 받고도 계속하여 영업을 한 자	• 변경신고를 하지 아니한 자 • 공중위생영업자의 지위를 승계한 자로서 신고를 하지 아니한 자 • 건전한 영업질서를 위하여 공중위생영업자가 준수하여야 할 사항을 준수하지 아니한 자	• 다른 사람에게 이용사 또는 미용사의 면허증을 빌려주거나 빌린 사람 • 이용사 또는 미용사의 면허증을 빌려주거나 빌리는 것을 알선한 사람 • 면허의 취소 또는 정지 중에 이용업 또는 미용업을 한 사람 • 면허를 받지 아니하고 이용업 또는 미용업을 개설하거나 그 업무에 종사한 사람

② 과태료(법 제22조)

300만 원 이하의 과태료	200만 원 이하의 과태료
• 보고를 하지 아니하거나 관계공무원의 출입·검사 기타 조치를 거부·방해 또는 기피한 자 • 개선명령에 위반한 자 • 이용업 신고를 하지 아니하고 이용업소표시등을 설치한 자	• 이용업소의 위생관리 의무를 지키지 아니한 자 • 미용업소의 위생관리 의무를 지키지 아니한 자 • 영업소 외의 장소에서 이용 또는 미용업무를 행한 자 • 위생교육을 받지 아니한 자

③ 미용업 행정처분기준(규칙 [별표 7])

위반행위	1차 위반	2차 위반	3차 위반	4차 이상 위반
가. 영업신고를 하지 않거나 시설과 설비기준을 위반한 경우(법 제11조 제1항 제1호)				
• 영업신고를 하지 않은 경우	영업장 폐쇄명령			
• 시설 및 설비기준을 위반한 경우	개선명령	영업정지 15일	영업정지 1월	영업장 폐쇄명령
나. 변경신고를 하지 않은 경우(법 제11조 제1항 제2호)				
• 신고를 하지 않고 영업소의 명칭 및 상호, 미용업 업종 간 변경을 하였거나 영업장 면적의 3분의 1 이상을 변경한 경우	경고 또는 개선명령	영업정지 15일	영업정지 1월	영업장 폐쇄명령
• 신고를 하지 않고 영업소의 소재지를 변경한 경우	영업정지 1월	영업정지 2월	영업장 폐쇄명령	
다. 지위승계신고를 하지 않은 경우(법 제11조 제1항 제3호)	경고	영업정지 10일	영업정지 1월	영업장 폐쇄명령
라. 공중위생영업자의 위생관리의무 등을 지키지 않은 경우(법 제11조 제1항 제4호)				
• 소독을 한 기구와 소독을 하지 않은 기구를 각각 다른 용기에 넣어 보관하지 않거나 1회용 면도날을 2인 이상의 손님에게 사용한 경우	경고	영업정지 5일	영업정지 10일	영업장 폐쇄명령
• 피부미용을 위하여「약사법」에 따른 의약품 또는「의료기기법」에 따른 의료기기를 사용한 경우	영업정지 2월	영업정지 3월	영업장 폐쇄명령	
• 점빼기·귓볼뚫기·쌍꺼풀수술·문신·박피술 그 밖에 이와 유사한 의료행위를 한 경우	영업정지 2월	영업정지 3월	영업장 폐쇄명령	
• 미용업 신고증 및 면허증 원본을 게시하지 않거나 업소 내 조명도를 준수하지 않은 경우	경고 또는 개선명령	영업정지 5일	영업정지 10일	영업장 폐쇄명령

위반행위	행정처분기준			
	1차 위반	2차 위반	3차 위반	4차 이상 위반
• 개별 미용서비스의 최종 지급가격 및 전체 미용서비스의 총액에 관한 내역서를 이용자에게 미리 제공하지 않은 경우	경고	영업정지 5일	영업정지 10일	영업정지 1월
마. 불법카메라나 기계장치를 설치한 경우(법 제11조 제1항 제4호의2)	영업정지 1월	영업정지 2월	영업장 폐쇄명령	
바. 영업소 외의 장소에서 미용 업무를 한 경우(법 제11조 제1항 제5호)	영업정지 1월	영업정지 2월	영업장 폐쇄명령	
사. 보고를 하지 않거나 거짓으로 보고한 경우 또는 관계공무원의 출입, 검사 또는 공중위생영업 장부 또는 서류의 열람을 거부·방해하거나 기피한 경우(법 제11조 제1항 제6호)	영업정지 10일	영업정지 20일	영업정지 1월	영업장 폐쇄명령
아. 개선명령을 이행하지 않은 경우(법 제11조 제1항 제7호)	경고	영업정지 10일	영업정지 1월	영업장 폐쇄명령
자. 영업정지처분을 받고도 그 영업정지 기간에 영업을 한 경우(법 제11조 제3항)	영업장 폐쇄명령			
차. 공중위생영업자가 정당한 사유 없이 6개월 이상 계속 휴업하는 경우(법 제11조 제4항 제1호)	영업장 폐쇄명령			
카. 공중위생영업자가 관할 세무서장에게 폐업신고를 하거나 관할 세무서장이 사업자 등록을 말소한 경우(법 제11조 제4항 제2호)	영업장 폐쇄명령			
타. 공중위생영업자가 영업을 하지 않기 위하여 영업시설의 전부를 철거한 경우(법 제11조 제4항 제3호)	영업장 폐쇄명령			
파. 면허정지 및 면허취소 사유에 해당하는 경우(법 제7조 제1항)				
• 피성년후견인, 정신질환자, 감염병환자, 약물중독자	면허취소			
• 면허증을 다른 사람에게 대여한 경우	면허정지 3월	면허정지 6월	면허취소	
• 「국가기술자격법」에 따라 자격이 취소된 경우	면허취소			
• 「국가기술자격법」에 따라 자격정지처분을 받은 경우(「국가기술자격법」에 따른 자격정지처분 기간에 한정)	면허정지			
• 이중으로 면허를 취득한 경우(나중에 발급받은 면허를 말함)	면허취소			
• 면허정지처분을 받고도 그 정지기간 중 업무를 한 경우	면허취소			
하. 「성매매알선 등 행위의 처벌에 관한 법률」, 「풍속영업의 규제에 관한 법률」, 「청소년 보호법」, 「아동·청소년의 성보호에 관한 법률」 또는 「의료법」을 위반하여 관계 행정기관의 장으로부터 그 사실을 통보받은 경우(법 제11조 제1항 제8호)				
• 손님에게 성매매알선 등 행위 또는 음란행위를 하게 하거나 이를 알선 또는 제공한 경우				
- 영업소	영업정지 3월	영업장 폐쇄명령		
- 미용사	면허정지 3월	면허취소		
• 손님에게 도박 그 밖에 사행행위를 하게 한 경우	영업정지 1월	영업정지 2월	영업장 폐쇄명령	
• 음란한 물건을 관람·열람하게 하거나 진열 또는 보관한 경우	경고	영업정지 15일	영업정지 1월	영업장 폐쇄명령
• 무자격안마사로 하여금 안마사의 업무에 관한 행위를 하게 한 경우	영업정지 1월	영업정지 2월	영업장 폐쇄명령	

PART 01

기출복원문제

제1회~제7회 기출복원문제

행운이란 100%의 노력 뒤에 남는 것이다.

— 랭스턴 콜먼(Langston Coleman)

알림

본 도서에서 「공중위생법」은 '법', 「공중위생법 시행령」은 '영', 「공중위생법 시행규칙」은 '규칙'으로 간략히 표기하였음을 밝힙니다. 그 외 법령의 경우 정확한 법명을 기재하였습니다. 학습에 참고하시기 바랍니다.

자격증・공무원・금융/보험・면허증・언어/외국어・검정고시/독학사・기업체/취업
이 시대의 모든 합격! 시대에듀에서 합격하세요!
www.youtube.com → 시대에듀 → 구독

제1회 | 기출복원문제

01 요충에 대한 설명으로 옳은 것은?

① **집단감염의 특징이 있다.** ✓
② 충란을 산란한 곳에는 소양증이 없다.
③ 흡충류에 속한다.
④ 혈변, 황달 증상이 특징적이다.

[해설]
② 직장에 기생하여 사람 항문 주위에 산란하며, 항문 주위에 소양감(가려움증)이 있다.
③ 요충은 선충류에 속한다.
④ 증상으로 항문 주위 소양감, 수면장애 등이 있다.

02 다음 중 공중보건학의 대상으로 가장 적합한 것은?

① 개인
② **지역주민** ✓
③ 의료인
④ 환자집단

[해설]
공중보건학은 조직화된 지역사회의 노력으로 질병 예방, 수명 연장, 정신적·신체적 효율 등을 달성하는 것으로, 그 대상은 개인이 아닌 지역주민을 단위로 한다.

03 다음 ( ) 안에 알맞은 말을 순서대로 옳게 나열한 것은?

> 세계보건기구(WHO)의 본부는 스위스 제네바에 있으며, 6개의 지역 사무소를 운영하고 있다. 이 중 우리나라는 ( ) 지역에, 북한은 ( ) 지역에 소속되어 있다.

① 서태평양, 서태평양
② 동남아시아, 서태평양
③ 동남아시아, 동남아시아
④ **서태평양, 동남아시아** ✓

[해설]
세계보건기구는 동지중해, 동남아시아, 서태평양, 유럽, 아프리카, 아메리카의 6개 지역 사무소를 운영하고 있다. 우리나라는 이 중 서태평양 지역에 소속되어 있으며, 북한은 동남아시아 지역에 소속되어 있다.

04 다음 중 이·미용업소의 실내 온도로 가장 알맞은 것은?

① 10℃ 이하
② 12~15℃
③ **18~21℃** ✓
④ 25℃ 이상

[해설]
이·미용업소의 실내 온도는 18~21℃가 적정하다.

05 다음 중 모기가 매개하지 않는 질병은?

① 일본뇌염　　② 황열
③ 발진티푸스 ✓　　④ 말라리아

해설
발진티푸스는 이, 벼룩 등에 의해 매개되는 질병이다.

06 다음 중 절족동물 매개 감염병에 속하지 않는 것은?

① 페스트　　② 쯔쯔가무시증
③ 말라리아　　④ 탄저 ✓

해설
절족동물(절지동물)은 모기, 파리, 바퀴벌레, 이, 벼룩과 같은 곤충류를 말한다. 탄저는 소, 양, 말, 돼지 등 동물이 매개하는 감염병이다.
① 페스트 : 벼룩
② 쯔쯔가무시증 : 털진드기
③ 말라리아 : 모기

07 다음 중 일산화탄소(CO)와 가장 관계가 적은 것은?

① 혈색소와의 친화력이 산소보다 강하다.
② 실내공기 오염의 대표적인 지표로 사용된다. ✓
③ 중독 시 중추신경계에 치명적인 영향을 미친다.
④ 냄새와 자극이 없다.

해설
대표적인 실내공기 오염지표는 이산화탄소(CO_2)이다.

08 분해 시 발생하는 발생기 산소의 산화력을 이용하여 표백, 탈취, 살균효과를 나타내는 소독제는?

① 승홍　　② 과산화수소 ✓
③ 크레졸　　④ 생석회

해설
과산화수소는 분해 시 발생하는 산소의 산화작용을 통해 미생물을 살균하는 소독제로, 피부 상처 소독과 미생물 살균·소독뿐 아니라 표백제 및 탈색제로도 이용된다. 산화작용 살균기전을 가진 소독제로는 과산화수소, 염소, 오존 등이 있다.

09 다음 전자파 중 소독에 가장 일반적으로 사용되는 것은?

① 음극선　　② 엑스선
③ 자외선 ✓　　④ 중성자

해설
소독에 가장 일반적으로 사용되는 전자파는 자외선으로, 200~290nm 파장 범위의 자외선을 조사하여 살균한다(특히 260nm 부근에서 살균효과가 가장 높음). 높은 살균효과와 빠른 처리 속도로 용기, 각종 기구, 식품, 물, 공기, 무균실, 수술실 등을 살균할 때 사용된다.

10 다음의 계면활성제 중 살균보다는 세정의 효과가 더 큰 것은?

① 양성 계면활성제
② 비이온 계면활성제
③ 양이온 계면활성제
✔ **④ 음이온 계면활성제**

해설
계면활성제
- 음이온성 계면활성제 : 세정작용과 기포작용이 우수하다.
- 양이온성 계면활성제 : 살균과 소독작용이 우수하고, 정전기 발생을 억제한다.
※ 계면활성제의 세정력 : 음이온성 > 양성(양쪽성) > 양이온성 > 비이온성

11 다음 기구(집기) 중 열탕 소독이 적합하지 않은 것은?

① 금속성 식기
② 면 종류의 타월
③ 도자기
✔ **④ 고무제품**

해설
열탕 소독은 100℃ 이상의 물에 10분 이상 끓여 주는 소독 방법으로, 고무제품의 경우 고열에 녹을 가능성이 있으므로 열탕 소독이 적절하지 않다. 열탕 소독은 식기류, 도자기류, 면 종류의 타월, 주사기 등의 소독에 적당하다.

12 바이러스에 대한 설명으로 틀린 것은?

① 독감 인플루엔자를 일으키는 원인이 여기에 해당한다.
② 크기가 작아 세균여과기를 통과한다.
③ 살아 있는 세포 내에서 증식이 가능하다.
✔ **④ 유전자는 DNA와 RNA 모두로 구성되어 있다.**

해설
바이러스 유전자는 DNA와 RNA 모두로 구성되어 있지 않으며, DNA 또는 RNA의 단일분자로 구성된다.

13 다음 중 세균 세포벽의 가장 외층을 둘러싸고 있는 물질로 백혈구의 식균작용에 대항하여 세균의 세포를 보호하는 것은?

① 편모   ② 섬모
✔ **③ 협막**   ④ 아포

해설
세균 세포벽 바깥을 둘러싸고 있는 물질은 협막이다. 협막은 백혈구와 같은 진핵세포의 식균작용으로부터 세포를 보호하는 역할을 하며, 협막의 다당성분은 물 분자를 붙잡아 세포가 건조한 환경에서도 살 수 있도록 한다.

14 역성비누액에 대한 설명으로 틀린 것은?

① 냄새가 거의 없고 자극이 적다.
☑ ② 소독력과 함께 세정력이 강하다.
③ 수지, 기구, 식기 소독에 적당하다.
④ 물에 잘 녹고 흔들면 거품이 난다.

해설
역성비누액은 양이온 계면활성제로 살균작용은 강하나 세정력은 거의 없다.

15 기미를 악화시키는 주요한 원인으로 틀린 것은?

① 경구 피임약의 복용
② 임신
☑ ③ 자외선 차단
④ 내분비 이상

해설
자외선을 차단하면 오히려 어느 정도 기미를 예방할 수 있다. 기미는 안면, 특히 눈 밑이나 이마에 발생하는 갈색의 색소침착 현상으로, 그 원인으로는 임신, 자외선 과다 노출, 내분비 장애, 경구 피임약의 복용 등이 있다.

16 모세혈관 파손과 구진 및 농포성 질환이 코를 중심으로 양 볼에 나비 모양을 이루는 피부병변은?

① 접촉성 피부염   ☑ ② 주사
③ 건선   ④ 농가진

해설
② 주사 : 주로 코와 뺨 등 얼굴 중간 부위에 발생하는 만성질환이다. 주 증상으로는 붉어진 얼굴과 혈관 확장이 있으며, 구진, 농포, 부종 등이 관찰되기도 한다.
① 접촉성 피부염 : 외부 물질과의 접촉에 의하여 생기는 모든 피부염을 말하며, 가려움을 동반할 수 있다.
③ 건선 : 은백색 비늘로 덮인 붉은 반점과 발진이 반복적으로 발생하는 만성 염증성 피부질환이다.
④ 농가진 : 세균감염으로 물집, 고름과 딱지가 생기며 감염성이 강한 질환으로 영유아 피부에 잘 발생한다.

17 에크린한선에 대한 설명으로 틀린 것은?

① 실밥을 둥글게 한 것 같은 모양으로 진피 내에 존재한다.
☑ ② 사춘기 이후에 주로 발달한다.
③ 특수한 부위를 제외한 거의 전신에 분포한다.
④ 손바닥, 발바닥, 이마에 가장 많이 분포한다.

해설
사춘기 이후에 주로 발달하는 것은 아포크린선이다.

18 폐경기의 여성이 골다공증에 걸리기 쉬운 이유와 관련이 있는 것은?

✓ ① 에스트로겐의 결핍
② 안드로겐의 결핍
③ 테스토스테론의 결핍
④ 티록신의 결핍

해설
여성호르몬인 에스트로겐은 골밀도를 유지해 주는 역할을 하는데, 폐경기 이후에는 에스트로겐이 감소하여 골다공증이 발생하기 쉽다.

19 B림프구의 특징으로 틀린 것은?

✓ ① 세포 사멸을 유도한다.
② 체액성 면역에 관여한다.
③ 림프구의 20~30%를 차지한다.
④ 골수에서 생성되며 비장과 림프절로 이동한다.

해설
세포 접촉을 통해 직접 항원을 공격하여 세포 사멸을 유도하는 림프구는 T림프구이다. B림프구는 특정 면역체에 대해 면역글로불린이라는 항체를 생성한다.

20 피부색에 대한 설명으로 옳은 것은?

① 피부의 색은 건강상태와 관계없다.
② 적외선은 멜라닌 생성에 큰 영향을 미친다.
③ 남성보다 여성, 고령층보다 젊은 층에 색소가 많다.
✓ ④ 피부의 황색은 카로틴에서 유래한다.

해설
① 피부색은 멜라닌 세포의 기능이나 혈액 등의 영향을 받으므로 피부의 색깔은 건강상태를 파악하는 데 도움을 준다.
② 멜라닌 생성에 큰 영향을 미치는 것은 자외선이다.
③ 남성보다 여성에게 색소가 더 많은 것은 아니다. 일반적으로 피부색을 결정하는 멜라닌 색소는 성별보다는 유전적 요인과 환경적 요인의 영향을 더 많이 받는다.

21 광노화로 인한 피부 변화로 틀린 것은?

① 굵고 깊은 주름이 생긴다.
✓ ② 피부의 표면이 얇아진다.
③ 불규칙한 색소침착이 생긴다.
④ 피부가 거칠고 건조해진다.

해설
피부의 표면이 얇아지는 것은 자연노화(내인성 노화)로 인한 변화이다. 광노화(외인성 노화)는 장시간 자외선, 추위, 공해 등 환경적 요인에 노출되어 발생하는 것으로, 피부 표피 두께가 두꺼워지고 색소침착이 증가하며 수분이 증발하여 건조가 심해지고 피부가 거칠어진다.

22 영업정지명령을 받고도 그 기간 중에 계속하여 영업을 한 공중위생영업자에 대한 벌칙 기준은? (단, 숙박업은 제외한다.)

① 6월 이하의 징역 또는 500만 원 이하의 벌금
☑ ② 1년 이하의 징역 또는 1천만 원 이하의 벌금
③ 2년 이하의 징역 또는 2천만 원 이하의 벌금
④ 3년 이하의 징역 또는 3천만 원 이하의 벌금

해설
벌칙(법 제20조 제2항)
영업정지명령 또는 일부 시설의 사용중지명령을 받고도 그 기간 중에 영업을 하거나 그 시설을 사용한 자 또는 영업소 폐쇄명령을 받고도 계속하여 영업을 한 자는 1년 이하의 징역 또는 1천만 원 이하의 벌금에 처한다.

23 다음 ( ) 안에 알맞은 것은?

> 공중위생영업자의 지위를 승계한 자는 ( ) 이내에 보건복지부령이 정하는 바에 따라 시장·군수 또는 구청장에게 신고하여야 한다.

① 7일   ② 15일
☑ ③ 1월   ④ 2월

해설
공중위생영업의 승계(법 제3조의2 제4항)
공중위생영업자의 지위를 승계한 자는 1월 이내에 보건복지부령이 정하는 바에 따라 시장·군수 또는 구청장에게 신고하여야 한다.

24 공중위생관리법에 규정된 사항으로 옳은 것은? (단, 예외사항은 제외한다.)

☑ ① 이·미용사의 업무범위에 관하여 필요한 사항은 보건복지부령으로 정한다.
② 이·미용사의 면허를 가진 자가 아니어도 이·미용업을 개설할 수 있다.
③ 미용사(일반)의 업무범위에는 파마, 아이론, 면도, 머리피부 손질, 피부미용 등이 포함된다.
④ 일정한 수련과정을 거친 자는 면허가 없어도 이용 또는 미용업무에 종사할 수 있다.

해설
②·④ 이용사 또는 미용사의 면허를 받은 자가 아니면 이용업 또는 미용업을 개설하거나 그 업무에 종사할 수 없다(법 제8조 제1항).
③ 아이론, 면도는 이용사의 업무범위에 포함되며, 피부미용은 미용사(피부)의 업무범위에 포함된다(규칙 제14조 참고).

25 자외선 차단 방법 중 자외선을 흡수하여 소멸시키는 자외선 흡수제가 아닌 것은?

☑ ① 이산화티탄(이산화타이타늄)
② 신나메이트
③ 벤조페논
④ 살리실레이트

해설
자외선 차단제 종류
• 자외선 흡수제(화학적 차단제) : 신나메이트, 벤조페논유도체, 살리실레이트, 트리아진 등
• 자외선 산란제(물리적 차단제) : 이산화타이타늄(타이타늄다이옥사이드), 산화아연(징크옥사이드) 등

26 이·미용업소의 폐쇄명령을 받고도 계속하여 영업을 하는 때 관계공무원이 취할 수 있는 조치로 틀린 것은?

① 해당 영업소의 간판 기타 영업표지물의 제거
② 영업을 위하여 필수불가결한 기구 또는 시설물을 사용할 수 없게 하는 봉인
③ 해당 영업소가 위법한 영업소임을 알리는 게시물 등의 부착
✔ ④ 해당 영업소 시설 등의 개선명령

[해설]
공중위생영업소의 폐쇄 등(법 제11조 제6항)
시장·군수·구청장은 공중위생영업자가 영업소 폐쇄명령을 받고도 계속하여 영업을 하는 때에는 관계공무원으로 하여금 해당 영업소를 폐쇄하기 위하여 다음의 조치를 하게 할 수 있다.
- 해당 영업소의 간판 기타 영업표지물의 제거
- 해당 영업소가 위법한 영업소임을 알리는 게시물 등의 부착
- 영업을 위하여 필수불가결한 기구 또는 시설물을 사용할 수 없게 하는 봉인

27 미백 화장품의 기능으로 틀린 것은?

① 각질세포의 탈락을 유도하여 멜라닌 색소 제거
✔ ② 티로시나아제를 활성하여 도파(DOPA) 산화 억제
③ 자외선 차단 성분이 자외선 흡수 방지
④ 멜라닌 합성과 확산 억제

[해설]
미백 화장품은 피부에 멜라닌 색소가 침착하는 것을 방지하여, 기미·주근깨 생성을 억제함으로써 피부 미백에 도움을 주는 기능을 가진 화장품이다. 미백 화장품의 성분인 알부틴, 코직산, 상백피 추출물 등은 티로시나아제 효소의 작용을 억제하여 멜라닌 색소 생성을 방해하고 미백에 도움을 준다.

28 영업소 외의 장소에서 이·미용 업무를 행할 수 있는 경우에 해당하지 않는 것은?

① 질병으로 영업소에 나올 수 없는 자에 대하여 이·미용을 하는 경우
② 혼례에 참여하는 자에 대하여 그 의식 직전에 이·미용을 하는 경우
③ 방송 촬영에 참여하는 사람에 대하여 그 촬영 직전에 이·미용을 하는 경우
✔ ④ 특별한 사정이 있다고 사회복지사가 인정하는 경우

[해설]
④ 특별한 사정이 있다고 시장·군수·구청장이 인정하는 경우에 행할 수 있다.
※ 공중위생관리법 시행규칙 제13조 참고

29 시장·군수·구청장이 영업정지가 이용자에게 심한 불편을 주거나 그 밖에 공익을 해할 우려가 있는 경우에 영업정지 처분에 갈음한 과징금을 부과할 수 있는 금액 기준은?

① 1천만 원 이하
② 3천만 원 이하
✔ ③ 1억 원 이하
④ 2억 원 이하

[해설]
과징금처분(법 제11조의2 제1항)
시장·군수·구청장은 영업정지가 이용자에게 심한 불편을 주거나 그 밖에 공익을 해할 우려가 있는 경우에는 영업정지 처분에 갈음하여 1억 원 이하의 과징금을 부과할 수 있다.

30 이·미용업 영업자가 지켜야 하는 사항으로 옳은 것은?

① 부작용이 없는 의약품을 사용하여 순수한 화장과 피부미용을 하여야 한다.
② 이·미용기구는 소독하여야 하며 소독하지 않은 기구와 함께 보관하는 때에는 반드시 소독한 기구라고 표시한다.
③ 1회용 면도날은 사용 후 정해진 소독기준과 방법에 따라 소독하여 재사용한다.
✔④ 이·미용업 개설자의 면허증 원본을 영업소 안에 게시하여야 한다.

해설
① 미용업을 하는 자는 의료기구와 의약품을 사용하지 아니하는 순수한 화장 또는 피부미용을 하여야 한다.
② 이·미용기구는 소독을 한 기구와 소독을 하지 아니한 기구로 분리하여 보관한다.
③ 1회용 면도날은 손님 1인에 한하여 사용한다.
※ 공중위생관리법 제4조 참고

31 캐리어 오일(carrier oil)이 아닌 것은?

✔① 라벤더 에센셜 오일
② 호호바 오일
③ 아몬드 오일
④ 아보카도 오일

해설
라벤더 에센셜 오일은 식물의 꽃, 잎, 줄기, 뿌리, 열매 등에서 추출한 휘발성 천연오일인 에센셜(아로마) 오일에 속한다.
캐리어 오일(베이스 오일)
• 식물의 씨를 압착하여 추출한 식물성 오일
• 피부 자극을 완화시켜 에센셜 오일의 흡수율을 높임
• 종류 : 호호바 오일, 아몬드 오일, 아보카도 오일, 포도씨 오일, 올리브 오일 등

32 비누에 대한 설명으로 틀린 것은?

① 비누의 세정작용은 비누 수용액이 오염과 피부 사이에 침투하여 부착을 약화시켜 떨어지기 쉽게 하는 것이다.
② 거품이 풍성하고 잘 헹구어져야 한다.
✔③ pH가 중성인 비누는 세정작용뿐만 아니라 살균·소독효과가 뛰어나다.
④ 메디케이티드(medicated) 비누는 소염제를 배합한 제품으로 여드름, 면도 상처 및 피부 거칠음을 방지하는 효과가 있다.

해설
pH가 중성인 비누는 알칼리성 비누에 비해 세정력이 덜하며 살균·소독효과도 뛰어나지 않으나, 자극이 적다는 장점이 있다. 반면 알칼리성 비누는 세정작용이 뛰어나나 피부의 피지막을 파괴하고 유·수분을 과하게 제거하여 피부 건조증을 유발할 수 있다.

33 기초 화장품에 대한 내용으로 틀린 것은?

① 기초 화장품이란 피부의 기능을 정상적으로 발휘하도록 도와주는 역할을 한다.
② 기초 화장품의 가장 중요한 기능은 각질층을 충분히 보습시키는 것이다.
✔③ 마사지 크림은 기초 화장품에 해당하지 않는다.
④ 화장수의 기본 기능으로 각질층에 수분, 보습 성분을 공급하는 것이 있다.

해설
③ 마사지 크림은 기초 화장품에 속한다.

34 자외선 차단제에 관한 설명으로 옳지 않은 것은?

① 자외선 차단제는 SPF(Sun Protection Factor)의 지수가 표기되어 있다.
✓ ② SPF는 수치가 낮을수록 자외선 차단지수가 높다.
③ 자외선 차단제의 효과는 피부의 멜라닌 양과 자외선에 대한 민감도에 따라 달라질 수 있다.
④ 자외선 차단지수는 제품을 사용했을 때 홍반을 일으키는 자외선의 양을 제품을 사용하지 않았을 때 홍반을 일으키는 자외선의 양으로 나눈 값이다.

> **해설**
> SPF(Sun Protection Factor)는 자외선 차단제가 자외선(UV-B)을 차단하는 정도를 나타내는 지수로, 수치가 높을수록 자외선 차단지수가 높다.

35 여드름 관리에 효과적인 화장품 성분은?

✓ ① 유황(sulfur)
② 하이드로퀴논(hydroquinone)
③ 코직산(kojic acid)
④ 알부틴(arbutin)

> **해설**
> 유황은 살균, 항염, 진정작용을 하며 피지 분비 조절효과가 있어 여드름 관리에 효과적이다. 하이드로퀴논, 코직산, 알부틴은 모두 미백에 도움을 주는 성분이다.

36 메이크업 도구의 세척 방법이 바르게 연결된 것은?

✓ ① 립 브러시 – 브러시 클리너 또는 클렌징 크림으로 세척한다.
② 라텍스 스펀지 – 뜨거운 물로 세척하고 햇빛에 건조한다.
③ 아이섀도 브러시 – 클렌징 크림이나 클렌징 오일로 세척한다.
④ 팬 브러시 – 브러시 클리너로 세척 후 세워서 건조한다.

> **해설**
> ① 브러시는 일반적으로 브러시 클리너를 사용하거나 미온수에 중성세제를 풀어 세척하나, 립스틱과 같은 유성 제품의 도포에 사용되는 인조모 브러시는 클렌징 크림 등으로 립스틱 잔여물을 제거할 수 있다.
> ② 라텍스 스펀지 : 세척이 불가능하여 오염되면 해당 부분을 가위로 잘라 사용한다.
> ③ 아이섀도 브러시 : 브러시 전용 클리너로 세척하거나 미온수에 중성세제를 풀어 세척한다.
> ④ 팬 브러시 : 세척 후 털끝을 모아 눕히거나 아래로 향하게 하여 건조한다.

37 눈썹을 빗거나 마스카라 후 뭉친 속눈썹을 정돈할 때 사용하면 편리한 브러시는?

① 팬 브러시
✓ ② 스크루 브러시
③ 노즈섀도 브러시
④ 아이라이너 브러시

> **해설**
> ① 팬 브러시 : 파우더나 아이섀도 가루의 여분을 털어낼 때 사용한다.
> ③ 노즈섀도 브러시 : 얼굴의 입체감을 위해 음영을 줄 때 사용한다.
> ④ 아이라이너 브러시 : 선명한 눈매를 그릴 때 사용하는 브러시로 가늘고 탄성이 좋아야 한다.

38 긴 얼굴형의 화장법으로 옳은 것은?

① 턱에 하이라이트를 처리한다.
② T존에 하이라이트를 길게 넣어준다.
③ 이마 양옆에 셰이딩을 넣어 얼굴 폭을 감소시킨다.
✔④ 블러셔는 눈 밑 방향으로 가로로 길게 처리한다.

해설
① 얼굴 길이가 짧아 보이도록 턱 끝에 가로 방향으로 셰이딩 처리한다.
② T존에 하이라이트를 길게 넣어주면 얼굴이 더 길어 보이므로 눈 밑에 가로 방향으로 하이라이트를 연출한다.
③ 이마 양옆에 셰이딩을 넣어 얼굴 폭을 감소시키면 얼굴이 더 길어 보이므로 셰이딩은 헤어라인에 가로로 길게 넣어준다.

39 먼셀의 색상환표에서 가장 먼 거리를 두고 서로 마주 보는 관계의 색채를 의미하는 것은?

① 한색　　② 난색
✔③ 보색　　④ 잔여색

해설
보색은 색상환에서 서로 마주 보는 색으로, 보색 관계인 두 색을 가까이 두었을 때 각각의 색이 더욱 선명해 보이는 것을 보색대비라고 한다.

40 기미, 주근깨 등의 피부 결점이나 눈 밑 그늘에 발라 커버하는 데 사용하는 제품은?

① 스틱 파운데이션
② 투웨이케이크
③ 스킨커버
✔④ 컨실러

해설
① 스틱 파운데이션 : 농축된 고형 타입의 파운데이션으로, 커버력과 지속력이 뛰어나 연극 등 무대 분장용으로 사용하기 좋다.
② 투웨이케이크 : 파운데이션과 파우더를 압축시킨 형태로 습기에 강해 여름에 사용하기 좋다.
③ 스킨커버 : 크림 타입보다 커버력이 좋은 파운데이션으로 웨딩, 무대 메이크업 시 사용하기 좋다.

41 다음 중 컬러 파우더의 색상 선택과 활용법의 연결로 가장 거리가 먼 것은?

① 퍼플 – 노란 피부를 중화시켜 화사한 피부 표현에 적합하다.
✔② 핑크 – 볼에 붉은 기가 있는 경우 더욱 잘 어울린다.
③ 그린 – 붉은 기를 줄여준다.
④ 브라운 – 자연스러운 셰이딩 효과를 연출할 수 있다.

해설
핑크 파우더는 창백하고 혈색 없는 피부에 사용하여 혈색과 생기를 부여한다.

42 색에 대한 설명으로 틀린 것은?

① 흰색, 회색, 검정 등 색감이 없는 계열의 색을 통틀어 무채색이라고 한다.
② **색의 순도는 색의 탁하고 선명한 강약의 정도를 나타내는 명도를 의미한다.**
③ 인간이 분류할 수 있는 색의 수는 개인적인 차이는 존재하지만 대략 750만 가지 정도이다.
④ 색의 강약을 채도라고 하며 눈에 들어오는 빛이 단일 파장으로 이루어진 색일수록 채도가 높다.

해설
색의 탁하고 선명한 강약의 정도를 나타내는 것은 채도로, 색이 순색에 가까울수록(순도가 높아질수록) 채도가 높아지고 다른 색이 섞여 탁해질수록 채도가 낮아진다. 명도는 색의 밝고 어두움의 정도를 나타내는 명암 단계이다.

43 메이크업 미용사의 작업과 관련한 내용으로 가장 거리가 먼 것은?

① 모든 도구와 제품은 청결히 준비하도록 한다.
② **마스카라나 아이라인 작업 시 입으로 불어 신속히 마르게 도와준다.**
③ 고객의 신체에 힘을 주어 누르지 않도록 주의한다.
④ 고객의 옷에 화장품이 묻지 않도록 가운을 입혀준다.

해설
마스카라나 아이라인 작업 시 입으로 부는 행위는 위생상 좋지 않으며 고객에게도 불쾌감을 줄 수 있다.

44 얼굴의 윤곽 수정과 관련한 설명으로 틀린 것은?

① 색의 명암 차이를 이용해 얼굴에 입체감을 부여하는 메이크업 방법이다.
② 하이라이트 표현은 1~2톤 밝은 파운데이션을 사용한다.
③ 셰이딩 표현은 1~2톤 어두운 브라운색 파운데이션을 사용한다.
④ **하이라이트 부분은 돌출되어 보이도록 베이스 컬러와의 경계선을 잘 만들어 준다.**

해설
얼굴 윤곽 수정 시 하이라이트 부분과 베이스 컬러 사이에 그러데이션을 자연스럽게 표현하여 서로 다른 톤의 경계가 생기지 않도록 잘 조화시켜야 한다.

45 메이크업 색과 조명에 관한 설명으로 틀린 것은?

① 메이크업의 완성도를 높이는 데는 자연 광선이 가장 이상적이다.
② **조명에 의해 색이 달라지는 현상은 저채도 색보다는 고채도 색에서 잘 일어난다.**
③ 백열등은 장파장 계열로 사물의 붉은색을 증가시키는 효과가 있다.
④ 형광등은 보라색과 녹색의 파장 부분이 강해 사물이 시원하게 보이는 효과가 있다.

해설
조명에 의해 색이 달라지는 현상은 고채도 색에서는 덜하며, 저채도 색에서 잘 일어난다.

46 메이크업 미용사의 자세로 가장 거리가 먼 것은?

① 고객의 연령, 직업, 얼굴 모양 등을 살펴 표현해 주는 것이 중요하다.
② 시대의 트렌드를 대변하고 전문인으로서의 자세를 취해야 한다.
③ 공중위생을 철저히 지켜야 한다.
✓ ④ 고객에게 메이크업 미용사의 개성을 적극 권유한다.

해설
미용사의 개성보다 고객의 의견과 취향을 존중하며 고객의 연령, 직업, 얼굴 모양 등을 고려하도록 한다.

47 눈썹의 종류에 따른 메이크업의 이미지를 연결한 것으로 틀린 것은?

① 짙은 색상 눈썹 – 고전적인 레트로 메이크업
② 긴 눈썹 – 성숙한 가을 이미지 메이크업
✓ ③ 각진 눈썹 – 귀엽고 사랑스러운 로맨틱 메이크업
④ 엷은 색상 눈썹 – 여성스러운 엘레강스 메이크업

해설
각진 눈썹은 지적이고 세련된 이미지를 연출할 수 있다.

48 메이크업 도구에 대한 설명으로 가장 거리가 먼 것은?

① 스펀지 퍼프를 이용해 파운데이션을 바를 때에는 손에 힘을 빼고 사용하는 것이 좋다.
✓ ② 팬 브러시(fan brush)는 부채꼴 모양으로 생긴 브러시로 아이섀도를 바를 때 넓은 면적을 한 번에 바를 수 있는 장점이 있다.
③ 아이래시컬러(eyelash curler)는 속눈썹에 자연스러운 컬을 주어 속눈썹을 올려주는 기구이다.
④ 스크루 브러시(screw brush)는 눈썹을 그리기 전에 눈썹을 정리하고 짙게 그려진 눈썹을 부드럽게 수정할 때 사용할 수 있다.

해설
팬 브러시는 파우더나 아이섀도 가루의 여분을 털어낼 때 사용하는 부채꼴 모양의 브러시이다.

49 봄 메이크업의 컬러 조합으로 가장 적합한 것은?

① 흰색, 파랑, 핑크 계열
② 겨자색, 벽돌색, 갈색 계열
✓ ③ 옐로, 오렌지, 그린 계열
④ 자주색, 핑크, 진보라 계열

해설
봄 메이크업에는 옐로, 오렌지, 그린, 핑크, 피치 등의 컬러가 적합하다.

50 아이브로 화장 시 우아하고 성숙한 느낌과 세련미를 표현하고자 할 때 가장 잘 어울릴 수 있는 것은?

① 회색 아이브로 펜슬
② 검은색 아이섀도
✔ ③ 갈색 아이브로 섀도
④ 에보니 펜슬

해설
① 회색 아이브로 펜슬 : 차분한 이미지를 표현하고자 할 때 어울린다.
② 검은색 아이섀도 : 시크하고 중성적인 이미지를 표현하고자 할 때 어울린다.
④ 에보니 펜슬 : 눈썹 형태를 잡거나 수정할 때 사용하는 펜슬이다.

51 아이브로 메이크업의 효과와 가장 거리가 먼 것은?

① 인상을 자유롭게 표현할 수 있다.
② 얼굴의 표정을 변화시킨다.
③ 얼굴형을 보완할 수 있다.
✔ ④ 얼굴에 입체감을 부여해 준다.

해설
얼굴의 입체감은 셰이딩과 하이라이트 기법으로 부여할 수 있다. 아이브로 메이크업은 눈썹의 두께나 각도, 형태에 변화를 주어 이미지를 변화시킬 수 있다.
아이브로 메이크업의 기능
• 얼굴형과 눈매의 단점을 보완하고, 인상을 자유롭게 표현할 수 있다.
• 얼굴 표정을 변화시키고 이미지에 따른 개성을 연출할 수 있다.
• 얼굴의 좌우 균형을 이루게 하는 등 얼굴형을 보완하여 안정감을 준다.

52 다음에서 설명하는 메이크업이 가장 잘 어울리는 계절은?

> 강렬하고 이지적인 이미지가 느껴지도록 심플하고 단아한 스타일이나 콘트라스트가 강한 색상과 밝은 색상을 사용하는 것이 좋다.

① 봄
② 여름
③ 가을
✔ ④ 겨울

해설
심플하고 단아한 스타일이나 콘트라스트가 강한 색상과 밝은 색상을 사용한 메이크업이 잘 어울리는 계절은 겨울이다.

53 아이섀도의 종류와 특징을 연결한 것으로 가장 거리가 먼 것은?

① 펜슬 타입 – 발색이 우수하고 사용하기 편리하다.
② 파우더 타입 – 펄이 섞인 제품이 많으며 하이라이트 표현이 용이하다.
③ 크림 타입 – 유분기가 많고 촉촉하며 발색도가 선명하다.
✔ ④ 케이크 타입 – 그러데이션이 어렵고 색상이 뭉칠 우려가 있다.

해설
케이크 타입 아이섀도는 파우더를 압축시킨 콤팩트형으로, 그러데이션이 쉽고 색상의 혼합과 도포가 쉬워 가장 대중적으로 사용되는 타입이다.

54 얼굴형과 그에 따른 이미지의 연결로 가장 적절한 것은?

① 둥근형 – 성숙한 이미지
② 긴 형 – 귀여운 이미지
③ 사각형 – 여성스러운 이미지
☑ 역삼각형 – 날카로운 이미지

해설
① 둥근형 : 귀여운 이미지
② 긴 형 : 성숙한 이미지
③ 사각형 : 남성적인 이미지

55 얼굴의 골격 중 얼굴형을 결정짓는 가장 중요한 요소가 되는 것은?

① 위턱뼈(상악골)
☑ 아래턱뼈(하악골)
③ 코뼈(비골)
④ 관자뼈(측두골)

해설
얼굴형을 결정짓는 가장 중요한 골격은 턱의 아래쪽을 구성하는 아래턱뼈(하악골)이다.

56 한복 메이크업 시 유의하여야 할 내용으로 옳은 것은?

☑ 눈썹을 아치형으로 그려 우아해 보이도록 표현한다.
② 피부는 한 톤 어둡게 표현하여 자연스러운 피부 톤을 연출하도록 한다.
③ 한복의 화려한 색상과 어울리는 강한 색조를 사용하여 조화롭게 보이도록 한다.
④ 입술의 구각을 정확히 맞추어 그리는 것보다는 아웃 커브로 그려 여유롭게 표현하는 것이 좋다.

해설
② 피부는 평상시보다 투명하고 화사한 얼굴색으로 표현하되 모델의 피부 톤과 자연스럽게 어울려야 한다.
③ 너무 화려하지 않게, 단아하고 우아하게 표현한다.
④ 동양적인 느낌을 주기 위해 윗입술은 살짝 인 커브로, 아랫입술은 표준형으로 연출한다.

57 여름 메이크업에 대한 설명으로 가장 거리가 먼 것은?

① 시원하고 상쾌한 느낌이 들도록 표현한다.
☑ 난색 계열을 사용해 따뜻한 느낌을 표현한다.
③ 구릿빛 피부의 표현을 위해 오렌지색 메이크업 베이스를 사용한다.
④ 방수효과를 지닌 제품을 사용하는 것이 좋다.

해설
여름에 난색 계열을 사용하면 더워 보이므로 청량감을 주는 시원한 느낌의 컬러를 사용한다.

58 미국의 색채학자 파버 비렌이 탁색계를 '톤(tone)'이라고 부른 것에서 유래한 배색기법은?

① 까마이외(camaieu) 배색
✓ **토널(tonal) 배색**
③ 트리콜로레(tricolore) 배색
④ 톤온톤(tone on tone) 배색

해설
② 토널(tonal) 배색 : 중명도, 중채도의 탁한 톤의 컬러를 사용하여 차분하고 안정된 느낌을 주는 배색기법이다.
① 까마이외(camaieu) 배색 : 동일한 색에 가까운 색상을 사용하여 한 가지 색으로 보일 정도로 미묘한 색차의 배색기법이다.
③ 트리콜로레(tricolore) 배색 : 세 가지 색상을 사용한 강렬하고 상징적인 배색기법이다.
④ 톤온톤(tone on tone) 배색 : '톤을 겹친다'는 의미로, 동일 색상에서 명도 차를 크게 둔 배색기법이다.

59 메이크업 정의와 가장 거리가 먼 것은?

① 화장품과 도구를 사용한 아름다움의 표현 방법이다.
② '분장'의 의미를 가지고 있다.
③ 색상으로 외형적인 아름다움을 나타낸다.
✓ **의료기기나 의약품을 사용한 눈썹손질을 포함한다.**

해설
화장·분장 미용업은 얼굴 등 신체의 화장, 분장 및 의료기기나 의약품을 사용하지 아니하는 눈썹손질을 하는 영업을 말한다.

60 파운데이션의 종류와 그 기능에 대한 설명으로 가장 거리가 먼 것은?

① 크림 파운데이션은 보습력과 커버력이 우수하여 짙은 메이크업을 할 때나 건조한 피부에 적합하다.
② 리퀴드 타입은 부드럽고 쉽게 퍼지며 자연스러운 화장을 원할 때 적합하다.
③ 트윈케이크 타입은 커버력이 우수하고 땀과 물에 강하여 지속력을 요하는 메이크업에 적합하다.
✓ **고형스틱 타입의 파운데이션은 커버력은 약하지만 사용이 간편해서 스피디한 메이크업에 적합하다.**

해설
고형스틱 타입의 파운데이션은 커버력과 지속력이 뛰어나 연극 등 무대 분장용으로 사용하기 좋으나, 매트하고 발림성이 좋지 않아 바른 후 브러시나 퍼프를 한 번 더 사용해야 하므로 스피디한 메이크업이 불가능하다.

제2회 기출복원문제

01 18세기 말 "인구는 기하급수적으로 늘고 생산은 산술급수적으로 늘기 때문에 체계적인 인구조절이 필요하다."라고 주장한 사람은?

① 프랜시스 플레이스
② 에드워드 윈슬로
✔ 토마스 R. 맬서스
④ 포베르토 코흐

해설
토마스 R. 맬서스는 영국의 경제학자로, 저서 『인구론』에서 "인구는 기하급수적으로 증가하므로 인구와 식량 사이의 불균형이 필연적으로 발생할 수 밖에 없으며 여기에서 기근, 빈곤, 악덕이 발생한다."라고 하였다. 이러한 불균형과 인구증가를 억제하는 방법으로 도덕적 억제를 들었으며 차액지대론, 과소 소비설, 곡물법의 존속 및 곡물보호무역을 주장하였다.

02 감염병의 예방 및 관리에 관한 법률상 제2급 감염병이 아닌 것은?

① A형간염
② 장출혈성대장균감염증
③ 세균성 이질
✔ 파상풍

해설
④ 파상풍은 제3급 감염병이다.
제2급 감염병 : 결핵, 수두, 홍역, 콜레라, 장티푸스, 파라티푸스, 세균성 이질, 장출혈성대장균감염증, A형간염 등

03 장염비브리오 식중독의 설명으로 가장 거리가 먼 것은?

✔ 원인균은 보균자의 분변이 주원인이다.
② 복통, 설사, 구토 등이 생기며 발열이 있고, 2~3일이면 회복된다.
③ 예방은 저온저장, 조리기구·손 등의 살균을 통해서 할 수 있다.
④ 여름철에 집중적으로 발생한다.

해설
장염비브리오 식중독
• 원인 : 생선회 등 감염 및 오염된 어패류에 접촉한 도마, 식칼, 행주 등에 의한 2차 감염
• 잠복기 : 8~20시간
• 증상 : 급성 위장염, 복통, 설사, 두통, 구토 등

04 이·미용사의 위생복을 흰색으로 하는 것이 좋은 주된 이유는?

✔ 오염된 상태를 가장 쉽게 발견할 수 있다.
② 가격이 비교적 저렴하다.
③ 미관상 가장 보기가 좋다.
④ 열 교환이 가장 잘 된다.

해설
흰색은 위생복의 청결 상태나 오염된 정도를 가장 쉽게 발견할 수 있는 색상이다.

05 다음 중 보건행정에 대한 설명으로 가장 적합한 것은?

☑ ① 공중보건의 목적을 달성하기 위해 공공의 책임하에 수행하는 행정활동
② 개인보건의 목적을 달성하기 위해 공공의 책임하에 수행하는 행정활동
③ 국가 간의 질병 교류를 막기 위해 공공의 책임하에 수행하는 행정활동
④ 공중보건의 목적을 달성하기 위해 개인의 책임하에 수행하는 행정활동

해설
보건행정은 공중보건의 목적(수명 연장, 질병 예방, 신체적·정신적 건강 증진)을 달성하기 위해 공공의 책임하에 수행하는 행정활동이다.

07 대기오염 방지 목표와 연관성이 가장 적은 것은?

① 경제적 손실 방지
☑ ② 직업병의 발생 방지
③ 자연환경의 악화 방지
④ 생태계 파괴 방지

해설
직업병은 특정 업무의 특성이나 상태로 인해 발생하는 질병으로, 대기오염과 직접적인 관련이 없다.

06 모기가 매개하는 감염병이 아닌 것은?

① 일본뇌염
☑ ② 콜레라
③ 말라리아
④ 사상충증

해설
② 콜레라는 파리나 바퀴벌레가 매개하는 감염병이다.
모기가 매개하는 감염병: 말라리아, 일본뇌염, 사상충, 황열, 뎅기열

08 다음 중 식기류 소독에 가장 적당한 것은?

① 30% 알코올
☑ ② 역성비누액
③ 40℃의 온수
④ 염소

해설
역성비누액
• 양이온 계면활성제의 일종으로 자극이 거의 없으며 물에 잘 녹는다.
• 세정력은 거의 없으며, 살균작용이 강하다.
• 기구, 식기, 손 소독 등에 적당하다.

09 살균력과 침투성은 약하지만 자극이 없고 발포작용에 의해 구강이나 상처 소독에 주로 사용되는 소독제는?

① 페놀 ② 염소
③ ✓ 과산화수소수 ④ 알코올

해설
③ 과산화수소수 : 상처의 효소와 반응하여 산소를 발생시키는 발포작용에 의해 상처 표면을 소독하는 소독제로 미생물 살균의 소독약제, 표백제, 모발 탈색제 등으로 사용된다.
① 페놀(석탄산) : 살균력과 냄새가 강하고 독성이 있어 금속을 부식시키며 고온일수록 효과가 높다. 실험기기, 의료용기, 고무제품, 오물 등의 소독에 사용된다.
② 염소 : 살균력이 강하고 저렴하여 상수 또는 하수의 소독에 주로 사용된다.
④ 알코올 : 70% 알코올(에탄올)로 소독하며, 미용도구, 손 소독에 주로 사용된다.

10 세균 증식 시 높은 염도를 필요로 하는 호염성(halophilic)균에 속하는 것은?

① 콜레라
② 장티푸스
③ ✓ 장염비브리오
④ 이질

해설
호염성균은 비교적 염분의 농도가 높은 곳에서 발육 및 번식하는 세균으로, 호염균이라고도 한다. 대표적으로 식중독의 원인이 되는 장염비브리오균 등이 있다.

11 소독 방법에서 고려되어야 할 사항으로 가장 거리가 먼 것은?

① 소독 대상물의 성질
② 병원체의 저항력
③ 병원체의 아포 형성 유무
④ ✓ 소독 대상물의 그람 염색 유무

해설
그람 염색은 원인균을 추측하고 항생제를 선택하는 데 중요한 지표가 되는 세균 염색법의 하나로, 소독 방법 선택과는 관련이 없다.

12 병원체의 병원소 탈출 경로와 가장 거리가 먼 것은?

① 호흡기로부터 탈출
② 소화기 계통으로 탈출
③ 비뇨생식기 계통으로 탈출
④ ✓ 수질 계통으로 탈출

해설
감염병은 병원체가 저장되어 있던 병원소로부터 탈출하여 새로운 숙주로 침입하여 감염시키는 과정을 통하여 이루어진다. 병원체가 병원소로부터 탈출하는 경로로는 호흡기계, 소화기계, 비뇨생식기계, 개방 병소, 기계적 탈출 등이 있다.
병원체의 병원소 탈출 경로
• 호흡기계 탈출 : 코, 비강, 인후, 기도, 기관지, 폐 등
• 소화기계 탈출 : 분변, 침, 토사물 등
• 비뇨생식기계 탈출 : 소변, 성기 분비물 등
• 개방 병소로의 직접 탈출 : 신체 표면의 농양 등 상처
• 기계적 탈출 : 주사기, 곤충의 흡혈 등

13 따뜻한 물에 중성세제로 잘 씻은 후 물기를 뺀 다음 70% 알코올에 20분 이상 담그는 소독법으로 가장 적합한 것은?

① ✔ 유리제품　② 고무제품
③ 금속제품　④ 비닐제품

해설
알코올은 소독 시 일반적으로 70% 농도에서 사용하며, 피부나 손, 클리퍼, 가위, 유리제품 등을 소독하는 데 적합하다.

14 병원성 미생물의 발육을 정지시키는 소독 방법은?

① 희석　② ✔ 방부
③ 정균　④ 여과

해설
방부는 병원성 미생물의 발육과 성장을 억제하거나 정지시켜서 음식물의 부패나 발효를 방지하는 소독 방법이다.

15 달걀 모양의 핵을 가진 세포들이 일렬로 밀접하게 정렬된 한 개의 층으로, 새로운 세포 형성이 가능한 층은?

① 각질층　② ✔ 기저층
③ 유극층　④ 망상층

해설
기저층은 표피의 가장 아래층으로, 원추형 세포가 단층으로 밀접하게 정렬된 유핵세포이다. 기저세포(각질형성 세포)가 세포분열을 통해 새로운 세포를 생성하며, 멜라닌 세포가 존재하여 피부색을 결정한다.

16 피부의 과색소 침착 증상이 아닌 것은?

① 기미　② ✔ 백반증
③ 주근깨　④ 검버섯

해설
백반증은 멜라닌 세포의 파괴로 인하여 여러 가지 크기와 형태의 백색 반점이 피부에 나타나는 후천적 탈색소성 질환으로, 멜라닌 색소가 감소하여 발생하는 저색소 침착 증상에 속한다.
색소 질환의 종류
• 저색소 침착 증상 : 백반증, 백색증 등
• 과색소 침착 증상 : 기미, 주근깨, 검버섯 등

17 뷰티 메이크업과 관련한 내용으로 가장 거리가 먼 것은?

① 눈썹, 아이섀도, 입술 메이크업 시 고객의 부족한 면을 보완하여 균형 있는 얼굴로 표현한다.
② 메이크업은 색상, 명도, 채도 등을 고려하여 고객의 상황에 맞는 컬러를 선택하도록 한다.
③ ✔ 사람은 대부분 얼굴의 좌우가 다르므로 자연스러운 메이크업을 위해 최대한 생김새를 그대로 표현하여 생동감을 준다.
④ 의상, 헤어, 분위기 등의 전체적인 이미지 조화를 고려하여 메이크업한다.

해설
메이크업 시 얼굴의 좌우 균형을 통해 안정감을 줄 수 있도록 대칭을 맞추어 수정·보완한다.

18 적외선이 피부에 미치는 영향으로 가장 거리가 먼 것은?

① 온열효과가 있다.
② 혈액순환 개선에 도움을 준다.
③ ✔ 피부 건조화, 주름 형성, 피부 탄력 감소를 유발한다.
④ 피지선과 한선의 기능을 활성화하여 피부 노폐물 배출에 도움을 준다.

> **해설**
> 자외선에 장시간 노출 시 피부의 수분을 증발시켜 피부 건조, 주름 형성, 피부 탄력 감소 등을 유발하고 광노화를 일으킨다.
> **적외선의 효과**
> • 피부에 온열자극을 주어 혈액순환과 신진대사를 촉진시키고 화장품과 영양분 흡수를 촉진함
> • 피지선과 한선의 기능을 활성화하여 피부 노폐물 배출을 도움
> • 통증 완화와 진정효과가 있음
> • 근육 이완 및 수축작용
> • 식균작용

19 식후 12~16시간이 경과되어 정신적, 육체적으로 아무것도 하지 않고 가장 안락한 자세로 조용히 누워있을 때 생명을 유지하는 데 소요되는 최소한의 열량을 의미하는 것은?

① 순환대사량   ② ✔ 기초대사량
③ 활동대사량   ④ 상대대사량

> **해설**
> 기초대사량은 생물체가 생명을 유지하는 데 필요한 최소한의 에너지량을 말한다. 체온 유지나 호흡, 심장 박동 등 기초적인 생명활동을 위한 신진대사에 쓰이는 에너지량으로, 보통 휴식 상태 또는 움직이지 않는 상태에서 소모되는 열량이다.

20 비듬이 생기는 원인과 관계 없는 것은?

① 신진대사가 계속적으로 나쁠 때
② 탈지력이 강한 샴푸를 계속 사용할 때
③ 염색 후 두피가 손상되었을 때
④ ✔ 샴푸 후 린스를 하였을 때

> **해설**
> 비듬은 스트레스, 호르몬 불균형, 두피 손상으로 인한 세균 감염 등의 원인으로 인해 피부 표면의 각질 세포가 과다 증식하여 하얗게 부스러기로 떨어지는 것이다. 린스는 모발에 적당한 유분과 수분, 단백질을 제공하여 모발 손상을 방지하는 제품으로 비듬이 생기는 원인과 관계 없으며, 약용린스를 사용하여 두피와 모발에 살균 소독을 하면 비듬 및 두피 질환에 효과적이다.

21 피부 노화의 이론과 가장 거리가 먼 것은?

① ✔ 셀룰라이트 형성
② 프리래디컬 이론
③ 노화의 프로그램설
④ 텔로미어 학설

> **해설**
> 셀룰라이트는 복부, 둔부, 대퇴부에 축적되는 지방의 변형 세포로 비만과 관계 있으며 피부 노화와는 관련이 없다. 혈액순환 부진, 비정상적인 호르몬의 영향, 유전적인 요인 등으로 형성된다.
> ② 프리래디컬 이론 : 프리래디컬(활성산소)은 산소를 이용하는 모든 생물체의 세포 내 정상 대사과정 중에 생성되는 매우 유독한 물질로, 이 물질이 체내 단백질의 노화를 촉진시킨다는 것이다.
> ③ 노화의 프로그램설 : 노화의 과정과 수명은 이미 유전적으로 프로그램되어 있어, 노화를 초래하는 다양한 변화는 이에 따라 발생한다는 것이다.
> ④ 텔로미어 학설 : 염색체 말단에 존재하는 텔로미어가 점점 짧아지면 세포 분열이 멈추고 노화가 진행된다는 것이다.

22 이·미용업을 하고자 하는 자가 하여야 하는 절차는?

① **시장·군수·구청장에게 신고한다.** ✓
② 시장·군수·구청장에게 통보한다.
③ 시장·군수·구청장의 허가를 얻는다.
④ 시·도지사의 허가를 얻는다.

해설
공중위생영업의 신고 및 폐업신고(법 제3조 제1항)
공중위생영업(숙박업·목욕장업·이용업·미용업·세탁업·건물위생관리업)을 하고자 하는 자는 공중위생영업의 종류별로 보건복지부령이 정하는 시설 및 설비를 갖추고 시장·군수·구청장(자치구의 구청장에 한함)에게 신고하여야 한다.

23 건전한 영업질서를 위하여 공중위생영업자가 준수하여야 할 사항을 준수하지 아니한 자에 대한 벌칙 기준은?

① 1년 이하의 징역 또는 1천만 원 이하의 벌금
② **6월 이하의 징역 또는 500만 원 이하의 벌금** ✓
③ 3월 이하의 징역 또는 300만 원 이하의 벌금
④ 300만 원 과태료

해설
벌칙(법 제20조 제3항)
다음의 어느 하나에 해당하는 자는 6월 이하의 징역 또는 500만 원 이하의 벌금에 처한다.
• 변경신고를 하지 아니한 자
• 공중위생영업자의 지위를 승계한 자로서 신고를 하지 아니한 자
• 건전한 영업질서를 위하여 공중위생영업자가 준수하여야 할 사항을 준수하지 아니한 자

24 면허가 취소된 자는 누구에게 면허증을 반납하여야 하는가?

① 보건복지부장관
② 시·도지사
③ **시장·군수·구청장** ✓
④ 읍·면장

해설
면허증의 반납 등(규칙 제12조 제1항)
면허가 취소되거나 면허의 정지 명령을 받은 자는 지체 없이 관할 시장·군수·구청장에게 면허증을 반납하여야 한다.

25 이·미용업소에서 영업정지처분을 받고 그 정지 기간 중에 영업을 한 때의 1차 위반 행정처분 내용은?

① 영업정지 1월
② 영업정지 2월
③ 영업정지 3월
④ **영업장 폐쇄명령** ✓

해설
행정처분기준(규칙 [별표 7])
영업정지처분을 받고도 그 영업정지 기간에 영업을 한 경우
• 1차 위반 : 영업장 폐쇄명령

26 미용업 영업자의 준수사항이 아닌 것은?

① 영업소에서 사용하는 기구를 소독한 것과 소독하지 아니한 것으로 분리 보관한다.
② 영업소에서 사용하는 1회용 면도날은 손님 1인에 한하여 사용한다.
❸ 자격증을 영업소 안에 게시한다.
④ 면허증을 영업소 안에 게시한다.

해설
공중위생영업자의 준수사항(법 제4조 제4항)
미용업을 하는 자는 다음의 사항을 지켜야 한다.
- 의료기구와 의약품을 사용하지 아니하는 순수한 화장 또는 피부미용을 할 것
- 미용기구는 소독을 한 기구와 소독을 하지 아니한 기구로 분리하여 보관하고, 면도기는 1회용 면도날만을 손님 1인에 한하여 사용할 것. 이 경우 미용기구의 소독기준 및 방법은 보건복지부령으로 정한다.
- 미용사면허증을 영업소 안에 게시할 것

27 의료법 위반으로 영업장 폐쇄명령을 받은 이·미용업 영업자는 얼마의 기간 동안 같은 종류의 영업을 할 수 없는가?

① 2년 ❷ 1년
③ 6개월 ④ 3개월

해설
같은 종류의 영업 금지(법 제11조의4 제2항)
「성매매알선 등 행위의 처벌에 관한 법률」·「아동·청소년의 성보호에 관한 법률」·「풍속영업의 규제에 관한 법률」·「청소년 보호법」 또는 「마약류 관리에 관한 법률」 외의 법률을 위반하여 폐쇄명령을 받은 자는 그 폐쇄명령을 받은 후 1년이 경과하지 아니한 때에는 같은 종류의 영업을 할 수 없다.

28 공중위생관리법규상 위생관리등급의 구분이 바르게 짝지어진 것은?

❶ 최우수업소 - 녹색등급
② 우수업소 - 백색등급
③ 일반관리대상 업소 - 황색등급
④ 관리미흡대상 업소 - 적색등급

해설
위생관리등급의 구분 등(규칙 제21조 제1항)
- 최우수업소 : 녹색등급
- 우수업소 : 황색등급
- 일반관리대상 업소 : 백색등급

29 유연화장수의 작용으로 거리가 먼 것은?

① 피부에 보습을 주고 윤택하게 해 준다.
② 피부에 남아 있는 비누의 알칼리 성분을 중화시킨다.
③ 각질층에 수분을 공급해 준다.
❹ 피부의 모공을 넓혀 준다.

해설
유연화장수의 기능
- 보습제, 유연제 함유로 각질층을 촉촉하고 부드럽게 함(수분 공급, 피부 유연기능)
- 피부의 pH 균형을 조절하여 피부를 촉촉하게 함
- 다음 단계 화장품의 흡수를 용이하게 함

30 크림 파운데이션에 대한 설명 중 가장 적합한 것은?

① 얼굴의 형태를 바꾸어 준다.
☑ **피부의 잡티나 결점을 커버해 주는 목적으로 사용된다.**
③ O/W형은 W/O형에 비해 비교적 사용감이 무겁고 퍼짐성이 낮다.
④ 화장 시 산뜻하고 청량감이 있으나 커버력이 약하다.

해설
① 얼굴의 형태를 바꾸어 주는 것은 파운데이션의 기능이 아니다. 파운데이션의 기능은 피부색을 조절하고 결점을 커버하며, 얼굴 윤곽 수정을 통해 입체감을 연출하는 것이다.
③ 유분감이 적은 친수성의 O/W형은 유성 성분이 많은 W/O형보다 사용감이 부드럽고 퍼짐성이 좋다.
④ 크림 파운데이션은 유분 함량이 높은 타입으로 커버력, 지속력, 발림성 모두 좋다.

31 피지 조절, 항우울과 함께 분만 촉진에 효과적인 아로마 오일은?

① 라벤더   ② 로즈마리
☑ **자스민**   ④ 오렌지

해설
③ 자스민 : 항우울, 긴장완화 작용을 하며 분만 촉진에 도움을 준다.
① 라벤더 : 소염, 습진, 화상, 상처 치유에 효과적이다.
② 로즈마리 : 수렴, 진정, 항산화 기능이 있으며 민감성, 노화 피부를 개선한다.
④ 오렌지 : 방부, 수렴기능이 있으며 지성, 여드름 피부에 효과적이다.

32 피부 클렌저(cleanser)로 사용하기에 적합하지 않은 것은?

☑ **강알칼리성 비누**
② 약산성 비누
③ 탈지를 방지하는 클렌징 제품
④ 보습효과를 주는 클렌징 제품

해설
강알칼리성 비누는 세정력이 강하나, 피부의 피지막을 파괴하고 유·수분을 과하게 제거하여 피부 건조증을 일으킬 수 있다.

33 계절별 화장법으로 가장 거리가 먼 것은?

① 봄 메이크업 – 투명한 피부 표현을 위해 리퀴드 파운데이션을 사용하며, 눈썹과 아이섀도를 자연스럽게 표현한다.
☑ **여름 메이크업 – 콘트라스트가 강한 색상으로 선을 강조하고 베이지 컬러의 파우더로 피부를 매트하게 표현한다.**
③ 가을 메이크업 – 아이 메이크업 시 저채도의 베이지, 브라운 컬러를 사용하여 그윽하고 깊은 눈매를 연출한다.
④ 겨울 메이크업 – 전체적으로 깨끗하고 심플한 이미지를 표현하고, 립은 레드나 와인 계열 등의 컬러를 바른다.

해설
여름 메이크업에는 짙고 강한 색과 매트하고 두꺼운 화장이 어울리지 않는다. 시원하고 청량한 느낌의 가벼운 메이크업이나 까무잡잡하고 건강한 피부를 강조하는 태닝 메이크업이 더 적절하다.

34 미백 화장품에 사용되는 대표적인 미백 성분은?

① 레티놀
✓ ② 알부틴
③ 라놀린
④ 토코페롤 아세테이트

> **해설**
> 미백에 도움을 주는 성분으로는 알부틴, 코직산, 닥나무 추출물, 비타민 C 유도체, 하이드로퀴논 등이 있다.
> ① 레티놀 : 주름 및 기타 내인성 노화를 예방하는 성분으로 사용된다.
> ③ 라놀린 : 양모에서 추출한 동물성 왁스로 보습제로 사용된다.
> ④ 토코페롤 아세테이트 : 항산화 비타민으로 피부를 보호하고 노화 방지에 효과가 있다.

35 진피층에도 함유되어 있으며 보습기능으로 피부관리 제품에 사용되는 성분은?

① 알코올(alcohol)
✓ ② 콜라겐(collagen)
③ 판테놀(panthenol)
④ 글리세린(glycerine)

> **해설**
> 콜라겐(교원섬유)은 진피의 주성분으로 진피의 70~90%를 구성한다. 보습작용이 우수하고 피부의 탄력, 강도, 유연성 촉진에 도움을 준다.

36 눈의 형태에 따른 아이섀도 기법으로 틀린 것은?

① 부은 눈 – 펄 감이 없는 브라운이나 그레이 컬러로 아이홀을 중심으로 넓지 않게 펴 바른다.
② 처진 눈 – 포인트 컬러를 눈꼬리 부분에서 사선 방향으로 올려주고, 언더 컬러는 사용하지 않는다.
③ 올라간 눈 – 눈 앞머리 부분에 짙은 컬러를 바르고 눈 중앙에서 꼬리까지 엷은 색을 발라 주며, 언더부분은 넓게 펴 바른다.
✓ ④ 작은 눈 – 눈두덩이 중앙에 밝은 컬러로 하이라이트를 하며 눈 앞머리에 포인트를 주고, 아이라인은 그리지 않는다.

> **해설**
> 작은 눈은 눈 앞머리부터 눈꼬리까지 라인을 중심으로 짙은 색으로 표현하며, 라인에서 눈두덩이로 갈수록 옅은 색으로 그러데이션한다.

37 가용화(solubilization) 기술을 적용하여 만들어진 것은?

① 마스카라
✓ ② 향수
③ 립스틱
④ 크림

> **해설**
> 가용화는 물에 소량의 오일 성분이 계면활성제에 의하여 투명하게 용해되어 있는 상태로, 가용화 기술을 적용하여 만든 화장품으로는 향수, 화장수, 에센스, 헤어 토닉 등이 있다.

38 아이섀도를 바를 때, 눈 밑에 떨어진 가루나 과다한 파우더를 떨어내는 도구로 가장 적절한 것은?

① 파우더 퍼프
② 파우더 브러시
❸ 팬 브러시
④ 블러셔 브러시

> **해설**
> ① 파우더 퍼프 : 파우더를 바를 때 손 대신 사용하는 도구로 깨끗하고 간편하여 가장 일반적으로 사용된다.
> ② 파우더 브러시 : 파우더를 피부에 밀착시켜 깨끗하고 투명한 피부를 연출하며 브러시 중 가장 크고 부드럽다. 심한 건성 피부나 자연스러운 메이크업을 원할 때 사용하면 좋다.
> ④ 블러셔 브러시 : 볼 터치를 할 때 사용하는 브러시이다.

39 눈썹을 그리기 전후 자연스럽게 눈썹을 빗어주는 나사 모양의 브러시는?

① 립 브러시
② 팬 브러시
❸ 스크루 브러시
④ 파우더 브러시

> **해설**
> 스크루 브러시는 뭉친 마스카라를 풀거나 눈썹 결을 정리하는 나선형의 브러시이다.

40 각 눈썹 형태에 따른 이미지와 그에 알맞은 얼굴형의 연결로 가장 적합한 것은?

❶ 상승형 눈썹 – 동적이고 시원한 느낌 – 둥근형
② 아치형 눈썹 – 우아하고 여성적인 느낌 – 삼각형
③ 각진형 눈썹 – 지적이며 단정하고 세련된 느낌 – 긴 형, 장방형
④ 수평형 눈썹 – 젊고 활동적인 느낌 – 둥근형, 얼굴 길이가 짧은 형

> **해설**
> ② 아치형 눈썹 : 이마가 넓은 얼굴, 각진 얼굴형, 역삼각형 얼굴에 잘 어울린다.
> ③ 각진형 눈썹 : 둥근형 얼굴, 넓은 삼각형 얼굴에 잘 어울린다.
> ④ 수평형 눈썹 : 긴 형, 긴 네모형 얼굴에 잘 어울린다.

41 색의 배색과 그에 따른 이미지를 연결한 것으로 옳은 것은?

① 악센트 배색 – 부드럽고 차분한 느낌
❷ 동일한 배색 – 무난하면서 온화한 느낌
③ 유사색 배색 – 강하고 생동감 있는 느낌
④ 그러데이션 배색 – 개성 있고 아방가르드한 느낌

> **해설**
> ① 악센트 배색 : 단조로운 배색에 대조색을 소량 덧붙여 전체를 돋보이게 하는 배색으로, 부분을 강조하여 시선을 집중시키는 강렬한 느낌을 줄 수 있다.
> ③ 유사색 배색 : 색상환에서 가까이 위치하는 유사 계열의 색상을 조합한 배색으로, 편안하고 부드러운 느낌을 줄 수 있다.
> ④ 그러데이션 배색 : 한 방향으로 점진적인 변화를 나타내는 배색으로 자연스러운 느낌을 준다.

42 사각형 얼굴의 수정 메이크업 방법으로 틀린 것은?

① 이마의 각진 부위와 튀어나온 턱뼈 부위에 어두운 파운데이션을 발라서 갸름하게 보이게 한다.
② 눈썹은 각진 얼굴형과 어울리도록 시원하게 아치형으로 그려준다.
❸ 일자형 눈썹과 길게 뺀 아이라인으로 포인트 메이크업하는 것이 효과적이다.
④ 입술 모양은 곡선의 형태로 부드럽게 표현한다.

해설
일자형의 직선적인 눈썹은 사각형 얼굴에 가장 어울리지 않는 눈썹형이다. 사각형 얼굴은 강하고 남성적인 이미지를 주므로 눈썹을 둥글게 곡선형으로 그려 여성스럽고 우아한 이미지를 살리면 더욱 부드러운 인상을 만들 수 있다.

43 눈과 눈 사이가 가까운 눈을 수정하기 위하여 아이섀도 포인트가 들어가야 할 부분으로 옳은 것은?

① 눈 앞머리 ② 눈 중앙
③ 눈 언더라인 ❹ 눈꼬리

해설
눈과 눈 사이가 멀어 보이도록 눈꼬리 쪽에 포인트를 준다.

44 다음에서 설명하는 아이섀도 타입은?

- 장시간 지속효과가 낮다.
- 기온 변화로 번들거림이 생길 수 있다.
- 유분이 함유되어 부드럽고 매끄럽게 펴 바를 수 있다.
- 제품 도포 후 파우더로 색을 고정시켜 지속력과 색의 선명도를 향상시킬 수 있다.

❶ 크림 타입 ② 펜슬 타입
③ 케이크 타입 ④ 파우더 타입

해설
① 크림 타입 : 유분이 함유되어 있어 발림성이 좋고 도포가 편리하나, 뭉치기 쉬워 잘 펴 발라야 하며 지속력이 낮다. 이를 보완하기 위해 투명 파우더나 파우더 타입의 섀도를 덧발라 줄 수 있다.
② 펜슬 타입 : 휴대하기 좋고 발색력이 우수하나, 그러데이션 표현이 어렵다.
③ 케이크 타입 : 파우더를 압축시킨 콤팩트형으로 색상이 다양하고 그러데이션이 용이하며 혼합 및 도포가 쉽다. 그러나 파우더가 날리고 잘 지워진다는 단점이 있다.
④ 파우더 타입 : 펄을 함유한 파우더 타입은 하이라이트 시 화려한 느낌을 주기 위해 많이 사용되나, 펄 날림이 심하다는 단점이 있다.

45 정상적인 피부의 pH 범위는?

① pH 3~4
② pH 6.5~8.5
❸ pH 4.5~6.5
④ pH 7~9

해설
정상적인 피부의 pH 범위는 약산성인 pH 4.5~6.5이다.

46 파운데이션을 바르는 방법으로 가장 거리가 먼 것은?

① O존은 피지 분비량이 적어 소량의 파운데이션으로 가볍게 바른다.
② **V존은 잡티가 많으므로 슬라이딩 기법으로 여러 번 겹쳐 발라 결점을 가린다.** ✓
③ S존은 슬라이딩 기법과 가볍게 두드리는 패팅 기법을 병행하여 메이크업의 지속성을 높여준다.
④ 헤어라인은 귀 앞머리 부분까지 라텍스 스펀지에 남아 있는 파운데이션을 사용해 슬라이딩 기법으로 발라준다.

[해설]
V존은 유분이 적어 쉽게 건조해질 수 있는 부위이므로, 파운데이션을 소량만 사용하여 스펀지를 이용해 패팅 기법으로 두드려 발라 주면 잡티 부분을 깨끗이 커버할 수 있다.

47 긴 얼굴형에 적합한 눈썹 메이크업으로 가장 적합한 것은?

① 가는 곡선형으로 그린다.
② 눈썹산이 높은 아치형으로 그린다.
③ 각진 아치형이나 상승형, 사선 형태로 그린다.
④ **다소 두께감이 느껴지는 직선형으로 그린다.** ✓

[해설]
긴 얼굴형의 경우 길어 보이는 얼굴을 커버하기 위하여 눈썹을 약간 도톰한 수평 형태의 일자형으로 그려주는 것이 좋다.

48 조선시대 화장문화에 대한 설명으로 틀린 것은?

① 이중적인 성 윤리관이 화장문화에 영향을 주었다.
② 여염집 여성의 화장과 기생 신분 여성의 화장이 구분되었다.
③ **영육일치 사상의 영향으로 남녀 모두 미(美)에 대한 관심이 높았다.** ✓
④ 미인박명(美人薄命) 사상이 문화적 관념으로 자리 잡음으로써 미(美)에 대한 부정적인 인식이 형성되었다.

[해설]
영육일치 사상으로 남녀 모두 미에 대한 관심이 높았던 시기는 신라 때이다. 조선시대에는 유교 사상의 영향으로 외면보다 내면의 아름다움을 중시하였다.

49 메이크업 도구 및 재료의 사용법에 대한 설명으로 가장 거리가 먼 것은?

① 브러시는 전용 클리너로 세척하는 것이 좋다.
② 아이래시컬러는 속눈썹을 아름답게 올려줄 때 사용한다.
③ **라텍스 스펀지는 세균이 번식하기 쉬우므로 깨끗한 물로 씻어서 재사용한다.** ✓
④ 면봉은 부분 메이크업 또는 메이크업 수정 시 사용한다.

[해설]
라텍스 스펀지는 세척이 불가능하여 오염되면 해당 부분을 잘라낸 후 사용한다.

50 색과 관련한 설명으로 틀린 것은?

① 물체의 색은 빛이 거의 모두 반사되어 보이는 색이 백색, 거의 모두 흡수되어 보이는 색이 흑색이다.
② 불투명한 물체의 색은 표면의 반사율에 의해 결정된다.
✔③ 유리잔에 담긴 레드 와인(red wine)은 장파장의 빛은 흡수하고, 그 외의 파장은 투과하여 붉게 보이는 것이다.
④ 장파장은 단파장보다 산란이 잘 되지 않는 특성이 있어 신호등의 빨간색은 흐린 날 멀리서도 식별 가능하다.

해설
색깔별로 파장의 길이와 투과율이 다른데 붉은색의 파장이 가장 길고(장파장) 보라색이 가장 짧으며(단파장), 장파장은 투과율(빛이 매질을 통과하는 힘)이 높고 단파장은 투과율이 작다. 유리잔에 담긴 레드 와인이 붉게 보이는 것은 장파장의 붉은빛은 반사되고, 그 외의 파장은 흡수되기 때문이다.

51 같은 물체라도 조명이 다르면 색이 다르게 보이나 시간이 갈수록 원래 물체의 색으로 인지하게 되는 현상은?

① 색의 불변성
✔② 색의 항상성
③ 색 지각
④ 색 검사

해설
색의 항상성은 조명 조건이 바뀐 상황에서도 물체의 색을 이전과 동일하게 인지하게 되는 현상을 말한다.

52 한복 메이크업 시 주의사항이 아닌 것은?

① 색조 화장은 저고리 깃이나 고름 색상에 맞추는 것이 좋다.
② 너무 강하거나 화려한 색상은 피하는 것이 좋다.
③ 단아한 이미지를 표현하는 것이 좋다.
✔④ 한복으로 가려진 몸매를 입체적인 얼굴로 표현한다.

해설
입체감을 강조하는 메이크업은 한복 메이크업과 어울리지 않는다. 한복 메이크업 시에는 고전적인 느낌을 살리며, 단아하고 절제된 메이크업으로 은은하게 표현하는 것이 좋다.

53 다음 중 사극 수염 분장에 필요한 재료가 아닌 것은?

① 스피릿 검(spirit gum)
② 쇠 브러시
③ 생사
✔④ 더마 왁스

해설
더마 왁스는 상처의 절상을 표현하거나 얼굴의 일부분을 변형시키는 등 특수 메이크업에 사용한다.
① 스피릿 검(spirit gum) : 분장 시 수염이나 털 같은 것을 신체에 붙일 때 쓰는 접착제이다.
② 쇠 브러시 : 수염 분장에 사용되는 생사를 정리할 때 쓴다.
③ 생사 : 수염 분장에 사용되는 털의 종류 중 하나로, 누에고치에서 생산된 실크를 염색하여 실제 수염과 가장 비슷한 느낌을 주는 재료이다.

54 '톤을 겹친다'는 의미로 동일 색상에서 톤의 명도 차를 비교적 크게 둔 배색법은?

① 동일한 배색
☑ **톤온톤 배색**
③ 톤인톤 배색
④ 세퍼레이션 배색

> **해설**
> ① 동일한 배색(동일 색상 배색) : 기준 색과 색은 동일하되 명도나 채도가 다른 색상을 배열하여 통일감 있고 부드러운 느낌을 주는 방법이다.
> ③ 톤인톤 배색 : 톤이 비슷한 유사색이나 인접색을 배색하는 방법이다.
> ④ 세퍼레이션 배색 : '갈라놓다, 분리시키다'의 의미로, 조화롭지 못한 두 색을 배색하는 경우, 중간에 다른 색을 삽입하여 분리되어 보이게 하는 방법이다.

55 메이크업 미용사의 기본적인 용모 및 자세로 가장 거리가 먼 것은?

① 업무 시작 전후 메이크업 도구와 제품 상태를 점검한다.
☑ **메이크업 시 위생을 위해 마스크를 항상 착용하고 고객과 직접 대화하지 않는다.**
③ 고객을 맞이할 때는 자리에서 일어나 공손히 인사한다.
④ 영업장으로 걸려온 전화를 받을 때는 필기도구를 준비하여 메모를 한다.

> **해설**
> 고객의 상태를 살피고 고객의 의견을 최대한 반영하려면 고객과의 직접 대화가 필요하다.

56 현대 메이크업 목적으로 가장 거리가 먼 것은?

① 개성 창출
☑ **추위 예방**
③ 자기 만족
④ 결점 보완

> **해설**
> 메이크업에 외부 자외선이나 먼지 등으로부터 피부를 보호하는 기능은 있으나 추위를 예방하는 기능은 없다. 메이크업은 결점을 보완하고 장점을 강조해 자신의 개성을 창출하며, 이를 통해 자기 만족감을 줄 수 있다.

57 다음 중 여름철 메이크업으로 가장 거리가 먼 것은?

① 선탠 메이크업을 베이스 메이크업으로 응용해 건강한 피부 표현을 한다.
② 약간 각진 눈썹형으로 표현하여 시원한 느낌을 살려준다.
③ 눈매를 푸른색으로 강조하는 원 포인트 메이크업을 한다.
☑ **크림 파운데이션을 사용하여 피부를 두껍게 커버하고 윤기 있게 마무리한다.**

> **해설**
> 여름철에는 땀이 많이 나므로 유분 함량이 높은 크림 타입 파운데이션을 두껍게 바르는 것보다는 습기에 강한 파운데이션을 선택하여 투명하고 청량한 느낌을 줄 수 있도록 가볍게 커버하는 것이 좋다.

58 메이크업 베이스의 사용 목적으로 옳지 않은 것은?

① 파운데이션의 밀착력을 높여준다.
② 얼굴의 피부 톤을 조절한다.
③ ✓ 얼굴에 입체감을 부여한다.
④ 파운데이션의 색소침착을 방지해 준다.

해설
메이크업 베이스의 사용 목적
- 색조 화장 전에 사용하여 얼굴의 피부 톤을 조절하고 피부 색조 보정
- 파운데이션의 퍼짐성, 밀착력, 지속력을 높임
- 파운데이션이나 색조 메이크업의 색소침착 방지
- 자외선 및 외부 환경으로부터 피부 보호

59 긴 얼굴형의 윤곽 수정 표현법으로 틀린 것은?

① ✓ 콧등 전체에 하이라이트를 주어 입체감 있게 표현한다.
② 눈 밑은 폭넓게 수평형의 하이라이트를 준다.
③ 노즈섀도는 짧게 표현해 준다.
④ 이마와 아래턱은 셰이딩 처리하여 얼굴의 길이가 짧아 보이게 한다.

해설
긴 얼굴형의 경우 콧등 전체에 하이라이트를 주면 얼굴 길이가 더욱 부각되므로, 얼굴 길이가 짧아 보이도록 이마 중앙과 눈 밑에 가로 방향으로 하이라이트를 준다.

60 컨투어링 메이크업을 위한 얼굴형의 수정 방법으로 틀린 것은?

① 둥근형 얼굴 – 양볼 뒤쪽에 어두운 셰이딩을 주고 턱, 콧등에 길게 하이라이트를 한다.
② 긴 형 얼굴 – 헤어라인과 턱에 셰이딩을 주고 볼 쪽에 하이라이트를 한다.
③ ✓ 사각형 얼굴 – T존의 하이라이트를 강조하고 U존에 명도가 높은 블러셔를 한다.
④ 역삼각형 얼굴 – 헤어라인에서 양쪽 이마 끝에 셰이딩을 준다.

해설
사각형의 얼굴은 부드러운 이미지로 바꾸기 위해 T존에 하이라이트를 둥근 느낌으로 처리하고, 이마 양옆과 턱선의 각진 부분에 셰이딩을 하여 곡선적으로 연출한다.

제3회 | 기출복원문제

01 메이크업의 어원에 대한 설명으로 옳지 않은 것은?

① ✓ 메이크업은 '코스메티코스'라는 프랑스어에서 유래되었다.
② 17세기 초 영국의 시인 리차드 크라슈가 메이크업이라는 용어를 처음 사용하였다.
③ 20세기 헐리우드의 맥스팩터 분장사에 의해 메이크업이라는 용어가 대중화되었다.
④ 16세기 셰익스피어 희곡에서 '페인팅'이라는 용어가 처음으로 등장하였다.

[해설]
① 메이크업은 '코스메티코스(cosmeticos)'라는 그리스어에서 유래되었다.

02 화장의 역사가 가장 오래된 곳은?

① 고대 그리스
② 고대 로마
③ ✓ 고대 이집트
④ 중국 당나라

[해설]
이집트
• 고대 문명의 발상지로, 최초로 화장을 시작
• 눈꺼풀에 흑색과 녹색을 사용(아이섀도)
• 눈가에 콜(kohl)을 발라 흑색 아이라인을 넣음
• 샤프란으로 뺨을 붉게 하고 입술연지로 사용

03 천연보습인자(NMF)에 속하지 않는 것은?

① ✓ 글리세린
② 아미노산
③ 젖산염
④ 요소

[해설]
피부의 천연보습인자(NMF ; Natural Moisturizing Factor)는 피부 표피의 각질세포에 있는 아미노산과 이들의 대사산물(부산물)로 구성되며, 각질층에서 수분을 붙잡는 역할을 도와준다. 아미노산 40%, 피롤리돈 카르본산 12%, 젖산염 12%, 요소 7% 등으로 구성되어 있다.

04 살균력과 정전기 방지 효과가 좋으며, 헤어 린스 및 헤어 트리트먼트에 주로 사용하는 계면활성제는?

① ✓ 양이온성 계면활성제
② 음이온성 계면활성제
③ 양쪽성 계면활성제
④ 비이온성 계면활성제

[해설]
양이온성 계면활성제는 살균 및 소독작용이 우수하고 정전기 방지 효과가 있어 헤어 린스 및 헤어 트리트먼트 제품에 주로 사용한다.

05 피부구조에 대한 설명 중 틀린 것은?

① 피부는 표피, 진피, 피하지방층의 3개의 층으로 구성된다.
✓ ② 멜라닌 세포의 수는 인종과 성별에 따라 다르다.
③ 멜라닌 세포는 표피의 기저층에 산재한다.
④ 표피는 내측으로부터 기저층, 유극층, 과립층, 투명층, 각질층의 5층으로 나뉜다.

해설
② 멜라닌 세포의 수는 인종과 성별에 관계없이 동일하다.

06 잘 번지지 않고 섬세한 라인을 그릴 수 있으며 광택감이 많은 아이라이너 종류는?

① 펜슬 타입
✓ ② 리퀴드 타입
③ 케이크 타입
④ 젤 타입

해설
리퀴드 타입 아이라이너는 색상이 선명하고 번짐 없이 섬세한 라인을 그릴 수 있다. 그러나 광택감이 있어 빛 반사 정도가 적은 제품을 선택하는 것이 좋다.

07 화장품의 품질 요건 중 안정성에 대한 설명으로 옳은 것은?

① 피부에 대한 자극, 알레르기, 독성이 없어야 한다.
✓ ② 보관에 따른 산화, 변질, 미생물의 오염 등이 없어야 한다.
③ 피부에 도포했을 때 사용감이 우수하고 매끄럽게 잘 스며야 한다.
④ 피부에 적절한 보습, 세정, 노화 억제, 자외선 차단 등을 부여하여야 한다.

해설
화장품의 4대 품질 요건
• 안전성 : 피부에 대한 자극, 알레르기, 독성이 없을 것
• 안정성 : 보관에 따른 산화, 변질, 미생물의 오염 등이 없을 것
• 사용성 : 피부에 도포했을 때 사용감이 우수하고 매끄럽게 잘 스밀 것
• 유효성 : 피부에 적절한 보습, 세정, 노화 억제, 자외선 차단 등을 부여할 것

08 화장품 성분과 기능의 연결이 틀린 것은?

① 레티놀 – 피부 재생, 주름 개선
✓ ② 알부틴 – 보습작용, 탄력작용
③ 비타민 E – 항산화제, 노화 방지
④ 아줄렌 – 피부 진정, 항염효과

해설
알부틴은 티로신의 산화를 촉매하는 티로시나아제 효소의 작용을 억제하여 미백에 도움을 준다.

09 상피조직의 신진대사에 관여하며, 각화 정상화 및 피부 재생을 돕고 노화 방지에 효과가 있는 비타민은?

✓ 비타민 A
② 비타민 C
③ 비타민 E
④ 비타민 K

해설
② 비타민 C : 미백작용, 모세혈관벽 강화, 콜라겐 합성에 관여(대표적인 항산화제)
③ 비타민 E : 항산화제, 호르몬 생성, 노화 방지
④ 비타민 K : 혈액응고 작용에 관여, 모세혈관벽 강화

10 화장품의 사용 목적과 거리가 먼 것은?

① 인체를 청결, 미화하기 위해 사용한다.
② 용모를 밝게 변화시키기 위하여 사용한다.
③ 피부, 모발의 건강을 유지하기 위하여 사용한다.
✓ 인체에 대한 약리적인 효과를 주기 위해 사용한다.

해설
화장품의 정의(화장품법 제2조 제1호)
화장품이란 인체를 청결·미화하여 매력을 더하고 용모를 밝게 변화시키거나 피부·모발의 건강을 유지 또는 증진하기 위하여 인체에 바르고 문지르거나 뿌리는 등 이와 유사한 방법으로 사용되는 물품으로서 인체에 대한 작용이 경미한 것을 말한다. 다만, 의약품에 해당하는 물품은 제외한다.

11 피부의 생물학적 노화현상으로 가장 거리가 먼 것은?

① 표피 두께가 감소한다.
② 피부의 색소침착이 증가한다.
✓ 엘라스틴의 양이 늘어난다.
④ 피부의 저항력이 떨어진다.

해설
노화가 진행되면서 엘라스틴의 양은 감소한다.

12 보디 샴푸의 구비 요건으로 틀린 것은?

① 세균의 증식 억제
② 부드럽고 치밀한 기포 부여
③ 피부의 요소, 염분을 효과적으로 제거
✓ 피부 각질층 내 침투로 세포간지질 용출

해설
보디 샴푸는 피부 각질층 세포간지질을 보호할 수 있는 정도의 적당한 세정작용과 기포형성 작용이 필요하다.

13 다음 중 진흙 성분의 머드팩에 주로 함유된 성분은?

✓ 카올린
② 유황
③ 알부틴
④ 레시틴

해설
진흙 성분의 머드팩에는 카올린이 함유되어 있는데, 카올린은 피부 노폐물을 제거하고 피부를 매끄럽게 하는 데 도움을 준다.

14 눈매를 또렷하게 강조하고 눈이 커 보이게 하는 눈 화장용 제품은?

① 아이브로
② 마스카라
③ **아이라이너** ✓
④ 아이섀도

해설
아이라이너는 눈매를 강조하여 눈이 커 보이게 하거나 또렷하게 하고 눈매를 보정하는 역할을 한다.

15 여름 수영복 광고를 위한 야외 촬영에서의 메이크업으로 적절하지 않은 것은?

① 민트 색상의 아이섀도로 시원한 이미지를 연출한다.
② 약간 각진형 눈썹을 진하지 않게 그려 시원한 이미지를 살린다.
③ 아이라이너, 마스카라 등은 워터프루프 제품을 사용한다.
④ **커버력과 지속력이 좋은 크림 타입 파운데이션을 사용하고 파우더는 바르지 않는다.** ✓

해설
여름철 메이크업
• 메이크업 베이스와 파운데이션은 자외선 차단제가 함유된 제품을 사용한다. 크림 파운데이션의 유분기는 땀에 얼룩지기 쉽다.
• 페이스 파우더는 파운데이션의 유분기를 제거하고 메이크업의 지속력을 높이므로 마무리로 가볍게 커버한다.
• 눈썹은 진하지 않게 자연스러운 느낌으로 그린다.
• 블루 계열 아이섀도는 시원하고 차가운 느낌을 주어 여름 메이크업에 적합하다.
• 블러셔는 텁텁하고 더워 보일 수 있으므로 생략해도 무방하다.

16 다음 설명에 어울리는 퍼스널 컬러 사계절 이미지와 립 컬러는?

> 황갈색의 피부와 갈색의 눈동자와 머리 색으로 부드러운 이미지를 연출한다.

① 겨울 – 핑크, 체리 핑크
② 봄 – 레드, 브라운
③ **가을 – 브라운, 코럴 베이지** ✓
④ 여름 – 버건디, 와인

해설
① 겨울 유형에 어울리는 립 컬러는 붉은색이 가미된 색조의 누드 핑크 베이지, 누드 베이지, 베이지 브라운, 버건디, 레드, 레드 브라운 계열이다.
② 봄 유형에 어울리는 립 컬러는 코럴 핑크, 피치, 오렌지 계열의 밝은색 계열이다.
④ 여름 유형에 어울리는 립 컬러는 붉은색이 가미된 색조의 로즈 베이지, 베이지 브라운, 핑크 계열이다.

17 다음에서 설명하는 인조 속눈썹 종류는?

• 한 가닥 또는 2~3가닥이 한 올을 이루는 형태이다.
• 필요한 만큼 양을 조절할 수 있어 자연스러운 이미지 표현에 적당하다.

① 스트립 래시
② 아이래시컬러
③ 연장용 래시
④ **인디비주얼 래시** ✓

해설
① 스트립 래시 : 눈 모양으로 휘어진 띠에 인조 속눈썹이 붙어 있는 형태로 눈 길이에 맞게 띠를 잘라 사용한다.
② 아이래시컬러 : 인조 속눈썹을 부착하기 전 속눈썹 컬링을 조절하기 위해 사용한다.
③ 연장용 래시 : 기존 속눈썹 위에 한 올 한 올 연장해 붙여 기존 속눈썹을 더 길어 보이도록 한다.

18 혼주 한복 메이크업에 대한 설명으로 옳지 않은 것은?

① 화려하거나 강한 색상은 피해야 한다.
② 단아하면서도 고상함이 느껴져야 한다.
③ 아치형 눈썹을 그려 우아함을 강조한다.
④ ✔ 한복 치마 색만을 고려하여 색조를 연출한다.

해설
④ 한복 치마뿐만 아니라 저고리 깃이나 고름의 색도 고려하여 색조를 연출하여야 한다.

19 드라마 촬영장에서 수염 분장 시 수염을 붙일 때 순서로 옳은 것은?

① ✔ 스피릿 검 바르기 → 수염 붙이기 → 그러데이션 하기 → 마무리하기
② 스피릿 검 바르기 → 그러데이션 하기 → 수염 붙이기 → 마무리하기
③ 수염 붙이기 → 스피릿 검 바르기 → 그러데이션 하기 → 마무리하기
④ 그러데이션 하기 → 수염 붙이기 → 스피릿 검 바르기 → 마무리하기

해설
수염 분장 시 수염을 붙일 때는 턱과 뺨 주위에 수염 접착제인 스피릿 검을 발라 주고 턱수염과 콧수염을 붙인 후 자연스럽게 그러데이션을 해준 후 핀셋이나 가위로 다듬어 마무리한다.

20 이상적인 얼굴 비율에 대한 설명으로 옳지 않은 것은?

① 얼굴의 가로 길이와 세로 길이의 비율은 1 : 1.618이다.
② 이마-눈썹, 눈썹-콧볼, 콧볼-턱의 비율이 같다.
③ 윗입술과 아랫입술의 비율은 1 : 1.5이다.
④ ✔ 얼굴을 세로로 나눌 때 1등분은 왼쪽 눈꼬리부터 왼쪽 눈 앞머리까지이다.

해설
얼굴을 세로로 나눌 때 1등분은 왼쪽 헤어라인부터 왼쪽 눈꼬리까지이다.

21 광고 촬영 시 모델 메이크업에 관한 설명으로 옳지 않은 것은?

① 모델의 신체 특징을 활용하여 제품의 이미지를 부각할 수 있는 메이크업을 진행한다.
② 모델 메이크업이 의상 및 헤어스타일과 조화롭게 디자인이 되는지 확인한다.
③ 조명, 카메라 등을 고려하여 모델의 메이크업이 광고 콘셉트에 잘 표현되는지 확인한다.
④ ✔ 모델의 이미지가 가장 중요하므로 모델에게 가장 어울리는 스타일로 메이크업을 연출한다.

해설
광고 메이크업은 광고하고자 하는 브랜드 또는 제품의 특성, 기업의 이미지 등 클라이언트와 기획의 목적에 따라 특성이 잘 나타날 수 있도록 메이크업을 하는 것이 중요하다.

22 TV 프로그램에 출연하는 50대 중년 남성 회사원의 메이크업으로 적절한 것은?

① 남성의 이마와 스마일 라인에 연한 주름으로 연출한다.
② 남성의 아이백이 앞부분에만 살짝 생기게 연출한다.
③ **남성의 수염 자국을 짙게 하고 볼이 꺼지게 연출한다.** ✓
④ 남성의 앞머리를 대머리로 하고, 뒷머리를 흰 머리카락으로 연출한다.

> **해설**
> 중년기 메이크업의 특징
> • 얼굴에 골격이 드러나기 시작한다.
> • 아이홀 부분의 윤곽이 깊어지며 눈 밑 주름이 생긴다.
> • 볼이 꺼지고 콧방울 옆의 볼 주름이 생긴다.
> • 눈썹의 굵기가 가늘어지기 시작하며 눈썹이 후반으로 갈수록 흐려진다.
> • 수염 자국이 짙어진다.

23 가을 이미지의 자연스러운 연출을 위한 배색으로 가장 적절한 것은?

① 그러데이션 배색
② 보색끼리의 배색
③ **유사 색상 배색** ✓
④ 동일 색상 배색

> **해설**
> 가을 이미지를 표현하기 위해서는 명도 차가 크지 않은 유사 색상으로 배색해야 한다.

24 클렌징용으로 가장 적합한 스펀지는?

① 라텍스 스펀지
② 우레탄 스펀지
③ 합성 스펀지
④ **해면 스펀지** ✓

> **해설**
> 해면 스펀지는 건조 상태에서는 딱딱하나 물에 담그면 부드러워지는 천연 스펀지로 클렌징 도포 시 사용된다.

25 스펀지 위생관리 방법에 대한 내용으로 잘못된 것은?

① 짧은 시간 안에 재사용하는 경우 오염된 부분을 가위로 잘라내고 사용한다.
② 라텍스 스펀지는 세척이 불가능하므로 되도록 일회용으로 사용한다.
③ 합성 스펀지는 미온수에 중성세제를 이용하여 세척한다.
④ **사용한 스펀지는 알코올 용액에 담갔다가 세균 증식 방지를 위해 자비소독한다.** ✓

> **해설**
> 사용한 스펀지는 폼 클렌저나 중성세제로 세척한 후에 흐르는 미온수에 스펀지 속까지 잘 헹궈 마른 타월로 물기를 제거한 후 통풍이 잘 되는 그늘에 세워 말린다.

26 여성스러움, 사랑스러움, 청순함 등 이미지의 로맨틱 웨딩 메이크업 배색으로 가장 적절한 것은?

① 카멜 브라운 – 머스타드 옐로 – 오렌지 베이지 – 올리브 그린
② 로즈 핑크 – 라벤더 퍼플 – 베이비 블루 – 라이트 그레이
③ 딥 그린 – 브라운 오렌지 – 샌드 베이지 – 올리브 카키
✓④ 파스텔 블루 – 연핑크 – 크림 베이지 – 연그린

해설
로맨틱 이미지에 어울리는 색상은 다양한 밝은 색을 주조로 한 가볍고 밝으며 부드러운 느낌의 분홍, 붉은 퍼플 등의 파스텔 색상이다.

27 다음 패션 의상과 잘 어울리는 메이크업으로 옳은 것은?

① 볼드 룩 – 포셋 메이크업, 히피 메이크업
② 매니시 룩 – 트위기 메이크업, 펑크 메이크업
✓③ 페미닌 룩 – 파스텔 메이크업, 큐트 메이크업
④ 미니멀 룩 – 누드 메이크업, 콜 메이크업

해설
엘레강스하고 여성스러움을 강조한 페미닌 룩에는 산뜻한 파스텔 컬러를 이용하여 화사한 아름다움을 강조한 메이크업이나 귀엽고 여성스러운 이미지를 연상시키는 큐트 메이크업이 어울린다.

28 얼굴의 윤곽 수정에 관한 설명으로 잘못된 것은?

① 하이라이트 부분은 베이스 부분보다 1~2톤 밝은 파운데이션을 사용한다.
② 음영 부분은 베이스 부분보다 1~2톤 낮은 파운데이션을 사용한다.
✓③ 하이라이트 부분과 베이스 부분의 경계가 구별되도록 한다.
④ 얼굴에 입체적인 효과를 주기 위해 윤곽 수정 메이크업을 한다.

해설
하이라이트 부분과 베이스 부분의 경계에 그러데이션을 자연스럽게 표현하여 서로 다른 톤의 경계가 생기지 않도록 주의한다.

29 다음 중 선의 종류와 이미지에 대한 설명으로 옳지 않은 것은?

① 하향선 – 내려가는 선으로 우울한 느낌을 준다.
② 상향선 – 생기 있어 보이는 선으로 지나치면 차갑고 사나워 보일 수 있다.
③ 수직선 – 강인한 이미지이며 아래, 위로 시선을 가게 하여 길어 보이게 한다.
✓④ 직선 – 부드러워 보이고 여성적 이미지이다.

해설
직선은 곡선에 비해 단순, 명료하며 경직하고 엄격해 보인다.

30 다음에서 설명하는 화장품은?

- 모공을 가려주는 등 피부 표면을 매끈하게 정돈한다.
- 피지를 조절하고 번들거림을 방지한다.
- 다음 단계 화장품의 밀착력을 높인다.

✓ ① 프라이머　　② 컨실러
③ 파운데이션　　④ 메이크업 베이스

해설
② 컨실러 : 다크서클, 붉은 반점, 기미 등 잡티와 결점을 자연스럽게 커버하는 제품이다.
③ 파운데이션 : 피부색을 조절하여 색조 화장 표현을 돕고, 피부 결점 커버 및 얼굴 윤곽 수정을 통해 입체감을 연출하는 제품이다.
④ 메이크업 베이스 : 색조 화장 전에 사용하여 피부 톤을 조절하고, 색조 메이크업의 색소침착을 방지하며, 파운데이션의 퍼짐성, 밀착력, 지속력을 높이는 제품이다.

31 색채의 지각 과정은 빛에 의해 물체의 색을 눈으로 보게 되고, 대뇌의 식별로 색을 느끼는 것이다. 이때 작용하는 빛의 가장 중요한 성질은?

✓ ① 빛의 반사 현상으로 인해 색이 지각된다.
② 빛의 산란 현상으로 인해 색이 지각된다.
③ 빛의 간섭 현상으로 인해 색이 지각된다.
④ 빛의 회절 현상으로 인해 색이 지각된다.

해설
사람의 눈으로 감지할 수 있는 빛의 영역인 가시광선의 특정한 색을 물체가 반사하면 눈이 그 반사광을 고유 색상으로 인식해 물체의 고유 색깔을 느끼게 된다.

32 색의 3속성으로, 색의 강약감과 가장 관련이 깊은 것은?

✓ ① 채도　　② 명도
③ 색상　　④ 배색

해설
② 색의 밝고 어두움의 정도를 나타내는 명암 단계
③ 빛의 파장에 따라 생겨나는 수많은 색
④ 두 가지 이상의 색을 효과나 목적에 맞게 배치하여 조화로운 이미지를 나타내는 것

33 다음 메이크업에 대한 설명으로 옳지 않은 것은?

① 무대 공연 메이크업은 작품의 내용과 캐릭터에 맞게 메이크업을 실행한다.
✓ ② 메이크업 트렌드는 최신 유행하는 트렌드만을 따라 메이크업을 연출하는 것이다.
③ 반영구 메이크업은 결점을 보완하고 장점을 부각시켜 아름답게 하는 화장을 뜻한다.
④ 자연스러운 메이크업 연출 시 피부색과 같은 색상이나 목 톤보다 한 톤 정도 밝은색을 선택하여 화사함을 표현한다.

해설
메이크업 트렌드란 시대에 유행하는 메이크업의 방향과 전체적인 흐름을 나타낸 것으로 미용 분야의 헤어, 피부, 네일아트 트렌드와 함께 변화하며 패션 트렌드를 통해서도 직접적으로 영향을 받고 있다.

34 눈두덩이가 나온 눈의 아이 메이크업 방법으로 옳지 않은 것은?

① 전체적으로 아이라인을 그리고 눈꼬리 부분은 라인을 굵게 그린다.
② **펄이 들어 있는 아이섀도를 눈두덩이에 넓게 펴 바른다.** ✓
③ 붉은 계열 아이섀도는 피하고 브라운이나 그레이 아이섀도를 바른다.
④ 아이섀도의 포인트 색상은 선을 긋는 것처럼 선명하게 표현한다.

해설
눈두덩이가 나온 눈은 펄이 함유되거나 붉은 계열 아이섀도를 바르면 부어 보일 수 있다. 펄감이 없는 브라운이나 그레이 계열의 아이섀도를 넓지 않게 펴 바른다.

35 보건행정의 관리과정 중 업무의 모든 부문 간의 상호관계를 정하여 주는 것은?

① 기획　　② 보고
③ 조직　　④ 조정 ✓

해설
보건행정의 관리과정(Gulick)
- 기획 : 조직의 목표를 성취하기 위하여 해야 할 일과 그 방법을 개괄적으로 확정하는 행위
- 조직 : 목표의 성취를 위하여 공식적 권한의 구조를 설정하고 분업을 행하며, 각 직위의 직무내용을 확정하는 행위
- 인사 : 직원을 채용하고 훈련하며, 좋은 근로조건을 주도록 노력하는 것
- 지휘 : 관리자가 의사결정을 하고, 그에 따라서 각종의 명령을 발하는 행위
- 조정 : 업무의 모든 부문 간의 상호관계를 정하여 주는 것
- 보고 : 관리자와 그의 부하가 신속하고 정확한 보고를 접수하게 하는 행위
- 예산활동 : 예산의 편성, 회계, 통제 등을 하는 것

36 이산화탄소(CO_2)에 대한 설명으로 틀린 것은?

① 실내 공기의 오염지표이다.
② 실내에 CO_2 농도가 높아질수록 두통을 느낀다.
③ **환경오염 산성비의 원인 물질이다.** ✓
④ 실내(8시간) 서한량은 0.1%이다.

해설
산성비는 pH(수소이온농도) 5.6 이하의 비를 말하며, 원인 물질로는 아황산가스와 질소산화물이 있다.
이산화탄소(CO_2)
- 무색, 무취, 비독성 가스, 약산성이다.
- 지구온난화의 주된 원인이다.
- 실내 공기의 오염지표로 사용한다.
- 중독 : 3% 이상일 때 불쾌감을 느끼고 호흡이 빨라지며, 7%일 때 호흡곤란을 느끼고, 10% 이상일 때 의식상실 및 질식사한다.

37 화장품 기구의 소독법으로 적절하지 않은 것은?

① 화학적 소독법
② **물 소독법** ✓
③ 자연 소독법
④ 물리적 소독법

해설
사용한 화장품 기구는 세제나 소독액을 이용해 세척한 후 건조시킨다. 경우에 따라 일광소독 또는 자외선 살균, 자비소독 등의 소독법을 사용한다.

38 금속류 기구 소독에 가장 적합하지 않은 것은?

① ✓ 승홍수　② 크레졸
③ 알코올　④ 포르말린

해설
승홍수는 염화제2수은의 수용액으로 강력한 살균력이 있어 피부 소독(0.1% 용액)이나 매독성 질환(0.2% 용액) 등에 사용된다. 금속 부식성이 있어 금속기구 소독에는 적합하지 않다.

39 종아리 정맥류의 주요 원인이 아닌 것은?

① 유전적 원인　② 임신
③ 비만　④ ✓ 식습관

해설
종아리 정맥류는 다리의 피부 바로 밑으로 보이는 정맥이 늘어나면서 피부 밖으로 돌출되어 보이는 질환으로, 일반적으로 가족력이 있거나, 체중이 많이 나가거나, 운동이 부족하거나, 오랫동안 서 있거나 앉아 있는 경우, 흡연 등이 종아리(하지) 정맥류의 위험을 증가시킨다고 알려져 있다. 여성에게 좀 더 흔한 편이고, 특히 임신했을 때 종아리 정맥류가 나타나기도 하는데 대개 출산 후 1년 이내에 정상으로 회복된다.

40 실내 환경에 대한 설명으로 적절하지 않은 것은?

① 쾌적한 실내 온도는 18±2℃이다.
② 이상적인 실내 습도는 40~70%이다.
③ ✓ 쾌감기류는 5m/s이다.
④ 중성대는 천장 가까이 형성되도록 한다.

해설
③ 쾌감기류 : 0.2~0.3m/s(실내), 1m/s 전후(실외)

41 올바른 미용인으로서의 인간관계와 전문가적인 태도에 관한 내용으로 가장 거리가 먼 것은?

① 예의 바르고 친절한 서비스를 모든 고객에게 제공한다.
② 고객의 기분에 주의를 기울여야 한다.
③ 효과적인 의사소통 방법을 익힌다.
④ ✓ 대화의 주제는 종교나 정치 같은 논쟁의 대상이 되거나 개인적인 문제에 관련된 것이 좋다.

해설
종교나 정치, 개인적인 문제에 대한 대화 주제는 논쟁의 대상이 되거나 언쟁의 소지가 되므로 피하는 것이 좋다.

42 B형간염의 병원체로 옳은 것은?

① ✓ 바이러스　② 세균
③ 리케차　④ 원충류

해설
B형간염은 B형간염 바이러스에 감염되어 발생하는 간의 염증성 질환으로, B형간염 바이러스에 감염된 혈액 등 체액에 의해 감염된다.

43 소독약의 요구 조건이 아닌 것은?

① **표백성이 있어야 한다.** ✓
② 인체에 독성이 없어야 한다.
③ 안정성 및 용해성이 있어야 한다.
④ 살균력이 강하고 소독효과가 우수해야 한다.

해설
소독약의 조건
- 살균력이 강해야 한다.
- 인체에 독성이 없어야 한다.
- 대상물을 손상시키지 말아야 한다.
- 부식 및 표백이 되지 않아야 한다.
- 빠르게 침투하여 소독효과가 우수해야 한다.
- 안정성 및 용해성이 있어야 한다.
- 사용법이 간단하고 경제적이어야 한다.
- 환경오염을 유발하지 않아야 한다.

44 다음 중 제1급 감염병인 것은?

① 콜레라
② 레지오넬라증
③ **신종인플루엔자** ✓
④ 장티푸스

해설
① · ④ 콜레라, 장티푸스는 제2급 감염병이다.
② 레지오넬라증은 제3급 감염병이다.
제1급 감염병
에볼라바이러스병, 마버그열, 라싸열, 크리미안콩고출혈열, 남아메리카출혈열, 리프트밸리열, 두창, 페스트, 탄저, 보툴리눔독소증, 야토병, 신종감염병증후군, 중증급성호흡기증후군(SARS), 중동호흡기증후군(MERS), 동물인플루엔자 인체감염증, 신종인플루엔자, 디프테리아

45 후천적 면역에 대한 설명으로 옳지 않은 것은?

① 예방접종 후에 획득되는 면역이다.
② 태반, 수유를 통해 부여받은 면역이다.
③ 홍역, 장티푸스에 걸린 후에 영구면역을 얻는다.
④ **종족, 인종, 개인 특성에 면역의 차이를 보인다.** ✓

해설
④ 자연적으로 형성되는 선천적 면역에 대한 설명이다.

46 감염형 식중독이 아닌 것은?

① **보툴리누스** ✓
② 살모넬라
③ 장염비브리오
④ 병원성 대장균

해설
세균성 식중독
- 독소형 식중독 : 황색포도상구균 식중독, 보툴리누스균 식중독
- 감염형 식중독 : 살모넬라균 식중독, 장염비브리오균 식중독, 병원성 대장균 식중독

47 소독약의 석탄산계수 공식에 대한 설명으로 옳은 것은?

① 소독제의 무게를 석탄산 분자량으로 나눈 값이다.
② 각종 미생물을 사멸시키는 데 필요한 석탄산의 농도값이다.
③ 소독제의 독성을 석탄산의 독성 1,000으로 하여 나눈 값이다.
✓ ④ 석탄산과 동일한 살균력을 보이는 소독액의 희석도를 석탄산의 희석도로 나눈 값이다.

해설

석탄산계수 = $\dfrac{\text{소독액의 희석배수}}{\text{석탄산의 희석배수}}$

48 살균력과 침투성은 약하지만 자극이 없고 발포작용에 의해 구내 상처 소독에 효과적인 것은?

① 염소 ② 페놀
✓ ③ 과산화수소수 ④ 알코올

해설
과산화수소수는 상처의 효소와 반응하여 산소를 발생시키는 발포작용에 의해 상처 표면을 소독하는 소독제로 피부 상처 부위나 구내염, 인두염 및 구강 세척 등에 사용된다.

49 적외선의 작용에 대한 설명으로 옳지 않은 것은?

✓ ① 노출 시 피부의 수분이 증발되어 광노화를 일으킨다.
② 근육 이완과 수축작용을 한다.
③ 식균작용을 한다.
④ 피부에 온열자극을 주어 혈액순환과 신진대사를 촉진시킨다.

해설
자외선에 장기간 노출 시 피부의 수분을 증발시켜 피부 건조, 주름 형성, 피부 탄력 감소 등을 유발하고 광노화를 일으킨다.
적외선의 효과
- 피부에 온열자극을 주어 혈액순환과 신진대사를 촉진시키고 화장품과 영양분 흡수를 촉진함
- 피지선과 한선의 기능을 활성화하여 피부 노폐물 배출을 도움
- 통증 완화와 진정효과가 있음
- 근육 이완 및 수축작용
- 식균작용

50 다음 중 혐기성 세균인 것은?

① 백일해균 ✓ ② 파상풍균
③ 결핵균 ④ 디프테리아균

해설
세균
- 호기성 세균 : 산소가 있어야만 살 수 있는 세균(디프테리아균, 백일해균, 결핵균)
- 혐기성 세균 : 산소가 존재하지 않는 환경에서 생육하는 세균(가스괴저균, 파상풍균)

51 공중위생감시원의 업무 범위가 아닌 것은?

① 공중위생 관련 시설 및 설비의 위생상태 확인·검사
② ✓ 공중위생영업소의 영업 재개명령 이행 여부의 확인
③ 공중위생영업자의 위생교육 이행 여부의 확인
④ 공중위생영업자의 위생지도 및 개선명령 이행 여부 확인

해설
공중위생감시원의 업무 범위(영 제9조)
• 공중위생영업 신고 규정에 의한 시설 및 설비의 확인
• 공중위생영업 관련 시설 및 설비의 위생상태 확인·검사, 공중위생영업자의 위생관리의무 및 영업자 준수사항 이행 여부의 확인
• 위생지도 및 개선명령 이행 여부의 확인
• 공중위생영업소의 영업의 정지, 일부 시설의 사용중지 또는 영업소 폐쇄명령 이행 여부의 확인
• 위생교육 이행 여부의 확인

52 공중위생관리법상 공중위생영업자가 위생교육을 받지 아니한 때 부과되는 과태료의 기준은?

① 50만 원 이하
② 100만 원 이하
③ ✓ 200만 원 이하
④ 300만 원 이하

해설
공중위생영업자는 매년 위생교육을 받아야 하며, 이를 어기고 위생교육을 받지 않은 경우 200만 원 이하의 과태료에 처한다(법 제22조).

53 미용업소에서 성매매알선 등 행위를 알선 또는 제공 시 영업소에 대한 1차 위반 행정처분기준은?

① 영업정지 15일
② 영업정지 1월
③ ✓ 영업정지 3월
④ 영업장 폐쇄명령

해설
행정처분기준(규칙 [별표 7])
손님에게 성매매알선 등 행위 또는 음란행위를 하게 하거나 이를 알선 또는 제공한 경우
• 1차 위반 : 영업소 영업정지 3월, 미용사 면허정지 3월
• 2차 위반 : 영업소 영업장 폐쇄명령, 미용사 면허취소

54 공중위생관리법규상 위생관리등급의 구분이 옳게 짝지어진 것은?

① 전문업소 - 청색등급
② 우수업소 - 백색등급
③ ✓ 최우수업소 - 녹색등급
④ 일반관리대상 업소 - 흑색등급

해설
위생관리등급의 구분 등(규칙 제21조 제1항)
• 최우수업소 : 녹색등급
• 우수업소 : 황색등급
• 일반관리대상 업소 : 백색등급

55 공중위생관리법상 미용업자가 지켜야 할 위생관리기준으로 옳지 않은 것은?

① 피부미용을 위하여 의약품 또는 의료기기를 사용하여서는 안 된다.
② 미용기구 중 소독한 기구와 소독하지 않은 기구는 각각 분리·보관해야 한다.
③ 영업장 안의 조명도는 75lx 이상이 되도록 유지하여야 한다.
④ ✓ 최종지급요금표는 영업장 면적에 관계없이 내·외부에 부착해야 한다.

[해설]
미용업자는 영업소 내부에 최종지급요금표를 게시 또는 부착하여야 하며, 영업장 면적이 66㎡ 이상인 영업소의 경우 영업소 외부에도 손님이 보기 쉬운 곳에 최종지급요금표를 게시 또는 부착하여야 한다(규칙 [별표 4]).

56 공중위생관리법상 미용업자의 변경신고 대상에 해당되지 않는 것은?

① 영업소의 명칭 또는 상호
② 대표자의 성명 또는 생년월일
③ ✓ 신고한 영업장 면적의 4분의 1 이상의 증감
④ 미용업 업종 간 변경 또는 업종의 추가

[해설]
변경신고 대상(규칙 제3조의2 제1항)
• 영업소의 명칭 또는 상호
• 영업소의 주소
• 신고한 영업장 면적의 3분의 1 이상의 증감
• 대표자의 성명 또는 생년월일
• 미용업 업종 간 변경 또는 업종의 추가

57 피부 유형별 화장품 선택 방법으로 잘못된 것은?

① 정상 피부 – 적당한 유분과 수분 밸런스를 유지할 수 있는 화장품을 선택한다.
② ✓ 건성 피부 – 유연화장수보다 수렴화장수로 피부를 정돈한 후 보습크림을 사용한다.
③ 지성 피부 – 피지 조절, 항염증, 수렴 성분이 있는 화장수를 선택한다.
④ 복합성 피부 – U존 부위는 유연화장수를, T존 부위는 수렴화장수를 사용한다.

[해설]
건성 피부는 세안 후 유연효과 및 보습효과가 높은 화장수와 영양 성분이 높은 건성용 크림을 사용하는 것이 좋다.

58 실질적, 엄격하고 무뚝뚝한 캐릭터를 표현하고자 할 때 가장 적절한 눈썹의 모양은?

① 두꺼운 눈썹
② ✓ 일자형 눈썹
③ 짧은 눈썹
④ 가는 눈썹

[해설]
① 두꺼운 눈썹 : 뚜렷한 개성, 강한 의지, 적극적
③ 짧은 눈썹 : 불안정, 횡포, 명랑, 날렵함, 경쾌
④ 가는 눈썹 : 연약함, 우유부단함, 섬세함, 세련미

59 피부 결점을 보완하기 위한 메이크업 방법으로 잘못된 것은?

① 기미나 주근깨와 같이 잡티가 많은 피부는 옐로나 그린 컬러의 메이크업 베이스로 잡티를 중화한 후 피부색과 비슷한 베이지 컬러의 스틱 파운데이션으로 커버한다.
② 백반증이 있는 피부는 흰 반점을 커버하기 위해 얼굴 피부색과 가까운 컬러의 베이스 메이크업 제품으로 얼굴의 전체적인 톤을 조절한다.
❸ **어두운 황갈색 피부는 베이지 계열 메이크업 베이스로 어두운 피부를 중화한 후 피부색과 비슷한 컬러의 파운데이션으로 전체를 커버한다.**
④ 붉은 기가 많은 피부는 청색 메이크업 베이스로 붉은 기를 중화시킨 후 피부 톤과 비슷한 옐로베이지 파운데이션으로 피부 홍조를 자연스럽게 커버한다.

해설
어두운 황갈색 피부는 옐로 컬러의 메이크업 베이스로 어두운 피부를 중화한 후 연한 핑크빛의 자연스러운 베이지나 오클베이지 컬러 파운데이션으로 안정감 있게 커버한다.

60 다음 중 피부 흡수가 가장 잘되는 것은?

① 분자량 800 이하 수용성 성분
② 분자량 800 이상 지용성 성분
❸ **분자량 800 이하 지용성 성분**
④ 분자량 800 이상 수용성 성분

해설
보통 성분의 분자량이 800 이하이고 지용성인 경우 피부에 흡수가 잘된다.

제4회 기출복원문제

01 악령으로부터 보호받기 위해 또는 주술적 행위로 화장을 하거나 가면을 착용하면서 화장이 발전했다고 보는 내용의 메이크업 기원설은?

① 장식설 ② 보호설
✓ ③ 종교설 ④ 이성 유인설

해설
메이크업의 기원 중 종교설에 대한 설명이다.

02 한국의 화장 용어로 옳지 않은 것은?

① 담장 – 엷은 화장
② 농장 – 담장보다 짙은 화장
✓ ③ 염장 – 신부화장
④ 성장 – 화려하게 표현한 화장

해설
한국의 화장 용어
- 담장(淡粧) : 엷은 화장(기초화장)
- 농장(濃粧) : 담장보다 짙은 화장(색채화장)
- 염장(艶粧) : 요염한 색채를 표현한 화장
- 응장(凝粧) : 또렷하게 표현한 화장으로 혼례 등의 의례에 사용(신부화장)
- 성장(盛粧) : 남의 시선을 끌만큼 화려하게 표현한 화장
- 야용(冶容) : 분장을 의미

03 기독교 영향의 금욕적 생활로 화장을 경시하는 풍조가 생겨난 시대로 옳은 것은?

① 그리스 시대
② 로마 시대
✓ ③ 중세 시대
④ 르네상스 시대

해설
중세에는 기독교의 영향으로 외모를 가꾸는 일을 경시하고, 화장 및 가발 사용을 금기시하였다.

04 메이크업 도구 및 재료의 관리법으로 옳지 않은 것은?

① 면봉과 화장솜은 일회용이므로 반드시 1회 사용 후 버린다.
✓ ② 자외선 소독기는 비눗물을 이용해 닦는다.
③ 족집게, 눈썹 가위는 잔여물을 물티슈나 티슈로 제거한 후, 알코올을 분무하여 소독한다.
④ 스펀지류는 세척 후 물기를 제거하고 통풍이 잘 되는 곳에서 건조시킨다.

해설
자외선 소독기는 젖은 천이나 거즈로 안과 밖을 닦고, 마른 천이나 거즈로 물기를 제거한 후 알코올로 깨끗하게 소독한다.

05 폐흡충증(폐디스토마)의 제1중간숙주는?

- ✓ ① 다슬기
- ② 왜우렁
- ③ 게
- ④ 가재

해설
폐흡충(폐디스토마)은 포유류의 폐에 충낭을 만들어 기생하며, 제1중간숙주는 다슬기, 제2중간숙주는 게, 가재이다.

06 아포크린선의 설명으로 틀린 것은?

- ✓ ① 소한선이라고도 한다.
- ② 세균에 의해 땀 성분이 부패되면 불쾌한 냄새가 발생한다.
- ③ 겨드랑이, 유두, 배꼽 주변에 분포한다.
- ④ 단백질 함유량이 많은 땀을 생산한다.

해설
아포크린선(대한선)에서 분비되는 땀 자체는 냄새가 없으나 세균의 영향으로 개인 특유의 냄새를 부여한다.

07 다음 중 원발진에 속하는 것으로만 묶인 것은?

- ① 수포, 반점, 인설
- ② 수포, 균열, 반점
- ✓ ③ 반점, 구진, 결절
- ④ 반점, 가피, 구진

해설
원발진과 속발진
- 원발진 : 반점, 구진, 농포, 팽진, 대수포, 소수포, 결절, 종양, 낭종, 면포
- 속발진 : 인설, 찰상, 가피, 미란, 균열, 궤양, 반흔, 위축, 태선화

08 피부 색소를 퇴색시키며 기미, 주근깨 등의 치료에 주로 쓰이는 것은?

- ① 비타민 A
- ✓ ② 비타민 C
- ③ 비타민 D
- ④ 비타민 E

해설
비타민 C는 멜라닌 색소 형성을 억제·환원하여 피부를 밝게 해주고 기미, 주근깨 등의 색소침착에 효과적이다.

09 UV-B의 파장 범위는?

- ① 320~400nm
- ✓ ② 290~320nm
- ③ 200~290nm
- ④ 100~200nm

해설
자외선의 구분

종류	파장(nm)	특징
UV-A (장파장)	320~400	• 진피층까지 침투 • 즉각 색소침착 • 광노화 유발 • 피부탄력 감소
UV-B (중파장)	290~320	• 표피의 기저층까지 침투 • 홍반 발생, 일광화상 • 색소침착(기미)
UV-C (단파장)	200~290	• 오존층에서 흡수 • 강력한 살균작용 • 피부암 원인

10 에센셜 오일에 대한 설명 중 가장 거리가 먼 것은?

① 아로마테라피에 사용되는 에센셜 오일은 주로 수증기 증류법에 의해 추출된 것이다.
② 산소, 빛 등에 의해 변질될 수 있으므로 갈색병에 보관하는 것이 좋다.
✓ 에센셜 오일은 원액을 그대로 피부에 사용해야 한다.
④ 사용 시 안전성 확보를 위하여 사전에 패치테스트를 실시하여야 한다.

해설
에센셜(아로마) 오일은 원액이므로, 피부에 사용할 때는 캐리어 오일과 블렌딩하여 사용한다.

11 소독의 정의로 가장 적절한 것은?

① 모든 미생물 일체를 사멸하는 것
② 모든 미생물을 열과 약품으로 완전히 죽이거나 또는 제거하는 것
✓ 병원성 미생물의 생활력을 파괴하여 죽이거나 또는 제거하여 감염력을 없애는 것
④ 균을 적극적으로 죽이지 못하더라도 발육을 저지하고 목적하는 것을 변화시키지 않고 보존하는 것

해설
소독은 병원성 미생물의 생활력을 파괴·멸살시켜 감염 및 증식력을 없애고 유해한 병원균 증식과 감염의 위험성을 제거하는 것이다. 이때 포자는 제거되지 않을 수 있다.

12 다음 중 샤워 코롱(shower cologne)이 속하는 분류는?

① 세정용 화장품
② 메이크업용 화장품
③ 모발용 화장품
✓ 방향용 화장품

해설
방향용 화장품은 부향률(농도)에 따라 퍼퓸, 오드 퍼퓸, 오드 토일렛, 오드 코롱, 샤워 코롱으로 분류된다.

13 향수의 구비요건이 아닌 것은?

① 향에 특징이 있어야 한다.
✓ 향이 강하므로 지속성이 약해야 한다.
③ 시대성에 부합하는 향이어야 한다.
④ 향의 조화가 잘 이루어져야 한다.

해설
향수의 구비요건
• 향에 특징이 있을 것
• 향의 지속성이 강할 것
• 시대성에 부합하는 향일 것
• 향의 조화가 잘 이루어질 것

14 공중위생영업에 해당하지 않는 것은?

① 세탁업 ✓② 위생관리업
③ 미용업 ④ 목욕장업

해설
"공중위생영업"이라 함은 다수인을 대상으로 위생관리서비스를 제공하는 영업으로서 숙박업·목욕장업·이용업·미용업·세탁업·건물위생관리업을 말한다(법 제2조 제1항).

17 전화 응대 시 정확한 발음으로 서비스가 전달되도록 신경 쓸 때 고려해야 할 요소가 아닌 것은?

① 조음 ✓② 성량
③ 억양 ④ 음색

해설
전화 응대 시 발음에 필요한 요소 : 조음, 억양, 음색, 강세

15 대부분 O/W형 유화 타입이며, 오일 함량이 적어 여름철에 많이 사용하고 젊은 연령층이 선호하는 파운데이션은?

① 크림 파운데이션
② 파우더 파운데이션
③ 트윈케이크
✓④ 리퀴드 파운데이션

해설
리퀴드 파운데이션은 수분 함량이 많고 오일 함량이 적어 산뜻하며 자연스러운 화장에 적합하고 젊은 연령층이 선호한다.

18 이상적인 소독제의 구비 조건과 거리가 먼 것은?

① 생물학적 작용을 충분히 발휘할 수 있어야 한다.
② 빨리 효과를 내고 살균 소요시간이 짧을수록 좋다.
③ 독성이 적으면서 사용자에게도 자극성이 없어야 한다.
✓④ 원액 혹은 희석된 상태에서 화학적으로는 불안정한 것이어야 한다.

해설
이상적인 소독제는 원액 혹은 희석된 상태에서 안정성이 있어야 한다.

16 다음 중 화장품 제조의 3가지 주요 기술이 아닌 것은?

① 가용화 기술 ② 유화 기술
③ 분산 기술 ✓④ 용융 기술

해설
화장품 제조의 3가지 기술은 가용화, 유화, 분산이다.

19 다음 중 피부의 기능이 아닌 것은?

① 보호작용
② 체온 조절작용
③ 감각작용
✓ ④ 순환작용

해설
피부의 생리기능 : 보호기능, 체온 조절기능, 분비기능, 배설기능, 호흡기능, 흡수기능, 면역기능, 감각·지각 기능

20 퍼스널 유형의 컬러 중 겨울 유형의 신체에 대한 특징으로 옳지 않은 것은?

① 푸르스름하고 핑크 베이지가 혼합된 피부로, 유난히 희고 푸른빛의 창백한 피부를 가진다.
② 눈동자 색도 유난히 검은색이거나 밝은 회갈색의 선명한 톤이 많다.
③ 머리카락 색은 푸른빛을 지닌 어두운 색으로 블루 블랙이거나 회갈색이 많다.
✓ ④ 신체 색상 사이에 콘트라스트가 적다.

해설
겨울 유형은 사계절 피부 유형 중 유일하게 신체 색상 사이에 콘트라스트가 많이 있어 선명하고 명쾌한 이미지이다.

21 메이크업 디자인 요소 중 선에 대한 설명으로 옳지 않은 것은?

① 수평선 – 정적인 느낌으로 무난하고 차분하지만 지루해 보인다.
② 상향선 – 생기 있어 보이는 선으로 지나치면 차갑고 사나워 보일 수 있다.
③ 하향선 – 부드러워 보이지만 우울하고 노화되어 보인다.
✓ ④ 수직선 – 온화한 이미지이며 유머러스해 보인다.

해설
수직선은 강인한 이미지이며 아래, 위로 시선을 가게 하여 길어 보이게 한다.

22 다음 중 계절감이 다른 컬러는?

① 베이비 핑크   ② 로즈 핑크
✓ ③ 오렌지   ④ 실버 그레이

해설
컬러 이미지

봄 유형	• 밝은 옐로 계열, 피치 계열, 그린 계열로 화사한 분위기의 귀엽고 로맨틱한 이미지가 많고 명도와 채도가 높아 화사하고 경쾌한 이미지이다. • 노란색을 기본으로 따뜻한 색으로 구분되며 선명하고 강하다. • 비비드, 노랑, 오렌지, 블루 그린, 코럴 핑크 등이 대표적인 색이다.
여름 유형	• 기본으로 흰색이 혼합되어 명도가 높고 채도가 낮아 부드럽고 자연스러우며 여성스러운 이미지이다. • 부드러운 블루, 퍼플, 핑크 계열의 파스텔 톤으로 자연스럽고 페미닌 이미지가 많다. • 베이비 핑크, 로즈 핑크, 실버 그레이, 블루 그레이, 소프트 화이트 등이 대표적인 색이다.

23 다음 중 포인트 메이크업 화장품이 아닌 것은?

① 립스틱
② 마스카라
③ 아이섀도
✓ ④ 파우더

해설
④ 파우더는 베이스 메이크업 화장품에 속한다.

24 피부 톤을 조절하고 색소 화장의 색소침착을 방지하기 위해 색조 화장 전에 사용되는 제품은?

✓ ① 메이크업 베이스
② 파운데이션
③ 파우더
④ 컨실러

해설
② 파운데이션 : 피부색을 조절하여 색조 화장 표현을 돕고, 피부 결점 커버 및 얼굴 윤곽 수정을 통해 입체감을 연출하기 위해 사용한다.
③ 파우더 : 파운데이션의 유분기를 제거하고 메이크업이 땀과 물에 얼룩지는 것을 방지하여 메이크업 지속성을 높이고 외부 환경으로부터 피부를 보호하는 역할을 한다.
④ 컨실러 : 잡티와 결점을 커버하여 화사하고 깨끗한 피부를 연출할 때 사용한다.

25 예방접종에서 생균제제를 사용하는 것은?

① 장티푸스
② 파상풍
✓ ③ 결핵
④ 디프테리아

해설
예방접종은 후천적으로 획득되는 인공능동면역으로 생균백신(경구투여), 사균백신(경피투여), 톡소이드(순화독소 주입) 등이 있다. 생균제제를 사용하는 것은 결핵, 폴리오, 홍역, 탄저, 광견병, 황열 등이다.

26 그레타 가르보, 조안 크로포드가 활동한 시대의 메이크업과 시대적 특징으로 적절한 것은?

① 사랑스럽고 소녀 같은 이미지의 굵은 눈썹을 유행시켰다.
② 밀가루를 바른 것처럼 피부를 표현하고 눈썹을 뽑고 가늘게 다듬었다.
✓ ③ 여성스러움을 강조한 활 모양의 둥근 눈썹과 꽃봉오리 같은 붉은 입술로 표현하였다.
④ 두꺼운 눈썹, 진한 입술, 눈과 볼에 펄이 있는 색상으로 강하고 화려한 메이크업이 유행하였다.

해설
1930년대의 신비로운 분위기를 표현하는 메이크업이 유행하여 여성스러움을 강조하였다.

27 웨딩 메이크업 시 주의사항으로 가장 적절하지 않은 것은?

① 신부 메이크업 시 신랑과의 연령차도 고려하여야 한다.
✓ ② 신랑의 아이브로는 곡선형이나 하강형으로 자연스럽게 그린다.
③ 맨눈으로 보는 메이크업이므로 인위적이지 않은 연출이 중요하다.
④ 야외 웨딩의 경우 과도한 펄감이 있는 색조 사용은 자제해야 한다.

해설
② 신랑의 아이브로는 잔털 정리 후 부족한 부분을 펜슬로 자연스럽게 그린다. 좌우 밸런스가 맞는 눈썹을 그려 윤곽을 잡아준다.

28 눈 밑 뺨 부분에 하이라이트를 넣고 둥글게 넣고, 헤어라인이 둥글어 보이도록 셰이딩을 주는 방법으로 얼굴 윤곽을 수정할 때 느껴지는 이미지는?

① 세련되고 지적인 이미지
✓ ② 부드럽고 귀여운 이미지
③ 생기있고 활동적인 이미지
④ 성숙하고 우아한 이미지

해설
부드럽고 귀여운 이미지를 표현하려면 얼굴형이 둥근 느낌이 들도록 헤어라인이 둥글어 보이게 셰이딩을 주고, 눈 밑 뺨 부분에 하이라이트를 넣고 둥글게 넣는다.

29 파운데이션을 바르는 기법과 그 설명으로 틀린 것은?

✓ ① 블렌딩 – 브러시를 사용하여 선을 긋듯이 바르는 방법이다.
② 패팅 – 가볍게 두드리는 기법으로, 잡티 등 피부 결점 부위의 밀착력과 흡수력을 높여 자연스럽게 베이스 색과 연결시킬 수 있다.
③ 슬라이딩 – 얼굴 중심에서 바깥쪽으로 고르게 문지르듯 펴 바르는 기법으로 가장 기초적인 방법이다.
④ 스트로크 – 페이스라인, 눈 등을 스펀지, 라텍스 등으로 얇게 밀어 펴주는 방법이다.

해설
얼굴 윤곽 수정 등을 위해 브러시를 사용하여 선을 긋듯이 바르는 방법은 선긋기이다. 블렌딩은 셰이딩 색, 하이라이트 색 등을 파운데이션 베이스 색과 경계가 생기지 않도록 혼합하듯 바르는 방법이다.

30 다음 중 가장 큰 브러시는?

① 팬 브러시   ② 치크 브러시
③ 컨실러 브러시 ✓ ④ 파우더 브러시

해설
④ 파우더 브러시 : 브러시 세트 중 가장 크고 부드러우며, 파우더를 피부에 밀착시키고 깨끗하고 투명한 피부를 연출할 때 사용한다.
① 팬 브러시 : 부채꼴 모양의 브러시로 파우더나 아이섀도 가루의 여분을 털어낼 때 사용한다.
② 치크 브러시 : 파우더용 브러시와 아이섀도 브러시의 중간 크기이다.
③ 컨실러 브러시 : 점, 기미와 같은 작은 잡티나 다크서클처럼 커버가 필요한 곳에 사용하는 브러시이다.

31 클렌징제의 종류와 그 설명이 잘못 연결된 것은?

① 클렌징 로션은 건성, 지성, 민감성 피부 등 넓은 범위에서 사용 가능하다.
② 클렌징 젤은 자극이 적어 예민성 피부, 여드름 피부에 적합하다.
③ 클렌징 오일은 수용성으로 피부 자극이 적어 건성, 민감성, 수분 부족 피부에 적합하다.
④ ✔ 클렌징 크림은 세정력이 우수해 지성, 건성, 여드름 피부에 적합하다.

해설
클렌징 크림은 세정력이 우수하나 유성 성분이 많아 중성, 건성 피부에 적당하다.

32 눈썹 형태에 따른 이미지로 적절하지 않은 것은?

① 각진 눈썹 – 단정하고 세련된 이미지
② ✔ 아치형 눈썹 – 생동감 있고 날카로운 이미지
③ 처진 눈썹 – 부드럽고 온화하나 어리숙한 이미지
④ 두꺼운 눈썹 – 강하고 야성적으로 보이는 이미지

해설
아치형 눈썹은 여성적이고 우아한 느낌을 준다. 생동감 있고 날카로운 이미지는 꼬리가 올라간 눈썹이다.

33 아이섀도 부위별 명칭으로 옳은 것은?

① 언더 컬러 – 아이섀도 분위기를 내는 컬러로 눈 중앙 부분에 펴 바른다.
② 포인트 컬러 – 눈썹뼈 아래, 눈 앞머리, 눈동자 중앙에 발라 입체감을 준다.
③ ✔ 베이스 컬러 – 눈두덩이 전체에 바르는 컬러로, 피부 톤과 비슷한 색상을 바른다.
④ 메인 컬러 – 눈매를 강조하기 위하여 짙은 색으로 쌍꺼풀 라인이나 꼬리에 펴 바른다.

해설
① 언더 컬러 : 눈 밑 언더라인에 바르는 선 느낌의 섀도이다. 주로 포인트 컬러로 사용한 색상을 바르면 자연스럽다.
② 포인트 컬러 : 눈매를 강조하기 위하여 짙은 색으로 쌍커풀 라인이나 꼬리에 펴 바른다.
④ 메인 컬러 : 아이섀도 분위기를 내는 컬러로 눈 중앙 부분에 펴 바른다.

34 다음에 해당하는 아이라이너 타입은?

> 선명하게 그려지며 그러데이션이 쉽다. 건조가 빠르고 광택감과 번짐이 적어 최근 아이라인 표현의 트렌드로 많이 선택된다.

① ✔ 젤 타입   ② 펜슬 타입
③ 케이크 타입 ④ 리퀴드 타입

해설
젤 타입 아이라이너
• 선명하게 연출이 가능하다.
• 그러데이션이 쉬우며 건조가 빠르다.
• 리퀴드 타입보다 자연스럽고 광택감과 번짐이 적다.

35 립 컬러 선택 시 주의해야 할 사항으로 옳지 않은 것은?

① 얼굴의 형태에 맞추어 색상을 선택한다. ✓
② 붉은색 컬러는 얼굴을 깨끗하게 보이게 한다.
③ 연령이 높을수록 진한 색이 잘 어울린다.
④ 태닝한 피부에는 오렌지 계열이 잘 어울린다.

해설
립 컬러를 선택할 때 얼굴 형태를 고려할 필요는 없다.

36 긴 얼굴형에 적합한 치크 연출법은?

① 광대뼈 아랫부분에 둥글고 부드럽게 표현한다.
② 귀에서 볼 중앙을 향하여 가로 방향으로 표현한다. ✓
③ 광대뼈 윗부분에서 입꼬리 끝을 향하여 사선 방향으로 표현한다.
④ 파스텔 톤 블러셔를 이용하여 광대뼈 윗부분을 부드럽게 표현한다.

해설
치크 메이크업 시 긴 얼굴형은 귀에서 볼 중앙을 향하여 가로 방향으로 표현한다.

37 예식 장소에 따른 신부 메이크업에 대한 설명으로 옳은 것은?

① 호텔 예식에서는 정숙한 이미지를 연출하는 것이 가장 어울린다.
② 예식장 예식에서는 피부 톤보다 약간 어두운 파운데이션을 선택한다.
③ 성당 예식에서는 화사하고 밝은 이미지 연출을 위해 펄감 있는 제품을 사용한다.
④ 야외 예식에서는 베이스 메이크업을 속은 촉촉하게, 겉은 세미 매트로 완성시킨다. ✓

해설
① 성당, 교회 예식에 따른 메이크업에 대한 설명이다.
② 예식장 예식에서는 피부 톤보다 약간 밝은 파운데이션을 선택하여 사랑스럽고 로맨틱한 이미지를 연출한다.
③ 호텔 예식에 따른 신부 메이크업에 대한 설명이다.

38 스트립 래시에 대한 설명으로 옳지 않은 것은?

① 눈 길이에 맞게 띠를 잘라 사용한다.
② 눈 모양으로 휘어진 띠에 인조 속눈썹이 붙은 형태이다.
③ 필요한 양을 조절하여 속눈썹 사이사이에 붙일 수 있다. ✓
④ 속눈썹 모양, 길이, 색상이 다양하여 이미지에 맞게 선택 가능하다.

해설
③은 인디비주얼 래시에 대한 설명이다.

39 인구 구성형태 중 14세 이하 인구가 65세 이상 인구의 2배 정도이며 출생률과 사망률이 모두 낮은 형은?

① 피라미드형(pyramid form)
✓ ② 종형(bell form)
③ 항아리형(pot form)
④ 별형(accessive form)

해설
종형(bell form)은 출생률과 사망률이 모두 낮은 인구정지형으로, 14세 이하 인구가 65세 이상 인구의 2배 정도이다.

41 내추럴 이미지 메이크업 시 함께 사용하기 부적합한 컬러는?

① 카키 ② 카멜
③ 베이지 ✓ ④ 퍼플

해설
내추럴 이미지는 자연의 아름다움과 편안한 실루엣을 추구하여 따뜻하고 부드러운 소재로 소박하면서 자연스러운 스타일을 표현한다. 카키, 카멜, 베이지 등의 소프트한 색상을 사용한다.

40 사각형 얼굴의 수정 메이크업 방법으로 옳지 않은 것은?

① 립은 곡선으로 연출하여 둥글어 보이게 한다.
② 얼굴이 부드러워 보이게 눈썹산을 둥글게 그린다.
③ 아이섀도는 아이홀 방향으로 둥근 느낌을 내면서 그러데이션한다.
✓ ④ 광대뼈에서 입꼬리 방향으로 사선 느낌으로 블러셔를 표현한다.

해설
사각형 얼굴은 광대뼈 아랫부분에 둥글고 부드럽게 블러셔를 표현한다.

42 광고 메이크업 시 주의점이 아닌 것은?

✓ ① 촬영 현장에서 반드시 콘티 순서대로 진행되므로 촬영 순서를 파악한다.
② 콘티를 파악하여 촬영 현장의 상황에 따른 촬영 순서를 파악한다.
③ 광고의 목적과 전달 매체의 특성에 따라 적합한 메이크업을 시행해야 한다.
④ 모델의 신체적 특징을 파악하여 메이크업 계획을 세운다.

해설
현장에서는 반드시 콘티 순서대로 촬영이 진행되지 않는 경우가 많으므로 재차 확인하며 메이크업 넘버링이 된 디자인을 순서대로 시행한다.

43 수염에 사용되는 털의 종류 중 부착하기 쉽고 서양인의 수염을 연출하기에 효과적인 재료는?

① ✓ 크레이프 울
② 야크헤어
③ 인모
④ 생사

해설
크레이프 울은 양털을 가공하여 만든 것으로 털이 얇고 가벼워 부착하기가 쉽다. 동양인보다는 서양인의 수염을 연출하기 적합하다.

44 다음 중 이용사 또는 미용사의 면허를 받을 수 있는 자는?

① 약물 중독자
② ✓ 암 환자
③ 정신질환자
④ 피성년후견인

해설
이용사 또는 미용사의 면허를 받을 수 없는 자(법 제6조 제2항)
• 피성년후견인
• 정신질환자(전문의가 이용사 또는 미용사로서 적합하다고 인정하는 사람은 그러하지 아니함)
• 공중의 위생에 영향을 미칠 수 있는 감염병환자로서 보건복지부령이 정하는 자
• 마약 기타 대통령령으로 정하는 약물 중독자
• 면허가 취소된 후 1년이 경과되지 아니한 자

45 얼굴 특성에 따른 성격을 분석하여 무대 캐릭터를 만들 때 가장 적합한 것은?

① 캐릭터를 연약하게 보이게 하려면 일자형 눈썹으로 한다.
② 관찰력과 분석력이 좋은 캐릭터를 만들려면 튀어나온 눈으로 한다.
③ ✓ 감수성이 둔하고 수동적인 캐릭터를 만들려면 낮은 코로 한다.
④ 자주성이 결여되어 있는 캐릭터를 만들려면 큰 입술로 한다.

해설
① 캐릭터를 연약하게 보이게 하려면 가는 눈썹으로 한다.
② 관찰력과 분석력이 좋은 캐릭터를 만들려면 들어간 눈으로 한다.
④ 자주성이 결여되어 있는 캐릭터를 만들려면 작은 입술로 한다.

46 세계보건기구(WHO)에서 규정된 건강의 정의를 가장 적절하게 표현한 것은?

① 육체적으로 완전히 양호한 상태
② 정신적으로 완전히 양호한 상태
③ 질병이 없고 허약하지 않은 상태
④ ✓ 육체적, 정신적, 사회적 안녕이 완전한 상태

해설
건강은 단순히 질병이 없고, 허약하지 않은 상태를 뜻하는 것이 아니라, 육체적·정신적·사회적 안녕이 모두 완전한 상태를 의미한다.

47 무대 공연용 수염 중 육각 모양의 망에 수염을 한 가닥씩 떠서 만든 수염은?

✔ ① 벤틸레이티드 수염
② 라텍스백 수염
③ 플라스틱백 수염
④ 접착 수염

해설
벤틸레이티드 수염은 육각 모양의 망에 수염을 한 가닥씩 떠서 만든 수염으로 반복 사용이 가능하다.

48 웨딩 콘셉트 중 엘레강스(elegance) 이미지를 표현하기 위한 메이크업 방법으로 옳지 않은 것은?

✔ ① 기품 있는 분위기를 연출하기 위해 색조를 최대한 배제한다.
② 아이섀도는 핑크 베이지 톤을 눈두덩이 전체에 고르게 펴 바른다.
③ 내추럴 컬러 립라이너로 입술을 선명하게 그리고 골드 피치 톤으로 표현한다.
④ 베이스는 컨투어링 메이크업을 하고 부드러운 피부 표현을 하여야 한다.

해설
① 내추럴 이미지 연출 시 신부의 순결한 이미지를 표현하기 위해 아이 메이크업에 색조를 최대한 배제한다.

49 다음의 영아사망률 계산식에서 (A)에 알맞은 것은?

$$영아사망률 = \frac{(A)}{연간\ 출생아\ 수} \times 1,000$$

① 연간 생후 28일까지의 사망자 수
✔ ② 연간 생후 1년 미만 사망자 수
③ 연간 1~4세 사망자 수
④ 연간 임신 28주 이후 사산 + 출생 1주 이내 사망자 수

해설
영아사망률은 한 국가의 보건수준을 나타내는 지표로, 영아사망률 감소는 그 지역의 사회적, 경제적, 생물학적 수준의 향상을 뜻한다.

$$영아사망률 = \frac{연간\ 생후\ 1년\ 미만\ 사망자\ 수}{연간\ 출생아\ 수} \times 1,000$$

50 다음 영양소 중 인체의 생리적 조절작용에 관여하는 조절소는?

① 단백질　　✔ ② 비타민
③ 지방질　　④ 탄수화물

해설
영양소의 구성

구성 영양소	신체조직을 구성(단백질, 지방, 무기질, 물)
열량 영양소	에너지로 사용(탄수화물, 지방, 단백질)
조절 영양소	대사조절과 생리기능 조절(비타민, 무기질, 물)

51 다음 중 일광소독은 주로 무엇을 이용한 것인가?

① 열선
② 적외선
③ 가시광선
✔ **자외선**

해설
일광소독은 자외선(200~400nm)을 20분 이상 조사하여 살균하는 방법으로, 의류, 침구류, 모직물을 소독할 때 한다.

53 자비소독 시 살균력을 강하게 하고 금속 기자재가 녹스는 것을 방지하기 위하여 첨가하는 물질이 아닌 것은?

① 2% 탄산나트륨
② 2% 크레졸 비누액
③ 5% 석탄산
✔ **5% 승홍수**

해설
자비소독은 100℃의 물에서 15~20분간 소독하는 것으로, 이때 탄산나트륨(1~2%), 석탄산(5%), 붕소(2%), 크레졸(2~3%)을 첨가하면 살균력이 강해지고 금속의 부식을 방지할 수 있다.

52 다음에서 설명하는 패션 이미지는?

> 예술사적 전통을 거부하고 극단적인 새로움을 추구하며 예술과 비예술의 틀을 없애 자유롭게 표현하고자 하는 급격한 진보적 성향

① 클래식(classic) 이미지
② 액티브(active) 이미지
③ 매니시(mannish) 이미지
✔ **아방가르드(avant-garde) 이미지**

해설
① 클래식(classic) 이미지 : 복고적이면서 독창성을 유지하고 유행을 따르지 않으며, 전통성·윤리성을 존중하고 몸의 선을 강조하거나 장식이 강하지 않다.
② 액티브(active) 이미지 : 건강미, 생동감, 적극적인 이미지로, 경쾌하면서 자연스러운 스타일에 적합한 배색으로 젊은 감각을 지닌 이미지이다.
③ 매니시(mannish) 이미지 : 1930년대에 영화배우 디트리히의 신사복이 효시가 된 이미지로, 남성적·자립적이며 남녀 간 평등을 의도하고 화려함과 격조, 침착, 기품을 특징으로 한다.

54 진동이 심한 작업장 근무자에게 다발하는 질환으로 청색증과 동통, 저림 증세를 보이는 질병은?

✔ **레이노병**
② 진폐증
③ 열경련
④ 잠함병

해설
② 진폐증 : 분진 흡입으로 인해 폐에 조직반응을 일으키는 질병
③ 열경련 : 고온에서 심한 육체노동 시 발생하는 질병
④ 잠함병 : 깊은 수중에서 작업하고 있던 잠수부가 급히 해면으로 올라올 때, 즉 고기압 환경에서 급히 저기압 환경으로 옮길 때 일어나는 질병

55 다음 소독제 중 상처가 있는 피부에 적합하지 않은 것은?

① 승홍수 ✓
② 과산화수소수
③ 포비돈
④ 아크리놀

해설
승홍수는 강력한 살균력이 있어 0.1% 수용액을 사용하며, 손, 피부의 소독에 적합하다. 하지만, 피부 점막에 자극이 강하기 때문에 상처가 있는 피부에는 적합하지 않다.

57 이·미용업 영업자의 지위를 승계한 자가 관계기관에 신고를 해야 하는 기간은?

① 1년 이내
② 3월 이내
③ 6월 이내
④ 1월 이내 ✓

해설
공중위생영업자의 지위를 승계한 자는 1월 이내에 보건복지부령이 정하는 바에 따라 시장·군수 또는 구청장에게 신고하여야 한다(법 제3조의2 제4항).

56 다음 중 신랑 메이크업에 대한 설명으로 옳지 않은 것은?

① 눈썹의 지저분한 잔털과 길이를 정리한다.
② 피부 톤과 유사한 컬러의 비비 크림을 발라준다.
③ 특별한 날이므로 평소보다 과도한 메이크업이 필요하다. ✓
④ 자연스러운 메이크업을 위해 완벽한 피부 상태로 만들어야 한다.

해설
③ 메이크업을 과도하게 하면 역효과를 일으킬 수 있다.

58 시장·군수·구청장이 영업정지가 이용자에게 심한 불편을 주는 경우에 영업정지 처분에 갈음하여 부과할 수 있는 과징금 금액은?

① 3천만 원 이하
② 5천만 원 이하
③ 1억 원 이하 ✓
④ 2억 원 이하

해설
시장·군수·구청장은 영업정지가 이용자에게 심한 불편을 주거나 그 밖에 공익을 해할 우려가 있는 경우에는 영업정지 처분에 갈음하여 1억 원 이하의 과징금을 부과할 수 있다(법 제11조의2 제1항).

59 미용사 면허를 받지 아니한 자가 미용 업무에 종사하였을 때 벌칙기준은?

① 200만 원 이하의 벌금
✓ **300만 원 이하의 벌금**
③ 1년 이하의 징역 또는 1천만 원 이하의 벌금
④ 3년 이하의 징역 또는 1천만 원 이하의 벌금

해설
벌칙(법 제20조 제4항)
다음의 어느 하나에 해당하는 자는 300만 원 이하의 벌금에 처한다.
• 다른 사람에게 이용사 또는 미용사의 면허증을 빌려주거나 빌린 사람
• 이용사 또는 미용사의 면허증을 빌려주거나 빌리는 것을 알선한 사람
• 면허의 취소 또는 정지 중에 이용업 또는 미용업을 한 사람
• 면허를 받지 아니하고 이용업 또는 미용업을 개설하거나 그 업무에 종사한 사람

60 흑백사진 메이크업에 대한 설명으로 적절하지 않은 것은?

① 색이 보이지 않으므로 무채색 계열의 색을 사용한다.
② 베이스는 피부 톤보다 한 톤 밝은 것을 선택한다.
✓ **선명한 립을 원할 때는 레드 립스틱이 가장 좋다.**
④ 블랙 아이라인과 마스카라로 눈매를 보정한다.

해설
흑백사진 메이크업 : 색이 보이지 않으므로 명도가 낮은 색을 선택하고, 짙은 입술을 표현하기 위해 레드 대신 네이비나 블랙 색상 사용이 가능하다.

제5회 | 기출복원문제

01 고대 읍루 사람들이 피부를 부드럽게 하고 동상을 예방하기 위해 바른 것은?

① 마늘　　　✓ 돼지기름
③ 오줌　　　④ 쑥 달인 물

> **해설**
> 고대 읍루 사람들은 피부를 부드럽게 하고 동상을 예방하기 위해 돼지기름을 사용하였다.

02 동서양 문물의 교류로 화장품, 향수 등이 원활히 유통되었으며, 파우더나 루즈도 대중들 사이에서 널리 유행한 시대는?

① 중세 시대　　　✓ 르네상스 시대
③ 바로크 시대　　④ 로코코 시대

> **해설**
> 16세기 르네상스 시대는 동서양 문물의 활발한 교류로, 화장품, 파우더, 향수 등이 원활히 유통되었다. 또한, 귀족과 부유층은 남녀 모두 외모에 많은 관심을 가졌으며, 창백해 보이는 하얀 피부를 선호하였다.

03 일반적으로 사용되는 소독용 알코올의 적정 농도는?

① 30%　　　✓ 70%
③ 50%　　　④ 100%

> **해설**
> 소독용 알코올은 일반적으로 70%의 농도를 미용도구와 손 소독 시 사용한다.

04 퍼프(분첩)류의 세척 방법으로 옳지 않은 것은?

① 폼 클렌징이나 비누를 미온수에 녹인 후 부드럽게 세척한다.
② 흐르는 물에 여러 번 헹군 후 마지막에 유연제를 푼 물에 담갔다 꺼낸다.
③ 구김이 생기지 않게 양 손바닥을 사용해 누르듯이 물기를 제거한다.
✓ 햇볕이 잘 드는 곳에 눕혀서 건조시킨다.

> **해설**
> ④ 물기 제거 후, 통풍이 잘 되는 그늘에서 건조시킨다.

05 다음 중 파리가 옮기지 않는 병은?

① 장티푸스　　　② 이질
③ 콜레라　　　　✓ 유행성 출혈열

> **해설**
> ④ 유행성 출혈열은 쥐에 의해 전파되는 감염병이다.
> 파리에 의해 전파되는 감염병 : 장티푸스, 파라티푸스, 콜레라, 이질, 결핵, 디프테리아

06 진피의 80~90%를 차지할 정도로 두꺼운 부분이며, 옆으로 길고 섬세한 섬유가 그물 모양으로 구성된 층은?

✔ ① 망상층　　② 유두층
③ 유두하층　　④ 과립층

>[!해설]
>**망상층**
>- 진피의 유두층 아래에 위치하며, 피하조직과 연결되는 층
>- 진피층에서 가장 두꺼운 층으로, 그물 형태로 구성
>- 교원섬유와 탄력섬유 사이를 채우고 있는 간충 물질과 섬유아세포로 구성
>- 피부의 탄력과 긴장을 유지

07 다음 설명과 가장 가까운 피부 타입으로 옳은 것은?

> - 모공이 넓다.
> - 뾰루지가 잘 난다.
> - 정상 피부보다 두껍다.
> - 블랙헤드가 생성되기 쉽다.

✔ ① 지성 피부　　② 민감 피부
③ 건성 피부　　④ 정상 피부

>[!해설]
>**지성 피부**
>- 피부의 두께가 두껍다.
>- 모공이 넓고, 피지 분비가 많다.
>- 뾰루지, 화이트헤드, 블랙헤드가 생기기 쉽다.

08 에크린선에 대한 설명으로 틀린 것은?

① 노폐물 배출 및 체온조절 기능을 한다.
✔ ② 사춘기 이후에 주로 발달한다.
③ 약산성의 무색·무취의 땀이 생성된다.
④ 손바닥, 발바닥, 겨드랑이에 주로 많이 분포한다.

>[!해설]
>사춘기 이후에 주로 발달하는 것은 아포크린선(대한선)이다.

09 색소를 염료와 안료로 구분할 때 그 특징을 잘못 설명한 것은?

✔ ① 염료는 메이크업 화장품을 만드는 데 주로 사용된다.
② 안료는 물과 오일에 모두 녹지 않는다.
③ 무기안료는 커버력이 우수하고 유기안료는 빛, 산, 알칼리에 약하다.
④ 염료는 물이나 오일에 녹는다.

>[!해설]
>① 메이크업 제품에는 안료를 주로 사용한다.
>**색소의 구분**
>- 염료 : 물이나 오일에 잘 녹고, 기초 화장품(화장수, 로션 등) 등에 사용한다.
>- 안료 : 물 또는 오일에 잘 녹지 않는 색소로, 메이크업 제품에 주로 사용한다. 마스카라, 파운데이션처럼 커버력이 우수한 무기안료와 립스틱과 같이 선명한 색을 가진 유기안료가 있다.

10 다음 중 물에 오일 성분이 혼합되어 있는 유화 상태는?

① **O/W 에멀션** ✓
② W/O 에멀션
③ O/W/O 에멀션
④ W/O/W 에멀션

해설
유화제(emulsion)

O/W형 (수중유형)	• 물 베이스에 오일 성분이 분산되어 있는 상태 • 로션, 에센스, 크림
W/O형 (유중수형)	• 오일 베이스에 물이 분산되어 있는 상태 • 영양크림, 클렌징 크림, 자외선 차단제
O/W/O형, W/O/W형	분산되어 있는 입자가 영양물질과 활성물질의 안정된 상태

11 고객 불만 처리 시 응대요령으로 가장 적절하지 않은 것은?

① 고객과 논쟁하지 않는다.
② 고객의 의견을 긍정적으로 경청한다.
③ **고객에 대한 선입견을 가지고 자기 통제력을 유지한다.** ✓
④ 고객의 입장에 공감하며 성의 있는 자세로 임한다.

해설
고객의 불만사항을 끝까지 경청한 후 고객의 불편한 감정에 공감하며, 처리방법을 안내하고 사과한다.

12 자외선 차단제에 대한 설명 중 틀린 것은?

① 자외선 차단제는 크게 자외선 산란제와 자외선 흡수제로 구분된다.
② **자외선 산란제는 발랐을 때 투명하고, 자외선 흡수제는 불투명한 것이 특징이다.** ✓
③ 자외선 산란제는 물리적인 산란작용을 이용한 제품이다.
④ 자외선 흡수제는 화학적인 흡수작용을 이용한 제품이다.

해설
자외선 산란제는 발랐을 때 불투명하고 피부 자극이 적고, 자외선 흡수제는 발랐을 때 투명하지만 접촉성 피부염을 유발할 가능성이 있다.

13 화장품과 의약품의 차이를 바르게 정의한 것은?

① 화장품은 특정 부위만 사용 가능하다.
② 화장품의 사용 목적은 질병의 치료 및 진단이다.
③ 의약품의 사용 대상은 정상적인 상태인 자로 한정되어 있다.
④ **의약품의 부작용은 어느 정도까지는 인정된다.** ✓

해설
화장품과 의약품
• 화장품 : 정상인의 청결·미화를 목적으로 전신에 사용되며, 부작용은 인정되지 않는다.
• 의약품 : 환자에게 질병의 치료 및 진단 목적으로 사용되며, 부작용은 어느 정도까지 인정된다.

14 진달래과의 월귤나무의 잎에서 추출한 하이드로퀴논 배당체로, 멜라닌 활성을 도와주는 티로시나아제 효소의 작용을 억제하는 미백 화장품의 성분은?

① 아데노신　　✔ 알부틴
③ AHA　　　　④ 비타민 C

> [해설]
> 알부틴은 티로신의 산화를 촉매하는 티로시나아제 효소의 작용을 억제하여 미백에 도움을 준다.

15 다음 중 여드름 발생 가능성이 가장 적은 화장품 성분은?

✔ 호호바 오일　② 라놀린
③ 미네랄 오일　④ 바셀린

> [해설]
> 호호바 오일은 피지의 성분과 유사한 오일로 여드름성, 지성 피부의 마사지용으로 사용 가능하다.

16 세균성 식중독 중 독소형 식중독은?

✔ 포도상구균 식중독
② 살모넬라균 식중독
③ 장염비브리오균 식중독
④ 병원성 대장균 식중독

> [해설]
> 세균성 식중독의 분류
>
> | 감염형 식중독 | 살모넬라균 식중독, 장염비브리오균 식중독, 병원성 대장균 식중독 |
> |---|---|
> | 독소형 식중독 | 포도상구균 식중독, 보툴리누스균 식중독 |

17 체내에 부족하면 괴혈병을 유발시키며, 피부와 잇몸에서 피가 나오게 하고 빈혈을 일으켜 피부를 창백하게 하는 것은?

① 비타민 A　　② 비타민 B_2
✔ 비타민 C　　④ 비타민 K

> [해설]
> 비타민 C는 모세혈관벽을 간접적으로 튼튼하게 하며, 결핍 시 괴혈병을 일으킨다.

18 위쪽 턱을 형성하는 뼈로 얼굴 뼈에서 가장 큰 부분을 차지하는 것은?

① 전두골　　✔ 상악골
③ 관골　　　④ 후두골

> [해설]
> 얼굴 골격의 명칭
>
> | 전두골 (앞머리뼈, 이마뼈) | 얼굴 상부의 형태 결정 |
> |---|---|
> | 상악골 (위턱뼈) | 위쪽 턱을 형성하는 뼈로 얼굴 뼈에서 가장 큰 부분을 차지 |
> | 관골 (광대뼈) | 얼굴의 양쪽 뺨과 관자놀이 사이의 뼈 |
> | 후두골 (뒤통수뼈) | 머리뼈의 뒤쪽을 차지하는 큰 뼈 |
> | 하악골 (아래턱뼈) | 아래쪽 턱을 형성하는 뼈로 얼굴형을 결정짓는 가장 중요한 요소 |

19 다음 중 퍼스널 컬러를 패션과 뷰티 분야에 접목하여 의상, 화장, 옷장 계획 등을 위한 가이드로 사계절 컬러 팔레트를 제공한 이는 누구인가?

① **캐롤 잭슨** ✓
② 로버트 도어
③ 요하네스
④ 코호트

해설
캐롤 잭슨(Carole Jackson, 1942~) : 퍼스널 컬러를 패션과 뷰티 분야에 접목하여 의상, 화장, 옷장 계획 등을 위한 가이드로 사계절 컬러 팔레트를 제공하고 신체 색의 톤에 따라 따뜻한 유형의 봄과 가을, 차가운 유형의 여름과 겨울로 세분화하였다.

20 다음 중 무균실에서 사용되는 기구 소독법으로 가장 적합한 것은?

① 소각소독법
② 자비소독법
③ 자외선소독법
④ **고압증기멸균법** ✓

해설
고압증기멸균법
- 100~135℃ 고온의 수증기로 소독
- 가장 빠르고 효과적인 방법
- 완전 멸균으로 포자까지 사멸
- 의료기구, 유리기구, 금속기구, 미용기구, 무균실 기구, 약액 등에 사용

21 본식 웨딩 메이크업의 기술에 대한 설명으로 옳지 않은 것은?

① 워터프루프(water-proof) 타입의 제품을 쓰면 지속력을 높일 수 있다.
② 얼굴, 목, 어깨 부분의 경계가 생기지 않도록 균일한 피부 톤으로 연출한다.
③ **피부에 각질이 있으면 스킨을 바를 때 각질이 불지 않도록 살짝 바른다.** ✓
④ 번짐이 심한 눈은 아이라인을 그린 다음 투명한 코팅제를 발라 번짐을 방지한다.

해설
③ 피부에 각질이 있으면 면봉에 스킨을 묻혀 각질을 불린 다음 로션을 발라준다.

22 인 커브형 립라인이 주는 이미지로 옳은 것은?

① 활동적이고 지적인 이미지
② 성숙하고 여성스러운 이미지
③ **귀엽고 여성스러운 이미지** ✓
④ 섹시하고 관능적인 이미지

해설
립 라인 유형별 이미지
- 스트레이트 : 활동적이고 지적인 이미지
- 인 커브 : 귀엽고 여성스러운 이미지
- 아웃 커브 : 성숙하고 여성스러운 이미지

23 다음 중 색에 대한 설명으로 알맞지 않은 것은?

① 메이크업에서 피부를 돋보이게 하고 얼굴의 형태를 수정·보완해 주며 입체를 부여한다.
② 색의 3속성에는 색상, 명도, 채도가 있다.
✔ ③ 무채색은 색의 3속성을 모두 갖고 있다.
④ 색상은 빛의 파장에 따라 생겨나는 수많은 색이다.

> 해설
> 무채색은 색상과 채도 없이 명도만 존재한다.

24 다음 중 쿨 톤에 대한 설명으로 알맞지 않은 것은?

① 타고난 개인의 신체 컬러로서, 여름과 겨울 유형을 통틀어 일컫는다.
✔ ② 대개 따뜻한 컬러를 매치했을 때 생기 있어 보이는 피부색을 뜻한다.
③ 오렌지색과 황색 등은 포함되지 않는다.
④ 흰색, 검은색, 파란색이 기본 바탕이 되는 색이다.

> 해설
> 쿨 톤은 대개 차가운 컬러를 매치했을 때 생기 있어 보이는 피부색을 뜻한다.

25 피부 클렌징에 사용되는 제품에 대한 설명으로 옳은 것은?

① 클렌징 폼은 사용 시 거품이 너무 많으면 피부 자극이 심해지므로 주의한다.
② 클렌징 워터는 세정력이 강해 물에 지워지지 않는 색조 화장, 포인트 화장 제거에 효과적이다.
③ 효소 파우더는 건성, 민감성 피부에 효과적이다.
✔ ④ 포인트 리무버는 색조 화장을 하는 눈가나 입술을 지우는 부분 클렌징이다.

> 해설
> ① 클렌징 폼 : 거품이 많고 클수록 피부 자극이 적고 깨끗하게 세안된다.
> ② 클렌징 워터 : 세정력이 약해 가벼운 메이크업 제거나 메이크업 전 피부 청결용으로 사용된다.
> ③ 효소 파우더 : 각질 제거 시 사용되는 클렌저로, 건성·민감성 피부는 자극이 갈 수 있으므로 조심한다.

26 메이크업 베이스와 파운데이션을 융합한 제품으로, 본래 피부과에서 치료 후 피부 재생이나 보호 목적으로 사용되던 제품은?

① BD크림   ✔ ② BB크림
③ DD크림   ④ ND크림

> 해설
> BB크림은 잡티 커버 및 피부 톤 정리를 위해 사용되는 제품으로 블레미시 밤이라고도 한다. 본래 피부과용으로 개발되었으나 현재는 파운데이션 대용으로 보편적으로 사용된다.

27 둥근 얼굴형을 길어 보이도록 밝게 연출하는 경우 주로 사용하는 것은?

① ✔ **하이라이트**　② 베이스
③ 셰이딩　　　　　④ 치크

> **해설**
> 하이라이트는 낮은 부분과 좁은 부분에 사용하여 돌출되고 팽창된 느낌을 표현하며, 화사하게 보이고 입체감을 주기 위해 베이스 컬러보다 1~2단계 밝게 사용한다.

28 베이스 메이크업 제품에 대한 설명이 잘못된 것은?

① 스틱 파운데이션은 커버력, 지속력이 좋아 대극장의 무대분장용으로 사용하기 좋다.
② 젤 타입 메이크업 베이스는 청량감이 있어 여름에 사용하기 좋다.
③ ✔ **화이트 파우더는 인공조명 아래 돋보이므로 파티 메이크업에 자주 사용된다.**
④ 펜슬 컨실러는 작은 결점 커버에 효과적이며 사용이 간편하다.

> **해설**
> 인공조명 아래 돋보여 파티 메이크업에 자주 사용되는 것은 퍼플 계열 컬러 파우더이다. 화이트 파우더는 피부를 투명하고 밝고 화사하게 표현할 때 사용된다.

29 다음의 메이크업에 어울리는 웨딩드레스 라인은?

- 이미지 : 로맨틱, 엘레강스, 화려함
- 아이 등 : 브라운 골드 톤으로 음영을 넓게 펴서 눈매 표현
- 립 : 반짝이는 립글로스
- 치크 : 은은한 코럴 톤

① H 라인　　　② A 라인
③ ✔ **벨 라인**　④ 프린세스 라인

> **해설**
> **웨딩드레스 라인에 따른 메이크업**
>
> | | |
> |---|---|
> | H 라인 | • 이미지 : 세련됨, 여성스러움, 로맨틱
• 아이 등 : 핑크 톤
• 립 : 누드 톤, 글로시
• 치크 : 피치색 |
> | A 라인 | • 이미지 : 클래식
• 아이 등 : 피치 톤의 화사한 색조로 선명한 눈매 연출
• 립·치크 : 클래식하게 연출 |
> | 머메이드 라인 | • 이미지 : 글래머러스, 우아함, 여성미
• 아이 등 : 은은한 펄감과 음영이 강조된 아이섀도 표현
• 립·치크 : 일루미네이팅한 골드 피치 톤 |
> | 프린세스 라인 | • 이미지 : 우아함, 청초함, 내추럴
• 아이 등 : 글리터를 이용한 아이섀도, 긴 속눈썹으로 사랑스러움 강조
• 립·치크 : 생기를 머금은 듯 혈색 도는 컬러 |
> | 엠파이어 라인 | • 이미지 : 클래식, 우아함
• 아이 등 : 누드 베이지 톤에 은은한 펄감을 강조하여 눈매 표현
• 립·치크 : 은은한 로즈 계열 |

30 실내 공기의 오염지표인 이산화탄소의 실내(8시간 기준) 서한량은?

① 1%
② 0.01%
✓③ 0.1%
④ 0.001%

> **해설**
> 실내 공기의 오염지표로 이산화탄소를 활용하며, 실내 허용치는 0.1%로 1,000ppm이다.

31 파우더나 아이섀도 가루 등 메이크업 시 발생하는 잔여물을 털어낼 때 사용하는 브러시는?

① 파우더 브러시
✓② 팬 브러시
③ 컨실러 브러시
④ 스크루 브러시

> **해설**
> ① 파우더 브러시 : 파우더를 피부에 밀착시키고 깨끗하고 투명한 피부를 연출하기 위해 사용한다.
> ③ 컨실러 브러시 : 점, 기미와 같은 작은 잡티나 다크서클처럼 커버가 필요한 곳에 사용한다.
> ④ 스크루 브러시 : 뭉친 마스카라를 풀거나 눈썹 결을 정리할 때 사용한다.

32 절상 메이크업 시 피부 질감을 표현하는데 필요한 재료로 옳은 것은?

① 글레이징 젤
✓② 레드 스펀지
③ FX 팔레트
④ 오렌지 스펀지

> **해설**
> 상처 메이크업의 절상 표현 시 피부 질감은 레드 스펀지로 한다.

33 다음 중 피부 결점을 보완하는 메이크업 방법으로 잘못된 것은?

① 여드름과 흉터가 있는 피부는 그린 컬러의 메이크업 베이스로 붉은 흉터를 중화한 후 살짝 어두운 컬러의 파운데이션으로 부분 커버하고, 피부 톤과 비슷한 파운데이션으로 전체를 커버한다.
② 붉은 기가 많은 피부는 피부 톤과 비슷한 옐로 베이지 컬러의 파운데이션으로 피부 홍조를 자연스럽게 커버하고 옐로 톤의 베이지 파우더로 마무리한다.
③ 어둡고 짙은 피부는 연한 핑크빛의 자연스러운 베이지 컬러의 파운데이션을 선택한다.
✓④ 기미와 주근깨와 같이 잡티가 많은 피부는 옐로의 메이크업 베이스로 잡티를 중화한 후 살짝 어두운 컬러의 파운데이션으로 커버한다.

> **해설**
> 기미와 주근깨와 같이 잡티가 많은 피부는 옐로나 그린 컬러의 메이크업 베이스로 잡티를 중화한 후 피부색과 비슷한 베이지 컬러의 스틱 파운데이션으로 커버력 있게 도포한다.

34 기본형 눈썹을 그리는 방법으로 옳지 않은 것은?

① 눈썹산은 눈썹을 3등분했을 때 2/3 지점에 위치하게 한다.
☑ **눈썹 앞머리는 진하고 가늘게 그리고 꼬리로 갈수록 엷게 펴 바른다.**
③ 눈썹꼬리는 콧방울과 눈꼬리를 사선으로 연결하여 45° 되는 지점에 둔다.
④ 눈썹 앞머리는 콧방울에서 수직으로 올렸을 때 눈썹과 만나는 곳에 위치하게 한다.

> **해설**
> 눈썹 앞머리는 최대한 자연스럽고 엷게 바르고, 뒤로 갈수록 진하게 그러데이션 한다.

35 유분기가 있어 발림성이 좋지만 잘 뭉치고 지속력이 미흡한 아이섀도 타입은?

☑ **크림 타입**
② 펜슬 타입
③ 케이크 타입
④ 파우더 타입

> **해설**
> 크림 타입 아이섀도는 유분이 들어 있어 발림성이 좋고 발색력과 도포가 간단하지만 얼룩이 지고 뭉치는 경향이 있고 지속력이 미흡하다는 단점이 있다.

36 일자로 처진 속눈썹에 적합한 마스카라 브러시 형태는?

① 숱이 많고 두꺼운 오버사이즈 브러시
② 살짝 휘어진 스푼 모양 브러시
☑ **볼록한 땅콩 모양의 브러시**
④ 끝이 점점 가늘어지는 원뿔 모양 브러시

> **해설**
> ① 긴 속눈썹 : 숱이 많고 두꺼운 오버사이즈 브러시
> ② 컬링된 속눈썹 : 살짝 휘어진 스푼 모양 브러시
> ④ 가늘고 숱이 적은 속눈썹 : 끝이 점점 가늘어지는 원뿔 모양 브러시

37 저온폭로에 의한 건강장애는?

① 동상 – 무좀 – 전신체온 상승
☑ **참호족 – 동상 – 전신체온 하강**
③ 참호족 – 동상 – 전신체온 상승
④ 동상 – 기억력 저하 – 참호족

> **해설**
> 저온폭로에 의한 건강장애는 참호족과 침수족, 동상 등이며 전신 저체온 증상이 일어난다.

38 두꺼운 입술을 위한 립 표현 방법으로 옳은 것은?

① 엷은 파스텔 계열이나 펄이 들어간 립스틱을 선택한다.
② 립라이너를 이용하여 라인을 또렷하게 그리고 안을 선명한 색으로 채운다.
③ 밝고 따뜻한 색을 선택하여 입술 구각을 살짝 올려 그린다.
④ ✔ 원래 입술 라인보다 1~2mm 안쪽으로 라인을 그린다.

> **해설**
> 두꺼운 입술은 파운데이션으로 입술을 커버하고 짙은 색을 선택하여 원래 입술 라인보다 1~2mm 안쪽으로 그린다.

39 다음에서 설명하는 블러셔 테크닉은 어떤 이미지를 연출하기에 적합한가?

> 핑크 계열 블러셔를 활용하여 광대뼈를 중심으로 둥글게 표현한다.

① 건강하고 활동적인 이미지
② 여성스럽고 화려한 이미지
③ ✔ 사랑스럽고 귀여운 이미지
④ 세련되고 지적인 이미지

> **해설**
> 핑크 계열 블러셔를 활용하여 광대뼈를 중심으로 둥글게 바르면 사랑스럽고 귀여운 이미지를 연출할 수 있다.

40 속눈썹 컬 중 볼륨감과 컬링감이 가장 풍성하여 인위적이고 화려한 스타일에 적합한 것은?

① J컬
② C컬
③ JC컬
④ ✔ CC컬

> **해설**
> CC컬 속눈썹은 볼륨감과 컬링감이 가장 풍성하여 눈매를 부각하고 커 보이게 하여 화려한 스타일에 적합하나, 조금 인위적인 느낌을 준다.

41 내추럴한 이미지의 웨딩 메이크업에 가장 적합한 것은?

① ✔ 색조를 최대한 배제하고 속눈썹으로 또렷한 눈매를 연출한다.
② 베이지나 브라운 톤으로 은은하게 색감을 넣어 눈매를 연출한다.
③ 핑크베이지, 핑크, 그레이, 퍼플, 브라운 계열로 눈매를 연출한다.
④ 쌍꺼풀 라인 약간 윗부분까지 핑크, 퍼플, 살구 계열의 색조를 바른다.

> **해설**
> ② 클래식(classic)한 이미지의 웨딩 메이크업
> ③ 엘레강스(elegance)한 이미지의 웨딩 메이크업
> ④ 로맨틱(romantic)한 이미지의 웨딩 메이크업

42 각 부위별 형태에 따른 메이크업 테크닉에 대한 설명으로 옳지 않은 것은?

① 지방이 많은 두툼한 눈은 눈꼬리 부분에 아이라인을 굵게 그린다.
❷ 윤곽이 흐린 입술은 펄이 들어간 립스틱으로 입술 라인보다 1~2mm 크게 그린다.
③ 마름모형 얼굴은 광대뼈를 감싸듯 둥글려 부드럽게 치크를 연출한다.
④ 움푹 들어간 눈은 중앙에 따뜻한 계열의 밝은 색이나 펄이 들어간 아이섀도를 넓게 펴 바른다.

해설
윤곽이 흐린 입술은 립라이너를 이용하여 입술을 또렷하게 연출한 다음 선명한 컬러의 립스틱으로 안쪽을 채운다.

43 자연스러운 형태와 색상으로 건강미를 살린 파라포셋 메이크업이 유행한 시대와 대표적인 패션룩 연결이 옳은 것은?

① 1950년대 – 로큰롤 룩
❷ 1970년대 – 레이어드 룩
③ 1980년대 – 앤드로지너스 룩
④ 1990년대 – 미니멀리즘 룩

해설
1970년대는 파라포셋 메이크업과 함께 펑키 메이크업이 유행하였고, 패션으로는 레이어드 룩 외에 루스 룩, 페전트 룩, 에스닉 룩, 펑크 룩, 글래머러스 룩, 블루진 등이 다양하게 유행하였다.

44 액티브한 이미지를 연출하고자 할 때의 메이크업 테크닉으로 옳은 것은?

① 다크 브라운 색상으로 일자형 눈썹을 그려준다.
② 입술은 누드 톤으로 입술 라인을 각지게 하여 표현한다.
③ 브라운 색상을 이용해 사선 모양으로 볼 터치를 한다.
❹ 활동적 이미지를 위하여 피부 톤을 조금 글로시하게 표현한다.

해설
① 에스닉 메이크업, ② 매니시 메이크업, ③ 아방가르드 메이크업에 대한 설명이다.

45 음용수 소독에 사용할 수 있는 소독제는?

① 승홍수
② 페놀
❸ 염소
④ 아이오딘(요오드)

해설
염소는 살균력이 강하고 저렴하며 잔류효과가 크고 냄새가 강하다. 상수 또는 하수의 소독에 주로 사용된다.

46 영화에 출연하는 70대 노인의 메이크업으로 적절하지 않은 것은?

① 광대뼈, 눈 주위의 굴곡, 이마 등의 뼈가 있는 부분은 하이라이트 표현을 한다.
❷ 피부 톤보다 한 톤 어두운 파운데이션으로 광대, 콧등, 눈썹 위를 발라준다.
③ 피부 잡티나 검버섯을 표현해 주고 파우더로 마무리한다.
④ 화이트너를 칫솔 등에 묻혀 자연스럽게 흰머리를 연출한다.

해설
피부 톤보다 한 톤 밝은 파운데이션을 이용하여 골격이 드러나 보이는 부분(광대, 콧등, 눈썹 위 등)에 발라주어 튀어나와 보이게 표현한다.

47 봄 메이크업의 컬러 조합으로 가장 적합한 것은?

❶ 옐로, 오렌지, 그린 계열
② 골드, 베이지, 브라운, 카키
③ 화이트펄, 레드, 버건디, 퍼플
④ 화이트, 실버, 라이트블루, 블루

해설
② 가을 메이크업의 컬러 조합
③ 겨울 메이크업의 컬러 조합
④ 여름 메이크업의 컬러 조합

48 무대의 조명을 노란색으로 보이게 하려고 할 때 색광의 혼합으로 옳은 것은?

① 빨강과 파랑의 혼합
❷ 빨강과 초록의 혼합
③ 초록과 노랑의 혼합
④ 파랑과 노랑의 혼합

해설
빛의 3원색인 빨강, 초록, 파랑 중 빨강과 초록을 혼합할 때 노랑 조명이 된다.

49 마네킹에 메이크업 되어 있는 플라스틱백 수염을 떼어 낼 때 사용되는 재료로 옳은 것은?

① 정제수   ❷ 알코올
③ 아세톤   ④ 라텍스

해설
플라스틱백 수염은 마네킹에 액체 플라스틱을 바른 후 수염을 붙여 모양을 만든 것으로, 떼어 낼 때는 알코올을 사용한다.

50 광노화에 대한 설명으로 옳은 것은?

① 나이가 들면서 자연스럽게 일어나는 노화 현상이다.
② 표피의 각질층 두께가 얇아진다.
③ 멜라닌 세포 감소로 자외선 방어기능이 저하된다.
✔ ④ 피부탄력 저하 및 모세혈관 확장이 나타난다.

해설
① 나이가 들면서 자연스럽게 일어나는 노화 현상은 내인성 노화(자연노화)이다.
② 광노화의 경우, 표피의 각질층 두께가 두꺼워진다.
③ 광노화의 경우, 멜라닌 세포 수 증가로 색소침착이 나타난다.

51 다음 중 제2급 감염병이 아닌 것은?

✔ ① 말라리아   ② 결핵
③ 백일해   ④ 유행성 이하선염

해설
① 말라리아는 제3급 감염병이다.
제2급 감염병이란 전파 가능성을 고려하여 발생 또는 유행 시 24시간 이내에 신고하여야 하고, 격리가 필요한 감염병으로, 결핵, 수두, 홍역, 백일해, 유행성 이하선염 등이 있다.

52 병원성 미생물이 일반적으로 증식이 가장 잘 되는 pH의 범위는?

① 3.5~4.5   ② 4.5~5.5
③ 5.5~6.5   ✔ ④ 6.5~7.5

해설
세균이 잘 자라는 수소이온농도(pH)는 6.5~7.5이다.

53 다음 중 T.P.O에 따른 메이크업에 대한 설명으로 옳은 것은?

① 나이트 메이크업은 면을 강조한 뚜렷한 메이크업이다.
② 데이 메이크업은 자연미를 강조한 선 위주의 메이크업이다.
③ 오피스 메이크업은 반대 색상 배색을 이용하여 다소 눈에 띄게 연출한다.
✔ ④ 무대 공연 메이크업은 배우의 역할 및 캐릭터의 특징을 살려서 연출한다.

해설
① 나이트 메이크업은 인공조명 아래서 보이므로 선을 강조한 뚜렷한 메이크업이다.
② 데이 메이크업은 햇빛 아래서 보이므로 자연미를 강조한 면 위주의 메이크업이다.
③ 오피스 메이크업은 유사 색상이나 동일 색상 배색을 이용하여 무난하고 밝게 연출한다.

54 금속기구를 자비소독할 때 탄산나트륨을 넣으면 살균력도 강해지고 녹이 슬지 않는다. 이때 가장 적정한 농도는?

① 0.1~0.5%   ✔ ② 1~2%
③ 5~10%   ④ 10~15%

해설
금속기구 자비소독 시 물에 탄산나트륨(1~2%), 석탄산(5%), 붕소(2%), 크레졸(2~3%)을 넣으면 소독효과가 증대된다.

55 이·미용소 영업장 안의 조명도는 얼마 이상이어야 하는가?

① 50lx 　✔ ② 75lx
③ 100lx 　④ 125lx

해설
영업장 안의 조명도는 75lx 이상이 되도록 유지하여야 한다(규칙 [별표 4]).

56 영업소 외 장소에서의 이·미용업무 사유가 아닌 것은?

✔ ① 기관에서 특별히 요구하여 단체로 이·미용을 하는 경우
② 질병으로 인하여 영업소에 나올 수 없는 자에 대하여 이·미용을 하는 경우
③ 혼례에 참여하는 자에 대하여 그 의식 직전에 이·미용을 하는 경우
④ 사회복지시설에서 봉사활동으로 이용 또는 미용을 하는 경우

해설
영업소 외에서의 이용 및 미용 업무(규칙 제13조)
• 질병·고령·장애나 그 밖의 사유로 영업소에 나올 수 없는 자에 대하여 이용 또는 미용을 하는 경우
• 혼례나 그 밖의 의식에 참여하는 자에 대하여 그 의식 직전에 이용 또는 미용을 하는 경우
• 사회복지시설에서 봉사활동으로 이용 또는 미용을 하는 경우
• 방송 등의 촬영에 참여하는 사람에 대하여 그 촬영 직전에 이용 또는 미용을 하는 경우
• 이외에 특별한 사정이 있다고 시장·군수·구청장이 인정하는 경우

57 다음 중 이·미용업을 개설할 수 있는 경우는?

✔ ① 이·미용사 면허를 받은 자
② 이·미용사의 허락을 받아 이·미용을 행하는 자
③ 이·미용사의 자문을 받아서 이·미용을 행하는 자
④ 위생관리용역업 허가를 받은 자로서 이·미용에 관심이 있는 자

해설
이용사 및 미용사의 업무범위 등(법 제8조 제1항)
이용사 또는 미용사의 면허를 받은 자가 아니면 이용업 또는 미용업을 개설하거나 그 업무에 종사할 수 없다. 다만, 이용사 또는 미용사의 감독을 받아 이용 또는 미용 업무의 보조를 행하는 경우에는 그러하지 아니하다.

58 1회용 면도날을 2인 이상의 손님에게 사용한 때 1차 위반 시 행정처분기준은?

✔ ① 경고
② 영업정지 5일
③ 영업정지 10일
④ 영업장 폐쇄명령

해설
행정처분기준(규칙 [별표 7])
소독을 한 기구와 소독을 하지 않은 기구를 각각 다른 용기에 넣어 보관하지 않거나 1회용 면도날을 2인 이상의 손님에게 사용한 경우
• 1차 위반 : 경고
• 2차 위반 : 영업정지 5일
• 3차 위반 : 영업정지 10일
• 4차 이상 위반 : 영업장 폐쇄명령

59 패션 이미지의 유형 중 '현대적', '도시적', '이지적'인 이미지이며 차갑고 딱딱한 느낌의 세련되고 도회적인 스타일로서 줄무늬나 기하학적인 무늬, 체크 등이 활용되는 이미지는?

① **모던(modern)** ✓
② 액티브(active)
③ 에스닉(ethnic)
④ 아방가르드(avant-garde)

해설
모던(modern) 이미지
모던은 '근대적', '현대적인'이라는 의미로 진보적인 스타일, 전위성이 강하고 유행을 앞서가는 심플하고 샤프하며 개성적인 이미지이다. 포스트모던(postmodern), 하이테크(hightech), 퓨처리스트 룩(futurist look)이 이에 해당한다. '현대적', '도시적', '이지적'인 이미지이며 차갑고 딱딱한 느낌의 세련되고 도회적인 스타일로서 줄무늬나 기하학적인 무늬, 체크 등이 활용된다.

60 다음 중 과태료 처분기준이 나머지와 다른 하나는?

① 영업소 외의 장소에서 이·미용업무를 행한 자
② 위생교육을 받지 아니한 자
③ 이·미용업소의 위생관리 의무를 지키지 아니한 자
④ **관계공무원의 출입·검사·기타 조치를 거부·방해한 자** ✓

해설
①, ②, ③은 200만 원 이하의 과태료가 부과된다.
④ 보고를 하지 아니하거나 관계공무원의 출입·검사·기타 조치를 거부·방해 또는 기피한 자는 300만 원 이하의 과태료에 처한다(법 제22조 제1항).

제6회 기출복원문제

01 발생을 계속 감시할 필요가 있어 발생 또는 유행 시 24시간 이내에 신고하여야 하는 감염병은?

① **말라리아** ✓
② 페스트
③ 디프테리아
④ 신종인플루엔자

해설
제3급 감염병(감염병의 예방 및 관리에 관한 법률 제2조)
그 발생을 계속 감시할 필요가 있어 발생 또는 유행 시 24시간 이내에 신고하여야 하는 감염병으로, 파상풍, B형간염, 일본뇌염, C형간염, 말라리아, 레지오넬라증, 비브리오패혈증 등이 있다.

02 메이크업 제품으로 자신의 미화 욕구를 충족시키며, 개인의 개성있는 이미지를 창출하는 메이크업의 기능은?

① 보호적 기능
② **미화적 기능** ✓
③ 사회적 기능
④ 심리적 기능

해설
메이크업의 기능

보호적 기능	외부의 환경오염이나 물리적 환경으로부터 피부를 보호
미화적 기능	인간의 미화 욕구를 충족시키며, 개인의 개성 있는 이미지를 창출
사회적 기능	개인이 갖는 지위, 신분, 직업 등을 구분해 주며, 사회적 관습 및 예절을 표현
심리적 기능	외모에 대한 자신감 부여로 긍정적인 삶의 태도로 변화

03 우리나라에서 본격적으로 색채 화장품을 생산하기 시작한 시기로 옳은 것은?

① 근대
② 1950년대
③ **1960년대** ✓
④ 1970년대

해설
1960년대 정부의 국산 화장품 보호정책에 따라 국산 화장품 생산이 본격화되면서 색조화장품을 생산하였다.

04 다음 중 메이크업에 대한 설명으로 옳지 않은 것은?

① 사전적 의미로, '제작하다', '보완하다'의 뜻을 가진다.
② **얼굴을 제외한 신체의 아름다운 부분을 돋보이게 한다.** ✓
③ 결점은 수정·보완하여 미적 가치를 추구한다.
④ 외적인 아름다움뿐만 아니라 미의식 속의 자아를 개성있게 표현한다.

해설
메이크업은 얼굴 또는 신체의 아름다운 부분을 돋보이게 하고, 결점은 수정·보완하여 미적 가치를 추구하는 행위를 뜻한다.

05 다음 중 표피층을 순서대로 나열한 것은?

① 각질층, 유극층, 투명층, 과립층, 기저층
② 각질층, 유극층, 망상층, 기저층, 과립층
③ 각질층, 과립층, 유극층, 투명층, 기저층
✓④ 각질층, 투명층, 과립층, 유극층, 기저층

해설
표피는 피부의 가장 외부층으로, 위에서부터 각질층, 투명층, 과립층, 유극층, 기저층의 순으로 되어 있다.

06 세안 후 이마, 볼 부위가 땅기며, 잔주름이 많고 화장이 잘 들뜨는 피부 유형은?

① 복합성 피부   ✓② 건성 피부
③ 노화 피부   ④ 민감 피부

해설
건성 피부는 유·수분 부족으로 세안 후 이마, 볼 부위가 땅기며, 잔주름이 많고 화장이 들뜨는 현상이 나타난다.

07 야외 웨딩 메이크업 시 주의할 점으로 옳지 않은 것은?

① 붉은 계열의 볼 화장은 피해야 한다.
✓② 흐린 날의 색조 화장이 맑은 날보다 약해 보일 수 있으므로 주의한다.
③ 피부 톤은 너무 밝으면 화장이 들떠 보이거나 부자연스러울 우려가 있다.
④ 강한 셰이딩이나 하이라이트 등의 윤곽 수정은 인위적으로 보이므로 주의한다.

해설
② 맑은 날의 색조 화장이 흐린 날보다 약해 보일 수 있으므로, 이를 염두에 두고 메이크업해야 한다.

08 다음 중 자외선이 피부에 미치는 영향이 아닌 것은?

① 색소침착
② 살균효과
③ 홍반 형성
✓④ 비타민 A 합성

해설
자외선의 영향
- 긍정적 영향 : 비타민 D 합성, 살균 및 소독, 혈액순환 촉진
- 부정적 영향 : 홍반 형성, 색소침착, 피부노화, 일광화상

09 다음 중 2도 화상에 속하는 것은?

① 햇볕에 탄 피부
✓② 진피층까지 손상되어 수포가 발생한 피부
③ 피하지방층까지 손상된 피부
④ 피하지방층 아래의 근육까지 손상된 피부

해설
화상의 구분

1도 화상	• 피부의 가장 겉 부분인 표피만 손상된 단계 • 빨갛게 붓고 달아오르는 증상과 통증
2도 화상	• 진피도 어느 정도 손상된 단계 • 수포 생성, 피하조직의 부종과 통증
3도 화상	• 피부의 전 층 모두 화상으로 손상된 단계 • 체액 손상 및 감염

10 작업환경 관리의 일차적인 목적과 관련이 가장 먼 것은?

① 직업병 예방
② 산업재해 예방
③ 산업피로 억제
✔ ④ 생산성 증대

해설
작업환경 관리란 근로자들이 작업을 수행하고 근무하는 장소에 대한 관리를 말하는 것이다. 목적은 직업병 예방, 산업재해 예방, 산업피로의 억제, 근로자의 건강 보호 등이다.

11 자연독에 의한 식중독 원인 물질과 서로 관계없는 것으로 연결된 것은?

① 테트로도톡신(tetrodotoxin) - 복어
② 솔라닌(solanine) - 감자
③ 무스카린(muscarin) - 독버섯
✔ ④ 에르고톡신(ergotoxin) - 조개

해설
자연독에 의한 식중독

식물성	• 솔라닌, 셉신 : 감자 • 무스카린 : 버섯 • 아미그달린 : 매실 • 시큐톡신 : 독미나리
동물성	• 테트로도톡신 : 복어 • 베네루핀 : 굴, 모시조개
곰팡이독	• 아플라톡신 : 옥수수, 땅콩 • 황변미독 : 황변미 • 에르고톡신 : 맥각

12 화장수를 사용하는 목적과 가장 거리가 먼 것은?

① 세안 후 피부의 잔여물을 제거하기 위해
② 세안 후 피부 표면의 산도를 약산성으로 회복시켜 피부를 부드럽게 하기 위해
③ 각질층을 부드럽게 하면서 다음 단계 사용 제품의 흡수를 용이하게 하기 위해
✔ ④ 각종 영양물질을 함유하고 있어, 피부의 탄력을 증진시키기 위해

해설
화장수(스킨 로션)의 사용 목적
• 피부 정돈
• 클렌징 후 잔여물 제거
• 피부의 pH를 약산성으로 회복시키고 각질층에 수분 공급

13 화장품에서 요구되는 4대 품질 특성이 아닌 것은?

① 안전성   ② 안정성
✔ ③ 보습성   ④ 사용성

해설
화장품의 4대 품질 요건
• 안전성 : 피부에 대한 자극, 알레르기, 독성이 없을 것
• 안정성 : 보관에 따른 산화, 변질, 미생물의 오염 등이 없을 것
• 사용성 : 피부에 도포했을 때 사용감이 우수하고 매끄럽게 잘 스밀 것
• 유효성 : 피부에 적절한 보습, 세정, 노화 억제, 자외선 차단 등을 부여할 것

14 다음 중 향료 함유량이 가장 적은 것은?

① 퍼퓸(perfume)
② 오 드 토일렛(eau de toilet)
❸ 샤워 코롱(shower cologne)
④ 오 드 코롱(eau de cologne)

> **해설**
> 향수의 부향률(농도) 순서
> 퍼퓸 > 오 드 퍼퓸 > 오 드 토일렛 > 오 드 코롱 > 샤워 코롱

15 역삼각형 얼굴에 하이라이트를 연출할 때 적절하지 않은 부위는?

❶ 이마 양 끝   ② 콧등
③ 눈 밑   ④ 양쪽 볼

> **해설**
> 역삼각형 얼굴은 이마 양 끝과 턱 끝에 셰이딩 처리를 하고, 하이라이트는 콧등, 눈 밑, 양쪽 볼에 연출한다.

16 캐리어 오일로서 부적합한 것은?

❶ 미네랄 오일
② 살구씨 오일
③ 아보카도 오일
④ 포도씨 오일

> **해설**
> 캐리어 오일은 식물성 오일을 사용한다. 미네랄 오일은 광물성 오일에 속한다.

17 다음 중 치크 메이크업에 대한 설명으로 옳은 것은?

① 짙은 황갈색 피부 톤에는 화사한 핑크 계열의 치크 컬러가 적합하다.
② 치크는 콧방울보다 아래쪽으로 떨어지게 연출한다.
❸ 사랑스럽고 귀여운 느낌을 표현할 때는 핑크 계열 치크를 사용한다.
④ 청순한 느낌을 연출하고 싶을 때는 레드 계열로 볼뼈를 감싸듯이 표현한다.

> **해설**
> ① 짙은 황갈색 피부 톤에는 브라운 계열의 치크 컬러가 적합하다.
> ② 치크는 콧방울보다 아래쪽으로 떨어지지 않도록 연출한다.
> ④ 청순한 느낌을 연출하려면 핑크와 연보라를 섞어 광대뼈를 부드럽게 감싸듯이 표현한다.

18 포인트 메이크업(point make-up) 화장품에 속하지 않는 것은?

① 블러셔   ② 아이섀도
❸ 파운데이션   ④ 립스틱

> **해설**
> ③ 파운데이션은 베이스 메이크업 화장품에 속한다.

19 색채 배색에 대한 설명으로 알맞지 않은 것은?

① 색채 배색은 두 가지 이상의 색을 효과나 목적에 맞게 배치하여 조화로운 이미지를 나타내는 것을 말한다.
② 그러데이션 배색은 색채가 한 방향으로 점진적인 변화를 나타내는 배색을 말한다.
③ 반복 배색은 통일감을 준다.
✓ ④ 동일 색상 배색은 강하고 역동적인 느낌을 준다.

해설
동일 색상 배색은 동일한 색상에 명도와 채도만 변화시킨 배색으로 무난한 느낌을 표현할 수 있다.

20 메이크업 디자인 요소 중 색의 역할에 해당하지 않는 것은?

✓ ① 선과 면으로 표현한다.
② 얼굴의 형태를 수정·보완해 주며 입체를 부여한다.
③ 의상, 헤어스타일과의 조화를 통하여 개성을 부각함으로써 상황에 맞도록 메시지를 전달하는 역할을 한다.
④ 메이크업에서 피부를 돋보이게 한다.

해설
형태는 선과 면으로 표현된다. 눈썹 라인, 입술 라인, 아이라인 등은 선으로 표현하고 얼굴형, 아이섀도, 볼, 입술은 면으로 표현한다.

21 신부가 다음과 같은 웨딩 콘셉트를 원했을 경우, 이에 어울리는 메이크업으로 옳지 않은 것은?

> 도시적이고 세련되며 현대적 여성의 자아를 표현하는 신부 느낌 연출

① 베이스는 파우더를 이용하여 약간의 유분만 잡아준다.
✓ ② 치크(cheek)는 광대뼈 하단 부분으로 미디엄 브론즈로 셰이딩한다.
③ 립(lip)은 레드와 와인 컬러로 컬러감을 또렷하게 표현한다.
④ 다크 브라운, 블랙 색상으로 아이라인에 포인트를 주고 눈매를 길게 그린다.

해설
문제에서 신부가 원한 웨딩 콘셉트는 '모던(modern)'이다. 이러한 콘셉트의 경우 치크는 베이지 브라운 계열로 연하게 음영만 표현한다.

모던(modern) 콘셉트

베이스 (base)	• 피부 톤에 맞춰 차분한 피부 톤으로 고운 피부 결을 표현 • 파우더를 이용하여 약간의 유분만 잡아 줌
아이 (eye)	• 누드 베이지 톤을 눈두덩이 전체에 고르게 펴 바름 • 베이지, 브라운 계열을 쌍꺼풀 라인까지 차례대로 펴 바름 • 다크 브라운, 블랙 색상으로 아이라인에 포인트, 눈매 길이를 길게 그림 • 선의 느낌이 너무 강하지 않게 면적인 느낌과 섞어 그려 줌 • 다크 브라운과 블랙 젤 라인을 믹스하여 아이라인을 그려 줌
치크 (cheek)	베이지 브라운 계열로 연하게 음영만 표현
립(lip)	레드와 와인 컬러 사용, 립의 컬러감을 또렷하게 표현

22 다음 중 전화 응대법으로 적절하지 않은 것은?

① 전화벨이 세 번 이상 울리지 않도록 하며 그 전에 받는다.
② 통화 내용의 중요한 부분을 메모한다.
③ 고객관리 시스템을 통해 고객을 확인하고 용건이 무엇인지 잘 듣는다.
✓ 자신의 이름을 말한 후 본인이 소속되어 있는 메이크업 사업장의 이름을 이야기한다.

해설
소속되어 있는 메이크업 사업장의 이름을 먼저 이야기한 다음 자신의 이름을 말한다.

23 베이스 메이크업 도구에 대한 설명으로 가장 거리가 먼 것은?

✓ 해면 – 세척이 불가능한 스펀지로 오염되면 해당 부분을 가위로 잘라 제거한 후 사용한다.
② 팬 브러시 – 파우더 가루의 여분을 털어낼 때 사용하는 브러시이다.
③ 스패출러 – 메이크업 제품을 덜어 쓰기 위해 사용하는 도구이다.
④ 퍼프 – 파우더를 바를 때 사용하는 도구로 100% 면제품이 좋다.

해설
해면은 건조 상태에서는 딱딱하나 물에 담그면 부드러워지는 천연 제품으로 세척이 가능하다. 세척이 불가능한 스펀지는 라텍스 스펀지이다.

24 퍼스널 유형별 특징이 알맞지 않은 것은?

① 여름 유형은 흰색과 파랑을 기본 바탕으로 하는 컬러가 어울린다.
② 봄과 가을 유형은 노란색이 기본이 된다.
③ 여름 쿨 톤과 겨울 쿨 톤을 통틀어 쿨 톤이라고 한다.
✓ 웜 톤은 대개 명도와 채도가 높은 컬러를 매치했을 때 생기 있어 보이는 피부색을 뜻한다.

해설
웜 톤은 대개 따뜻한 컬러를 매치했을 때 생기 있어 보이는 피부색을 뜻한다.

25 파운데이션의 종류와 그 기능에 대한 설명으로 잘못된 것은?

✓ 리퀴드 파운데이션은 커버력, 지속력이 강하나 스피디한 메이크업이 불가능하다.
② 스틱 파운데이션은 커버력이 좋은 고형 타입이나 매트하고 발림성이 좋지 않다.
③ 쿠션 파운데이션은 스펀지로 찍어 바르는 형태로 휴대가 간편하다.
④ 트윈케이크 파운데이션은 습기에 강하여 여름에 사용하기 좋다.

해설
커버력, 지속력이 강하여 분장용으로 사용하기 좋으나 스피디한 메이크업이 불가능한 파운데이션은 스틱 타입이다. 리퀴드 타입은 수분 함량이 높아 얇고 투명하게 표현되나 커버력과 지속력이 약하다.

26 다음 중 포르말린수 소독에 가장 적합하지 않은 것은?

① 고무제품   ✓ ② 배설물
③ 금속제품   ④ 플라스틱

해설
포르말린수 소독은 36% 수용액을 주로 사용하며, 수증기와 혼합하여 사용하는 훈증 소독법에 이용된다. 온도가 높을수록 소독력이 강해지며, 미용실, 병실, 고무제품, 플라스틱, 금속 소독 시 사용된다.

27 다음 중 가을 유형에 어울리는 톤이 아닌 것은?

① 그레이시   ② 스트롱
✓ ③ 페일   ④ 딥

해설
봄 유형에 어울리는 톤 : 선명하고 밝은 비비드, 라이트, 브라이트, 페일(pale) 톤

28 잠함병의 직접적인 원인은?

① 혈중 CO_2 농도 증가
✓ ② 체액 및 혈액 속의 질소 기포 증가
③ 혈중 O_2 농도 증가
④ 혈중 CO 농도 증가

해설
잠함병(잠수병)은 잠수 시 갑작스러운 압력 저하로 체내 축적된 질소가 폐를 통해 나오지 못하고 혈관 내에서 기포를 형성해 혈관을 막는 질병이다.

29 다음에서 설명하는 메이크업 제품은?

- 난반사 효과로 피부를 화사하고 매끈하게 보이게 한다.
- 메이크업이 땀과 물에 얼룩지는 것을 방지하고 밀착력과 지속력을 높인다.
- 자외선이나 유해 환경으로부터 피부를 보호한다.

① 메이크업 베이스
② 컨실러
③ 프라이머
✓ ④ 파우더

해설
① 메이크업 베이스 : 파운데이션 전에 사용하여 색소침착을 방지하고 얼굴의 피부 톤을 조절하여 피부 색조를 보정하는 제품이다.
② 컨실러 : 잡티와 결점을 자연스레 커버하여 화사하고 깨끗한 피부로 연출하는 제품이다.
③ 프라이머 : 넓은 모공, 주름 등 피부 요철을 메워 피부 표면을 깨끗하게 정돈하는 제품이다.

30 셰이딩에 대한 설명으로 잘못된 것은?

① 베이스 컬러보다 1~2단계 어두운 톤을 사용한다.
✓ ② 돌출되고 팽창된 느낌을 표현하기 위해 사용한다.
③ 셰이딩 컬러를 그러데이션할 때 경계가 생기지 않도록 주의한다.
④ 셰이딩을 사용하는 위치는 얼굴형에 따라 다르다.

해설
② 돌출되고 팽창된 느낌을 표현하기 위해 사용하는 것은 하이라이트이다. 셰이딩은 들어가 보이게 할 부위에 사용하여 음영을 표현한다.

31 컬러 파우더의 색상과 활용법이 잘못 연결된 것은?

① 핑크 – 창백한 피부에 혈색과 생기를 부여한다.
✓ ② 오렌지 – 검은 피부를 중화시켜 밝게 표현한다.
③ 그린 – 붉은 피부를 중화하며 잡티를 커버한다.
④ 퍼플 – 인공조명 아래 돋보여 파티 메이크업에 자주 사용된다.

해설
오렌지 파우더는 생기를 부여하고 까무잡잡한 피부를 강조하여 태닝 피부에 사용된다.

32 인상이 부드럽고 밝은 이미지를 주는 아이브로 컬러는?

① 블랙 아이브로
② 회색 아이브로
✓ ③ 갈색 아이브로
④ 회갈색 아이브로

해설
갈색 아이브로는 머리 색이나 눈동자 색이 밝은 경우에 잘 어울리며, 인상이 부드럽고 밝은 이미지로 표현할 수 있다.

33 다음 사항 중 가장 무거운 벌칙에 해당하는 사람은?

✓ ① 미용업 신고를 하지 아니하고 영업한 사람
② 미용업 상호의 변경신고를 하지 아니하고 영업한 사람
③ 면허의 정지 중에 이·미용업을 한 사람
④ 이용업 신고를 하지 않고 이용업소표시 등을 설치한 사람

해설
① 1년 이하의 징역 또는 1천만 원 이하의 벌금에 처한다(법 제20조 제2항).
② 6월 이하의 징역 또는 500만 원 이하의 벌금에 처한다(법 제20조 제3항).
③ 300만 원 이하의 벌금에 처한다(법 제20조 제4항).
④ 300만 원 이하의 과태료에 처한다(법 제22조 제1항).

34 아이섀도 색상 선택 시 고려해야 할 사항으로 거리가 먼 것은?

① 피부 톤
② 눈의 형태
③ 의상 색
✓ ④ 눈썹 모양

해설
아이섀도 색상을 선택할 때에는 의상 색, 피부 톤, 눈동자 색, 모발 색, 눈의 형태, 계절감, 이미지 등을 고려해야 한다.

35 동그란 눈의 아이라이너 기법으로 적절한 것은?

① 중앙 부분을 도톰하게 그리고 눈 앞머리는 자연스럽게 그린다.
② 위 라인을 가늘게 그리고 언더라인을 수평이나 살짝 아래로 그린다.
✓ ③ 중앙 부분은 생략하고 눈 앞머리, 눈꼬리 부분만 살짝 그린다.
④ 눈 아래, 위 라인을 약간 굵게, 꼬리 부분에서 라인이 만나지 않게 그린다.

> **해설**
> 동그란 눈의 아이라인은 눈동자 중앙 부분은 생략하고 눈 앞머리, 눈꼬리 부분만 살짝 그린다.

36 혼주 한복 메이크업에 대한 설명으로 옳지 않은 것은?

① 한국적이고 고상함이 느껴져야 한다.
✓ ② 각진 눈썹을 그려 강한 인상을 준다.
③ 한복의 깃이나 고름의 색을 고려하여야 한다.
④ 너무 강하거나 화려한 메이크업은 피해야 한다.

> **해설**
> ② 아치형 눈썹을 그려 우아함을 강조한다.

37 질병 발생의 3대 요인으로 연결된 것은?

✓ ① 숙주 – 병인 – 환경
② 숙주 – 병인 – 유전
③ 숙주 – 병인 – 병소
④ 숙주 – 병인 – 저항력

> **해설**
> 질병 발생의 3대 요인은 병인(병원체), 숙주, 환경이다.

38 불만 고객에 대한 응대로 가장 적절하지 않은 것은?

① 고객의 불만이 무엇인지 경청하며 고객을 위로한다.
② 고객의 불만을 신속하게 처리할 수 있도록 조치한다.
③ '불편하게 해 죄송합니다.'라고 말하며 고객의 불만을 처리할 수 있도록 상세하게 기록한다.
✓ ④ 고객의 문제점을 지적한다.

> **해설**
> 고객의 불만 사항을 응대할 때는 먼저 고객의 불만이 무엇인지 경청하여 사과하고, 고객의 불만을 신속하게 처리할 수 있도록 조치하며 고객과의 논쟁은 피한다.

39 인조 속눈썹의 효과에 대한 설명으로 옳지 않은 것은?

① 속눈썹이 길어져 눈이 더욱 커 보인다.
② 속눈썹이 풍성해져 눈매가 또렷해 보인다.
✓③ 얼굴에 입체감을 주고 얼굴형을 보완한다.
④ 굵기, 모양, 형태를 조절하여 개성을 드러낸다.

해설
인조 속눈썹의 기능
• 속눈썹이 더 길고 풍성해진다.
• 눈매가 또렷하고 커 보이는 효과가 있다.
• 길이, 굵기, 모양, 형태에 따라 다양한 이미지를 연출할 수 있다.

40 다음의 메이크업 테크닉이 가장 적합한 얼굴형은?

• 아이브로는 도톰한 일자형 눈썹으로 연출한다.
• 아이섀도는 가로 방향으로 연출하고 아이라인도 길게 그린다.
• 귀에서 볼 중앙으로 가로 방향으로 블러셔를 바른다.

✓① 긴 얼굴 ② 둥근형 얼굴
③ 사각형 얼굴 ④ 역삼각형 얼굴

해설
긴 얼굴은 얼굴을 가로 분할하여 길이가 짧아 보이게 연출한다.

41 여피족의 등장과 여성 운동이 확산되었던 시대에 활동했던 관능적인 이미지의 대표 아이콘은?

✓① 마돈나 ② 테다 바라
③ 메릴린 먼로 ④ 브리짓 바르도

해설
여피족 등장과 여성 운동의 확산으로 여성들이 적극적이고 강인한 이미지를 선호하며 다양하게 부각되었던 1980년대 대표적인 아이콘으로는 마돈나가 있다.

42 수염 분장의 표현 방법으로 옳은 것은?

✓① 찍는 수염 - 수염이 파릇하게 자라 나온 느낌 또는 면도 후의 모습 표현
② 그리는 방법 - 섬세한 표현이 가능하고 스트레이트 메이크업을 시행한 후 표현
③ 가루 수염 - 실제 수염과 비슷한 효과를 주며 사용이 간편하여 다양한 콧수염, 턱수염을 표현
④ 망 수염 - 생사 또는 인조사를 붙이는 방법으로 현장에서 수염 접착제를 이용하여 부착하여 표현

해설
② 그리는 방법 : 펜슬이나 브러시를 이용하여 가장 빠르게 수염을 연출할 수 있다. 그러나 섬세한 표현이 어려워 엑스트라에게 주로 활용한다.
③ 가루 수염 : 면도 후 1시간~하루 정도 지난 정도의 수염을 표현하는 방법으로 야크헤어, 인조사 등을 1~2mm 정도로 짧게 잘라 활용한다.
④ 망 수염 : 실제 수염과 비슷한 효과를 주며 사용이 간편하다. 다양한 콧수염, 턱수염 표현이 가능하다.

43 패션쇼 메이크업 시 고려해야 할 사항으로 옳지 않은 것은?

① 조명의 색상
② 모델의 개성 파악
✓ ③ 패션쇼 당일의 날씨
④ 패션쇼 콘셉트의 정확한 이해

해설
패션쇼 메이크업
- 패션쇼의 콘셉트를 정확하게 이해하여야 한다.
- 모델의 개성을 파악하고 인정하여야 한다.
- 장소의 크기, 실내·실외 구분, 무대의 색·조명·높이 등을 고려하여야 한다.

44 다음 중 메이크업의 특징이 바르게 연결되지 않은 것은?

✓ ① 클래식 메이크업 – 블랙 색상으로 진하고 선명하게 상승형으로 눈썹을 표현
② 엘레강스 메이크업 – 소프트한 핑크 베이지 색상의 립스틱으로 입술을 표현
③ 에스닉 메이크업 – 아이라인을 중심으로 스머지 효과를 주면서 아이섀도를 표현
④ 아방가르드 메이크업 – 아이섀도의 패턴 또는 아이섀도의 색상을 과감하고 과장되게 표현

해설
클래식 메이크업은 브라운 색으로 각지게 눈썹을 그려서 고전적인 이미지를 표현한다. 블랙 색상의 상승형의 눈썹을 표현하는 것은 아방가르드 메이크업이다.

45 텔레비전 메이크업에서 주의해야 할 사항으로 옳지 않은 것은?

① 촬영 시 배경이 붉으면서 어두우면 얼굴이 어둡게 보일 수 있으므로 주의한다.
② 촬영 시 배경이 붉은색의 밝은 톤이면 립은 약간 붉은색을 사용한다.
③ 얼굴이 다소 평면적이고 확장되어 보이므로 윤곽 수정에 주의한다.
✓ ④ 조명이 지나치게 밝은 경우 어두운 색 베이스를 사용하여 보정한다.

해설
조명이 지나치게 밝은 경우 강한 빛 반사로 인해 출연자의 얼굴이 검붉게 되기 때문에 밝은 색 베이스를 사용하여 보정한다.

46 무대 공연 캐릭터 메이크업 시 속눈썹에 대한 설명으로 옳지 않은 것은?

① 눈 길이에 맞춰 길이를 조정한 속눈썹을 눈꼬리 부분이 살짝 올라가도록 붙인다.
② 속눈썹의 컬이 올라가 보이도록 붙여야 시야가 방해되지 않는다.
③ 무대 분장의 경우, 튼튼한 밴드 속눈썹을 선택한다.
✓ ④ 뷰티 메이크업과 달리 속눈썹을 눈 앞머리 가까이에 붙이도록 한다.

해설
뷰티 메이크업과 달리 무대 공연 메이크업 시에는 속눈썹을 너무 눈 앞머리 가까이에 붙이지 않도록 한다.

47 성숙함, 차분함을 특징으로 하며 음영을 강조하는 메이크업에 어울리는 계절은?

① 봄   ② 여름
☑ 가을   ④ 겨울

해설
① 봄 : 생기, 신선, 화사, 사랑스러움
② 여름 : 시원함, 청량감, 상쾌함, 건강미(태닝 메이크업)
④ 겨울 : 지성미, 강렬, 심플, 깨끗

48 무대 캐릭터를 구현할 때 눈의 형태에 따른 성격 분석이 가장 적절한 것은?

☑ 큰 눈 – 관찰력이 뛰어남
② 작은 눈 – 섬세하고 예리함
③ 튀어나온 눈 – 명랑하고 낙천적
④ 처진 눈 – 둔감하고 보수적임

해설
② 작은 눈 : 둔감함, 보수적, 통찰력, 소극적, 귀여움
③ 튀어나온 눈 : 현저함, 예술가나 심미안에게 많음
④ 처진 눈 : 온순, 순진, 부드러운, 소극적, 내성적

49 환경오염의 발생 요인인 산성비의 가장 주요한 원인과 산도는?

① 이산화탄소, pH 5.6 이하
☑ 아황산가스, pH 5.6 이하
③ 염화불화탄소, pH 6.6 이하
④ 탄화수소, pH 6.6 이하

해설
산성비는 pH(수소이온농도) 5.6 이하의 비이며, 원인 물질은 아황산가스와 질소산화물, 염화수소 등이다.

50 다음 중 기능성 화장품의 범위에 해당하지 않는 것은?

① 미백크림
☑ 보디 오일
③ 자외선 차단 크림
④ 주름 개선 크림

해설
보디 오일은 화장품 중 보디(body) 관리 화장품에 속한다. 기능성 화장품은 미백, 주름 개선, 자외선 차단 등에 도움을 주는 제품을 말한다.

51 콜레라 예방접종은 어떤 면역 방법인가?

① 인공수동면역
☑ 인공능동면역
③ 자연수동면역
④ 자연능동면역

해설
후천적 면역

자연능동면역	감염병에 감염된 후 형성되는 면역
인공능동면역	예방접종으로 형성되는 면역
자연수동면역	모체로부터 태반, 수유를 통해 얻는 면역
인공수동면역	인공제제를 주사하여 항체를 얻는 면역

52 다음 중 일광소독법과 가장 직접적인 관계가 있는 것은?

① 높은 온도　② 높은 조도
③ 적외선　✔ ④ 자외선

해설
일광소독법은 자외선(200~400nm)을 20분 이상 조사하여 살균하는 방법으로 의류, 침구류 등을 소독할 때 이용한다.

53 소독제의 살균력을 비교할 때 기준이 되는 소독약은?

① 아이오딘　② 승홍수
✔ ③ 석탄산　④ 알코올

해설
석탄산
- 강력한 살균력(승홍수의 1,000배 살균력)과 냄새가 강하고 독성이 있음
- 3% 농도에서 살균력이 가장 강함
- 금속을 부식시킴
- 포자나 바이러스에는 효과 없음
- 석탄산계수는 소독제의 살균력 평가 기준으로 사용됨

54 소독에 영향을 미치는 인자가 아닌 것은?

① 온도　② 수분
③ 시간　✔ ④ 풍속

해설
소독인자는 소독에 영향을 미치는 요인으로, 수분, 시간, 온도, 농도 등이다.

55 다음 중 습열멸균법에 속하는 것은?

✔ ① 자비소독법　② 화염멸균법
③ 여과멸균법　④ 소각법

해설
습열멸균법

자비소독법	• 100℃의 끓는 물에 15~20분 가열(포자는 죽이지 못함) • 아포형성균, B형간염 바이러스에는 부적합
고압증기멸균법	• 100~135℃ 고온의 수증기로 포자까지 사멸 • 고무, 유리기구, 금속기구, 의료기구, 무균실 기구, 약액 등에 사용
저온살균법	• 62~63℃의 낮은 온도에서 30분간 소독 • 파스퇴르가 발명했으며, 우유, 술, 주스 등에 사용

56 공중위생의 관리를 위한 지도, 계몽 등을 행하게 하기 위하여 둘 수 있는 것은?

✔ ① 명예공중위생감시원
② 공중위생조사원
③ 공중위생평가단체
④ 공중위생전문교육원

해설
시·도지사는 공중위생의 관리를 위한 지도·계몽 등을 행하게 하기 위하여 명예공중위생감시원을 둘 수 있다(법 제15조의2).

57 이·미용기구의 소독기준 및 방법을 정하는 것은?

① 대통령령
✓ ② 보건복지부령
③ 환경부령
④ 보건소령

해설
이·미용기구의 소독기준 및 방법은 보건복지부령으로 정한다(법 제4조).

58 이·미용업에 있어 청문을 실시하여야 하는 경우가 아닌 것은?

① 면허취소 처분을 하고자 하는 경우
② 면허정지 처분을 하고자 하는 경우
③ 일부 시설의 사용중지명령 처분을 하고자 하는 경우
✓ ④ 위생교육을 받지 아니하여 1차 위반한 경우

해설
청문(법 제12조)
보건복지부장관 또는 시장·군수·구청장은 다음의 어느 하나에 해당하는 처분을 하려면 청문을 하여야 한다.
- 이용사와 미용사의 면허취소 또는 면허정지
- 공중위생영업소의 영업정지명령, 일부 시설의 사용중지명령 또는 영업소 폐쇄명령

59 공익상 필요하다고 인정하는 경우에 이·미용업의 영업시간 및 영업행위에 관한 필요한 제한을 할 수 있는 자는?

✓ ① 시·도지사
② 보건복지부장관
③ 행정안전부장관
④ 관련 전문기관 및 단체장

해설
영업의 제한(법 제9조의2)
시·도지사 또는 시장·군수·구청장은 공익상 또는 선량한 풍속을 유지하기 위하여 필요하다고 인정하는 때에는 공중위생영업자 및 종사원에 대하여 영업시간 및 영업행위에 관한 필요한 제한을 할 수 있다.

60 패션 이미지의 유형 중 소박한 감각에 온화하고 차분한 이미지를 지닌 스타일로 인공적인 소재보다 천연 소재로 따뜻하고 편안한 느낌을 주는 이미지는?

① 모던(modern)
✓ ② 내추럴(natural)
③ 클래식(classic)
④ 매니시(mannish)

해설
내추럴(natural) 이미지
자연스럽고 부드러워 싫증이 나지 않는 편안한 느낌으로 소박한 감각에 온화하고 차분한 이미지를 지닌 스타일이다. 실루엣이 편안하고 여유가 있는 패턴이며 색상, 디자인, 소재 등이 자연스러운 것이 특징이다. 소재 역시 인공적인 소재보다 천연 소재로 따뜻하고 편안한 느낌이다.

제7회 기출복원문제

01 인간은 원시시대부터 피부에 그림을 그리거나 문신을 새겼는데 이것을 화장의 시초로 보는 메이크업의 기원설은?

✓ ① 장식설   ② 신분 표시설
  ③ 보호설   ④ 종교설

> **해설**
> **메이크업 기원설**
> - 장식설 : 원시시대부터 인간은 문신을 새기거나 치장하였는데 이를 화장의 시초로 본다.
> - 신분 표시설 : 종족에서의 계급, 신분, 성별 등을 알리기 위한 수단으로 화장이 사용되었다고 본다.
> - 보호설 : 인간은 바람, 자외선, 야생 동물 등으로부터 자신을 보호하고 위장하기 위해 치장했으며, 이것으로부터 화장이 발전했다고 본다.
> - 종교설 : 악령으로부터 보호받기 위해 또는 주술적 행위로 화장을 하거나 가면을 착용하면서 화장이 발전했다고 본다.

02 우리나라 1970년대의 메이크업에 대한 설명으로 옳지 않은 것은?

✓ ① 기능성 화장품이 대중화되었다.
  ② 의상에 맞춰 화장하는 토털코디네이션이 등장하였다.
  ③ 샴푸, 보디제품, 팩 등 화장품 시장이 급성장하였다.
  ④ 인조 속눈썹, 아이라이너, 매니큐어가 보급되어 부분화장이 강조되었다.

> **해설**
> ① 미백, 주름 개선 등의 기능성 화장품이 대중화된 시기는 1990년대이다.

03 브러시의 세척법으로 옳지 않은 것은?

① 미지근한 물에 브러시 전용 세척제를 묻혀 결대로 세척한다.
② 린스와 물을 섞은 물에 헹구어 꺼낸 후 흐르는 물에 세척한다.
③ 전에 사용한 컬러나 잔여 세제가 나오지 않는지 확인한다.
✓ ④ 수건으로 물기를 제거한 후, 드라이기로 말린다.

> **해설**
> ④ 수건에 감싸 물기를 제거한 후, 바닥에 닿지 않게 말아 놓은 수건 위에 뉘어서 또는 브러시 모가 아래로 향하도록 매달아서 건조시킨다.

04 살균력이 좋고 자극성이 적어서 상처 소독에 많이 사용되는 것은?

① 승홍수   ✓ ② 과산화수소
③ 포르말린   ④ 석탄산

> **해설**
> 과산화수소는 살균, 탈취, 표백에 효과적이며, 3% 수용액으로 피부 상처, 구내염, 인두염, 구강 세척에 사용된다.

05 다음 중 원발진에 해당하는 피부 장애는?
① 가피 ② 미란
③ 위축 ④ **구진** ✓

해설
①, ②, ③은 속발진에 해당한다.

08 여드름 발생의 주요 원인과 가장 거리가 먼 것은?
① **아포크린선의 분비 증가** ✓
② 모낭 내 이상 각화
③ 여드름균의 군락 형성
④ 염증반응

해설
여드름은 피지의 과도한 분비가 원인이며, 여드름균이 증식하여 모공 내 염증반응을 일으킨다.

06 다음 중 피지선이 분포되어 있지 않은 부위는?
① **손바닥** ✓ ② 코
③ 가슴 ④ 이마

해설
손바닥과 발바닥에는 피지선이 분포되어 있지 않다.

07 계면활성제에 대한 설명 중 잘못된 것은?
① 계면을 활성화시키는 물질이다.
② 친수성기와 친유성기를 모두 소유하고 있다.
③ **표면장력을 높이고, 유화제, 분산제 등으로 사용한다.** ✓
④ 대부분의 화장품에서는 비이온 계면활성제를 사용한다.

해설
계면활성제는 물질의 표면장력을 약하게 하여 두 물질이 잘 섞이게 한다.

09 진피의 함유 성분으로, 우수한 보습능력을 지니며 피부관리 제품에도 많이 함유되어 있는 것은?
① 알코올(alcohol)
② **콜라겐(collagen)** ✓
③ 판테놀(panthenol)
④ 글리세린(glycerine)

해설
콜라겐(교원섬유)은 진피의 주성분으로 피부에 탄력성, 신축성, 보습성을 부여한다.

10 피부 유형별 화장품 사용 방법으로 적절하지 않은 것은?

① 민감성 피부 – 무색, 무취, 무알코올 화장품 사용
② 복합성 피부 – T존과 U존 부위별로 각각 다른 화장품 사용
③ 건성 피부 – 수분과 유분이 함유된 화장품 사용
✓ ④ 모세혈관 확장피부 – 일주일에 2번 정도 딥 클렌징제 사용

> 해설
> 모세혈관 확장피부는 저자극성 관리가 필요하므로 가급적 딥 클렌징 제품은 피하고, 효소 등 저자극 타입의 화장품을 사용한다.

11 요즘 신부 메이크업의 경향에 대한 설명으로 옳은 것은?

① 가장 주목받고 싶은 순간이므로 윤곽 수정을 강하게 한다.
② 다소 부자연스러운 색조 화장을 강조한다.
③ 피부 톤을 좀 더 어둡고 건강하게 표현한다.
✓ ④ 패턴은 뷰티 트렌드 메이크업과 크게 다르지 않다.

> 해설
> 요즘 신부 메이크업은 과거와 달리 아주 화려하거나 인위적이지 않고 자연스러운 색조 화장을 하면서 피부 질감의 화사함과 깨끗함을 강조하는 경향이 있다. 패턴은 뷰티 트렌드 메이크업과 크게 다르지 않고 피부 톤을 좀 더 밝고 화사하게 표현한다는 점이 특징이다.

12 다음 감염병 중 세균성인 것은?

① 말라리아 **✓ ② 결핵**
③ 일본뇌염 ④ 유행성 간염

> 해설
> **세균성 감염병**
>
> | 호흡기계 | 디프테리아, 결핵, 폐렴, 나병(한센병), 백일해, 수막구균성수막염, 성홍열 |
> |---|---|
> | 소화기계 | 콜레라, 장티푸스, 세균성 이질, 파라티푸스, 파상열 |
> | 피부점막계 | 페스트, 파상풍, 매독, 임질 |

13 다음 계절 유형의 컬러 이미지 중 명도와 채도가 모두 낮은 유형은?

① 봄 ② 여름
✓ ③ 가을 ④ 겨울

> 해설
> ① 고채도, 고명도
> ② 저채도, 고명도
> ④ 고채도, 저명도(명도 차이 분명)

14 다음 중 화장품에 주로 사용되는 주요 방부제는?

① 에탄올
② 글리세린
✓ ③ 파라옥시안식향산메틸
④ BHT

> 해설
> 화장품에 주로 사용되는 방부제로는 파라옥시안식향산메틸, 파라옥시안식향산프로필, 이미다졸리디닐우레아 등이 있다.

15 혼주의 한복 메이크업에 대한 설명으로 옳지 않은 것은?

① 한복 컬러 계열과 맞춰서 립 컬러를 선택한다.
② 단아하면서도 한국적이고 고상함이 느껴지도록 연출한다.
✓ ③ 화려하거나 강한 색상으로 메이크업하여 축하 분위기를 돋운다.
④ 색조 메이크업은 저고리 깃이나 고름의 색상에 맞추어 선택한다.

해설
③ 혼주의 한복 메이크업 시에는 화려하거나 강한 색상은 피해야 한다.

16 세안용 화장품의 구비 조건으로 적절하지 않은 것은?

✓ ① 안정성 – 물이 묻거나 건조해지면 형과 질이 잘 변해야 한다.
② 용해성 – 냉수나 온탕에 잘 풀려야 한다.
③ 기포성 – 거품이 잘 나고 세정력이 있어야 한다.
④ 자극성 – 피부를 자극시키지 않고 쾌적한 방향이 있어야 한다.

해설
세안용 화장품의 구비 조건
- 안정성 : 제품이 변색, 변질, 변취, 미생물 오염이 없어야 한다.
- 용해성 : 냉수나 온탕에 잘 풀려야 한다.
- 기포성 : 거품이 잘 나고 세정력이 있어야 한다.
- 자극성 : 피부를 자극시키지 않고 쾌적한 방향이 있어야 한다.

17 수건, 티슈 등에 1~2방울 떨어뜨리고 냄새를 맡는 에션셜 오일의 활용 방법은?

① 확산법　　✓ ② 흡입법
③ 마사지법　　④ 입욕법

해설
에센셜 오일 활용법

흡입법	• 코로 직접 아로마 향기를 들이마시는 법 • 손수건, 티슈 등에 1~2방울 떨어뜨리고 냄새를 맡음
확산법	• 아로마 램프나 훈증기 등을 이용해 오일 입자를 공기 중에 발산시키는 방법 • 불면증, 신경안정 등에 효과적
입욕법	• 족욕, 좌욕, 입욕을 이용하는 방법 • 욕조에 오일을 3~5방울 떨어뜨린 후 몸을 담그는 방법
마사지법	오일을 희석 후 원하는 부위에 도포하여 마사지하는 방법

18 메이크업 베이스의 색상별 사용법으로 잘못된 것은?

① 흰색 – 어두운 피부를 보정한다.
② 그린 – 붉은 피부 톤을 조절한다.
③ 핑크 – 창백한 얼굴에 혈색을 부여한다.
✓ ④ 보라 – 잡티가 있는 피부에 사용한다.

해설
보라색은 노란 피부를 보정할 때 사용하며, 잡티가 있는 피부에는 연녹색 계열을 사용한다.

19 청순하고 사랑스러운 이미지 연출을 위한 웨딩 메이크업을 진행할 때 적합하지 않은 컬러는?

① 핑크　　② 퍼플
③ 살구　　✔ 그레이

해설
④ 그레이 컬러는 엘레강스(elegance) 이미지 연출을 위해 사용한다.
로맨틱(romantic) 이미지가 웨딩 콘셉트일 경우, 청순하고 사랑스러운 이미지 연출을 위해 핑크, 퍼플, 살구 계열의 색상을 믹스하여 사용한다.

20 소독과 멸균에 관련된 용어 해설 중 틀린 것은?

① 살균 – 생활력을 가지고 있는 미생물을 여러 가지 물리·화학적 작용에 의해 급속히 죽이는 것을 말한다.
② 방부 – 병원성 미생물의 발육을 정지시켜서 음식물의 부패나 발효를 방지하는 것을 말한다.
✔ 소독 – 사람에게 유해한 미생물을 파괴시켜 감염의 위험성을 제거하는 비교적 강한 살균작용으로 세균의 포자까지 사멸하는 것을 말한다.
④ 멸균 – 병원성 또는 비병원성 미생물 및 포자를 가진 것을 전부 사멸 또는 제거하는 것을 말한다.

해설
소독은 병원성 미생물의 생활력을 파괴하여 감염력을 없애는 것을 말한다. 포자는 살아남을 수 있다.

21 수질오염의 지표로 사용하는 "생물학적 산소요구량"을 나타내는 용어는?

✔ BOD　　② DO
③ COD　　④ SS

해설
BOD는 생물학적 산소요구량, DO는 용존산소량, COD는 화학적 산소요구량, SS는 부유물질을 말한다.

22 클렌징에 대한 설명으로 틀린 것은?

① 클렌징은 노폐물의 피부 침투를 막기 위해 신속하게 수행한다.
② 클렌징에는 죽은 각질을 제거하여 피부 표면을 부드럽게 하는 기능이 있다.
③ 클렌징 후 화장솜에 화장수를 적셔 피부결 방향으로 닦아 마무리한다.
✔ 클렌징 로션이나 크림은 시원한 상태로 도포할 수 있게 도구를 이용하여 덜어낸다.

해설
④ 클렌징 로션 또는 크림을 손바닥에 덜어 따뜻하게 한 후에 얼굴과 목에 나누어 펴 바른다.

23 눈썹산의 위치는 눈썹 전체 길이의 어느 지점에 오도록 해야 하는가?

① 1/3　　☑ ② 2/3
③ 1/4　　④ 3/4

해설
눈썹산은 눈썹 길이의 2/3 지점에 오도록 하며 얼굴형을 고려했을 때 지나치게 높지 않아야 한다.

24 다음 중 퍼스널 컬러와 진단에 대한 설명으로 옳지 않은 것은?

☑ ① 얼굴의 붉은빛이 많이 보이는 변화는 안색을 좋게 보이게 하는 퍼스널 컬러의 긍정적 효과 중 하나이다.
② 퍼스널 컬러는 개인이 타고날 때부터 가지고 있는 신체 색을 뜻한다.
③ 퍼스널 컬러의 결정 요인으로 개인의 피부와 머리카락, 눈동자 색 등이 있다.
④ 진단을 위해 컬러 진단 천을 이용하는 것을 컬러 드레이핑 측정이라고 한다.

해설
퍼스널 컬러의 긍정적 효과
- 얼굴의 붉은빛이 적게 보이는 변화
- 피부가 건강하게 보이는 변화
- 피부의 고르지 않은 부분과 피부의 잡티가 적게 보이는 변화
- 주름살이 연하고 얼굴에 그림자 지는 부분이 적게 보이는 변화
- 얼굴이 부드럽고 젊어 보이는 변화
- 얼굴의 윤곽선이 선명해 보이는 변화
- 눈동자가 빛나며 눈동자 색이 강하게 보이는 변화

25 고객 응대 시 바람직하지 않은 자세는?

① '죄송합니다만' 등의 쿠션어를 덧붙여 말하도록 한다.
② 쉬운 단어와 문장으로 간결하게 말한다.
③ 발음에 유의하여 적당한 속도로 강약을 조절하여 말한다.
☑ ④ 고객의 무리한 요구에는 단번에 명확하게 거절한다.

해설
고객의 무리한 요구가 있는 경우 단답식 부정형보다는 긍정형으로 말하여 상황을 부드럽게 한다.

26 주로 피부의 결을 고르게 보이게 하기 위해서 피부 전체에 바르는 파운데이션과 파우더의 양에 따라 표현되는 메이크업 디자인 요소는?

① 색　　② 형태
☑ ③ 질감　　④ 착시

해설
① 색 : 메이크업에서 피부를 돋보이게 하고 얼굴의 형태를 수정·보완해 주며 입체를 부여하고 의상, 헤어스타일과의 조화를 통하여 개성을 부각함으로써 상황에 맞도록 메시지를 전달하는 역할을 한다.
② 형태 : 선과 면으로 표현되며 눈썹 라인, 입술 라인, 아이라인 등은 선으로 표현하고 얼굴형, 아이섀도, 볼, 입술 등은 면으로 표현한다.
④ 착시 : 크기나 모양이 같아도 선이나 색에 따라 눈이 착각을 일으켜 다르게 보일 수 있는 것으로 메이크업에서는 이를 이용하여 개성을 강조하고 단점을 수정하여 원하는 이미지를 만들어 낼 수 있다.

27 파운데이션에 대한 설명 중 잘못된 것은?

① 건성 피부에는 리퀴드, 크림 타입의 파운데이션이 적당하다.
② 어두운 피부에 진한 컬러의 파운데이션을 사용하면 나이 들어 보일 수 있다.
③ 피부가 얇은 눈과 입 주변 부위에는 파운데이션을 얇게 바른다.
✓ ④ 투웨이케이크 파운데이션은 번들거림이 없고 가벼워 중년 여성이 사용하기 적합하다.

해설
투웨이케이크 타입은 파운데이션과 파우더를 압축시킨 형태로 커버력, 밀착력이 좋고 습기에 강하지만 자주 사용하면 피부 건조를 유발하므로 유분이 적고 피부가 건조한 중년 여성에게 적합하지 않다.

28 엘레강스 이미지에 맞는 메이크업과 스타일링에 대한 설명으로 옳은 것은?

① 스트롱, 비비드 톤의 밝은 컬러감으로 연출한다.
✓ ② 피치 색상으로 혈색 있는 볼을 만든다.
③ 무늬가 없고 차가운 단색 의상을 입는다.
④ 레이스, 프릴, 리본, 코사지 장식을 사용한다.

해설
엘레강스 이미지 연출
• 헤어스타일 : 업스타일
• 의상 : 광택 있고 부드러운 곡선을 살린 의상
• 소품 : 진주, 실크 스카프, 토트백

29 파운데이션을 바르기 위한 기법 중 가장 기초적인 방법으로, 제품을 얼굴 중심에서 바깥쪽으로 고르게 문지르듯 펴 바르는 방법은?

① 패팅(patting) 기법
✓ ② 슬라이딩(sliding) 기법
③ 블렌딩(blending) 기법
④ 페더링(feathering) 기법

해설
① 패팅 기법 : 제품을 고르게 펴고 손가락이나 스펀지 등으로 가볍게 두드리며 바르는 방법이다.
③ 블렌딩 기법 : 셰이딩 색, 하이라이트 색 등을 파운데이션 베이스 색과 경계가 생기지 않도록 혼합하듯 바르는 방법이다.
④ 페더링 기법 : 선 경계가 뚜렷하지 않게 연결되어 자연스러워 보이게 하는 방법이다.

30 승홍수의 설명으로 틀린 것은?

① 금속을 부식시키는 성질이 있다.
✓ ② 살균력이 일반적으로 약한 편이다.
③ 염화칼륨을 첨가하면 자극성이 완화된다.
④ 피부 소독에는 0.1%의 수용액을 사용한다.

해설
승홍수는 강력한 살균력이 있으며, 0.1% 수용액을 손, 피부 소독에 사용한다. 피부 점막에 자극이 강해서 상처가 있는 피부에는 적합하지 않고, 금속 부식성이 있어 금속류 소독에는 사용할 수 없다.

31 다음 중 윤곽 수정 메이크업의 방법으로 잘못된 것은?

① 둥근 얼굴형은 얼굴이 길어 보이도록 양쪽 볼 측면에 셰이딩을 한다.
❷ 긴 얼굴형은 T존에 하이라이트를 연출한다.
③ 역삼각 얼굴형은 이마가 넓은 편이므로 양쪽 이마에 셰이딩 처리를 한다.
④ 베이스용 파운데이션은 목의 색과 비교하여 자연스러운 색을 선택한다.

해설
T존에 하이라이트를 연출하면 세로 길이가 강조되므로 긴 얼굴형에 적당하지 않다. 긴 얼굴형은 이마 중앙과 눈 밑에 수평형으로 하이라이트를 연출한다.

32 아이섀도 연출 시 주의사항으로 옳지 않은 것은?

① 베이스 섀도는 눈두덩이에 넓게 바른다.
② 베이스 섀도는 피부 톤과 비슷한 색상을 사용한다.
❸ 포인트 섀도는 메인 섀도보다 옅은 색상을 선택한다.
④ 메인 섀도는 눈을 떴을 때 보이는 부분까지 바른다.

해설
포인트 섀도는 베이스 섀도나 메인 섀도보다 짙은 색을 선택하여 눈의 크기나 형태에 따라 쌍꺼풀 부위나 눈꼬리 부분 등에 바른다.

33 다음 빈칸에 들어갈 도구로 올바른 것은?

> 얼굴에 음영을 줄 때 사용하는 도구는 (㉠)이고, 베이스 메이크업 제품을 위생적으로 덜어 쓰기 위해 사용하는 도구는 (㉡)이다.

① ㉠ 스크루 브러시, ㉡ 샤프너
② ㉠ 팬 브러시, ㉡ 스패츌러
③ ㉠ 컨실러 브러시, ㉡ 면봉
❹ ㉠ 노즈섀도 브러시, ㉡ 스패츌러

해설
미용 도구
- 스크루 브러시 : 뭉친 마스카라를 풀거나 눈썹 결을 정리할 때 사용하는 브러시이다.
- 샤프너 : 눈, 눈썹, 입술 등에 선을 그릴 때 사용하는 펜슬을 깎는 데 사용한다.
- 팬 브러시 : 파우더나 아이섀도 가루의 여분을 털어낼 때 사용하는 브러시이다.
- 컨실러 브러시 : 점, 기미와 같은 작은 잡티나 다크서클처럼 커버가 필요한 곳에 사용한다.
- 면봉 : 눈 주위나 입술 등 섬세한 화장의 수정 시 많이 사용된다.

34 메이크업 베이스의 기능이 아닌 것은?

① 자외선으로부터 피부를 보호한다.
② 파운데이션의 밀착성과 지속력 효과를 높인다.
③ 얼굴의 피부 톤을 조절한다.
❹ 메이크업이 땀과 물에 얼룩지는 것을 방지한다.

해설
땀과 물을 흡수하여 메이크업이 얼룩지는 것을 방지하는 제품은 파우더이다.

35 건조가 빠르고 내수성이 좋아 여름철에 사용하기에 유용한 마스카라는?

① 투명 마스카라
② 볼륨 마스카라
③ 롱래시 마스카라
④ 워터프루프 마스카라 ✓

> **해설**
> 워터프루프 마스카라는 건조가 빠르고 내수성이 좋아 여름철에 유용하며, 물에 강해 눈 주위가 쉽게 번지는 사람에게 효과적이다.

36 무대 공연 조명색에 따른 메이크업 색상 변화로 잘못 연결된 것은?

① 레드 메이크업 색상 + 바이올렛 조명 = 블랙
② 옐로 메이크업 색상 + 그린 조명 = 어두운 그레이
③ 그린 메이크업 색상 + 블루 조명 = 옅은 그린 ✓
④ 바이올렛 메이크업 색상 + 옐로 조명 = 핑크

> **해설**
> 그린 메이크업 색상에 블루 조명을 비추었을 경우에는 어두운 그린으로 보인다. 옅은 그린은 그린 메이크업 색상에 그린 조명을 비추었을 경우이다.

37 오염된 주사기, 면도날 등으로 인해 감염이 잘 되는 만성 감염병은?

① 렙토스피라증
② 트라코마
③ B형간염 ✓
④ 파라티푸스

> **해설**
> B형간염은 혈액을 통해 감염되며 오염된 면도날, 주삿바늘, 손톱깎이 등 상처가 날 수 있는 기구 사용 시 감염될 수 있으므로, 주의를 요한다.

38 다음에서 설명하는 메이크업이 가장 잘 어울리는 계절은?

> 성숙하고 차분한 이미지가 느껴지도록 음영을 강조하고, 자연스러운 흑갈색을 사용하여 아이라인을 약간 길게 빼서 깊은 눈매를 연출하는 것이 좋다.

① 봄   ② 여름
③ 가을 ✓   ④ 겨울

> **해설**
> 가을 메이크업의 특징 및 연출 방법
>
> | | |
> |---|---|
> | 특징 | 지성미, 차분함, 음영 강조 |
> | 베이스 | 베이지 계열 파운데이션을 사용하여 따뜻하게 표현 |
> | 아이브로 | 자연스러운 흑갈색을 사용하고 각진 형태로 연출하여 지성미 표현 |
> | 아이 | 골드, 카키, 베이지, 브라운 계열 색상으로 눈매를 그윽하게 연출, 아이라인을 약간 길게 빼서 깊은 눈매 연출 |
> | 립 · 치크 | 립은 짙은 오렌지, 다크 브라운, 골드를 혼합하여 발라 주고, 치크는 베이지 브라운 또는 핑크 브라운 등으로 안정감을 주는 이미지 연출 |

39 립 메이크업에 대한 설명으로 옳지 않은 것은?

① 파운데이션으로 입술색을 최대한 커버한 후 립스틱을 바른다.
② 립스틱으로 입술 안쪽을 채운 후 필요시 티슈로 유분기를 제거한다.
③ ✓ 주름이 많은 입술은 펄감이 있는 립스틱을 발라 주름이 도드라져 보이지 않게 한다.
④ 입술산을 기준으로 대칭이 되도록 립스틱을 입술 전체에 바른다.

> **해설**
> 주름이 많은 입술은 파우더로 입술의 유분기를 없애 주름 사이로 립스틱이 번지는 것을 방지한 뒤 라인을 선명하게 그리고, 연한 색상의 매트한 립스틱을 바른다.

40 속눈썹 연장에 필요한 재료와 도구에 대한 설명으로 옳은 것은?

① ✓ 송풍기 – 시술 완성 후 글루를 건조할 때 사용한다.
② 전처리제 – 가모를 제거하거나 글루를 닦을 때 사용한다.
③ 글루 리무버 – 속눈썹에 가모를 붙이는 접착제이다.
④ 마이크로 브러시 – 시술 전후 이물질이나 잔여물을 털 때 사용한다.

> **해설**
> ② 전처리제 : 시술 전 속눈썹에 있는 이물질이나 유분기를 제거할 때 사용한다.
> ③ 글루 리무버 : 가모를 제거하거나 글루을 닦아낼 때 사용한다.
> ④ 마이크로 브러시 : 글루 리무버를 묻혀 가모를 제거할 때 사용한다.

41 세련되고 지적인 영화 캐릭터를 연출할 때 적합한 치크 색상은?

① 핑크
② 로즈
③ 오렌지
④ ✓ 브라운

> **해설**
> ① 핑크 : 귀엽고 사랑스러운 이미지
> ② 로즈 : 화사하고 여성스러운 이미지
> ③ 오렌지 : 건강하고 밝은 이미지

42 눈 모양에 따른 속눈썹 연장 디자인으로 옳지 않은 것은?

① ✓ 튀어나온 눈 – JC컬, C컬의 다소 긴 가모로 연장한다.
② 가는 눈 – J, C컬 가모를 사용하여 부채꼴 모양으로 연장한다.
③ 처진 눈 – C, CC, L컬 등을 사용하여 눈꼬리가 올라가 보이도록 연장한다.
④ 미간이 넓은 눈 – C컬 가모로 눈 앞머리를 밀도나 컬을 높여 풍성하게 연장한다.

> **해설**
> 튀어나온 눈은 조금 짧은 J컬 가모로 눈 앞머리와 눈꼬리 부분에 포인트를 주어 부드러운 이미지로 연장한다.

43 패션 이미지와 피부 메이크업 연결이 바르지 않은 것은?

① 모던 – 실키한 피부 표현을 위해 쉬머한 제형으로 피부 표현
② 매니시 – 얼굴 윤곽을 직선적·남성적 이미지로 강조되게 파운데이션으로 표현
③ 로맨틱 – 한 톤 밝은 색상의 파운데이션을 이용하여 화사하고 밝게 표현
✓ 에스닉 – 활동적 이미지 전달을 위해 피부 톤을 글로시하게 표현

> **해설**
> 에스닉 패션 이미지는 민족풍의 메이크업에 따라 콘셉트에 맞게 매트 또는 촉촉하게 연출되는 피부를 표현한다.

44 노인 캐릭터 메이크업을 라텍스 빌드업으로 표현할 때 채색에 사용하는 재료는?

① 실리콘 슬랩
✓ RMG
③ 크림 파운데이션
④ 아세톤

> **해설**
> RMG(Rubber Mask Grease)는 고무와 기름 성분으로 만들어진 파운데이션으로 라텍스나 볼드캡 메이크업 시 사용된다.

45 망 수염을 사용하여 수염을 표현할 때 옳지 않은 것은?

① 수염 접착제 부분에 광이 나는 경우 매트 피니시로 번들거림을 없앤다.
② 망 부착 후 젖은 광목으로 눌러 준 후 헤어스프레이로 고정해 준다.
✓ 제작된 망 수염을 부착할 부분의 바깥쪽부터 부착한다.
④ 털에 헤어스프레이 대신 라텍스를 발라 형태를 고정시킬 수도 있다.

> **해설**
> 제작된 망 수염을 부착할 부분의 중앙부터 부착하고 대칭을 확인하여 바깥쪽을 부착한다.

46 웨딩 촬영 메이크업에 대한 설명으로 옳지 않은 것은?

✓ 야외 촬영 시 커버력이 높은 파운데이션을 사용하고 파우더는 생략한다.
② 촬영 시 사용되는 조명을 고려한 메이크업이 필요하다.
③ 촬영 시 사용되는 카메라를 고려한 메이크업이 필요하다.
④ 장시간 촬영이 예상되면 지속력이 높은 제품을 사용해야 한다.

> **해설**
> 파우더는 파운데이션의 유분기를 제거하여 메이크업의 지속력을 높이고, 메이크업이 땀과 물에 얼룩지는 것을 방지한다.

47 가족계획과 뜻이 가장 가까운 것은?

① 불임시술   ② 임신중절
③ 수태제한   ④ **계획출산** ✓

해설
가족계획은 개인과 가족이 원하는 시기에 임신과 출산을 할 수 있도록 지원하는 보건의료 서비스로, 건강한 자녀 출산과 계획적인 가정 형성을 돕는 과정이다.

48 무대 공연 캐릭터 메이크업 시 가발에 대한 설명으로 가장 적절한 것은?

① 가발의 정중앙 위치를 확인하여 머리 뒤쪽부터 자리를 잡고 손으로 고정한 후 앞목 방향으로 당겨 가발을 씌운다.
② 가발 착용 시 머리망 위에 가급적 핀을 많이 꽂아 단단히 벗겨지지 않도록 한다.
③ **배우가 땀이 많은 경우 가발 착용 전 헤어를 단단히 고정하고 두피에 파우더를 바른다.** ✓
④ 헤어라인이 망사로 된 가발은 정제수를 사용하여 접착제를 먼저 제거한 후 세탁한다.

해설
① 가발의 정중앙 위치를 확인하여 머리 앞쪽부터 자리를 잡고 손으로 고정한 후 뒷목 방향으로 당겨 가발을 씌운다.
② 가발 착용 시 머리망 위에 지나치게 핀을 많이 꽂지 않도록 한다.
④ 헤어라인이 망사로 된 가발은 알코올을 사용하여 접착제를 먼저 제거한 후 세탁한다.

49 피지와 땀의 분비 저하로 유·수분의 균형이 정상적이지 못하고, 피부결이 얇으며 주름이 쉽게 형성되는 피부는?

① **건성 피부** ✓   ② 지성 피부
③ 정상 피부   ④ 민감 피부

해설
건성 피부
- 피지와 땀의 분비가 적어 건조하고 윤기가 없음(모공이 작음)
- 피부가 거칠어 보이고 잔주름이 많이 나타남
- 세안 후 당김이 심하며, 화장이 잘 받지 않고 들뜨기 쉬움
- 관리가 소홀해지면 피부 노화현상이 빠르게 나타남
- 각질층의 수분 함량이 10% 이하로 부족

50 실내에 다수인이 밀집한 상태에서 실내 공기의 변화는?

① 기온 상승 - 습도 증가 - 이산화탄소 감소
② 기온 하강 - 습도 증가 - 이산화탄소 감소
③ **기온 상승 - 습도 증가 - 이산화탄소 증가** ✓
④ 기온 상승 - 습도 감소 - 이산화탄소 증가

해설
밀폐된 공간에 다수인이 밀집한 상태에서는 기온이 상승하고, 습도와 이산화탄소가 모두 증가한다.

51 건열멸균법에 대한 설명 중 틀린 것은?

① 드라이 오븐(dry oven)을 사용한다.
② 유리제품이나 주사기 등에 적합하다.
③ 젖은 손으로 조작하지 않는다.
✔ 110~130℃에서 1시간 내에 실시한다.

> **해설**
> 건열멸균법은 건열멸균기(dry oven)를 이용하는 방법으로, 보통 멸균기 내의 온도 160~180℃에서 1~2시간 가열한다. 유리제품, 금속류, 사기그릇, 주사기, 분말 등의 멸균에 이용(미생물과 포자를 사멸)된다.

52 다음 중 화학적 살균법이라고 할 수 없는 것은?

✔ 자외선살균법
② 알코올살균법
③ 염소살균법
④ 과산화수소살균법

> **해설**
> 화학적 소독법은 소독약을 사용해 균 자체에 화학적 반응을 일으켜서 세균의 생활력을 제거하여 살균하는 방법이다. 자외선살균법은 약품을 쓰지 않고 자외선을 이용하여 소독하는 방법으로 200~290nm의 파장 범위의 자외선을 조사하여 살균한다. 특히 260nm 부근에서 살균력이 강하다.

53 다음 중 멜라닌 세포에 관한 설명으로 옳지 않은 것은?

✔ 과립층에 위치한다.
② 색소를 형성하는 세포이다.
③ 표피를 구성하는 세포의 약 4~10%를 차지한다.
④ 멜라닌의 기능은 자외선으로부터의 보호작용이다.

> **해설**
> ① 멜라닌 세포(색소형성 세포)는 표피의 기저층에 위치한다.

54 이용업 및 미용업이 속하는 영업 범위로 옳은 것은?

✔ 공중위생영업
② 위생관련영업
③ 위생처리업
④ 위생관리용역업

> **해설**
> "공중위생영업"이라 함은 다수인을 대상으로 위생관리서비스를 제공하는 영업으로서 숙박업·목욕장업·이용업·미용업·세탁업·건물위생관리업을 말한다(법 제2조 제1항).

55 이·미용업소 내 반드시 게시하여야 할 사항으로 옳은 것은?

① 요금표 및 준수사항만 게시하면 된다.
② 이·미용업 신고증만 게시하면 된다.
③ 이·미용업 면허증 사본, 최종지급요금표를 게시하면 된다.
④ ✔ 이·미용업 신고증, 면허증 원본, 요금표를 게시하여야 한다.

> **해설**
> 이·미용업자 준수사항(규칙 [별표 4])
> • 영업소 내부에 이·미용업 신고증 및 개설자의 면허증 원본을 게시하여야 한다.
> • 영업소 내부에 최종지급요금표(부가가치세, 재료비 및 봉사료 등이 포함된 요금표)를 게시 또는 부착하여야 한다.

56 미용업 영업자가 위생교육을 받지 아니한 때에 대한 과태료 처분기준은?

① 100만 원 이하의 과태료
② ✔ 200만 원 이하의 과태료
③ 300만 원 이하의 과태료
④ 500만 원 이하의 과태료

> **해설**
> 과태료(법 제22조 제2항)
> 다음의 어느 하나에 해당하는 자는 200만 원 이하의 과태료에 처한다.
> • 이·미용업소의 위생관리 의무를 지키지 아니한 자
> • 영업소 외의 장소에서 이용 또는 미용업무를 행한 자
> • 위생교육을 받지 아니한 자

57 이·미용업소의 시설 및 설비기준으로 적합한 것은?

① 밀폐된 별실을 24개 이상 둘 수 있다.
② 소독기, 적외선 살균기 등 기구를 소독하는 장비를 갖추어야 한다.
③ ✔ 소독을 한 기구와 소독을 하지 아니한 기구를 구분하여 보관할 수 있는 용기를 비치하여야 한다.
④ 작업장소와 응접장소, 상담실, 탈의실 등을 분리하여 칸막이를 설치하려는 때에는 각각 전체 벽 면적의 2분의 1 이상은 투명하게 하여야 한다.

> **해설**
> ①·④ 이용업소 안에는 별실 그 밖에 이와 유사한 시설을 설치하여서는 아니 된다.
> ② 소독기, 자외선 살균기 등 이·미용기구를 소독하는 장비를 갖추어야 한다.
> ※ 규칙 [별표 1] 참고

58 무대 캐릭터를 만들고자 할 때 가느다란 눈의 이미지와 가장 거리가 먼 것은?

① 섬세함   ② 관찰력
③ 인내력   ④ ✔ 내성적

> **해설**
> 가느다란 눈이 가지고 있는 이미지로는 섬세함, 예리함, 관찰력, 냉정, 인내력 등이 있다.

59 다음 중 이·미용사 면허증의 재발급을 받을 수 있는 자는?

① 뇌전증환자
② 피성년후견인
③ 면허증을 다른 사람에게 대여한 자
✅ ④ 면허증이 헐어 못쓰게 된 자

> [해설]
> 이용사 또는 미용사는 면허증의 기재사항에 변경이 있는 때, 면허증을 잃어버린 때 또는 면허증이 헐어 못쓰게 된 때에는 면허증의 재발급을 신청할 수 있다(규칙 제10조 제1항).

60 색의 혼합에 대한 설명이 아닌 것은?

① 가산 혼합과 감산 혼합이 있다.
✅ ② 가산 혼합은 색을 더했을 때 점점 어두워진다.
③ 색광 혼합의 3원색은 빨강, 녹색, 파랑이다.
④ 감산 혼합의 예로 물감, 잉크 등이 있다.

> [해설]
> 감산 혼합이 색을 더했을 때 점점 어두워진다.

PART 02

모의고사

제1회~제7회 모의고사
정답 및 해설

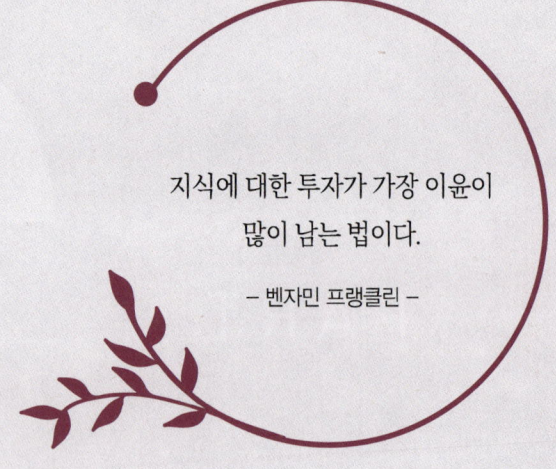

지식에 대한 투자가 가장 이윤이
많이 남는 법이다.

- 벤자민 프랭클린 -

자격증 • 공무원 • 금융/보험 • 면허증 • 언어/외국어 • 검정고시/독학사 • 기업체/취업
이 시대의 모든 합격! 시대에듀에서 합격하세요!
www.youtube.com → 시대에듀 → 구독

제 1회 모의고사

> 정답 및 해설 p.188

01 한국의 화장 용어 중 혼례 등 의례 때의 화장법으로 또렷하게 표현한 화장을 의미하는 것은?

① 담장　　② 농장
③ 염장　　④ 응장

02 의학의 대가 히포크라테스의 피부병 연구로, 건강한 아름다움을 위한 미용식이, 일광욕, 목욕 및 마사지 등이 유행한 시대는?

① 이집트 시대
② 그리스 시대
③ 르네상스 시대
④ 로코코 시대

03 쾌적한 작업 환경과 실내 공기 유지를 위한 적정 습도로 옳은 것은?

① 20~50% 범위를 유지
② 30~60% 범위를 유지
③ 40~70% 범위를 유지
④ 50~80% 범위를 유지

04 가장 이상적인 피부의 pH 범위로 적절한 것은?

① pH 3.5~4.5
② pH 5.2~5.8
③ pH 6.5~7.2
④ pH 7.5~8.2

05 출생률보다 사망률이 낮으며 14세 이하 인구가 65세 이상 인구의 2배를 초과하는 인구 구성형태는?

① 피라미드형　　② 종형
③ 항아리형　　　④ 별형

06 광노화 현상이 아닌 것은?

① 표피 두께 증가
② 멜라닌 세포 이상 항진
③ 체내 수분 증가
④ 진피 내의 모세혈관 확장

제1회 :: 모의고사　**109**

07 탄수화물에 대한 설명으로 적절하지 않은 것은?

① 당질이라고도 하며 신체의 중요한 에너지원이다.
② 장에서 포도당, 과당 및 갈락토스로 흡수된다.
③ 지나친 탄수화물의 섭취는 신체를 알칼리성 체질로 만든다.
④ 탄수화물의 소화 흡수율은 매우 높다.

08 자외선에 대한 설명으로 옳은 것은?

① UV-A의 파장은 200~290nm이다.
② UV-B는 건선, 백반증, 피부 T세포 림프종 치료에도 사용된다.
③ UV-A는 피부 표피까지 깊게 침투한다.
④ UV-C의 파장은 320~400nm이다.

09 다음 중 기초 화장품의 기능과 거리가 먼 것은?

① 세정
② 미백
③ 피부 정돈
④ 피부 보호

10 아하(AHA)의 설명이 아닌 것은?

① 각질 제거 및 보습기능이 있다.
② 글리콜릭산, 젖산, 사과산, 주석산, 구연산이 있다.
③ 알파 하이드록시카프로익 애시드(Alpha Hydroxycaproic Acid)의 약어이다.
④ 피부와 점막에 약간의 자극이 있다.

11 다음 중 오물, 배설물의 소독에 가장 적당한 것은?

① 크레졸   ② 오존
③ 염소   ④ 승홍

12 피부 유형에 맞는 화장품 선택으로 잘못된 것은?

① 건성 피부 – 유분과 수분이 많이 함유된 화장품
② 민감성 피부 – 향, 색소, 방부제가 함유되지 않거나 적게 함유된 화장품
③ 지성 피부 – 피지조절제가 함유된 화장품
④ 정상 피부 – 오일이 함유되어 있지 않은 오일 프리(oil free) 화장품

13 다음 중 미백 화장품에 사용되는 원료가 아닌 것은?

① 알부틴
② 코직산
③ 레티놀
④ 비타민 C 유도체

14 좋아하는 향수를 구입하여 샤워 후 보디에 나만의 향으로 산뜻하고 상쾌함을 유지시키고자 한다면, 부향률은 어느 정도로 하는 것이 좋은가?

① 1~3%
② 3~5%
③ 6~8%
④ 9~12%

15 공중보건학의 목적으로 옳지 않은 것은?

① 질병 예방
② 수명 연장
③ 물질적 풍요
④ 육체적, 정신적 건강 및 효율의 증진

16 본식 웨딩 메이크업의 특징으로 옳지 않은 것은?

① 보디 메이크업과 조화를 이루는 메이크업이어야 한다.
② 화사한 컬러를 사용하면서도 자연스러운 메이크업을 연출한다.
③ 다소 두꺼운 광채 피부와 라인을 강조하여 또렷한 인상을 연출한다.
④ 피부 결을 살린 촉촉한 베이스로 주름이나 결점이 드러나지 않도록 주의한다.

17 실내 웨딩 메이크업의 특징으로 옳지 않은 것은?

① 조명의 영향을 많이 받으므로 빛을 확인하는 것이 기본이다.
② 장시간 진행되므로 건강한 피부 표현, 메이크업의 지속력과 밀착감이 중요하다.
③ 주요 색상을 결정할 때 신부의 이미지, 계절, 웨딩드레스의 색 등을 먼저 고려한다.
④ 주인공인 신부가 돋보일 수 있도록 과감하게 윤곽을 수정하고 강한 눈 화장을 해야 한다.

18 아이브로의 역할이 아닌 것은?

① 얼굴의 인상을 결정한다.
② 얼굴형이나 눈매를 보완한다.
③ 눈에 음영을 주어 입체감을 살려준다.
④ 눈썹을 풍부하고 단정해 보이게 한다.

19 다음 중 물리적 소독 방법이 아닌 것은?

① 방사선멸균법
② 건열소독법
③ 고압증기멸균법
④ 생석회 소독법

20 고객관리의 중요성에 대한 설명으로 적당하지 않은 것은?

① 반복 구매율의 증가로 매출 증대라는 경제적인 효과를 얻을 수 있다.
② 입소문 효과로 신규고객을 유치할 수 있다.
③ 고객 만족도를 통한 단골 유지가 가능하다.
④ 고객정보로 부가가치를 창출할 수 있다.

21 온라인 고객 상담의 필요성으로 알맞지 않은 것은?

① 정보화 시대에서 정확한 정보를 제공할 수 있다.
② 타 매장의 정보를 공유할 수 있다.
③ 맞춤 상담으로 신뢰감이 향상된다.
④ 고객의 니즈와 관심에 초점을 맞춤으로써 고객의 만족도가 향상된다.

22 지구의 온난화 현상(global warming)의 주원인이 되는 주된 가스는?

① CO_2 ② CO
③ Ne ④ NO

23 다음 설명 중 옳지 않은 것은?

① 상악골은 위쪽 턱을 형성하는 뼈로 얼굴 뼈에서 가장 큰 부분을 차지한다.
② 전두골은 얼굴 상부의 형태를 결정한다.
③ 얼굴을 가로로 나눌 때 3등분의 위치는 헤어라인부터 눈썹까지이다.
④ 얼굴을 세로로 나눌 때 3등분의 위치는 왼쪽 눈 앞머리부터 오른쪽 눈 앞머리까지이다.

24 다음 중 퍼스널 컬러를 결정하는 요인이 아닌 것은?

① 계절별 피부색 변화 추이
② 홍채 색
③ 팔 안쪽 색
④ 뒷머리 두피

25 가을 색에 대한 설명으로 옳지 않은 것은?

① 여러 가지 갈색 톤과 깊이감 있는 컬러가 주를 이룬다.
② 명도와 채도가 낮아 선명하지 않고 완전한 자연색이며 우아한 이미지이다.
③ 노란색을 기본으로 하는 따뜻한 색으로 구분되며 선명하고 강하다.
④ 올리브 그린, 커피 브라운, 머스터드, 베이지 등이 있다.

26 감염병 유행지역에서 입국하는 사람이나 동물 또는 식품 등을 대상으로 실시하며 외국 질병의 국내 침입 방지를 위한 수단으로 쓰이는 것은?

① 격리
② 검역
③ 박멸
④ 병원소 제거

27 베이스 메이크업 제품들의 사용 방법 설명이 잘못된 것은?

① 요철이 많은 피부는 컨실러를 사용하여 요철을 메워준다.
② 색조 화장 전 메이크업 베이스를 사용하여 색소침착을 방지한다.
③ 메이크업 베이스 대용으로 BB크림을 활용할 수도 있다.
④ 파운데이션의 밀착력을 높이기 위해 슬라이딩과 패팅 기법을 사용하여 바른다.

28 소독약의 구비 조건으로 틀린 것은?

① 표백이 되고 위험성이 없어야 한다.
② 취급이 간편해야 한다.
③ 살균하고자 하는 대상물을 손상시키지 않아야 한다.
④ 살균력이 강해야 한다.

29 윤곽 수정 시 가로를 좀 더 길어 보이도록 이마, 코끝, 턱에 가로 방향으로 셰이딩을 주고 이마 중앙과 눈 밑으로 수평형으로 하이라이트를 연출하는 얼굴형은?

① 둥근 얼굴형
② 긴 얼굴형
③ 역삼각 얼굴형
④ 사각 얼굴형

30 복합성 피부를 가진 여성의 화장법에 대한 설명으로 잘못된 것은?

① T존과 U존 부위별로 각각 다른 화장품을 사용한다.
② U존 부위는 보습효과가 높은 화장수와 크림을 사용하여 유·수분을 조절한다.
③ T존은 크림 파운데이션보다 리퀴드 파운데이션이 적당하다.
④ U존 부위는 파운데이션을 충분히 발라 피부를 커버한다.

31 한복 메이크업 시 유의하여야 할 내용으로 옳지 않은 것은?

① 눈썹을 각지게 그려 강렬한 인상을 표현한다.
② 한 톤 밝은 파운데이션 컬러로 피부를 화사하게 표현한다.
③ 선을 섬세하게 그려서 한복의 우아한 이미지를 최대한 살린다.
④ 윗입술을 인 커브로 연출하여 한복에 어울리는 동양미가 느껴지게 한다.

32 웨딩드레스 컬러에 따른 메이크업에 대한 설명으로 옳은 것은?

① 드레스가 화이트일 경우의 이미지는 귀여움, 로맨틱함이다.
② 드레스가 핑크일 경우의 이미지는 순수함, 깨끗함이다.
③ 드레스가 아이보리일 경우 핑크와 베이지 톤을 사용하여 내추럴 이미지로 표현한다.
④ 드레스가 크림일 경우 골드와 피치 톤으로 우아하고 고급스러운 이미지로 표현한다.

33 피부별 클렌징 사용 방법으로 가장 적절하지 않은 것은?

① 건성 피부는 클렌징 크림으로 메이크업을 제거한 후 해면으로 닦아낸다.
② 지성 피부는 클렌징 워터나 클렌징 로션을 사용하여 메이크업을 제거한다.
③ 복합성 피부는 클렌징 오일로 메이크업을 제거한 후 폼 클렌저로 추가로 씻어낸다.
④ 민감성 피부는 클렌징 크림으로 메이크업을 제거하며 종종 스크럽 제품으로 피부결을 정돈한다.

34 다음 중 청량감이 있어 여름에 사용하기 좋은 메이크업 베이스는?

① 컨트롤 타입
② 크림 타입
③ 에센스 타입
④ 젤 타입

35 다음 중 유분 흡수 능력은 떨어지나 탄성이 좋고 세척이 가능한 스펀지는?

① 라텍스 스펀지
② 합성 스펀지
③ 해면 스펀지
④ 진동 스펀지

36 얼굴형에 따른 아이브로 표현 방법으로 옳지 않은 것은?

① 둥근형 - 눈썹산을 약간 높게 그린다.
② 달걀형 - 기본형 아이브로를 자연스럽게 그린다.
③ 역삼각형 - 눈썹산을 약간 앞으로 당겨 그린다.
④ 긴 형 - 본래 눈썹 형태보다 꼬리 부분을 늘려 약간 긴 형태로 그린다.

37 다음 중 신선한 느낌을 주며 봄 메이크업의 포인트로 적합한 아이섀도 컬러는?

① 퍼플 계열
② 그린 계열
③ 블루 계열
④ 브라운 계열

38 아이라인을 그리는 방법에 대한 설명으로 옳지 않은 것은?

① 부드럽고 자연스러운 이미지를 표현할 때는 브라운 컬러 아이라이너를 선택한다.
② 아이라인을 그릴 때에는 눈에 자극이 가지 않게 반드시 한 번에 그린다.
③ 눈 3/4 지점을 지나면서 1~2mm 끌어 올리고 눈보다 1~2mm 길게 그린다.
④ 속눈썹과 속눈썹 사이를 메운다는 느낌으로 그리면서 두께와 길이를 조절한다.

39 다음에서 설명하는 립 제품은?

> 빠르게 흡수되어 보습효과가 뛰어나며 입술 주름을 완화한다.

① 립밤
② 립틴트
③ 립글로스
④ 립스틱

40 치크 메이크업의 효과로 옳지 않은 것은?

① 피부 색조를 보정한다.
② 피부의 결점을 커버한다.
③ 얼굴에 입체감을 부여한다.
④ 혈색을 부여하여 활력 있어 보인다.

41 뮤지컬 무대에 어울리는 메이크업을 연출할 때 가장 적합한 속눈썹 길이는?

① 10~11mm
② 12~13mm
③ 15~16mm
④ 17~18mm

42 속눈썹 연장 시 가모(연장모)에 글루를 묻히는 지점은?

① 가모의 1/3 지점
② 가모의 1/2 지점
③ 가모의 2/3 지점
④ 가모의 1/4 지점

43 예술 작품을 방불케 하는 화려함과 반짝임으로 과감한 컬러와 질감을 표현하는 색조 메이크업 트렌드는?

① 액티브 이미지 메이크업
② Y2K 트렌드 메이크업
③ 맥시멀 메이크업
④ 글로시 립 메이크업

44 다음 중 매니시 이미지 메이크업 기법이 아닌 것은?

① 직선적인 검정 아이라인으로 눈매를 강조한다.
② 레드 브라운 색상의 립스틱으로 입술을 각지게 표현한다.
③ 무채색 계열을 이용하여 눈 메이크업을 강조한다.
④ 다크 그레이 색상을 이용하여 각진 상승형 눈썹을 표현한다.

45 흑백사진을 찍기 위한 메이크업 시 짙은 입술 표현에 적합한 색상은?

① 베이지 브라운
② 핑크나 오렌지
③ 레드나 펄핑크
④ 네이비나 블랙

46 패션 이미지 유형 중 다음과 같은 특징이 있는 이미지는?

> 독특한 재단과 스타일, 비대칭적이고 과장된 실루엣, 미니멀리즘과 볼륨감 있는 스타일의 조화 등으로 혁신적인 감각을 표현하면서 유머와 재미를 더해 주는 특징이 있다.

① 매니시(mannish) 이미지
② 액티브(active) 이미지
③ 에스닉(ethnic) 이미지
④ 아방가르드(avant-garde) 이미지

47 미디어 특성별 메이크업에 대한 설명으로 옳지 않은 것은?

① 영화 메이크업은 현실감과 생동감 있고 사실적이어야 한다.
② 드라마 캐릭터 메이크업 완성 후 촬영 현장에서 대기하며 메이크업을 체크한다.
③ 광고 메이크업 시 지면 광고는 정지 화면이므로 세심한 주의가 필요하다.
④ 스트레이트 메이크업은 연출자가 전달하고자 하는 내용을 간접적으로 보여 준다.

48 수염에 사용되는 털의 종류 중 인모와 비슷한 성질을 가지고 있고 가루 수염, 짧은 수염, 망 수염 제작에 적절한 재료는?

① 생사
② 인조사
③ 야크헤어
④ 크레이프 울

49 다음 중 음용수의 소독에 사용되는 것은?

① 표백분
② 염산
③ 과산화수소
④ 아이오딘팅크

50 패션쇼 무대 등에 이용되며 메이크업을 좀 더 세밀하고 꼼꼼하게 할 필요가 있는 무대는?

① 원형 무대
② 액자 무대
③ 돌출 무대
④ 가변 무대

51 온화하고 부드럽게 보이는 캐릭터를 만들고자 할 때 적절한 눈썹의 형태는?

① 긴 눈썹　② 처진 눈썹
③ 두꺼운 눈썹　④ 아치형 눈썹

52 국가의 보건 수준을 나타내는 지표로 가장 대표적으로 사용하고 있는 것은?

① 인구증가율　② 조사망률
③ 영아사망률　④ 질병발생률

53 표피 중에서 피부로부터 수분이 증발하는 것을 막는 층은?

① 각질층　② 기저층
③ 과립층　④ 유극층

54 다음 중 하수에서 용존산소량(DO)이 아주 낮다는 의미는?

① 수생식물이 잘 자랄 수 있는 물의 환경이다.
② 물고기가 잘 살 수 있는 물의 환경이다.
③ 물의 오염도가 높다는 의미이다.
④ 하수의 BOD가 낮은 것과 동일한 의미이다.

55 소독작용에 영향을 미치는 요인에 대한 설명으로 틀린 것은?

① 온도가 높을수록 소독효과가 크다.
② 유기물질이 많을수록 소독효과가 크다.
③ 접촉시간이 길수록 소독효과가 크다.
④ 농도가 높을수록 소독효과가 크다.

56 다음 중 미용업의 개설 및 그 업무에 종사할 수 있는 자는?

① 무면허 미용업자
② 미용사 응시자
③ 미용학원 수강자
④ 미용사 감독을 받는 미용업무 보조자

57 신고를 하지 않고 영업소 명칭 및 상호를 변경한 경우에 대한 1차 위반 시의 행정처분은?

① 주의
② 경고 또는 개선명령
③ 영업정지 15일
④ 영업정지 1월

58 공중위생영업소의 위생서비스수준 평가는 몇 년마다 실시하는가? (단, 특별한 경우는 제외한다.)

① 1년 ② 2년
③ 3년 ④ 5년

59 다음 빈칸에 들어갈 알맞은 내용은?

> 시장·군수·구청장은 이·미용업 영업자가 성매매처벌법 등을 위반하여 관계 행정기관의 장의 요청이 있는 때에는 (　) 이내의 기간을 정하여 영업의 정지 또는 일부 시설의 사용중지를 명하거나 영업소 폐쇄 등을 명할 수 있다.

① 3월 ② 6월
③ 1년 ④ 2년

60 다음 중 과태료 처분 대상에 해당하지 않는 자는?

① 관계공무원의 출입·검사 기타 조치를 기피한 자
② 영업소 폐쇄명령을 받고도 영업을 계속한 자
③ 이·미용업소 위생관리 의무를 지키지 아니한 자
④ 위생교육업자 중 위생교육을 받지 아니한 자

제2회 모의고사

01 개인이 갖는 지위, 신분, 직업 등을 구분해 주며, 사회적 관습 및 예절을 표현하는 메이크업의 기능은?

① 보호적 기능 ② 미화적 기능
③ 사회적 기능 ④ 심리적 기능

02 영육일치 사상으로 남녀 모두 깨끗한 몸과 단정한 옷차림을 추구하여 화장과 옷차림 등에 신경썼던 시대로 옳은 것은?

① 조선 ② 백제
③ 신라 ④ 고구려

03 메이크업 도구 및 재료의 관리 방법으로 옳은 것은?

① 수건 및 가운은 오염물질이 묻지 않은 경우 여러 번 사용한다.
② 스패츌러의 남은 화장품은 원래의 용기에 다시 덜어 놓는다.
③ 세척 후 물기를 제거한 브러시는 브러시 모가 위로 향하게 매달아 건조시킨다.
④ 아이래시컬러는 알코올이나 토너를 티슈에 묻혀 잔여물이 묻기 쉬운 프레임 상부 등을 닦는다.

04 내인성 노화가 진행될 때 나타나는 현상으로 옳은 것은?

① 주름 감소
② 각질층 두께 감소
③ 피지선의 기능 향상
④ 랑게르한스 세포수의 감소

05 건성 피부의 특징과 가장 거리가 먼 것은?

① 각질층의 수분이 50% 이하로 부족하다.
② 모공이 작다.
③ 피부가 손상되기 쉬우며 주름 발생이 쉽다.
④ 피부가 얇고 외관으로 피부결이 섬세해 보인다.

06 우리나라에서 의료보험이 전 국민에게 적용하게 된 시기는 언제부터인가?

① 1964년 ② 1977년
③ 1988년 ④ 1989년

07 다음 중 감염병 관리에 가장 어려움이 있는 사람은?

① 회복기 보균자
② 잠복기 보균자
③ 건강 보균자
④ 병후 보균자

08 다음 중 필수지방산이 아닌 것은?

① 리놀레산(linoleic acid)
② 리놀렌산(linolenic acid)
③ 타르타르산(tartaric acid)
④ 아라키돈산(arachidonic acid)

09 화농성 여드름 피부의 4단계에서 생성되는 것으로, 진피에 자리하고 있으며 통증이 동반되고 치료 후 흉터가 남는 것은?

① 구진 ② 농포
③ 결절 ④ 낭종

10 다음 화장품 중 그 분류가 다른 것은?

① 화장수 ② 클렌징 크림
③ 샴푸   ④ 팩

11 토양(흙)이 병원소가 될 수 있는 질환은?

① 디프테리아 ② 콜레라
③ 간염   ④ 파상풍

12 기능성 화장품의 주요 효과가 아닌 것은?

① 피부 주름 개선에 도움을 준다.
② 자외선으로부터 보호한다.
③ 피부를 청결히 하여 피부 건강을 유지한다.
④ 피부 미백에 도움을 준다.

13 계면활성제에 대한 설명으로 옳은 것은?

① 둥근 머리 모양의 소수성기와 막대 꼬리 모양의 친수성기를 가진다.
② 피부에 대한 자극은 양쪽성 > 양이온성 > 음이온성 > 비이온성의 순으로 감소한다.
③ 비이온성 계면활성제는 피부 자극이 적어 화장수의 가용화제, 크림의 유화제, 클렌징 크림의 세정제 등에 사용된다.
④ 양이온성 계면활성제는 세정작용이 우수하여 비누, 샴푸 등에 사용된다.

14 다음 중 글리세린의 가장 중요한 작용은?

① 소독작용
② 수분 유지작용
③ 탈수작용
④ 금속염 제거작용

15 다음 중 식물성 오일이 아닌 것은?

① 아보카도 오일
② 피마자 오일
③ 올리브 오일
④ 실리콘 오일

16 파운데이션에 대한 설명으로 옳은 것은?

① 피부의 유분기를 제거한다.
② 주근깨, 기미 등 피부 결점을 커버한다.
③ 지성 피부는 크림 타입의 파운데이션을 사용한다.
④ 잡티가 많은 피부는 리퀴드 타입의 파운데이션을 사용한다.

17 퍼스널 컬러 진단에 대한 설명으로 옳은 것은?

① 퍼스널 컬러 진단은 눈부시지 않게 일몰 이후에 실시하는 것이 좋다.
② 컬러 드레이핑을 활용하여 퍼스널 컬러 진단을 할 때는 화장을 하고 진단해야 정확하다.
③ 컬러 드레이핑을 이용한 퍼스널 컬러 진단은 중성광에서 진행하는 것이 좋다.
④ 컬러 드레이핑을 이용하여 퍼스널 컬러 진단을 진행할 때는 액세서리를 착용한 후 시행한다.

18 기업 입장에서 고객 상담이 필요한 이유로 알맞지 않은 것은?

① 신규고객을 확보할 수 있다.
② 다른 기업의 정보를 제공받을 수 있다.
③ 시장 다양화에 대한 소비자들의 심리를 분석할 수 있다.
④ 시장 경쟁에서 우위를 확보할 수 있다.

19 다음 중 아래쪽 턱을 형성하는 뼈로 얼굴형을 결정짓는 가장 중요한 요소는?

① 전두골
② 관골
③ 상악골
④ 하악골

20 개개인이 사용하는 색상과 그들의 신체 색상이 서로 관련이 있다는 것을 처음으로 알아낸 사람은?

① 요하네스 이텐
② 로버트 도어
③ 캐롤 잭슨
④ 알버트 먼셀

21 소독약의 사용과 보존상의 주의사항으로 틀린 것은?

① 모든 소독약은 미리 제조해 둔 뒤에 필요한 양만큼씩 두고 사용한다.
② 약품은 암냉장소에 보관하고, 라벨이 오염되지 않도록 한다.
③ 소독물체에 따라 적당한 소독약이나 소독 방법을 선정한다.
④ 병원미생물의 종류, 저항성 및 멸균·소독의 목적에 의해서 그 방법과 시간을 고려한다.

22 여름 유형의 대표적인 머리카락 색은?

① 골든 브라운
② 블루 블랙
③ 로즈 브라운
④ 적갈색

23 다음에서 설명하는 메이크업이 필요한 웨딩 장소는?

> 화사하고 자연스러운 핑크 계열의 피부를 표현해야 하고, 피부 톤보다 약간 더 밝은 파운데이션을 선택해야 하며, 사랑스럽고 로맨틱한 이미지를 연출한다.

① 호텔   ② 교회
③ 성당   ④ 예식장

24 야외 웨딩 메이크업 시의 피부 표현으로 적절하지 않은 것은?

① 약간 창백해 보일 정도로 밝아야 한다.
② 베이스 메이크업의 속은 촉촉하게 완성한다.
③ 베이스 메이크업의 겉은 세미 매트로 완성한다.
④ 라텍스 스펀지 등으로 파운데이션을 수정해야 한다.

25 기초 화장품에 대한 설명이 잘못된 것은?

① 화장수 – 피부의 pH 균형을 조절하여 피부를 촉촉하게 하고 모공 수축을 목적으로 한다.
② 로션 – 수분 함량 50~60%의 점성이 높은 크림으로 피부의 유·수분 균형을 조절한다.
③ 에센스 – 미용 성분을 고농축한 미용액이다.
④ 크림 – 보습, 피부 보호, 영양 공급 등 피부의 문제점을 개선하기 위해 사용한다.

26 부드러운 감촉으로 매끄럽게 잘 펴져 피부에 생동감을 부여하는 파우더의 성질은?

① 피복성   ② 신전성
③ 착색성   ④ 흡수성

27 다음 중 프라이머의 기능이 아닌 것은?

① 다음 단계 화장품의 밀착력을 높여 메이크업 지속력을 높인다.
② 피지를 조절하여 번들거림을 방지한다.
③ 피부색을 일정하게 조절한다.
④ 피부 요철을 메워 피부 표면을 매끈하게 정돈한다.

28 화장실, 하수도, 쓰레기통 소독에 가장 적합한 것은?

① 알코올   ② 염소
③ 승홍수   ④ 생석회

29 피부 유형과 기초 화장품 사용 방법의 연결이 잘못된 것은?

① 정상 피부 – 수분 에센스와 보습크림을 사용하여 피부 보습을 유지할 수 있게 관리한다.
② 건성 피부 – 보습효과가 있는 화장수와 영양 성분이 높은 건성용 크림을 사용한다.
③ 지성 피부 – 유연 성분이 있는 화장수와 영양크림을 사용한다.
④ 민감성 피부 – 무알코올 화장수나 식물성 보습크림 등을 사용한다.

30 다음 메이크업 도구에 대한 설명으로 잘못된 것은?

① 컨실러 브러시 - 잡티 등을 커버하고 음영을 줄 때 사용하는 사선형의 브러시이다.
② 파운데이션 브러시 - 파운데이션을 펴 바를 때 사용하며, 인조모가 사용하기 좋다.
③ 퍼프 - 파우더를 바를 때 사용하는 도구로 100% 면제품이 좋다.
④ 아이래시컬러 - 처진 속눈썹에 컬을 주어 속눈썹을 올려 주는 기구이다.

31 얼굴 윤곽 수정 메이크업에 대한 설명으로 잘못된 것은?

① 입체감 있는 피부 표현을 위해 얼굴에 음영을 주는 수정 메이크업 방법이다.
② 하이라이트는 각진 턱, 뺨, 볼 뼈, 코벽, 헤어라인 등에 주로 사용된다.
③ 셰이딩용 파운데이션은 베이스 컬러보다 1~2단계 어두운 톤을, 하이라이트용 파운데이션은 베이스보다 1~2단계 밝은 톤을 사용한다.
④ 하이라이트를 표현할 때 베이스 컬러와 경계선이 생기지 않도록 그러데이션을 준다.

32 트래디셔널(traditional) 이미지에 대한 설명으로 옳지 않은 것은?

① 블러셔는 한복의 기본 컬러에 맞춘다.
② 입술은 살짝 붉은색을 사용하여 자연스럽게 표현한다.
③ 한복의 고전적 느낌에 현대성을 가미하여 과감하게 연출한다.
④ 아이라인은 점막 부분을 채우고 눈매 라인을 교정하여 마무리한다.

33 계절에 따른 메이크업을 설명한 것으로 옳지 않은 것은?

① 봄 메이크업 - 리퀴드 파운데이션을 사용하여 밝고 투명한 피부를 연출하였다.
② 여름 메이크업 - 시원해 보이게끔 눈썹을 각지게 그리고, 치크 화장은 생략하였다.
③ 가을 메이크업 - 오클, 베이지 계열의 파운데이션을 사용하여 따뜻하게 표현하였다.
④ 겨울 메이크업 - 오렌지색 메이크업 베이스로 구릿빛 피부를 표현하여 건강미를 나타냈다.

34 드라마에서 역동적이고 강한 인상의 캐릭터를 표현하려고 할 때 가장 적합한 눈썹 모양은?

① 가는 눈썹 ② 처진 눈썹
③ 아치형 눈썹 ④ 상승형 눈썹

35 눈 사이가 먼 눈의 아이섀도 연출법으로 가장 적절한 것은?

① 눈꼬리보다는 눈 앞머리에 포인트 컬러를 준다.
② 눈꼬리 부분을 사선 방향으로 올려서 표현한다.
③ 눈두덩이 중앙에 밝은색이나 펄이 들어간 아이섀도를 넓게 펴 바른다.
④ 딥 톤 섀도를 선택하고 포인트 색상은 선을 긋는 것처럼 선명하게 표현한다.

36 마스카라에 대한 설명으로 적절하지 않은 것은?

① 마스카라가 얼굴에 묻었을 때는 마르기 전 바로 지워야 한다.
② 뭉침 현상이 있을 수 있으므로 눈썹 끝까지 브러시를 빗겨 준다.
③ 마스카라의 유효기간은 다른 화장품에 비해 짧아 주의해야 한다.
④ 블랙 색상 마스카라는 선명하고 깊은 눈매 표현에 적합하다.

37 기본형 입술로 립스틱을 바를 때 윗입술과 아랫입술의 비율은?

① 1 : 1 ② 1 : 1.5
③ 1 : 2 ④ 1.5 : 1

38 치크 메이크업에 대한 설명으로 옳지 않은 것은?

① 치크 메이크업 전 퍼프로 유분기를 제거하면 그러데이션이 용이하다.
② 얼굴이 건조하면 펄 감의 크림 타입 치크를 바른다.
③ 립스틱과 조화를 이루는 유사 계열 색상을 선택한다.
④ 여드름 피부는 오렌지 색상을 사용하여 커버한다.

39 마스카라를 3번 정도 덧바른 느낌으로 또렷한 느낌을 연출하는 가모의 굵기는?

① 0.10mm ② 0.15mm
③ 0.20mm ④ 0.25mm

40 눈썹꼬리는 콧방울과 눈꼬리를 사선으로 연결했을 때 어떤 지점에 위치하는가?

① 30° 지점　② 40° 지점
③ 45° 지점　④ 50° 지점

41 얼굴색을 균일하게 정돈하거나 결점을 보완하는 용도로 사용하는 베이스 메이크업 종류가 아닌 것은?

① 파우더　② 블러셔
③ 파운데이션　④ 메이크업 베이스

42 피부 메이크업 디자인 요소 중 매트한 질감을 쓰지 않는 패션 이미지 메이크업은?

① 로맨틱 이미지
② 클래식 이미지
③ 매니시 이미지
④ 에스닉 이미지

43 어패류가 원인이 되는 식중독으로 주로 7~9월에 많이 발생하는 것은?

① 포도상구균 식중독
② 살모넬라 식중독
③ 보툴리누스균 식중독
④ 장염비브리오균 식중독

44 다음 중 이·미용업을 개설할 수 있는 경우는?

① 이·미용사 면허를 받은 자
② 시·도지사에게 신고하고 이·미용을 행하는 자
③ 이·미용사의 자문을 받아서 이·미용을 행하는 자
④ 위생관리용역업 허가를 받은 자로서 이·미용에 관심이 있는 자

45 연령별 캐릭터 메이크업에 대한 설명으로 옳지 않은 것은?

① 명암법으로 배우의 실제 나이보다 20년 이상 차이나는 표현도 가능하다.
② 라텍스 빌드업은 세심한 연출이 가능하나 작업 시행이나 제거가 힘들다.
③ 캐릭터의 나이 차이가 현저히 많이 날 경우에는 재료와 표현 기법을 다르게 적용한다.
④ 플라스틱 빌드업은 사실적으로 표현되므로 큰 화면에서 주름이 자연스럽게 나타난다.

46 영화 촬영 시 극사실적인 분장이 필요할 때 사용하며, 비용이 많이 들고 분장 시간이 긴 메이크업은?

① 명암법
② 라텍스 빌드업
③ 플라스틱 빌드업
④ 어플라이언스 메이크업

47 무대 캐릭터 메이크업에 대한 설명으로 가장 적절하지 않은 것은?

① 작품 캐릭터의 직업에 따라 특징이 각기 다르기 때문에 캐릭터의 직업을 정확히 파악한다.
② 순한 이미지 캐릭터는 미간이 넓은 눈썹과 처진 눈으로 나타낸다.
③ 관객이 무대 위에 있는 배우의 얼굴 중에서 가장 먼저 인지하게 되는 부분이 코이다.
④ 붉은색으로 입술을 칠했을 때 초록빛 조명에서는 검정에 가까운 색으로 보인다.

48 영상 메이크업을 수행할 때 주의할 사항이 아닌 것은?

① 피부색은 조명, 카메라 등을 고려하여 자연스럽고 깔끔하게 표현한다.
② 얼굴 외곽은 피부 톤보다 한 톤 어두운 파운데이션으로 입체감을 준다.
③ 전체적으로 밝고 진하게 보이므로 색조 메이크업에서 너무 강한 색은 피한다.
④ 촬영 조명이 어두우면 얼굴이 검붉게 나오므로 밝은색 베이스로 보정한다.

49 T.P.O에 따른 메이크업 내용을 설명한 것으로 적절하지 않은 것은?

① 메이크업 아티스트의 개성을 강조하는 창작 중심의 예술적 기법이다.
② 메이크업 시 시간, 장소, 상황에 맞게 고려하는 것이다.
③ 데일리 메이크업은 자연광을 고려하여 은은한 색조와 얇은 커버력 중심으로 연출한다.
④ 장소에 따라 오피스 메이크업, 파티 메이크업, 무대 공연 메이크업 등으로 분류할 수 있다.

50 패션 이미지 유형 중 '매니시(mannish)' 이미지에 어울리는 스타일링으로 바르지 않은 것은?

① 헤어스타일 - 쇼트커트, 시뇽
② 메이크업 - 검정 아이라인으로 눈매 강조
③ 의상 - 헤링본 무늬의 숙녀복
④ 소품 - 중절모, 넥타이, 두꺼운 벨트

51 공기의 자정작용과 가장 관련이 먼 것은?

① 기온역전 작용
② 자외선의 살균작용
③ 강우, 강설에 의한 세정작용
④ 식물의 이산화탄소 흡수와 산소 배출에 의한 교환작용

52 돼지와 관련이 있는 질환으로 거리가 먼 것은?

① 렙토스피라증
② 살모넬라증
③ 일본뇌염
④ 발진티푸스

53 손톱에 대한 설명으로 틀린 것은?

① 손끝을 보호한다.
② 물건을 잡을 때 받침대 역할을 한다.
③ 정상적인 손톱의 교체는 대략 6개월가량 걸린다.
④ 개인에 따라 성장의 속도는 차이가 있지만 매일 1mm가량 성장한다.

54 실험기기, 의료용기, 오물 등의 소독에 사용되는 석탄산수의 적절한 농도는?

① 석탄산 0.1% 수용액
② 석탄산 1% 수용액
③ 석탄산 3% 수용액
④ 석탄산 50% 수용액

55 다음 중 이·미용사의 손을 소독하려 할 때 가장 알맞은 것은?

① 역성비누액
② 석탄산수
③ 포르말린수
④ 과산화수소수

56 다음 중 열에 대한 저항력이 커서 자비소독법으로 사멸되지 않는 균은?

① 콜레라균
② 결핵균
③ 살모넬라균
④ B형간염 바이러스

57 다음 중 빈칸에 들어갈 적절한 것은?

> 공중위생영업을 하려는 자는 공중위생영업의 종류별로 보건복지부령이 정하는 시설 및 설비를 갖추고 시장·군수·구청장에게 (　)하여야 한다.

① 등록　② 통보
③ 보고　④ 신고

58 공중위생영업에 해당하지 않는 것은?

① 세탁업
② 공중위생시설업
③ 미용업
④ 건물위생관리업

59 이·미용업의 영업신고를 위한 제출 서류에 해당하는 것은?

① 재산세 납부 영수증
② 건축물 대장
③ 자격증 원본
④ 교육수료증

60 본인의 질병·사고로 미리 위생교육을 받지 못했던 자가 교육을 받을 수 있는 시기로 적절한 것은?

① 영업개시 전 2월 이내
② 영업개시 전 6월 이내
③ 영업개시 후 6월 이내
④ 영업개시 후 10월 이내

제3회 모의고사

> 정답 및 해설 p.199

01 고대 말갈인들이 피부의 미백효과를 위해 사용하였다는 재료는?

① 오줌　　② 쑥
③ 마늘　　④ 돼지기름

02 다음 설명과 같은 메이크업 발달 시기로 옳은 것은?

- 정부의 국산 화장품 보호정책에 따라 화장품 산업이 정상 궤도에 진입하였고, 국내 화장품 생산이 본격화되었다.
- 화장품 산업이 본격적으로 발전하면서 화장품의 종류가 다양화되었다.

① 1920년대　　② 1940년대
③ 1960년대　　④ 1970년대

03 메이크업 작업자의 용모 위생관리로 옳지 않은 것은?

① 복장은 단정하고 청결하게 갖춰 입는다.
② 손톱은 항상 깨끗하게 정돈한다.
③ 전문성이 돋보이는 화려한 메이크업을 연출한다.
④ 헤어스타일은 단정한 느낌으로 깔끔하게 연출한다.

04 이·미용실의 기구(가위, 레이저) 소독으로 가장 적당한 약품은?

① 70~80%의 알코올
② 100~200배 희석 역성비누
③ 5% 크레졸 비누액
④ 50%의 페놀액

05 피부의 구조 중 콜라겐과 엘라스틴이 자리잡고 있는 층은?

① 표피　　② 진피
③ 피하조직　　④ 피지선

06 출생 후 4주 이내에 기본접종을 실시하는 것이 효과적인 감염병은?

① 홍역　　② 볼거리
③ 결핵　　④ 일본뇌염

07 비타민 C 부족 시 나타날 수 있는 주요 증상은?

① 피부가 촉촉해진다.
② 색소 기미가 생긴다.
③ 여드름의 발생 원인이 된다.
④ 지방이 많이 낀다.

08 무기질의 설명으로 틀린 것은?

① 인체 내 대사과정의 조절작용을 한다.
② 수분과 산, 염기의 평형 조절을 한다.
③ 뼈와 치아의 주요 성분이다.
④ 에너지 공급원으로 이용된다.

09 다음 중 일반적으로 건강한 모발의 상태를 나타내는 것은?

① 단백질 70~80%, 수분 10~15%, pH 4.5~5.5
② 단백질 50~60%, 수분 25~40%, pH 7.5~8.5
③ 단백질 20~30%, 수분 70~80%, pH 4.5~5.5
④ 단백질 10~20%, 수분 10~15%, pH 2.5~4.5

10 다음 중 도자기류의 소독 방법으로 가장 적당한 것은?

① 염소소독
② 승홍수소독
③ 자비소독
④ 저온소독

11 다음 중 비특이성 면역에 대한 설명으로 틀린 것은?

① 태어날 때부터 선천적으로 가지고 있는 면역작용이다.
② 피부 각질층, 점막 등이 기계적 방어벽 역할을 한다.
③ 외부 침입에 대한 첫 번째 방어선으로 작용한다.
④ B림프구에 의해 만들어진 항체에 의해 면역반응이 일어난다.

12 화장품의 분류에 관한 설명 중 틀린 것은?

① 클렌징 크림은 기초 화장품에 속한다.
② 퍼퓸, 오드 코롱은 방향용 화장품에 속한다.
③ 샴푸, 린스는 모발용 화장품에 속한다.
④ 페이스 파우더는 기초 화장품에 속한다.

13 "피부에 대한 자극, 알레르기, 독성이 없어야 한다."는 내용은 화장품의 4대 요건 중 어느 것에 해당하는가?

① 안전성　　② 안정성
③ 사용성　　④ 유효성

14 팩의 사용효과와 거리가 가장 먼 것은?

① 피부 보습
② 피부 진정 및 수렴작용
③ 피하지방의 흡수 및 분해
④ 피부의 혈액순환 촉진

15 캐리어 오일에 대한 설명으로 틀린 것은?

① 마사지 오일을 만들 때 필요한 오일이다.
② 베이스 오일이라고도 한다.
③ 에센셜 오일을 추출할 때 오일과 분류되어 나오는 증류액을 말한다.
④ 에센셜 오일의 향을 방해하지 않도록 향이 없어야 하고 피부 흡수력이 좋아야 한다.

16 다음 중 소독의 정의로 가장 적절한 것은?

① 오염된 미생물을 깨끗이 씻어내는 작업
② 모든 미생물의 생활력을 파괴 또는 멸살시키는 조작
③ 병원성 미생물의 생활력을 파괴 또는 멸살시켜 감염 또는 증식력을 없애는 조작
④ 미생물의 발육과 생활을 제지 또는 정지시켜 부패 또는 발효를 방지할 수 있는 것

17 본식 웨딩 메이크업의 기술에 대한 설명으로 옳지 않은 것은?

① 피부가 악건성이면 일반 스펀지를 이용하는 것이 가장 좋다.
② 번짐이 심한 눈은 아이라인을 그린 후 코팅제를 발라 준다.
③ 인조 속눈썹 사용 시 눈을 깜박일 때 이물감이 없게 해야 한다.
④ 인조 속눈썹 부착 시 족집게로 끝부분을 집고 뿌리 부분에 소량의 풀을 바른다.

18 웨딩 콘셉트에 대한 설명으로 옳은 것은?

① 트래디셔널(traditional) - 자연스러우면서도 신부의 순결함이 묻어나는 청초한 느낌
② 클래식(classic) - 단아하면서 고급스럽고, 전형적이면서 기품 있는 느낌
③ 내추럴(natural) - 한복의 고전적 느낌 극대화, 단아함·절제됨
④ 엘레강스(elegance) - 도시적이며 세련되고 현대적인 느낌

19 피부 톤에 따른 메이크업 베이스의 색상 연결이 옳은 것은?

① 초록색 - 창백한 피부
② 보라색 - 칙칙해 보이는 피부
③ 핑크색 - 붉은 피부
④ 파란색 - 잡티가 있는 피부

20 고객의 분류에 따른 관리 방법으로 옳지 않은 것은?

① 단골 - 소개 고객 유치에 따른 우대정책을 전달한다.
② 재방문 고객 - 고객 우대정책을 소개한다.
③ 일반고객 - 적극적인 서비스 정보 및 이벤트를 제공한다.
④ 신규고객 - 이탈 방지프로그램을 유지한다.

21 국가 입장에서의 고객 상담이 필요한 이유로 올바르지 않은 것은?

① K-beauty를 통한 인재 양성으로 일자리 창출
② 정보화 시대에 맞춤 상담으로 고객 만족도 높임
③ 소비자의 올바른 소비로 소상공인, 프리랜서 양성
④ K-beauty 글로벌화로 국내 기업의 수출 증가

22 다음 얼굴 근육에 대한 설명으로 옳지 않은 것은?

① 눈둘레근은 눈 주위를 공처럼 감싸고 있으며, 명암을 그러데이션 하여 들어가 보이게 표현하는 부분이다.
② 입둘레근은 입술 주위의 입술을 여닫는데 사용하는 근이며, 표현과 표정을 나타낸다.
③ 아랫입술 올림근은 위턱뼈에서 일어나 입꼬리 피부로 닿는 얼굴 근육으로, 입꼬리를 위쪽으로 올리는 기능을 한다.
④ 입꼬리 내림근은 아래턱뼈에서 일어나 입꼬리에서 다른 얼굴 근육과 합쳐지는 근육이다.

23 색의 온도감에 대한 설명으로 옳지 않은 것은?

① 한색 계열의 저채도는 감정을 흥분시킨다.
② 색의 3속성 중 색상에 따라 온도감이 다르게 나타난다.
③ 난색일수록 따뜻한 느낌이 든다.
④ 한색일수록 차가운 느낌이 든다.

24 다음 설명에 해당하는 계절 유형은?

- 사계절 피부 유형 중 유일하게 신체 색상 사이에 콘트라스트가 있어 선명하고 명쾌한 이미지이다.
- 메이크업 스타일은 강한 대비효과 또는 선명하고 절제된 원포인트로 눈매를 강하게 표현하고 입술을 자연스럽게 연출한다.

① 봄　　② 여름
③ 가을　④ 겨울

25 다음 중 피부 색상에 맞는 파운데이션 컬러가 아닌 것은?

① 흰 피부에는 화사한 라이트 베이지 컬러를 선택한다.
② 붉은 피부에는 옐로 베이지 컬러를 선택한다.
③ 어두운 피부에는 피부 톤과 맞는 진한 컬러의 파운데이션을 선택한다.
④ 노란 피부에는 연한 핑크빛 컬러를 선택한다.

26 세척이 가능한 스펀지로 클렌징 도포 시 사용하기 적합한 것은?

① 해면 스펀지　② 합성 스펀지
③ 진동 스펀지　④ 라텍스 스펀지

27 신랑 웨딩 메이크업 시 주의사항으로 옳지 않은 것은?

① 파운데이션의 양은 최대한 적게 사용한다.
② 코털과 수염이 잘 정리되어 있는지 확인한다.
③ 눈썹과 피부 표현을 자연스럽게 하는 것이 중요하다.
④ 다크 베이지 컬러 파우더를 많이 사용하여 마무리한다.

28 다음과 같은 아이 메이크업을 연출하는 패션 이미지의 유형은?

> • 아이섀도 : 소프트한 색상 또는 샤이니한 질감의 아이섀도로 눈두덩이에 광택을 준 후 포인트 색상으로 눈매를 선명하게 표현한다.
> • 아이라인 : 너무 진하지 않게 그린 후 마스카라로 마무리한다.

① 내추럴(natural)
② 클래식(classic)
③ 로맨틱(romantic)
④ 엘레강스(elegance)

29 화장수를 사용하는 목적으로 적절하지 않은 것은?

① 피부의 pH 균형을 조절하여 피부를 촉촉하게 한다.
② 모공을 수축시켜 피부를 강하고 탄력 있게 한다.
③ 각질층에 수분을 공급하여 피부를 부드럽게 한다.
④ 피부의 유·수분 균형을 조절하여 항상성을 유지한다.

30 파우더의 기능으로 적절하지 않은 것은?

① 화이트 파우더 – 입체감을 강조하기 위한 하이라이트로 사용한다.
② 브라운 파우더 – 자연스러운 셰이딩을 표현할 수 있다.
③ 핑크 파우더 – 혈색과 생기를 부여할 때 사용한다.
④ 그린 파우더 – 노란 피부를 중화시키며 인공조명 아래 돋보인다.

31 윤곽 수정 메이크업 시 역삼각형 얼굴에 적합한 하이라이트 위치가 아닌 것은?

① 콧등　　② 눈 밑
③ 이마 중앙　④ 양쪽 볼

32 다음 중 파리가 전파할 수 있는 소화기계 감염병은?

① 페스트　　② 일본뇌염
③ 장티푸스　④ 황열

33 메이크업을 클렌징하는 방법으로 잘못된 것은?

① 클렌징 전에 먼저 손과 사용할 도구를 깨끗이 씻거나 소독한다.
② 피부에 있는 노폐물을 확실히 제거할 수 있게 힘을 주어 천천히 부드럽게 문지른다.
③ 클렌징 로션이나 크림을 닦을 때 해면 스펀지를 사용할 수 있다.
④ 클렌징 후 피부결 정돈을 위해 화장수를 적신 화장솜으로 피부결 방향으로 닦는다.

34 숱이 두꺼운 눈썹의 수정 방법으로 가장 적절한 것은?

① 아래로 처진 눈썹을 정리하고 아이브로 펜슬로 형태를 그린다.
② 본래 눈썹 모양을 최대한 살려서 아이브로 펜슬로 형태를 그린다.
③ 올라간 눈썹을 정리하고 아이브로 펜슬로 형태를 그린다.
④ 얼굴형에 맞게 눈썹을 손질하여 섀도로 정리 후 나머지 눈썹은 제거한다.

35 인구 구성의 기본형 중 생산연령 인구가 많이 유입되는 도시 지역의 인구 구성을 나타내는 것은?

① 피라미드형 ② 별형
③ 항아리형 ④ 종형

36 다음 설명은 어떤 눈 형태의 아이섀도 연출법인가?

> 펄감이 없는 매트 제형의 제품을 선택한다. 붉은 계열은 피하고 브라운이나 그레이 계열의 딥 톤 색상을 사용하고, 포인트 색상은 선을 긋는 것처럼 선명하게 표현한다.

① 움푹 들어간 눈
② 눈두덩이가 나온 눈
③ 올라간 눈
④ 눈 사이가 가까운 눈

37 아이라인을 그리는 순서로 옳은 것은?

① 눈 앞부분 → 눈 중앙 → 눈 끝부분
② 눈 앞부분 → 눈 끝부분 → 눈 중앙
③ 눈 끝부분 → 눈 중앙 → 눈 앞부분
④ 눈 중앙 → 눈 끝부분 → 눈 앞부분

38 기본형 입술에 대한 설명으로 거리가 먼 것은?

① 윗입술과 아랫입술의 비율은 1 : 1.5 정도가 적당하다.
② 입술산은 양쪽 콧구멍 중심에서 수직으로 내린 선과 만나는 곳에 위치한다.
③ 입술의 양끝은 눈동자 안쪽에서 수직으로 내린 선 안에 위치한다.
④ 입술 라인은 본래 입술보다 1~2mm 정도 크게 그린다.

39 화장품과 의약품의 차이를 바르게 정의한 것은?

① 의약품의 부작용은 어느 정도까지는 인정된다.
② 화장품의 사용 목적은 질병의 치료 및 진단이다.
③ 화장품은 특정 부위만 사용 가능하다.
④ 의약품의 사용 대상은 정상적인 상태인 자로 한정되어 있다.

40 다음 중 각각의 웨딩 콘셉트에 따른 아이(eye) 메이크업으로 옳은 것은?

① 엘레강스(elegance) – 퍼플과 브라운 컬러를 쌍꺼풀 라인에 바른다.
② 내추럴(natural) – 핑크, 퍼플 계열의 색조를 사용하고 아이라인은 점막 부분을 채워 눈매 라인을 교정한다.
③ 모던(modern) – 색조를 최대한 배제하며 아이라인과 컬링된 속눈썹으로 또렷한 눈매를 표현한다.
④ 트래디셔널(traditional) – 다크 브라운과 블랙 젤 라인을 믹스하여 아이라인을 그려준다.

41 블러셔를 바르는 위치로 옳은 것은?

① 귀 끝에서 광대뼈까지
② 눈꼬리에서 코끝까지 안쪽으로
③ 관자놀이에서 입술 구각까지
④ 눈동자와 수직이 되는 선과 콧방울과 수평이 되는 선의 바깥쪽 볼

42 지방층이 두껍고 쌍꺼풀이 없으며 강한 메이크업을 선호하는 경우 적합한 인조 속눈썹 연출법은?

① 눈꼬리 쪽에 길이가 긴 인조 속눈썹을 붙인다.
② 인조 속눈썹을 일반적인 길이보다 1~2mm 길게 재단한다.
③ 눈 뒷머리의 길이를 길게 표현하고 속눈썹 숱에 포인트를 준다.
④ 눈 뒷부분을 짧게 하고 앞부분부터 중앙까지 길이감을 준다.

43 아이 메이크업에 대한 설명으로 옳은 것을 모두 고른 것은?

㉠ 각진 눈썹은 둥근 얼굴형에 적합하다.
㉡ 눈썹산의 위치는 눈썹 길이의 1/3 지점에 위치한다.
㉢ 포인트 컬러는 아이섀도의 가장 주된 컬러이다.
㉣ 오렌지 계열 아이섀도는 밝고 경쾌한 이미지를 연출한다.
㉤ 리퀴드 타입 아이라이너는 수정이 쉬워 초보자에게 적합하다.
㉥ 속눈썹이 처진 사람은 컬링 마스카라를 사용하는 것이 좋다.

① ㉠, ㉡, ㉣
② ㉠, ㉣, ㉥
③ ㉡, ㉣, ㉤
④ ㉡, ㉢, ㉥

44 다음 중 감각온도의 3요소가 아닌 것은?

① 기온   ② 기습
③ 기압   ④ 기류

45 Y2K 트렌드 메이크업 제안의 컬러 배색으로 옳은 것은?

① 연초록, 파랑, 검정
② 주홍, 빨강, 진핑크
③ 연회색, 연핑크, 보라
④ 연노랑, 카키, 군청

46 다음 중 화장품에 대한 내용으로 옳지 않은 것은?

① 국내 파운데이션의 색상은 21호, 23호가 대표적이다.
② 최근 수입 색조 화장품 브랜드는 웜 톤, 쿨 톤, 뉴트럴 톤으로 구분된다.
③ 아이섀도, 블러셔, 립을 모두 사용할 수 있는 멀티 제품도 유행하고 있다.
④ 리퀴드 파운데이션은 유분 함량이 많고 커버력이 좋다.

47 미디어 메이크업에 대한 설명으로 옳지 않은 것은?

① 영화 메이크업은 각 신과 컷 별 연속성을 유지하기 위해 연결표를 작성하여 확인해야 한다.
② 드라마 메이크업은 매체, 카메라 조명 등 매체 특성을 파악하고 그 특성에 맞추어 메이크업을 시행한다.
③ 영상(CF) 광고 메이크업은 클라이언트와 연출자가 원하는 이미지를 이해하고 제품의 특성을 살린다.
④ 지면 광고 메이크업은 전달 매체가 지면이므로 모델의 얼굴을 평면적으로 또렷하게 표현한다.

48 매니시 이미지의 현대극 캐릭터를 표현할 때 옳은 것은?

① 베이스 메이크업 시 피부 톤보다 한 톤 밝은 파운데이션으로 셰이딩을 넣어 준다.
② 헤어 컬러와 맞는 아이섀도로 숱을 채운 후 다른 톤의 펜슬로 눈썹 모양을 잡아 준다.
③ 눈썹 마스카라를 이용해 눈썹 앞쪽의 결을 위에서 아래로 살려 준다.
④ 이마, 턱 부분에 피부 톤보다 한 톤 밝은 하이라이터를 쓸어 주듯 발라 입체감을 준다.

49 시나리오의 구성 요소 중 비언어적인 방법으로 캐릭터의 감정을 표현하는 기법은?

① 지문   ② 대화
③ 액션   ④ 배경

50 온화, 풍부한 정서, 애교 있는 캐릭터를 표현할 때 가장 적절한 입술의 모양은?

① 처진 입술
② 작은 입술
③ 얇은 입술
④ 두꺼운 입술

51 한 나라의 건강 수준을 나타내며 다른 나라들과의 보건 수준을 비교할 수 있는 세계보건기구가 제시한 지표는?

① 비례사망지수
② 국민소득
③ 질병이환율
④ 인구증가율

52 피지선에 대한 설명으로 틀린 것은?

① 피지를 분비하는 선으로, 진피의 망상층에 위치한다.
② 피지선은 손바닥에는 없다.
③ 피지의 1일 분비량은 10~20g 정도이다.
④ 피지선이 많은 부위는 코 주위이다.

53 다음 중 불량 조명에 의해 발생되는 직업병이 아닌 것은?

① 안정피로
② 근시
③ 근육통
④ 안구진탕증

54 산소가 있어야만 잘 성장할 수 있는 균은?

① 호기성균
② 혐기성균
③ 통성혐기성균
④ 호혐기성균

55 이·미용실에서 사용하는 쓰레기통의 소독으로 적절한 약제는?

① 포르말린수
② 에탄올
③ 생석회
④ 역성비누액

56 다음 중 이·미용업소 내 게시하지 않아도 되는 것은?

| ㉠ 이·미용업 신고증 |
| ㉡ 사업자등록증 |
| ㉢ 이·미용 요금표 |
| ㉣ 근무자의 면허증 원본 |

① ㉠, ㉡   ② ㉡, ㉢
③ ㉢, ㉣   ④ ㉡, ㉣

57 변경신고를 하지 아니하고 영업소의 소재지를 변경한 때 3차 위반 시 행정처분은?

① 경고
② 면허정지 6월
③ 면허취소
④ 영업장 폐쇄명령

58 공중위생영업자가 준수하여야 할 위생관리기준을 정하고 있는 것은?

① 대통령령
② 국무총리령
③ 고용노동부령
④ 보건복지부령

59 공중위생영업소의 위생관리 수준을 향상시키기 위하여 위생서비스 평가계획을 수립하는 자는?

① 대통령
② 보건복지부장관
③ 시·도지사
④ 공중위생관련협회 또는 단체

60 다음 위법사항 중 가장 무거운 벌칙기준에 해당하는 자는?

① 미용업 신고를 하지 아니하고 영업한 자
② 변경신고를 하지 아니한 자
③ 면허의 정지 중에 이·미용업을 한 자
④ 관계공무원 출입, 검사 조치를 거부한 자

제 4 회 모의고사

정답 및 해설 p.204

01 메이크업의 기원 중 보호설의 내용으로 옳은 것은?

① 원시시대부터 인간은 피부에 그림을 그리거나 문신을 새겼는데 이것이 화장의 시초이다.
② 인간은 바람, 자외선, 야생 동물 등으로부터 자신을 보호하고 위장하기 위해 치장하기 시작했다.
③ 종족에서의 계급, 신분, 성별 등을 알리기 위한 수단으로 화장이 사용되었다.
④ 악령으로부터 보호받기 위해 또는 주술적 행위로 화장을 하거나 가면을 착용하였다.

02 우리나라 역사상 처음으로 정책적으로 화장을 장려한 시대는?

① 고대
② 삼국시대
③ 고려시대
④ 조선시대

03 메이크업 작업자의 작업 전후 위생관리로 옳지 않은 것은?

① 작업하기 전에 손을 씻고 위생적으로 관리한다.
② 고객 응대 전에 미리 양치 및 가글로 구강을 청결하게 관리한다.
③ 위생적인 작업 공간을 위해 항상 방부제와 소독제를 가까이 두고 관리한다.
④ 스패출러로 한번 덜어낸 화장품은 다시 용기 안에 넣지 않도록 한다.

04 소독액을 표시할 때 사용하는 단위로 용액 100mL 속 용질의 함량을 표시하는 것은?

① 푼
② 퍼센트
③ 퍼밀리
④ 피피엠

05 자외선 살균법에 가장 효과적인 자외선 범위는?

① 200~220nm
② 260~280nm
③ 300~320nm
④ 360~380nm

06 다음 중 원발진이 아닌 것은?

① 구진　② 농포
③ 반흔　④ 종양

07 다음 중 피부 표면의 pH에 가장 큰 영향을 주는 것은?

① 각질 생성　② 침의 분비
③ 땀의 분비　④ 호르몬의 분비

08 콜라겐에 대한 설명으로 틀린 것은?

① 콜라겐은 섬유아세포에서 생성된다.
② 콜라겐은 피부의 표피에 주로 존재한다.
③ 콜라겐이 부족하면 피부의 탄력도가 떨어지고 주름이 발생하기 쉽다.
④ 콜라겐 함량이 저하되면 피부는 쉽게 노화된다.

09 다음 중 탄수화물, 지방, 단백질의 3가지를 지칭하는 것은?

① 구성 영양소
② 열량 영양소
③ 조절 영양소
④ 구조 영양소

10 다음 중 화학적인 필링제의 성분으로 사용되는 것은?

① AHA(Alpha Hydroxy Acid)
② 에탄올(ethanol)
③ 카모마일
④ 올리브 오일

11 천연보습인자에 대한 설명으로 적절하지 않은 것은?

① NMF(Natural Moisturizing Factor)라고 한다.
② 피부의 수분 보유량을 조절한다.
③ 아미노산, 젖산, 요소 등으로 구성되어 있다.
④ 수소이온농도의 지수유지를 말한다.

12 기생충의 인체 내 기생 부위 연결이 잘못된 것은?

① 구충증 – 폐
② 간흡충증 – 간의 담도
③ 요충증 – 직장
④ 폐흡충 – 폐

13 에센셜 오일의 추출 방법이 아닌 것은?

① 혼합법　　② 수증기 증류법
③ 압착법　　④ 용매 추출법

14 보디관리 화장품의 기능이 아닌 것은?

① 세정　　② 트리트먼트
③ 연마　　④ 일소 방지

15 마스카라 중 땀이나 물에 잘 지워지지 않아 여름철에 사용하기에 적당한 것은?

① 볼륨 마스카라
② 컬링 마스카라
③ 롱래시 마스카라
④ 워터프루프 마스카라

16 신규고객 관리 방법으로 거리가 먼 것은?

① 매장의 긍정적 이미지를 전달한다.
② 고객 DB를 확보하여 입력한다.
③ 해피콜로 고객만족도를 조사한다.
④ 적극적으로 고객에 대한 인지 및 친밀감을 유발한다.

17 접촉자의 색출 및 치료가 가장 중요한 질병은?

① 성병　　② 암
③ 당뇨병　　④ 일본뇌염

18 다음 식중독 중에서 치명률이 가장 높은 것은?

① 살모넬라증
② 포도상구균 식중독
③ 연쇄상구균 식중독
④ 보툴리누스균 식중독

19 다음 중 패션 이미지의 개념으로 옳지 않은 것은?

① 개성을 표현하는 중요한 시각적 요소
② 패션 스타일에 어울리는 메이크업을 구사하기 위한 것
③ 적극적으로 타인에게 자신의 이미지를 드러낼 수 있는 도구
④ 체형과 상관없이 상황에 적합한 패션 스타일을 연출하기 위한 것

20 다음 중 호텔에서 진행하는 웨딩 메이크업에 대한 설명으로 옳지 않은 것은?

① 화사하고 밝은 이미지
② 여성스럽고 우아한 색상 사용
③ 피부 표현과 아이섀도 색상은 펄감 있는 제품 사용
④ 강한 색조와 뚜렷한 윤곽 수정으로 입체감 있게 표현

21 전화 상담 고객 응대 방법으로 옳지 않은 것은?

① 명랑하게 인사한다.
② 전화벨이 3번 이상 울릴 때까지 기다린다.
③ 본인이 소속되어 있는 메이크업 사업장의 이름을 먼저 이야기한 다음 자신의 이름을 말한다.
④ 고객관리 시스템을 통해 고객을 확인하고 용건이 무엇인지 잘 듣는다.

22 메이크업 디자인 요소 중 형태에 대한 설명으로 옳지 않은 것은?

① 선과 면으로 표현되며 눈썹 라인, 입술 라인, 아이라인 등은 선으로 표현하고 얼굴형, 아이섀도, 볼, 입술은 면으로 표현된다.
② 상향선은 생기 있어 보이는 선으로 지나치면 차갑고 사나워 보일 수 있다.
③ 수평선은 동적인 느낌으로 활동적으로 보일 수 있다.
④ 하향선은 부드러워 보이지만 우울하고 노화되어 보일 수 있다.

23 색채의 감정에 대한 설명으로 옳지 않은 것은?

① 중량감은 색의 3속성 중 색상의 영향이 가장 크다.
② 춥거나 따뜻함, 흥분과 진정, 진출과 후퇴, 무겁거나 가벼움, 두려움 등 색을 보고 느끼는 감정을 색채의 감정이라 한다.
③ 난색 계열의 고채도는 감정을 흥분시킨다.
④ 한색 계열의 저채도는 감정을 진정시키는 효과가 있다.

24 사계절 중 여름 유형에 어울리는 파운데이션 색조는?

① 기본적으로 노란색을 띠는 웜 베이지와 라이트 베이지, 내추럴 베이지, 피치 베이지 계열
② 기본적으로 흰색과 붉은색을 띠는 쿨 베이지의 파운데이션 색조로 내추럴 베이지, 핑크 베이지, 로즈 베이지 계열
③ 기본적으로 노란색과 황색을 띠는 웜 베이지 색조로 내추럴 베이지, 코럴 베이지, 골든 베이지 계열
④ 기본적으로 흰색과 붉은색을 띠는 쿨 베이지와 화이트 베이지, 내추럴 베이지, 피치 베이지 계열

25 피부의 결점을 보완하기 위한 베이스 메이크업 제품 사용 방법으로 잘못된 것은?

① 잡티가 많은 피부는 피부색보다 살짝 어두운 컬러의 파운데이션으로 잡티를 커버한다.
② 눈 밑 다크서클은 파운데이션보다 밝은 색상의 크림 타입의 컨실러로 커버한다.
③ 노란 피부는 퍼플 컬러의 파우더를 사용하여 중화한다.
④ 어두운 피부에는 연한 핑크빛의 베이지 컬러 파운데이션을 사용한다.

26 다음 중 지성 피부의 특성 및 관리법으로 잘못된 것은?

① 피부가 심하게 번들거리며 거친 피부결을 가졌다.
② 모공 속 노폐물 제거를 통한 관리가 필요하다.
③ 저녁에는 이중 세안으로 꼼꼼하게 세안한다.
④ 클렌징 후 무알코올 화장수와 수딩 세럼, 영양크림을 사용한다.

27 소독약 10mL를 용액(물) 40mL에 혼합시키면 몇 %의 수용액이 되는가?

① 2%   ② 10%
③ 20%   ④ 50%

28 아방가르드(avant-garde) 이미지를 위한 메이크업으로 옳지 않은 것은?

① 베이스 – 어떤 민족풍의 메이크업을 하는지에 따라 매트 또는 촉촉하게 연출
② 아이브로 – 블랙 색상으로 진하고 선명하게 상승형으로 눈썹을 그림
③ 아이 – 아이섀도의 패턴 또는 색상을 과감하고 과장되게 표현
④ 치크 – 브라운 색상을 사선 방향으로 볼 터치

29 T.P.O에 따른 메이크업 중 다음 설명에 해당하는 메이크업은?

> • 착용한 옷에 맞는 색상을 선택해야 한다.
> • 비슷하거나 같은 색상 배색을 이용한다.
> • 무난하고 밝은 메이크업을 연출한다.

① 시간 – 무대 공연 메이크업
② 장소 – 오피스 메이크업
③ 상황 – 하객 메이크업
④ 상황 – 조문객 메이크업

30 파운데이션의 일반적인 기능에 해당하지 않는 것은?

① 자외선, 먼지 등으로부터 피부를 보호한다.
② 피부색을 조절하여 색조 화장 표현을 돕는다.
③ 피부 결점 커버와 얼굴 윤곽 수정으로 입체감을 연출한다.
④ 과도한 유분 분비 억제로 피지를 조절한다.

31 파운데이션을 위생적으로 덜어 쓰거나 파운데이션 컬러를 피부 톤에 맞추기 위해 제품을 섞을 때 사용하는 도구는?

① 면봉
② 스패츌러
③ 스크루 브러시
④ 컨실러 브러시

32 얼굴형과 이미지의 연결이 잘못된 것은?

① 긴 얼굴형 – 성숙하고 우아한 이미지
② 둥근 얼굴형 – 부드럽고 여성스러운 이미지
③ 사각 얼굴형 – 활동적이고 남성적인 이미지
④ 역삼각 얼굴형 – 지적이고 세련된 이미지

33 역삼각형 얼굴의 윤곽 수정 연출 방법으로 가장 적절하지 않은 것은?

① 이마 양 끝으로 셰이딩을 준다.
② 턱 끝에 셰이딩 처리하여 둥근 느낌을 살린다.
③ 양쪽 볼과 눈 밑에 하이라이트를 연출한다.
④ 이마에서 콧등 끝까지 길게 하이라이트를 준다.

34 살균력은 강하지만 자극성과 부식성이 강해서 상수 또는 하수의 소독에 주로 이용되는 것은?

① 알코올　② 약용비누
③ 승홍수　④ 염소

35 다음 빈칸에 차례대로 들어갈 도구로 올바른 것은?

> 뭉친 마스카라를 풀거나 눈썹 결을 정리할 때 사용하는 도구는 (　)이고, 마스카라를 하기 전 처진 속눈썹에 컬을 주기 위하여 사용하는 도구는 (　)이다.

① 립 브러시, 샤프너
② 아이래시컬러, 스패출러
③ 스크루 브러시, 면봉
④ 스크루 브러시, 아이래시컬러

36 서양인 눈매처럼 깊고 그윽한 눈매를 표현하고자 할 때 적절한 아이섀도 기법은?

① 가로 기법
② 세로 기법
③ 아이홀 기법
④ 실루엣 기법

37 마스카라 연출 방법으로 옳지 않은 것은?

① 컬링 시 속눈썹 뿌리 → 중앙 → 끝부분을 살짝 눌러 준다.
② 브러시에 마스카라 액을 듬뿍 묻혀 좌우로 흔들며 3~4회 바른다.
③ 브러시를 회전하면서 발라 주면 볼륨감이 형성된다.
④ 마스카라 액이 뭉쳐 엉킨 부분은 스크루 브러시로 빗겨 준다.

38 립스틱 선택 시 주의사항으로 옳지 않은 것은?

① 색이 선명하고 향이 은은한 것을 선택한다.
② 립스틱 색상이 입술에 착색되어 오래 가는 것을 선택한다.
③ 립스틱 색상이 얼룩지지 않고 균일하게 발리는 것을 선택한다.
④ 사용 시 부드럽게 발리고 퍼짐성이 좋은 것을 선택한다.

39 다음은 어떤 얼굴형에 적합한 치크 연출법인가?

> 광대뼈 윗부분에서 입꼬리 끝을 향하여 사선 방향으로 블러셔를 바른다.

① 달걀형 ② 긴 형
③ 둥근형 ④ 역삼각형

40 속눈썹 연장 시 일반적인 리터치 주기는?

① 2주 ② 4주
③ 6주 ④ 10주

41 여름 메이크업에 대한 설명으로 가장 옳지 않은 것은?

① 건강미가 느껴지도록 메이크업한다.
② 워터프루프 마스카라를 사용하는 것이 좋다.
③ 펄이 든 립스틱을 사용하면 무거워 보이므로 사용하지 않는다.
④ 구릿빛 피부의 표현을 위해 오렌지색 메이크업 베이스를 사용한다.

42 아이브로 메이크업의 기능에 대한 설명으로 옳지 않은 것은?

① 사람의 인상을 결정 짓는다.
② 눈을 또렷하게 만들어 생동감을 준다.
③ 얼굴형과 눈매의 단점을 보완한다.
④ 얼굴의 좌우 균형을 이루게 하여 안정감을 준다.

43 다음은 어떤 피부 톤에 대한 설명인가?

> 타고난 개인의 신체 컬러로서 대개 명도와 채도가 높은 컬러를 매치했을 때 생기 있어 보이는 피부색을 뜻한다.

① 웜 톤 ② 쿨 톤
③ 가을 웜 톤 ④ 뉴트럴 톤

44 다음에서 설명하는 오드리 헵번 메이크업이 실행되었던 시대는?

> 피부 표현은 하얗게 하고 볼 터치는 핑크 계열, 입술은 붉게 표현하며, 눈썹과 아이라인은 두껍게 하면서 눈꼬리까지 길게 그려 눈을 강조한다.

① 1930년대 ② 1940년대
③ 1950년대 ④ 1960년대

45 액체 플라스틱을 이용하여 볼드캡을 만들 때 액체 플라스틱의 농도를 조절하기 위해 넣는 재료는?

① RMG
② 정제수
③ 아세톤
④ 실리콘

46 미디어 메이크업 중 대본이 요구하는 극중 캐릭터에 맞게 연기자에게 외형적 변화를 부여하여 전달하는 메이크업은?

① 스트레이트 메이크업
② 캐릭터 메이크업
③ 특수효과 메이크업
④ 카탈로그 메이크업

47 무대 공연 캐릭터 메이크업에서 메이크업의 강도 조절에 가장 큰 영향을 주는 것은?

① 캐릭터의 직업
② 관객과의 거리
③ 조명과의 거리
④ 무대배경

48 자존심이 강하고 독단적인 자신감을 가진 캐릭터를 표현할 때 코의 형태는?

① 높은 코
② 낮은 코
③ 긴 코
④ 짧은 코

49 베이지나 브라운 톤으로 은은하게 색감을 넣은 아이(eye), 로즈핑크처럼 단아한 컬러로 생기 있게 표현한 치크(cheek)는 어떤 웨딩 콘셉트를 따른 메이크업인가?

① 내추럴(natural)
② 클래식(classic)
③ 로맨틱(romantic)
④ 엘레강스(elegance)

50 보건행정의 정의에 포함되는 내용과 가장 거리가 먼 것은?

① 국민의 수명 연장
② 질병 예방
③ 공적인 행정활동
④ 수질 및 대기보전

51 수질오염을 측정하는 지표로서 물에 녹아 있는 유리산소를 의미하는 것은?

① 용존산소량(DO)
② 생물학적 산소요구량(BOD)
③ 화학적 산소요구량(COD)
④ 수소이온농도(pH)

52 다음 중 산업피로의 대책으로 가장 거리가 먼 것은?

① 휴직과 부서 이동을 권고한다.
② 에너지 소모를 효율적으로 한다.
③ 개인차를 고려하여 작업량을 할당한다.
④ 작업과정 중 적절한 휴식시간을 배분한다.

53 소독약의 조건에 해당하지 않는 것은?

① 높은 살균력을 가질 것
② 인체에 해가 없어야 할 것
③ 저렴하고 구입과 사용이 간편할 것
④ 기름, 알코올 등에 잘 용해될 것

54 비듬이나 때처럼 박리현상을 일으키는 피부층은?

① 표피의 각질층
② 표피의 과립층
③ 표피의 기저층
④ 진피의 유두층

55 이·미용사 면허증의 재발급 사유가 아닌 것은?

① 면허증을 분실했을 때
② 면허증이 헐어 못쓰게 될 때
③ 면허증을 타인이 보관하고 있을 때
④ 면허증의 기재사항에 변경이 있을 때

56 다음 중 이·미용사의 면허정지를 명할 수 있는 자는?

① 행정안전부장관
② 시·도지사
③ 시장·군수·구청장
④ 보건복지부장관

57 이·미용 면허가 취소된 후 계속하여 업무를 행한 자에 대한 벌칙사항은?

① 1년 이하의 징역 또는 1천만 원 이하의 벌금
② 500만 원 이하의 벌금
③ 300만 원 이하의 벌금
④ 200만 원 이하의 벌금

58 영업소 외의 장소에서 이·미용 업무를 행할 수 있는 경우가 아닌 것은?

① 질병으로 영업소에 나올 수 없는 경우
② 결혼식 등의 의식 직전인 경우
③ 손님의 간곡한 요청이 있는 경우
④ 방송 등의 촬영 직전인 경우

59 공중위생관리법상의 위생교육에 대한 설명으로 옳은 것은?

① 이·미용업 영업자는 위생교육 대상자이다.
② 이·미용사는 위생교육 대상자이다.
③ 위생교육 시간은 매년 8시간이다.
④ 위생교육은 공중위생관리법 위반자에 한하여 받는다.

60 화장품의 제형에 따른 특징을 설명한 것으로 적절하지 않은 것은?

① 유화 제품 – 물에 오일 성분이 계면활성제에 의해 우윳빛으로 백탁화된 상태의 제품
② 유용화 제품 – 물에 다량의 오일 성분이 계면활성제에 의해 현탁하게 혼합된 상태의 제품
③ 분산제품 – 물 또는 오일 성분에 미세한 고체입자가 계면활성제에 의해 균일하게 혼합된 상태의 제품
④ 가용화 제품 – 물에 소량의 오일 성분이 계면활성제에 의해 투명하게 용해되어 있는 상태의 제품

제5회 모의고사

> 정답 및 해설 p.209

01 연지로 입술과 볼을 붉게 화장하고 곤지 풍습이 시작된 시기로 옳은 것은?

① 고구려　　② 백제
③ 신라　　　④ 고려

02 쾌적한 작업 환경과 공기순환 촉진을 위한 실내·외 온도차로 적절한 것은?

① 2~3℃ 유지
② 5~7℃ 유지
③ 10~12℃ 유지
④ 13~15℃ 유지

03 피부에 있어 색소세포가 가장 많이 존재하고 있는 곳은?

① 표피의 각질층
② 표피의 기저층
③ 진피의 유두층
④ 진피의 망상층

04 다음 중 땀샘의 역할이 아닌 것은?

① 체온 조절　② 분비물 배출
③ 땀 분비　　④ 피지 분비

05 지성 피부에 대한 설명으로 틀린 것은?

① 정상 피부보다 피지 분비량이 많다.
② 피부에 윤기가 없으며 푸석푸석하다.
③ 과각질화 현상이 있어 피부가 두껍게 보인다.
④ 지성 피부의 관리는 피지 제거 및 세정을 주목적으로 한다.

06 피부의 각화작용 정상화 및 피부재생을 돕고, 피지 분비 억제에 효과가 있는 비타민 종류는?

① 비타민 C
② 비타민 E
③ 비타민 A
④ 비타민 K

07 피지선의 활성을 높여주는 호르몬은?

① 안드로겐 ② 에스트로겐
③ 인슐린 ④ 멜라닌

08 뼈 및 치아를 형성하는 성분으로, 비타민 및 효소 활성화에 관여하는 무기질은?

① 인 ② 철분
③ 나트륨 ④ 마그네슘

09 항체의 역할로 옳지 않은 것은?

① 미생물의 항원을 인식한다.
② 미생물의 운동성을 활성화한다.
③ 독소를 중화한다.
④ 보체를 활성화한다.

10 일반적으로 돼지고기 생식에 의해 감염될 수 없는 것은?

① 유구조충 ② 무구조충
③ 선모충 ④ 살모넬라

11 다음 중 보디용 화장품이 아닌 것은?

① 샤워젤 ② 보디 오일
③ 데오도란트 ④ 헤어 에센스

12 납 중독과 가장 거리가 먼 증상은?

① 빈혈 ② 신경마비
③ 뇌중독증상 ④ 과다행동장애

13 SPF가 의미하는 것은?

① 자외선 차단지수
② 자외선의 선탠지수
③ 자외선이 우리 몸에 들어오는 지수
④ 자외선이 우리 몸에 머무는 지수

14 메이크업 베이스의 기능으로 틀린 것은?

① 피부색을 보정한다.
② 파운데이션의 밀착감을 높인다.
③ 색조 화장으로부터 피부를 보호한다.
④ 파운데이션의 번들거림을 방지하고 메이크업을 고정한다.

15 실내 웨딩 메이크업 시 눈썹의 연출 방법으로 옳지 않은 것은?

① 눈썹은 최대한 깔끔하게 미리 정리한다.
② 신부의 얼굴형에 맞는 형태로 그려준다.
③ 산을 높이 올려 또렷하게 연출한다.
④ 너무 진한 눈썹이 되지 않도록 주의한다.

16 팩의 분류에 속하지 않는 것은?

① 필 오프(peel-off) 타입
② 워시 오프(wash-off) 타입
③ 패치(patch) 타입
④ 워터(water) 타입

17 고객 신뢰도 5단계에 대한 설명으로 옳은 것은?

① 2단계 - 인사말만 주고받는 관계
② 3단계 - 용건을 말하지 않아도 시간을 내어 줄 수 있는 관계
③ 4단계 - 이야기는 나눌 수 있지만 고객이 원하는 시간 예약만 가능한 관계
④ 5단계 - 신뢰가 돈독해 비즈니스에 필요한 유익한 정보를 제공해 주고 미리 알려 주며 응원하는 관계

18 전화로 예약받는 방법으로 적절하지 않은 것은?

① 밝고 경쾌하며 친절한 목소리로 전화 받는다.
② 담당 메이크업 작업자가 있는 경우 고객이 요청하는 날로 예약을 확정한다.
③ 고객의 기타 궁금한 사항을 묻고 궁금한 사항이 없다면 끝인사로 마무리한다.
④ 고객이 먼저 끊은 것을 확인하고 전화기를 천천히 내려놓는다.

19 메이크업 디자인 4대 요소가 아닌 것은?

① 형태   ② 질감
③ 조화   ④ 착시

20 퍼스널 컬러 진단 시 적합한 조도는?

① 95~100W
② 105~110W
③ 115~120W
④ 155~160W

21 지역사회에서 노인층 인구에 가장 적절한 보건교육 방법은?

① 신문
② 집단교육
③ 개별 접촉
④ 강연회

22 핑크와 베이지 톤의 깨끗한 내추럴 이미지의 메이크업이 잘 어울리는 웨딩드레스 컬러는?

① 핑크
② 크림
③ 화이트
④ 아이보리

23 봄 유형의 신체 색상에 대한 설명으로 옳지 않은 것은?

① 사계절 유형 중 피부색이 가장 밝다.
② 머리카락 색은 밝은 황색이 가미된 비교적 밝은 색이다.
③ 자외선에 노출되었을 때도 쉽게 붉어졌다 원래 상태로 돌아온다.
④ 피부 결이 섬세하고 투명하며, 볼 부분에 복숭앗빛의 혈색이 특징이다.

24 메이크업 베이스 사용 방법에 대한 설명으로 가장 올바른 것은?

① 메이크업 베이스는 파운데이션 사용 후 사용하여 파운데이션의 지속력을 높인다.
② 리퀴드 타입 메이크업 베이스는 데일리 메이크업으로 적당하다.
③ 젤 타입 메이크업 베이스는 보습 성분이 함유되어 겨울에 사용하거나 건성 피부에 좋다.
④ 여드름 피부와 같이 붉은 기가 많은 피부를 중화하기 위해 핑크색 메이크업 베이스를 선택한다.

25 피부 타입과 어울리는 파운데이션을 바르게 연결한 것은?

① 건성 피부 – 유·수분이 부족하므로 리퀴드 타입이나 크림 타입을 선택한다.
② 지성 피부 – 유분으로 화장이 지워지는 것을 막기 위해 커버력과 지속력이 뛰어난 스킨커버나 스틱 타입을 선택한다.
③ 복합성 피부 – 유·수분 불균형을 해결하기 위해 T존은 크림 타입, U존은 리퀴드 타입을 선택한다.
④ 민감성 피부 – 피부 자극을 줄이기 위해 가볍고 빠르게 화장할 수 있는 파우더 타입을 선택한다.

26 파운데이션을 바르는 기법 중 손가락이나 스펀지 등으로 가볍게 두드리는 방법은?

① 블렌딩 ② 패팅
③ 페더링 ④ 에어브러시

27 다음 중 일회용 면도기 사용으로 예방 가능한 질병은? (단, 정상적인 사용의 경우를 말한다.)

① 옴(개선)병 ② 일본뇌염
③ B형간염 ④ 무좀

28 라텍스 스펀지의 특징이 아닌 것은?

① 화장품의 유·수분을 흡수한다.
② 천연 생고무가 주원료이다.
③ 세척이 가능하며 탄성이 좋다.
④ 그러데이션을 쉽게 표현할 수 있다.

29 얼굴 윤곽 수정 시 얼굴형에 따른 셰이딩 부위가 올바르게 연결된 것은?

① 둥근형 얼굴 – 이마 양 끝, 턱 끝
② 긴 형 얼굴 – 이마, 턱 끝
③ 사각형 얼굴 – 얼굴 양쪽 볼 측면
④ 역삼각형 얼굴 – 이마 양옆, 양쪽 볼

30 얼굴의 입체감을 살리기 위해 음영을 줄 때 사용하는 사선형의 브러시는?

① 팬 브러시
② 치크 브러시
③ 컨실러 브러시
④ 노즈섀도 브러시

31 다음 중 잉카의 기하학적 문양, 아랍권의 민속 의상, 아프리카의 토속 의상 등으로 표현되는 패션 이미지는?

① 모던(modern) 이미지
② 에스닉(ethnic) 이미지
③ 매니시(mannish) 이미지
④ 아방가르드(avant-garde) 이미지

32 신랑의 아이(eye)와 립(lip) 메이크업에 대한 설명으로 옳지 않은 것은?

① 아이(eye) – 브라운 계열로 살짝 음영을 표현한다.
② 아이(eye) – 눈매를 수정하는 개념으로 자연스럽게 표현한다.
③ 립(lip) – 베이지 계열의 립이나 립밤을 발라 촉촉하게 해준다.
④ 립(lip) – 립 라인이 없는 경우 입술 색보다 진한 색상의 펜슬로 잡아준다.

33 다음 중 객담이 묻은 휴지의 소독 방법으로 가장 알맞은 것은?

① 고압멸균법
② 소각소독법
③ 자비소독법
④ 저온소독법

34 다음 중 각진 얼굴이나 역삼각형 얼굴에 잘 어울리는 눈썹 형태는?

① 직선형 눈썹
② 상승형 눈썹
③ 각진형 눈썹
④ 아치형 눈썹

35 가을 분위기를 연출하기에 적합한 아이섀도 컬러끼리 묶은 것은?

① 핑크, 피치
② 버건디, 퍼플
③ 실버, 라이트블루
④ 베이지, 브라운

36 위 라인을 약간 올려서 굵게 채워 아이라인을 그리고 언더라인은 생략하거나 연하게 그려야 하는 눈 형태는?

① 두툼한 눈
② 올라간 눈
③ 내려간 눈
④ 가늘고 긴 눈

37 돌출형 입술의 립 메이크업 방법으로 옳은 것은?

① 밝고 펄이 든 색을 선택하여 입술 구각을 살짝 올려서 라인을 그린다.
② 립라이너로 라인을 또렷하게 그리고 연한 색 립스틱으로 안쪽을 채운다.
③ 엷은 파스텔 계열이나 펄이 들어간 립스틱으로 원래 입술보다 1~2mm 바깥쪽으로 라인을 그린다.
④ 짙은 색 립라이너로 라인을 그리고 짙은 색상으로 안쪽을 채운다.

38 유분기가 있어 파우더 처리 전 사용하는 치크 타입은?

① 젤 타입
② 크림 타입
③ 케이크 타입
④ 틴트 타입

39 속눈썹 연장 후 주의사항으로 옳지 않은 것은?

① 연장 후 약 6시간 동안은 세안하지 않도록 한다.
② 세안 및 눈 화장 시에는 오일 프리 제품을 사용한다.
③ 아이래시컬러를 사용하여 가모의 컬을 유지해 준다.
④ 사우나, 찜질방, 과격한 운동 등은 가모를 탈락시킬 수 있다.

40 치크 메이크업에 대한 설명으로 옳지 않은 것을 모두 고른 것은?

㉠ 치크 메이크업으로 얼굴형을 수정·보완할 수 있다.
㉡ 로즈 블러셔는 세련되고 지적인 이미지를 연출하는 데 적합하다.
㉢ 둥근 얼굴은 귀에서 볼 중앙을 향하여 가로 방향으로 표현한다.
㉣ 피부색, 아이섀도, 립 색상에 맞는 색상을 선택하는 것이 좋다.
㉤ 핑크 계열로 광대뼈를 중심으로 둥글게 표현하면 사랑스러운 이미지가 연출된다.
㉥ 케이크 타입 제품은 건성 피부에 적합하며 글로시한 질감을 표현하기 쉽다.

① ㉠, ㉢, ㉤
② ㉠, ㉡, ㉣
③ ㉡, ㉢, ㉥
④ ㉡, ㉣, ㉤

41 트렌드 자료 정보 수집 절차로 옳은 것은?

㉠ 트렌드 연구
㉡ 관련 사이트 방문
㉢ 새로운 트렌드 수집
㉣ 콘셉트에 맞는 카테고리 조사

① ㉠ → ㉢ → ㉡ → ㉣
② ㉡ → ㉣ → ㉠ → ㉢
③ ㉢ → ㉣ → ㉠ → ㉡
④ ㉣ → ㉡ → ㉢ → ㉠

42 3%의 크레졸 비누액 900mL를 만드는 방법은?

① 크레졸 원액 270mL + 물 630mL
② 크레졸 원액 27mL + 물 873mL
③ 크레졸 원액 300mL + 물 600mL
④ 크레졸 원액 200mL + 물 700mL

43 화려한 메이크업부터 내추럴 메이크업까지 T.P.O에 따라 적절히 표현되고 있으며 펄과 글리터를 이용한 미래주의적 메이크업을 표현하는 시대는?

① 1960년대
② 1970년대
③ 1980년대
④ 1990년대

44 미디어 촬영 용어와 설명이 옳은 것은?

① 숏(shot) – 오버랩(overlap)과 비슷한 뜻으로 쓰인다.
② 시퀀스(sequence) – 한 화면이 사라짐과 동시에 다른 화면이 점차로 나타나는 장면 전환 기법이다.
③ 아웃 포커스(out focus) – 영화의 컷(cut)과 같은 뜻으로 쓰인다.
④ 프레임(frame) – 영화 필름 한 장으로 일명 콤마(comma)라고도 한다.

45 볼드캡 재료 중 라텍스 캡에 대한 설명으로 옳지 않은 것은?

① 라텍스는 가장 오래된 피부용 특수분장 재료이다.
② 단단하고 두꺼워질수록 투명도가 떨어진다.
③ 다른 재료에 비해 비용이 저렴하다.
④ 신축성이 없어 모델의 두상에 맞는 사이즈가 필요하다.

46 무대 공연 시 블루 메이크업 색상에 옐로 조명을 비쳤을 경우 변화된 색상은?

① 옅은 레드   ② 바이올렛
③ 옅은 블루   ④ 핑크

47 무대 공연 메이크업에서 중극장 메이크업 방법으로 가장 적절한 것은?

① 관객과 거리가 매우 가까우므로 세밀하고 자연스러운 메이크업으로 한다.
② 1,000석 이상 규모의 큰 무대이므로 과한 색조로 표현한다.
③ 눈썹과 아이라인을 강조하여 얼굴 윤곽을 강조한다.
④ 스크린으로 얼굴을 보여 주는 경우가 있어 중간 정도로 메이크업을 한다.

48 인수공통감염병이 아닌 것은?

① 페스트   ② 우형 결핵
③ 한센병   ④ 야토병

49 보습제가 갖추어야 할 조건이 아닌 것은?

① 다른 성분과 혼용성이 좋을 것
② 휘발성이 있을 것
③ 적절한 보습 능력이 있을 것
④ 응고점이 낮을 것

50 화이트펄, 레드, 버건디, 퍼플과 같은 메이크업 색상을 사용해야 하는 계절은?

① 봄 ② 여름
③ 가을 ④ 겨울

51 다음과 같은 스타일링과 조화를 이룰 수 있는 패션 이미지 유형은?

- 헤어스타일 : 부드러운 긴 웨이브
- 의상 : 울, 면, 마, 니트 소재의 수공예적 이미지
- 소품 : 캔버스 천이나 부드러운 가죽 소재의 가방이나 모자

① 모던(modern)
② 내추럴(natural)
③ 매니시(mannish)
④ 에스닉(ethnic)

52 장티푸스, 결핵, 파상풍 등의 예방접종은 어떤 면역인가?

① 인공능동면역
② 인공수동면역
③ 자연능동면역
④ 자연수동면역

53 기온 측정 등에 관한 설명 중 틀린 것은?

① 실내에서는 통풍이 잘되는 직사광선을 받지 않는 곳에 매달아 놓고 측정하는 것이 좋다.
② 평균 기온은 높이에 비례하여 하강하는데, 고도 11,000m 이하에서는 보통 100m 당 0.5~0.7℃ 정도이다.
③ 측정할 때 수은주 높이와 측정자의 눈의 높이가 같아야 한다.
④ 정상적인 날의 하루 중 기온이 가장 낮을 때는 밤 12시경이고 가장 높을 때는 오후 2시경이 일반적이다.

54 레이저(razor) 사용 시 헤어살롱에서 교차감염을 예방하기 위해 주의할 점이 아닌 것은?

① 매 고객마다 새로 소독된 면도날을 사용해야 한다.
② 면도날을 매번 고객마다 갈아 끼우기 어렵지만, 하루에 한 번은 반드시 새것으로 교체해야만 한다.
③ 레이저 날이 한 몸체로 분리가 안 되는 경우 70% 알코올을 적신 솜으로 반드시 소독 후 사용한다.
④ 면도날을 재사용해서는 안 된다.

55 상처 소독에 적당하지 않은 것은?

① 과산화수소
② 아이오딘팅크제
③ 승홍수
④ 머큐로크롬

56 다음은 공중위생관리법상 미용업의 정의이다. 빈칸에 들어갈 알맞은 것은?

> "미용업"이라 함은 손님의 얼굴, 머리, 피부 및 손톱·발톱 등을 손질하여 손님의 (   )을/를 아름답게 꾸미는 영업을 말한다.

① 모습   ② 외모
③ 화장   ④ 스타일

57 공중위생관리법상 위생교육에 포함되지 않는 것은?

① 기술교육
② 시사상식 교육
③ 소양교육
④ 공중위생에 관하여 필요한 내용

58 이·미용업 영업자의 지위를 승계받을 수 있는 자의 자격은?

① 영업을 양수한 자
② 면허를 소지한 자
③ 보조원으로 있는 자
④ 상속권이 있는 자

59 이·미용업에 있어 청문을 실시하여야 하는 경우가 아닌 것은?

① 면허취소 처분을 하고자 하는 경우
② 면허정지 처분을 하고자 하는 경우
③ 일부 시설의 사용중지명령 처분을 하고자 하는 경우
④ 위생교육을 받지 아니하여 1차 위반한 경우

60 다음 중 이·미용사 면허를 받을 수 없는 경우에 해당하는 것은?

① 국가기술자격법에 의한 이·미용사 자격을 취득한 자
② 초·중등교육법령에 따른 고등학교에서 1년 이상 이·미용에 관한 소정의 과정을 이수한 자
③ 교육부장관이 인정하는 고등기술학교에서 6개월간 이용 또는 미용에 관한 소정의 과정을 이수한 자
④ 전문대학에서 이용 또는 미용에 관한 학과를 졸업한 자

제6회 모의고사

정답 및 해설 p.214

01 우리나라의 메이크업 역사 중 조선시대에 대한 설명으로 옳지 않은 것은?

① 유교사상의 영향으로 외면보다 내면의 아름다움을 중시하였다.
② 목욕을 즐기고, 맑은 피부를 위해 미안수 등으로 피부관리를 하였다.
③ 규합총서에 여러 향과 화장품 제조 방법들이 기록되어 있다.
④ 박가분이 대량 생산되어 서민층에게까지 보급되었다.

02 각 시대별 메이크업에 대한 설명으로 옳지 않은 것은?

① 1910년대 – 눈 주위에 음영을 강하게 넣는 콜(kohl) 메이크업이 등장하였다.
② 1920년대 – 창백한 느낌의 피부 바탕에 졸린 듯한 눈매를 표현하였다.
③ 1940년대 – 인형같은 눈매를 연출하고 누드톤의 창백한 입술을 표현하였다.
④ 1950년대 – 굵은 눈썹과 아이라인으로 젊음을 강조한 헵번 스타일이 등장하였다.

03 일반적으로 이·미용업소의 실내 쾌적 습도 범위로 가장 알맞은 것은?

① 10~20%   ② 20~40%
③ 40~70%   ④ 70~90%

04 피부의 기능에 대한 설명으로 틀린 것은?

① 인체 내부 기관을 보호한다.
② 체온을 조절한다.
③ 감각을 느끼게 한다.
④ 비타민 B를 생성한다.

05 생물학적 산소요구량(BOD)과 용존산소량(DO)의 값은 어떤 관계가 있는가?

① BOD와 DO는 무관하다.
② BOD가 낮으면 DO는 낮다.
③ BOD가 높으면 DO는 낮다.
④ BOD가 높으면 DO도 높다.

06 각질형성 세포의 일반적 각화 주기는?

① 약 1주 ② 약 2주
③ 약 3주 ④ 약 4주

07 다음 중 표피층에 존재하는 세포가 아닌 것은?

① 각질형성 세포
② 멜라닌 세포
③ 랑게르한스 세포
④ 비만세포

08 성인의 경우 피부가 차지하는 비중은 체중의 약 몇 %인가?

① 10~12%
② 15~17%
③ 20~27%
④ 30~37%

09 본식 웨딩 메이크업 시 주의사항으로 옳지 않은 것은?

① 야외 웨딩 메이크업 시 신랑과 피부 톤 차이가 너무 심하게 날 수 있으므로 신부의 피부 톤 선택에 주의해야 한다.
② 실내 웨딩 메이크업 시 메이크업 베이스는 화사한 느낌을 위해 핑크나 퍼플 색을 발라 주되 많이 바르지 않도록 주의해야 한다.
③ 신랑 웨딩 메이크업 시 메이크업을 과도하게 하면 역효과를 일으킬 수 있으나 파운데이션만큼은 최대한 많이 사용하여 잡티 등을 커버해야 한다.
④ 혼주 메이크업 시 리프팅을 위해 최대한 색을 절제하고 피부 톤을 강조하여 젊고 고급스럽게 보이도록 해야 한다.

10 다음 중 모발의 성장단계를 옳게 나타낸 것은?

① 성장기 → 휴지기 → 퇴행기
② 휴지기 → 발생기 → 퇴행기
③ 퇴행기 → 성장기 → 발생기
④ 성장기 → 퇴행기 → 휴지기

11 다음 중 적외선에 관한 설명으로 옳지 않은 것은?

① 혈류의 증가를 촉진시킨다.
② 피부에 생성물이 흡수되도록 돕는 역할을 한다.
③ 노화를 촉진시킨다.
④ 피부에 열을 가하여 피부를 이완시키는 역할을 한다.

12 파운데이션보다 커버력이 우수해 부분 잡티 커버용으로 사용되는 제품은?

① 컨실러
② 트윈케이크
③ 크림 파운데이션
④ 파우더

13 다음 중 냉각기에 의해 제조된 제품은?

① 립스틱
② 화장수
③ 아이섀도
④ 에센스

14 다음 중 특별한 장치를 설치하지 아니한 일반적인 경우에 실내의 자연적인 환기에 가장 큰 비중을 차지하는 요소는?

① 실내외 공기 중 CO_2의 함량의 차이
② 실내외 공기의 습도 차이
③ 실내외 공기의 기온 차이 및 기류
④ 실내외 공기의 불쾌지수 차이

15 팩의 제거 방법에 따른 분류가 아닌 것은?

① 티슈 오프 타입(tissue-off type)
② 석고 마스크 타입(gypsum mask type)
③ 필 오프 타입(peel-off type)
④ 워시 오프 타입(wash-off type)

16 향수의 부향률이 높은 것부터 순서대로 나열한 것은?

① 퍼퓸 > 오드 퍼퓸 > 오드 토일렛 > 오드 코롱
② 퍼퓸 > 오드 토일렛 > 오드 퍼퓸 > 오드 코롱
③ 퍼퓸 > 오드 코롱 > 오드 퍼퓸 > 오드 토일렛
④ 퍼퓸 > 샤워 코롱 > 오드 퍼퓸 > 오드 토일렛

17 백반증에 관한 내용 중 틀린 것은?

① 멜라닌 세포의 과다한 증식으로 일어난다.
② 백색 반점이 피부에 나타난다.
③ 후천적 탈색소 질환이다.
④ 원형, 타원형 또는 부정형의 흰색 반점이 나타난다.

18 고객 신뢰도 5단계에 관한 내용으로 옳지 않은 것은?

① 1단계 - 인사말만 주고받는 관계
② 2단계 - 용건을 말하지 않아도 시간을 내어 줄 수 있는 관계
③ 4단계 - 신뢰가 돈독해 비즈니스에 필요한 유익한 정보를 제공해 주고 미리 알려 주며 응원하는 관계
④ 5단계 - 고객이 온전하게 신뢰하는 관계

19 온라인 고객 응대 방법으로 적절하지 않은 것은?

① 시간대별 전문 온라인 상담사를 배치한다.
② 고객 요청 사항을 절대적으로 수용한다.
③ 텔레마케터와 같이 기본 스크립트를 활용한다.
④ 이미지나 영상을 고객에게 맞춤 자료로 제공한다.

20 다음 중 소독에 필요한 인자와 가장 거리가 먼 것은?

① 물   ② 온도
③ 산소   ④ 시간

21 웨딩드레스가 H 라인인 경우의 메이크업으로 옳지 않은 것은?

① 세련됨, 여성스러움, 로맨틱한 이미지를 표현해야 한다.
② 치크 메이크업은 피치색으로 한다.
③ 립 메이크업은 누드 톤, 글로시로 한다.
④ 아이 메이크업은 음영이 강조된 아이섀도로 표현한다.

22 자연스러우면서도 신부의 순결함이 묻어나는 청초한 느낌의 웨딩 콘셉트는?

① 내추럴(natural)
② 로맨틱(romantic)
③ 클래식(classic)
④ 트래디셔널(traditional)

23 매개 곤충과 전파하는 감염병의 연결이 잘못된 것은?

① 뎅기열 – 모기
② 재귀열 – 바퀴벌레
③ 쯔쯔가무시증 – 진드기
④ 장티푸스 – 파리

24 봄 유형의 신체 색상에 어울리는 톤이 아닌 것은?

① 딥 톤　　② 비비드 톤
③ 라이트 톤　④ 페일 톤

25 부드럽고 차가운 느낌의 파스텔 계열이나 크림 베이지, 라이트 핑크, 인디언 핑크, 로즈 핑크, 아쿠아 블루, 라벤더, 블루 그린, 퍼플, 블루, 그레이 등의 패션컬러가 어울리는 퍼스널 유형은?

① 봄　　　② 여름
③ 가을　　④ 겨울

26 클렌징 제품과 그 특성에 대한 설명으로 잘못된 것은?

① 클렌징 워터는 지성 피부나 여드름 피부에 적합하다.
② 클렌징 크림 사용 후에는 폼 클렌징 등으로 이중 세안을 하는 것이 좋다.
③ 클렌징 오일은 수용성이므로 색조 화장, 포인트 화장 제거에 적합하지 않다.
④ 클렌징 로션은 친수성으로 건성, 지성, 민감성 피부 모두 적합하다.

27 얼굴 윤곽 수정에 관한 설명으로 잘못된 것은?

① 컬러의 명암 차를 통한 착시 현상을 이용하여 얼굴의 입체감을 살린다.
② 베이스 파운데이션은 목의 색과 비교하여 자연스러운 색을 선택한다.
③ 하이라이트는 수축되고 움푹하게 보이는 느낌을, 셰이딩은 돌출되고 팽창된 느낌을 표현한다.
④ 하이라이트는 베이스보다 1~2단계 밝은 톤을, 셰이딩은 베이스보다 1~2단계 어두운 톤을 사용한다.

28 파운데이션의 일반적인 기능으로 가장 적당하지 않은 것은?

① 얼굴 윤곽 수정 시 사용하여 입체감을 연출한다.
② 얼굴의 잡티를 커버한다.
③ 피지나 땀 분비를 억제하고 메이크업 지속력 효과를 높인다.
④ 자외선, 먼지 등 외부로부터 피부를 보호한다.

29 컨실러의 종류와 그 특징에 대한 설명이 잘못 연결된 것은?

① 리퀴드 타입 – 수분 함량이 많아 자연스러운 피부 연출이 가능하나 커버력이 미흡한 편이다.
② 펜슬 타입 – 점, 입술 라인 등 좁은 부위 커버에 효과적이다.
③ 케이크 타입 – 커버력이 우수하지만 커버 주위와 피부 주변의 경계 처리를 잘 해야 한다.
④ 스틱 타입 – 발림성이 우수해 눈 밑 다크서클 등 다소 넓은 부위에 사용하기 좋다.

30 브러시 보관 방법으로 잘못된 것은?

① 세척 시 브러시를 뜨거운 물에 담가 메이크업을 완전히 녹여낸다.
② 세척 후 브러시 끝을 가지런히 모아 마른 타월로 물기를 제거한다.
③ 물기 제거 후 털끝을 모아 눕히거나 아래로 향하게 하여 그늘에서 건조한다.
④ 색조화장품을 사용할 때마다 사용 후 잔여물을 말끔하게 털어 제거한다.

31 패션 이미지의 유형 중 매니시(mannish)에 대한 설명으로 옳지 않은 것은?

① 남녀 간 평등을 의도한다.
② 건강미, 생동감, 적극성이 특징이다.
③ 1930년대에 영화배우 디트리히의 신사복이 효시이다.
④ 넥타이나 손수건, 딱 맞게 떨어지는 남성 맞춤 정장 등을 사용한다.

32 심플하고 깨끗하면서도 강렬한 이미지에 지성미까지 더한 메이크업이 잘 어울리는 계절의 메이크업 방법으로 적합하지 않은 것은?

① 오렌지, 옐로 톤이나 그린 계열의 아이섀도를 사용한다.
② 치크는 누드 베이지나 핑크 베이지로 깔끔하고 자연스럽게 표현한다.
③ 유·수분을 함유한 크림 타입 파운데이션을 쓰고 파우더는 조금만 쓴다.
④ 립은 다크 브라운과 레드나 와인 계열을 혼합하여 스트레이트형으로 바른다.

33 다음 중 세균의 단백질 변성과 응고작용에 의한 기전을 이용하여 살균하고자 할 때 주로 이용되는 방법은?

① 가열
② 희석
③ 냉각
④ 여과

34 메이크업 시 표준형이 되는 얼굴형으로, 다양한 연출과 테크닉 구사가 가능한 이상적인 얼굴 형태는?

① 둥근형 얼굴
② 긴 형 얼굴
③ 계란형 얼굴
④ 사각형 얼굴

35 아이브로 연출 시 주의사항으로 옳지 않은 것은?

① 눈썹산은 동공보다 안쪽으로 들어오지 않게 한다.
② 모발의 색과 비슷한 계열의 색을 선택한다.
③ 눈썹꼬리는 눈 길이보다 약간 짧게 그린다.
④ 눈썹꼬리는 눈썹 앞머리보다 아래로 내려오면 안 된다.

36 눈매를 강조하기 위하여 짙은 색으로 쌍꺼풀 라인과 눈꼬리 부위에 펴 바르는 아이섀도는?

① 메인 컬러
② 포인트 컬러
③ 베이스 컬러
④ 하이라이트 컬러

37 속눈썹 특징에 따른 마스카라 브러시 연결이 적절한 것은?

① 긴 속눈썹 - 살짝 휘어진 스푼 모양 브러시
② 일자로 처진 속눈썹 - 나선 모양의 브러시
③ 짧은 속눈썹 - 얇은 솔로 된 브러시
④ 가늘고 숱이 적은 속눈썹 - 숱이 많고 두꺼운 오버 사이즈 브러시

38 다음 설명에 해당하는 입술 형태는?

> 우울하고 나이가 들어 보이는 입술 형태로 펄이 든 밝은 립스틱을 선택하여 입술의 구각을 살짝 올려서 바른다.

① 작은 입술
② 얇은 입술
③ 입꼬리 처진 입술
④ 두꺼운 입술

39 이미지에 따른 치크 메이크업 연출법으로 옳은 것은?

① 귀여운 이미지 – 레드 계열로 볼뼈를 감싸듯 둥글려 그러데이션한다.
② 화려한 이미지 – 핑크와 연보라를 섞어 광대뼈를 부드럽게 감싼다.
③ 오리엔탈 이미지 – 브라운 계열로 광대뼈 위쪽으로는 밝게, 아래쪽은 어둡게 표현한다.
④ 활동적인 이미지 – 오렌지 계열 크림 치크를 피부색과 유사한 파운데이션을 섞어 자연스럽게 바른다.

40 인조 속눈썹 부착 및 제거 방법에 대한 설명으로 옳지 않은 것은?

① 속눈썹을 붙이면 접착제가 보이지 않게 아이라인을 수정한다.
② 속눈썹 제거 시 스킨이나 메이크업 리무버를 발라 눈꼬리에서 눈 앞머리를 향하여 뗀다.
③ 속눈썹 부착 시 눈 앞머리 부분부터 속눈썹 가까이에 붙인다.
④ 떼어낸 인조 속눈썹은 리무버에 하루 정도 담가 접착액이 녹도록 한다.

41 세균의 포자를 사멸시킬 수 있는 것은?

① 포르말린
② 알코올
③ 음이온 계면활성제
④ 차아염소산소다

42 눈 형태에 따른 아이섀도 기법으로 옳은 것은?

① 움푹 들어간 눈 – 브라운이나 그레이 계열 아이섀도를 눈두덩이에 넓게 바른다.
② 지방이 많은 눈 – 눈두덩이에 펄감이 있고 밝은 계열의 아이섀도를 바른다.
③ 큰 눈 – 눈 앞머리부터 눈꼬리까지 라인을 중심으로 짙은 색으로 표현한다.
④ 처진 눈 – 눈꼬리 부분을 사선 방향으로 올리고 언더라인 부위는 너무 진하지 않게 바른다.

43 신흥 부르주아의 문화적이고 도회적인 양식인 아르누보가 예술 분야에 나타난 시기의 메이크업은?

① 검붉은 립스틱으로 앵두같이 표현하였다.
② 눈 주위에 음영을 강하게 넣는 콜(kohl) 메이크업이 등장하였다.
③ 눈의 윤곽이 잘 보이도록 펜슬로 눈썹을 짙게 칠해 모양을 잡아 주었다.
④ 활 모양의 둥근 눈썹과 아이홀의 깊은 음영과 긴 속눈썹을 표현하였다.

44 다음에서 설명하는 메이크업 디자인 요소의 적절한 패션 이미지 유형은?

- 눈썹 : 베이지 브라운 색상으로 기본형으로 그린다.
- 아이섀도 : 라이트 그레이시 톤 색상으로 소프트한 질감을 표현한다.
- 입술 : 라이트 그레이시 톤 또는 라이트 톤 색상의 립스틱으로 촉촉하고 생기있게 표현한다.
- 볼 : 핑크나 피치 색상으로 부드럽게 볼을 감싸는 듯한 터치로 표현한다.

① 로맨틱 이미지 메이크업
② 내추럴 이미지 메이크업
③ 에스닉 이미지 메이크업
④ 엘레강스 이미지 메이크업

45 이·미용업소에서 일반적 상황에서의 수건 소독법은?

① 석탄산 소독 ② 크레졸 소독
③ 자비소독   ④ 적외선 소독

46 캐릭터 이미지를 표현할 때 영향을 주는 요소로 적절하지 않은 것은?

① 인상학적 요소
② 경제학적 요소
③ 환경적 요소
④ 상처적 요소

47 상처 메이크업에서 긁힌 상처를 표현할 때 사용되는 재료가 아닌 것은?

① 크림 라이너
② 블랙 스펀지
③ 인조 피
④ 프로세이드

48 T.P.O에 따른 메이크업 중 장소(Place)에 따른 메이크업에 속하는 것은?

① 면접 메이크업
② 조문객 메이크업
③ 나이트 메이크업
④ 무대 공연 메이크업

49 무대 공연 메이크업에 필요한 도구 중 재사용 도구는?

① 브러시
② 면봉
③ 라텍스 스펀지
④ 비닐팩

50 볼드캡을 이용한 대머리 캐릭터 메이크업 실행에 대한 설명으로 옳지 않은 것은?

① 모델의 피부를 알코올로 깨끗하게 닦는다.
② 볼드캡을 씌울 때 이마 중심부터 분장용 접착제를 바르고 붙여 준다.
③ 피부와의 경계면은 더마 왁스를 사용하여 얇게 녹여 마무리한다.
④ 피부와 경계면에서 두꺼운 부위는 프로세이드를 사용하여 메꾸어 준다.

51 메이크업 작업환경의 위생관리로 옳지 않은 것은?

① 메이크업 의자 및 상담 의자는 소독약 대신 방향제를 뿌려 냄새를 제거한다.
② 메이크업 작업대에 묻은 화장품은 전용 리무버를 사용하여 닦아낸다.
③ 작업실 바닥의 먼지는 빗자루나 청소기를 이용해 청소한다.
④ 메이크업 트레이의 얼룩은 얼룩 제거 전용 세제를 뿌려 닦는다.

52 기생충 중 산란과 동시에 감염능력이 있으며 건조에 저항성이 커서 집단감염이 가장 잘 되는 기생충은?

① 회충   ② 십이지장충
③ 광절열두조충   ④ 요충

53 미나마타병과 관계가 가장 깊은 것은?

① 규소   ② 납
③ 수은   ④ 카드뮴

54 역성비누의 장점이 아닌 것은?

① 물에 잘 녹는다.
② 색과 냄새가 거의 없다.
③ 결핵균에 효력이 있다.
④ 인체에 독성이 적다.

55 고압멸균기를 사용하여 소독하기에 가장 적합하지 않은 것은?

① 유리기구   ② 금속기구
③ 약액   ④ 가죽제품

56 위생서비스평가의 결과에 따른 조치에 해당되지 않는 것은?

① 구청장은 위생관리등급의 결과를 세무서장에게 통보할 수 있다.
② 이·미용업자는 위생관리등급 표지를 영업소 출입구에 부착할 수 있다.
③ 시장·군수·구청장은 위생관리등급별로 영업소에 대한 위생감시를 실시하여야 한다.
④ 시·도지사는 위생서비스의 수준이 우수하다고 인정되는 영업소에 대한 포상을 실시할 수 있다.

57 공중위생관리법상 이·미용업자에 대한 과태료 부과·징수 처분권자가 아닌 자는?

① 시·도지사   ② 시장
③ 군수   ④ 구청장

58 행정처분사항 중 1차 처분이 경고에 해당하는 것은?

① 손님에게 도박 그 밖에 사행행위를 하게 한 경우
② 정당한 사유 없이 6개월 이상 계속 휴업하는 경우
③ 영업을 하지 않기 위하여 영업시설의 전부를 철거한 경우
④ 소독을 한 기구와 소독을 하지 않은 기구를 각각 다른 용기에 넣어 보관하지 않은 경우

59 이 · 미용사 면허를 취득할 수 없는 자는?

① 면허취소 후 1년 경과자
② 독감 환자
③ 마약중독자
④ 전과 기록자

60 공중위생관리법상 위법사항에 대하여 청문을 시행할 수 없는 기관장은?

① 경찰서장 ② 구청장
③ 군수   ④ 시장

제7회 모의고사

> 정답 및 해설 p.219

01 우리나라 역사에서 분은 바르되 연지는 바르지 않는 시분무주(施粉無朱)의 화장술이 유행했던 국가는?

① 고구려   ② 백제
③ 신라   ④ 고려

02 메이크업 사업장의 위생관리 방법으로 옳지 않은 것은?

① 작업실의 벽과 바닥을 자주 청소하여 청결을 유지한다.
② 쓰레기통은 자주 비워 청결하게 유지한다.
③ 고객이 사용한 모든 설비는 희석한 락스를 분사하여 소독한다.
④ 건물 내에 쥐, 파리, 해충 등이 없도록 위생적으로 관리한다.

03 메이크업 도구 및 재료의 관리 방법으로 옳지 않은 것은?

① 메이크업 제품을 사용한 후에는 반드시 뚜껑을 닫아 보관한다.
② 라텍스 스펀지는 뜨거운 물에 세척한 후 자외선 소독기에서 소독한다.
③ 아이래시컬러의 고무 부분도 알코올이나 토너로 깨끗이 닦는다.
④ 면봉이나 화장솜은 1회 사용 후 버린다.

04 원주형의 세포가 단층으로 이어져 있으며, 각질형성 세포와 색소형성 세포가 존재하는 피부 세포층은?

① 표피 기저층
② 표피 투명층
③ 표피 각질층
④ 표피 유극층

05 표피에서 촉각을 감지하는 세포는?

① 멜라닌 세포
② 머켈 세포
③ 각질형성 세포
④ 랑게르한스 세포

06 조도 불량, 현휘(눈부심)가 과도한 장소에서 장시간 작업하여 눈에 긴장을 강요함으로써 발생되는 불량 조명에 기인하는 직업병이 아닌 것은?

① 안정피로
② 근시
③ 원시
④ 안구진탕증

07 피부의 각질층에 존재하는 세포간지질 중 가장 많이 함유된 것은?

① 세라마이드
② 콜레스테롤
③ 스쿠알렌
④ 왁스

08 단백질 대사에 관여하며, 체내에 부족하면 구순염, 구각염, 설염을 유발하는 영양소는 무엇인가?

① 비타민 A
② 비타민 B_2
③ 비타민 C
④ 비타민 K

09 갑상선의 기능과 관계있으며 모세혈관 기능을 정상화시키는 무기질은?

① 칼슘
② 인
③ 철분
④ 아이오딘

10 주름 개선 기능성 화장품의 효과와 가장 거리가 먼 것은?

① 피부탄력 강화
② 콜라겐 합성 촉진
③ 표피 신진대사 촉진
④ 섬유아세포 분해 촉진

11 다음 화장품 성분 중에서 양모에서 정제한 것은?

① 바셀린
② 밍크 오일
③ 밀납
④ 라놀린

12 대부분 O/W형 유화 타입이며, 오일 함량이 적어 여름철에 많이 사용하고 젊은 연령층이 선호하는 파운데이션은?

① 크림 파운데이션
② 트윈케이크
③ 리퀴드 파운데이션
④ 파우더

13 블러셔의 사용 목적으로 틀린 것은?

① 생기있어 보이게 한다.
② 얼굴형을 수정하여 개성을 연출한다.
③ 건강한 이미지를 부여하며, 입체감을 준다.
④ 잡티를 커버한다.

14 다음 중 지성 피부 관리 시 가장 적당한 화장수는?

① 글리세린
② 수렴 화장수
③ 유연 화장수
④ 영양 화장수

15 팩의 사용 방법 중 옳지 않은 것은?

① 천연팩은 흡수시간을 길게 유지할수록 효과적이다.
② 팩의 진정시간은 일반적으로 10~20분 정도의 범위이다.
③ 팩을 사용하기 전 알레르기 유무를 확인한다.
④ 팩을 하는 동안 아이패드를 적용한다.

16 실내 웨딩 메이크업에 대한 설명으로 옳지 않은 것은?

① 보디 메이크업은 얼굴 톤과 차이가 나지 않도록 고르게 발라 주어야 한다.
② 색조 메이크업 시 최대한 신랑과 어울리는 이미지의 신부를 연출해야 한다.
③ 인위적으로 보이지 않기 위해 잡티 등의 피부 결점은 완벽히 수정하지 않아야 한다.
④ 야하거나 강한 색상을 사용하면 신부의 순결함과 청순함에 부정적인 영향을 줄 수 있다.

17 고정고객의 만족도를 높이기 위한 관리로 옳지 않은 것은?

① 화장실이 매장 내에 위치한 경우, 고객이 불편하지 않도록 동선 및 청결에 유의한다.
② 지속적이고 안정적인 고객 만족도를 위해서는 고객과 신뢰도 3단계 이상을 유지한다.
③ 전문 지식과 기능을 갖춘 직원을 관리하여 이직률을 줄인다.
④ 고객에게 직원이 제공하는 서비스 품질을 유지한다.

18 '서비스나 제품의 경험에 대한 고객으로부터의 반응'으로 고객과 사업자 간에 생길 수 있는 다양한 모든 커뮤니케이션을 말하는 것은?

① 고객
② 고객의 소리(VOC)
③ 고객관리
④ 고객 관계 관리(CRM)

19 다음 중 따뜻하고 매끄러운 이미지를 전달하기 적합한 질감은?

① 펄 ② 매트
③ 글로시 ④ 루미네이슨스

20 강하지 않은 파스텔과 중간의 라이트 그레이시, 라이트, 덜(dull) 톤이 어울리는 계절 유형은?

① 봄 ② 여름
③ 가을 ④ 겨울

21 로맨틱 이미지 메이크업 실행 시 어울리지 않는 내용은?

① 자연스럽고 촉촉한 피부 표현을 위하여 쉬머한 베이스 제품과 액상 파운데이션을 이용하여 가볍게 베이스 처리한다.
② 화이트와 파스텔 색상을 이용하여 사랑스러운 눈 메이크업을 완성한다.
③ 핑크 또는 오렌지 색상을 이용하여 입술을 촉촉하게 발라준다.
④ 브라운 색상을 이용하여 귀여운 이미지를 연출할 수 있도록 살짝 둥글리며 눈썹을 그려준다.

22 파운데이션 종류와 그 사용 방법을 올바르게 설명한 것은?

① 리퀴드 파운데이션은 얇고 투명하게 표현되며 지속력이 높다.
② 스킨커버 파운데이션은 물에 녹여 해면 스펀지를 사용해 바른다.
③ 크림 파운데이션 사용 시 커버력을 높이려면 패팅 기법으로 두드리듯 발라준다.
④ 트윈케이크 파운데이션은 커버력이 좋고 습기에 강해 모든 피부 유형에 적합하다.

23 야외 촬영 시 웨딩 메이크업의 특징으로 옳지 않은 것은?

① 자연광 중심 메이크업이어야 한다.
② 펄감이 있는 제품이 분위기 있는 눈매를 연출할 수 있다.
③ 초록이 많은 공원에서 촬영할 경우 붉은 계열의 립스틱이 화사해 보인다.
④ 일광 반사판의 조명을 사용하므로 너무 흐릿한 색조 화장은 바람직하지 않다.

24 세안 후 바로 보습효과가 뛰어난 화장수와 영양성분이 높은 크림을 사용하는 것이 좋은 피부 유형은?

① 건성 피부
② 지성 피부
③ 민감성 피부
④ 복합성 피부

25 인수공통감염병의 질병과 매개체가 바르게 연결되지 않은 것은?

① 브루셀라증 – 소
② 큐열 – 박쥐
③ 탄저 – 양, 말, 소
④ 야토병 – 토끼

26 메이크업 베이스의 색상별 효과로 잘못된 것은?

① 청색은 희고 창백한 피부를 중화하여 건강하게 표현한다.
② 녹색은 붉은 기가 많은 피부를 중화하거나 잡티를 커버한다.
③ 주황색은 탄력 있고 건강한 느낌의 태닝 피부를 표현한다.
④ 보라색은 노란 피부를 중화시켜 화사하게 표현한다.

27 부위별 파운데이션 사용 방법으로 가장 올바른 것은?

① 헤어라인에 가까울수록 파운데이션 및 파우더를 더 많이 사용한다.
② 움직임이 많은 입 주변 부위는 지속력을 높이기 위해 파운데이션을 여러 겹 덧바른다.
③ V존 부위는 잡티가 많으므로 패팅 기법으로 두드려 발라준다.
④ T존 부위는 하이라이트를 주는 부분으로, 이를 살리기 위해 파운데이션을 두껍게 바른다.

28 컨투어링 메이크업을 하기 위한 얼굴형 수정 방법으로 잘못된 것은?

① 긴 형 얼굴 – 이마, 턱 끝에 셰이딩을 주고 이마 중앙에서 코끝까지, 턱 끝 방향으로 하이라이트를 준다.
② 사각형 얼굴 – 이마 양옆과 턱뼈 부분에 셰이딩을 주고 T존에 둥근 느낌으로 하이라이트를 준다.
③ 역삼각형 얼굴 – 이마 양 끝과 턱 끝에 셰이딩을 하고, 양볼·콧등·눈 밑에 하이라이트를 연출한다.
④ 둥근형 얼굴 – 양쪽 볼 측면에 셰이딩을 주고 이마 중앙에서에서 코끝으로 길게 하이라이트를 연출한다.

29 메이크업 도구의 세척 방법으로 적절하지 않은 것은?

① 라텍스 스펀지 – 세척이 불가능하므로 오염된 부분을 가위로 잘라 쓴다.
② 파우더 브러시 – 세척하여 물기 제거 후 털끝을 모아 눕혀 그늘에서 건조한다.
③ 퍼프 – 면제품의 경우 세척 후 드라이어로 바짝 말린다.
④ 해면 – 세척하여 물기 제거 후 통풍이 잘 되는 그늘에 세워 말린다.

30 세균성 식중독에 대한 설명으로 옳지 않은 것은?

① 잠복기가 길다.
② 면역성이 잘 형성되지 않는다.
③ 다량의 균이 발생한다.
④ 2차 감염률이 낮다.

31 다음 설명에 해당하는 눈썹 연출법이 가장 적합한 얼굴형은?

> 본래 형태보다 아이브로 꼬리 부분을 늘려 전체적으로 약간 긴 형태로 아이브로를 그린다.

① 턱이 발달한 사각형 얼굴
② 볼살이 많고 둥근 얼굴
③ 이마가 좁고 턱이 발달한 얼굴
④ 이마가 넓고 턱이 좁고 긴 얼굴

32 아이섀도 메이크업 시 주의사항으로 옳은 것은?

① 티슈나 손등에서 아이섀도 양을 미리 조절한다.
② 아이섀도 색상끼리 경계가 생기도록 바른다.
③ 강한 색을 표현할 때에는 한 번에 많은 양을 바른다.
④ 아이섀도 브러시는 그때그때 사용하고 싶은 것을 사용한다.

33 초보자도 쉽게 사용할 수 있으며 그러데이션이 자연스러우나 번짐이 많은 아이라이너 타입은?

① 젤 타입
② 펜슬 타입
③ 케이크 타입
④ 리퀴드 타입

34 다음에서 설명하는 립 메이크업의 형태로 알맞은 것은?

> 성숙하고 여성스러운 느낌을 주며 원래 입술보다 라인을 크게 그리고 입술선은 곡선 느낌으로 둥글게 그린다.

① 표준형
② 인 커브형
③ 아웃 커브형
④ 스트레이트형

35 소독제의 살균력 측정검사의 지표로 사용되는 것은?

① 알코올
② 크레졸
③ 석탄산
④ 포르말린

36 다음 중 파리에 의해 주로 전파될 수 있는 감염병은?

① 페스트
② 장티푸스
③ 사상충증
④ 황열

37 짙은 황갈색 톤 피부에 어울리는 치크 컬러는?

① 핑크 계열
② 오렌지 계열
③ 레드 계열
④ 브라운 계열

38 여성스럽고 기품이 있는 우아함과 고상하며 세련된 이미지의 엘레강스 웨딩 메이크업 배색으로 가장 적절한 것은?

① 연회색, 화이트, 민트 블루, 소프트 핑크
② 로즈 핑크, 라벤더 퍼플, 베이비 블루, 베이지
③ 딥 그린, 브라운 오렌지, 샌드 베이지, 올리브 카키
④ 딥 네이비, 라이트 그레이, 민트 블루, 연그린

39 다음의 속눈썹 연장법이 연출하고자 하는 이미지는?

> • 7~12mm의 J컬이나 JC컬을 사용한다.
> • 앞머리 숱을 적게 하고 뒷머리로 갈수록 숱의 풍성함을 표현한다.

① 큐트 이미지
② 내추럴 이미지
③ 섹시 이미지
④ 시크 이미지

40 립 제품에 대한 설명으로 옳지 않은 것은?

① 립글로스는 보습과 윤기를 부여하지만 지속력이 미흡하다.
② 매트한 립스틱은 입술에 촉촉함과 윤기를 부여한다.
③ 립틴트는 립스틱이나 다른 립 종류보다 지속성이 뛰어나다.
④ 모이스처라이징 립스틱은 색의 퍼짐성은 좋으나 지속력이 떨어진다.

41 사람의 피부색과 관련이 없는 것은?

① 클로로필 색소
② 헤모글로빈 색소
③ 카로틴 색소
④ 멜라닌 색소

42 캐서린 헵번이 활동하던 시대의 메이크업으로 옳은 것은?

① 두껍고 또렷한 눈썹과 인조 속눈썹과 마스카라로 눈매를 강조
② 가늘고 길게 진한 아치형 눈썹과 검붉은 립스틱으로 앵두같은 입술 표현
③ 아이라이너로 눈꼬리를 길게 강조하고 핑크 베이지 입술로 야성적인 섹시함 강조
④ 검고 가는 일자형의 눈썹에 피부는 창백하게 표현하고, 눈 주위에 강한 음영과 마스카라로 그윽한 눈매 표현

43 피부의 결을 고르게 보이게 하기 위해서 피부 전체에 바르는 파운데이션과 파우더의 양에 따라 표현되는 디자인 요소는?

① 색
② 형
③ 착시
④ 질감

44 패션 이미지 유형 중 클래식(classic) 이미지와 어울리는 스타일링으로 옳지 않은 것은?

① 헤어스타일 – 굵은 단발 웨이브, 업스타일
② 의상 – 울, 벨벳, 트위드 소재의 테일러드 슈트
③ 소품 – 유행에 민감한 디자인의 스카프
④ 소품 – 유행에 민감하지 않은 디자인의 액세서리

45 오트쿠튀르 패션쇼에 필요한 메이크업 방법으로 옳지 않은 것은?

① 모델의 개성과 패션쇼의 콘셉트가 조화를 이루어야 한다.
② 디자이너가 생각하는 콘셉트에 대해 정확히 이해해야 한다.
③ 다소 보수적인 패션쇼이므로 아트적·실험적 요소가 들어가서는 안 된다.
④ 패션쇼 개최 장소가 넓으면 얼굴이 뚜렷하게 보일 수 있게 메이크업해야 한다.

46 미디어 캐릭터를 메이크업할 때 주의할 점으로 옳지 않은 것은?

① 영상의 특징상 빛 반사가 강하여 과한 립글로스는 쓰지 않는다.
② 피부 톤은 맞출 경우 이마보다는 볼 부분의 톤과 맞추는 것이 자연스럽다.
③ 장시간의 촬영으로 입술색이 지워지면 더 진한 색상으로 자주 덧발라 준다.
④ 자연광일 경우 실제 바른 것보다 2배 정도 두껍게 보이므로 컨실러 과다 사용은 피한다.

47 치크 메이크업을 표현할 때 적절하지 않은 것은?

① 볼 안쪽부터 바깥쪽으로 적절한 양의 블러셔를 블렌딩하여 부드럽게 바른다.
② 화사하게 보이도록 전체적인 색조 화장 톤과 조금 다른 계열의 색으로 표현한다.
③ 많은 양을 한꺼번에 바르기보다 적은 양을 여러 번 덧발라 주는 것이 좋다.
④ 혈색이 느껴질 정도로 은은하고 엷게 표현하는 것이 효과적이다.

48 타박상 메이크업 시행 시 색상의 변화로 옳은 것은?

① 레드 → 머룬 → 퍼플 → 그린 → 옐로
② 퍼플 → 그린 → 옐로 → 머룬 → 레드
③ 옐로 → 그린 → 퍼플 → 머룬 → 레드
④ 그린 → 옐로 → 레드 → 퍼플 → 머룬

49 100%의 알코올을 사용해서 70%의 알코올 400mL를 만드는 방법으로 옳은 것은?

① 물 70mL와 100% 알코올 330mL 혼합
② 물 100mL와 100% 알코올 300mL 혼합
③ 물 120mL와 100% 알코올 280mL 혼합
④ 물 330mL와 100% 알코올 70mL 혼합

50 다음 무대 공연 조명 중 그린 메이크업 색상이 다르게 보이는 하나는?

① 그린 조명
② 레드 조명
③ 옐로 조명
④ 오렌지 조명

51 화이트, 실버, 라이트블루, 블루와 같은 색상 조합이 어울리는 계절은?

① 봄 ② 여름
③ 가을 ④ 겨울

52 다음 중 제2급 감염병이 아닌 것은?

① 홍역 ② 파상풍
③ 장티푸스 ④ 세균성 이질

53 광견병의 병원체는 어디에 속하는가?

① 세균(bacteria)
② 바이러스(virus)
③ 리케차(rickettsia)
④ 진균(fungi)

54 고압증기멸균법에서 20파운드(lbs)의 압력에서는 몇 분간 처리하는 것이 가장 적절한가?

① 40분 ② 30분
③ 15분 ④ 5분

55 열탕 소독법에 대한 설명으로 옳은 것은?

① 유리는 물이 끓기 시작한 후에 넣고 금속은 처음부터 물에 넣어 끓여야 한다.
② 열탕 소독법의 보조제로는 탄산나트륨, 크레졸, 붕산, 석탄산 등이 사용된다.
③ 아포형성균과 B형간염 바이러스 살균에 적합하다.
④ 100℃ 이상의 습한 열에 20분 이상 쐬어 주는 것이다.

57 면허의 정지명령을 받은 자는 그 면허증을 누구에게 제출해야 하는가?

① 시·도지사
② 보건복지부장관
③ 관할 시장·군수·구청장
④ 이·미용사 중앙회장

56 이·미용업소에서의 면도기 사용에 대한 설명으로 가장 적절한 것은?

① 1회용 면도날은 손님 1인에 한하여 사용해야 한다.
② 정비용 면도기를 손님 1인에 한하여 사용해야 한다.
③ 정비용 면도기를 주기적으로 소독하여 사용해야 한다.
④ 매 손님마다 소독한 정비용 면도기를 교체 사용한다.

58 공중위생영업자의 지위를 승계한 자로서 신고를 하지 아니한 경우 처벌기준은?

① 100만 원 이하의 벌금
② 200만 원 이하의 벌금
③ 6월 이하의 징역 또는 500만 원 이하의 벌금
④ 1년 이하의 징역 또는 1천만 원 이하의 벌금

59 공중위생영업자가 영업신고를 한 후 6개월 이내 위생교육을 받을 수 있는 경우가 아닌 것은?

① 천재지변
② 본인의 사고
③ 업무상 국내출장
④ 교육실시단체의 사정

60 공중위생영업소의 폐쇄에 대한 내용이다. 빈칸에 들어갈 알맞은 것은?

> 시장·군수·구청장은 공중위생영업자가 영업신고를 하지 아니하거나 시설과 설비기준을 위반한 경우 (   ) 이내의 기간을 정하여 영업의 정지 또는 일부 시설의 사용중지를 명하거나 영업소 폐쇄 등을 명할 수 있다.

① 1월
② 3월
③ 6월
④ 1년

제1회 | 모의고사 정답 및 해설

모의고사 p.109

01	④	02	②	03	③	04	②	05	①	06	③	07	③	08	②	09	②	10	③
11	①	12	④	13	③	14	①	15	③	16	③	17	④	18	③	19	④	20	④
21	②	22	①	23	③	24	①	25	③	26	②	27	①	28	③	29	②	30	④
31	①	32	④	33	④	34	①	35	②	36	④	37	②	38	②	39	①	40	①
41	③	42	②	43	④	44	②	45	④	46	④	47	③	48	③	49	①	50	④
51	④	52	③	53	③	54	③	55	②	56	④	57	③	58	②	59	②	60	②

01 한국의 화장 용어
- 담장(淡粧) : 엷은 화장(기초화장)
- 농장(濃粧) : 담장보다 짙은 화장(색채화장)
- 염장(艶粧) : 요염한 색채를 표현한 화장
- 응장(凝粧) : 또렷하게 표현한 화장으로 혼례 등의 의례에 사용

02 그리스 시대에는 화장보다는 건강한 아름다움을 추구하였으며, 히포크라테스(Hippocrates)는 건강한 아름다움을 위해 미용식이, 일광욕, 목욕과 마사지 등을 권장하였다.

03 쾌적한 작업 환경과 실내 공기 유지를 위한 적정 습도는 40~70% 범위가 적절하다.

04 피부는 pH 4.5~6.5 사이의 약산성일 때 가장 이상적이다.

05 14세 이하 인구가 65세 이상 인구의 2배를 초과하는 인구 구성형은 피라미드형으로, 인구증가형이다.

06 광노화 시 수분이 증발하여 건조가 심해지고 피부가 거칠어진다.

07 탄수화물의 지나친 섭취는 신체를 산성 체질로 만든다.

08 ② 자외선 B(UV-B)는 자외선을 방출하는 다양한 인공 램프를 이용하여 건선, 백반증, 피부 T세포 림프종 치료에도 사용된다.
① UV-A의 파장은 320~400nm이다.
③ UV-A는 피부 진피층까지 깊게 침투한다.
④ UV-C의 파장은 200~290nm이다.

09 ② 미백, 주름 개선, 자외선 차단 등은 기능성 화장품의 기능이다.

기초 화장품의 분류

세안	비누, 클렌징 크림, 클렌징 로션, 클렌징 워터, 클렌징 오일, 클렌징 폼
피부 정돈	화장수, 팩, 마사지 크림
피부 보호	로션, 크림, 에센스

10 AHA는 알파 하이드록시 애시드(Alpha Hydroxy Acid)의 약어이다.

11 크레졸은 3% 수용액(손 소독 시 1~2% 수용액)을 주로 사용하며, 석탄산 소독력의 2배의 효과가 있다. 오물, 배설물의 소독, 이·미용실 실내나 바닥 소독에 사용된다.

12 오일 프리(oil free) 화장품은 지성 피부에 적당하며, 정상 피부는 적당한 유분과 수분 밸런스를 유지할 수 있는 화장품이 적당하다.

13 레티놀(비타민 A)은 피부 탄력과 주름 개선에 효과적인 성분이다.

14 샤워 코롱은 샤워 후 가볍게 뿌리는 향수로 부향률이 1~3%이다.

15 공중보건학의 목적은 질병 예방, 수명 연장, 신체적·정신적 건강 증진이다. 물질적 풍요는 공중보건학의 목적이 아니다.

16 ③ 두껍지 않은 광채 피부와 라인을 강조하여 또렷한 인상을 연출한다.

17 야하거나 강한 색상을 사용하면 신부의 순결함과 청순한 이미지 연출에 부정적인 영향을 줄 수 있으므로 강한 눈 화장, 얼굴의 과도한 윤곽 수정은 피해야 한다.

18 눈에 음영을 주어 입체감을 살려주는 것은 아이섀도이다.

19 물리적 소독법은 약품의 도움 없이 열, 수분, 자외선 등을 이용하여 소독하는 방법이다. 생석회는 산화칼슘을 98% 이상 함유한 백색 분말로 오물, 분변, 화장실, 하수도 소독에 사용된다(화학적 소독법).

20 고객관리의 중요성
- 반복 구매율의 증가로 매출 증대
- 입소문 효과로 신규고객 유치
- 고객 만족도를 통한 단골 유지

21 온라인 고객 상담의 필요성
- 정보화 시대에서 정확한 정보를 제공한다.
- 맞춤 상담으로 신뢰감을 향상시킨다.
- 고객의 니즈와 관심에 초점을 맞춤으로써 고객의 만족도를 높인다.

22 이산화탄소(CO_2)는 지구온난화의 주요 원인으로, 무색, 무취, 비독성 가스, 약산성이며, 실내공기의 오염지표로 사용한다. 이산화탄소 비중이 3% 이상일 때 불쾌감을 느끼고 호흡이 빨라지며, 7%일 때 호흡곤란을 느끼고, 10% 이상일 때 의식상실 및 질식사한다.

23 이상적인 얼굴의 균형도(가로 분할)

1등분	헤어라인부터 눈썹
2등분	눈썹부터 콧방울
3등분	콧방울부터 턱 끝

24 육안으로 피진단자의 팔목 안쪽, 모근, 눈동자 홍채 색 등을 살펴 퍼스널 컬러를 분석한다.

25 봄 색상은 노란색이 기본이 되는 따뜻한 색으로 구분되며 선명하고 강하다.

26 검역은 외국 질병의 국내 침입을 방지하여 국민의 건강을 보호·유지하기 위하여 감염 유행지역에서 입국하는 사람 또는 동식물, 식품을 대상으로 공항과 항구에서 하는 일들을 통틀어 이르는 말이다. 격리는 감염병 환자나 면역성이 없는 환자를 다른 곳으로 떼어 놓는 것이다.

27 컨실러는 반점, 기미, 주근깨 등 잡티와 결점을 커버하는 도구이다. 넓은 모공, 주름, 여드름 등 피부 요철은 프라이머를 사용하여 메워 피부 표면을 매끈하게 정돈한다.

28 소독약의 구비 조건
- 살균력이 강하고 미량으로도 빠르게 침투하여 효과가 우수해야 한다.
- 냄새가 강하지 않고 인체에 독성이 없어야 한다.
- 대상물을 부식시키지 않고 표백이 되지 않아야 한다.
- 안정성 및 용해성이 있어야 한다.
- 사용법이 간단하고 경제적이어야 한다.
- 환경오염을 유발하지 않아야 한다.

29 ① 둥근 얼굴형 : 얼굴이 길어 보이도록 세로선, 상승선이나 각진 형태로 보완한다.
③ 역삼각 얼굴형 : 현대적인 이미지를 부각시키도록 이마 양 끝과 턱 끝에 셰이딩을 하고 콧등, 눈 밑, 양쪽 볼에 하이라이트를 연출한다.
④ 사각 얼굴형 : 부드럽고 여성적인 이미지를 살리기 위해 이마, 턱선을 곡선형으로 보이도록 처리한다.

30 U존은 T존에 비해 유분이 적어 쉽게 건조해질 수 있으므로 파운데이션을 소량만 사용한다.

31 ① 눈썹을 아치형으로 그려 우아해 보이도록 표현한다.

32 웨딩드레스 컬러에 따른 메이크업

컬러	이미지	메이크업
화이트	순수함, 깨끗함	핑크와 베이지 톤으로 깨끗한 내추럴 이미지로 표현
핑크, 아이보리	귀여움, 로맨틱함	치크와 립에 포인트를 준 사랑스러운 이미지로 표현
크림	우아함, 고급스러움	골드와 피치 톤으로 우아하고 고급스러운 이미지로 표현

33 민감성 피부는 유성 성분이 많은 크림 타입보다 유분감이 적고 친수성의 부드러운 클렌징 로션을 사용하여 피부 자극을 줄이고, 스크럽 제품은 피부에 자극이 갈 수 있으므로 사용을 자제하는 것이 좋다.

34 ① 컨트롤 타입 : 커버력이 있으면서도 촉촉하여 잡티가 많은 피부에 좋다.
② 크림 타입 : 두꺼운 화장 전에 사용하며 건성 피부에 좋다.
③ 에센스 타입 : 보습 성분이 함유되어 겨울에 사용하거나 건성 피부에 좋다.

35 합성 스펀지는 우레탄 등 석유화학물질로 만든 스펀지로, 유분 흡수 능력이 떨어지나 탄성이 좋고 가격이 저렴하며 세척이 가능하다.

36 긴 얼굴형은 약간 도톰한 수평 형태의 일자형으로 아이브로를 표현하면 얼굴이 길어 보이지 않는다.

37 그린 계열 아이섀도는 젊고 생기 있어 보이며 신선한 느낌을 주고 봄 메이크업 시 포인트 색으로 적합하다.

38 아이라인을 그리는 작업은 정교하고 섬세하게 이루어져야 하고 반드시 한 번에 그려야 하는 것은 아니다.

39 ② 립틴트 : 착색제의 일종으로 다른 립 제품 종류보다 지속력이 뛰어나다.
③ 립글로스 : 오일 타입으로 입술에 윤기를 주어 촉촉한 입술을 표현하고 볼륨감을 준다.
④ 립스틱 : 가장 대중화된 제품으로 색상과 질감이 다양하고 사용이 간편하다.

40 치크 메이크업의 기능
- 혈색을 부여하여 건강하고 활력 있어 보인다.
- 음영을 주어 입체감 있는 얼굴을 연출한다.
- 피부 색조를 보정하고 다양한 이미지 연출이 가능하다.
- 여성스러운 인상을 부여한다.

41 공연, 연극, 뮤지컬, 콘서트 등 무대 행사의 메이크업에는 눈매를 강렬하게 보이도록 15~16mm 정도의 긴 길이와 강한 느낌을 주는 디자인의 무대용 인조 속눈썹을 사용한다.

42 가모(연장모)에 글루를 묻힐 때에는 분리한 가모를 45° 각도로 잡고 가모의 1/2 지점까지 글루를 묻힌다.

43 ① 액티브 이미지 메이크업 : 활동적 이미지를 전달하기 위하여 피부 톤을 조금 글로시하게 표현하고, 밝고 경쾌한 이미지를 연출하기 위하여 채도가 높은 오렌지, 핑크, 블루, 그린 등의 색상으로 포인트를 준다.
② Y2K 트렌드 메이크업 : 얇은 갈매기 눈썹, 아이시한 아이섀도, 온몸을 뒤덮은 굵은 글리터로 표현된다.
④ 글로시 립 메이크업 : 누드 컬러부터 딥한 주홍빛에 이르기까지 다양한 색상의 립에 광택을 더해 반짝임으로 표현하는 글로시 립으로 표현된다.

44 매니시 이미지 메이크업은 누드 톤 또는 상반된 깊은 색상으로 입술 라인을 각지게 하여 입술 색을 표현한다.

45 흑백사진 메이크업
색이 보이지 않으므로 명도가 낮은 색을 선택하고, 짙은 입술을 표현하기 위해 레드 대신 네이비나 블랙 색상을 사용한다.

46 아방가르드(avant-garde) 이미지
아방가르드는 원래 군대 용어로서 '최전방 부대'라는 뜻으로 기존의 예술사적 전통을 거부하고 극단적 새로움을 추구하여 예술과 비예술의 틀을 없애 자유롭게 표현한 급격한 진보적 성향을 일컫는다. 아방가르드 스타일은 독특한 재단과 스타일, 비대칭적이고 과장된 실루엣, 미니멀리즘과 볼륨감 있는 스타일의 조화 등으로 혁신적인 감각을 표현하면서 유머와 재미를 더해 주는 특징이 있다.

47 연출자가 전달하고자 하는 내용을 간접적으로 보여 주는 것은 캐릭터 메이크업이다. 스트레이트 메이크업은 메이크업을 하지 않은 것처럼 보이도록 하는 것이다.

48 야크헤어는 야생 들소의 털을 말하며 인모와 비슷한 성질이다. 털이 두껍고 뻣뻣하여 가루 수염, 짧은 수염, 망 수염 제작에 적합하다.

49 표백분(클로르칼크)은 소석회 분말에 염소가스를 흡수시켜 얻어지는 물질로 유효염소 30~38%의 백색 분말이다. 물에 분해될 때 염소가스가 발생하여 살균, 표백작용을 한다. 수돗물, 과채, 수영장, 목욕탕, 각종 기기의 살균·소독에 이용한다.

50 ① 원형 무대 : 배우와 관객의 친밀도를 높이는 무대로, 메이크업 수정이 가장 힘든 형태
② 액자 무대 : 사각형으로 뚫린 틀을 통해 보는 구조로 연극, 오페라, 뮤지컬 등에서 주로 사용하며, 메이크업 수정이 가장 쉬운 무대 형태
④ 가변 무대 : 작품의 특성에 따라 무대와 객석을 재배치하여 무대의 형태를 변형시킬 수 있는 형태

51 아치형 눈썹은 온화하고 부드러우며, 고전적인 캐릭터를 만들고자 할 때 적합한 눈썹 형태이다.

52 영아사망률은 한 국가의 보건 수준을 나타내는 지표로, 출산아 1,000명당 1년 미만 사망아 수이다. 영아사망률 감소는 그 지역의 사회적, 경제적, 생물학적 수준 향상을 의미한다.

53 과립층
- 케라토하이알린이 각질 유리 과립 모양으로 존재
- 수분 증발 방지(레인방어막) 및 외부로부터의 이물질 침투에 대한 방어막 역할
- 각질화가 시작되는 층(무핵층)
- 해로운 자외선 침투를 막는 작용

54 용존산소량(DO)은 물에 녹아 있는 산소량으로, DO가 낮을수록 물의 오염도가 높고, DO가 높을수록 물의 오염도가 낮다.

55 소독작용에 영향을 미치는 요인
- 고온일수록 효과 상승
- 고농도일수록 효과 상승
- 접촉시간이 길수록 효과 상승
- 소독 대상의 유기물질이 적을수록 소독효과 상승

56 이용사 또는 미용사의 면허를 받은 자가 아니면 이용업 또는 미용업을 개설하거나 그 업무에 종사할 수 없다. 다만, 이용사 또는 미용사의 감독을 받아 이용 또는 미용업무의 보조를 행하는 경우에는 그러하지 아니하다(법 제8조 제1항).

57 행정처분기준(규칙 [별표 7])
신고를 하지 않고 영업소의 명칭 및 상호, 미용업 업종 간 변경을 하였거나 영업장 면적의 3분의 1 이상을 변경한 경우
- 1차 위반 : 경고 또는 개선명령
- 2차 위반 : 영업정지 15일
- 3차 위반 : 영업정지 1월
- 4차 이상 위반 : 영업장 폐쇄명령

58 위생서비스수준의 평가(규칙 제20조)
공중위생영업소의 위생서비스수준 평가는 2년마다 실시하되, 공중위생영업소의 보건·위생관리를 위하여 특히 필요한 경우에는 보건복지부장관이 정하여 고시하는 바에 따라 공중위생영업의 종류 또는 위생관리 등급별로 평가주기를 달리할 수 있다.

59 시장·군수·구청장은 공중위생영업자가 「성매매알선 등 행위의 처벌에 관한 법률」 등을 위반하여 관계 행정기관의 장으로부터 그 사실을 통보받은 경우에 해당하면 6월 이내의 기간을 정하여 영업의 정지 또는 일부 시설의 사용중지를 명하거나 영업소 폐쇄 등을 명할 수 있다(법 제11조 제1항).

60 영업소 폐쇄명령을 받고도 영업을 계속한 자는 1년 이하의 징역 또는 1천만 원 이하의 벌금에 처한다(법 제20조 제2항).
①은 300만 원 이하의 과태료, ③·④는 200만 원 이하의 과태료 부과대상이다.

제2회 | 모의고사 정답 및 해설

> 모의고사 p.120

01	③	02	③	03	④	04	④	05	①	06	④	07	③	08	③	09	④	10	③
11	④	12	③	13	③	14	④	15	④	16	②	17	③	18	②	19	④	20	①
21	①	22	④	23	④	24	①	25	④	26	②	27	③	28	④	29	③	30	①
31	②	32	③	33	④	34	④	35	④	36	①	37	②	38	④	39	④	40	④
41	②	42	①	43	④	44	④	45	②	46	④	47	②	48	④	49	④	50	④
51	①	52	④	53	④	54	④	55	①	56	④	57	④	58	②	59	④	60	③

01 메이크업의 기능

보호적 기능	외부의 환경오염이나 물리적 환경으로부터 피부를 보호
미화적 기능	인간의 미화 욕구를 충족시키며, 개인의 개성 있는 이미지를 창출
사회적 기능	개인이 갖는 지위, 신분, 직업 등을 구분해 주며, 사회적 관습 및 예절을 표현
심리적 기능	외모에 대한 자신감 부여로 긍정적인 삶의 태도로 변화

02 신라시대 메이크업 역사

- 영육일치 사상으로 남녀 모두 깨끗한 몸과 단정한 옷차림을 추구하였으며, 일찍부터 화장, 화장품 발달
- 홍화로 연지를 만들어 치장하고, 눈썹은 나무 재를 개어 만든 미묵을 사용했으며, 동백이나 아주까리 기름으로 머리를 손질함

03
① 수건 및 가운은 1회 사용 후 주방 세제를 사용하여 오염물질을 제거한 후에 세탁한다.
② 스패출러에 남아 있는 잔여물을 티슈로 제거한 후, 알코올을 분무하여 소독한다.
③ 세척 후 물기를 제거한 브러시는 바닥에 닿지 않게 말아 놓은 수건 위에 뉘어서 또는 브러시모가 아래로 향하도록 매달아서 건조시킨다.

04 내인성 노화(자연노화)
- 건조해지고 주름이 증가한다.
- 각질층이 두꺼워지고, 피지선의 기능이 저하되어 피부 윤기가 없어진다.
- 랑게르한스 세포 감소로 면역기능이 저하된다.

05
건성 피부의 경우, 표피 각질층의 수분 함량이 10% 이하로 부족하다.

06
우리나라에서 의료보험이 전 국민에게 적용하게 된 시기는 1989년이다.

07
건강 보균자는 병원체가 침입했으나 임상 증상이 전혀 없고 건강자와 다름없으나 병원체를 배출하는 보균자이다. 감염병 관리가 어려운 이유는 색출·격리가 어렵고 활동영역이 넓기 때문이다. 일반적으로 건강 보균자가 많은 질환에서는 환자의 격리는 그다지 의미가 없고 대책으로서 환경개선이나 예방접종이 중심이 된다.

08 필수지방산
- 신체의 성장과 여러 가지 생리적 정상 기능 유지에 필요하다.
- 종류 : 리놀레산, 리놀렌산, 아라키돈산

09 화농성 여드름 발생의 4단계

구진	• 세균 감염으로 염증 초기 단계 • 피부가 붉게 솟은 증상
농포	• 구진 형태로 2~3일 이내 염증이 약간 진정된 시기 • 농이 발생하는 형태
결절	• 여드름 상태가 단단하게 느껴지고 검붉은 색상을 띰 • 피부 깊은 곳까지 진행되어 작은 결절이 생김 • 흉터 발생 가능성이 있음
낭종	• 여드름 중 염증 상태가 가장 크고 깊으며, 생성 초기부터 심한 통증 수반 • 제4기 여드름으로 진피에 자리잡고 통증을 유발(흉터가 남음)

10
③ 샴푸는 모발용 화장품에 속한다. ①, ②, ④는 기초 화장품에 속한다. 기초 화장품은 얼굴에 주로 사용하며, 클렌징 제품, 화장수, 팩, 마사지 크림, 에센스, 로션 등이 해당한다.

11 병원소의 종류

인간 병원소	환자, 보균자 등
동물 병원소	개, 소, 말, 돼지 등
토양 병원소	대표 감염병으로 파상풍이 있음
기타 병원소	물, 공기, 개달물

12 기능성 화장품(화장품법 제2조 제2호)
- 피부의 미백에 도움을 주는 제품
- 피부의 주름 개선에 도움을 주는 제품
- 피부를 곱게 태워주거나 자외선으로부터 피부를 보호하는 데에 도움을 주는 제품
- 모발의 색상 변화·제거 또는 영양공급에 도움을 주는 제품
- 피부나 모발의 기능 약화로 인한 건조함, 갈라짐, 빠짐, 각질화 등을 방지하거나 개선하는 데에 도움을 주는 제품

13
① 계면활성제는 둥근 머리 모양의 친수성기와 막대 꼬리 모양의 소수성기를 가진다.
② 피부의 자극은 양이온성 > 음이온성 > 양쪽성 > 비이온성 순으로 감소한다.
④ 음이온성 계면활성제가 세정력이 우수하여 비누, 샴푸 등에 사용된다.

14
글리세린은 공기 중의 수분을 흡수하는 능력이 우수하며, 피부 표면의 수분을 유지하여 보습효과를 준다.

15 오일의 종류
- 식물성 오일 : 동백 오일, 로즈힙 오일, 아보카도 오일, 올리브 오일, 피마자 오일, 포도씨 오일 등
- 동물성 오일 : 난황유(달걀), 밍크 오일, 스쿠알렌(상어의 간) 등
- 광물성 오일 : 파라핀, 바셀린 등
- 실리콘 오일 : 디메티콘(디메틸폴리실록산) 등

16
① 피부의 유분기를 제거해 주는 것은 파우더이다.
③ 크림 타입의 파운데이션은 건성 피부에 적합하다.
④ 잡티가 많은 피부는 스킨커버 타입이나 스틱 타입의 파운데이션이 적합하다.

17
① 햇살이 가장 좋은 오전 11시부터 오후 3시 사이에 진단하는 것이 효과적이다.
② 퍼스널 컬러 진단 시 피부색이 정확하게 드러나도록 화장기가 없는 맨얼굴인 상태가 좋다.
④ 안경 및 액세서리 등은 빛을 반사해 진단에 방해를 줄 수 있으므로 착용하지 않도록 한다.

18 기업 입장에서의 고객 상담의 필요성
- 신규고객 확보
- 시장 다양화에 대한 소비자들의 심리 분석
- 시장 경쟁에서 우위 확보
- 소비자에게 신뢰를 주는 브랜드 인식 확보

19 얼굴 골격의 명칭

하악골(아래턱뼈)	아래쪽 턱을 형성하는 뼈로 얼굴형을 결정짓는 가장 중요한 요소
상악골(위턱뼈)	위쪽 턱을 형성하는 뼈로 얼굴 뼈에서 가장 큰 부분을 차지
전두골(앞머리뼈, 이마뼈)	얼굴 상부의 형태 결정
후두골(뒤통수뼈)	머리뼈의 뒤쪽을 차지하는 큰 뼈
관골(광대뼈)	얼굴의 양쪽 뺨과 관자놀이 사이의 뼈

20 ② 로버트 도어 : color key Ⅰ(블루 베이스)과 color key Ⅱ(옐로 베이스)의 차가움과 따뜻함을 기본으로 사람의 신체 색을 옐로 베이스는 따뜻한 유형으로, 블루 베이스는 차가운 유형으로 분류
③ 캐롤 잭슨 : 퍼스널 컬러를 패션과 뷰티 분야에 접목하여 의상, 화장, 옷장 계획 등을 위한 가이드로 사계절 컬러 팔레트를 제공하고 신체 색의 톤에 따라 따뜻한 유형의 봄과 가을, 차가운 유형의 여름과 겨울로 세분화함
④ 알버트 먼셀 : 색의 3속성을 척도로 체계화한 먼셀 표색계 발표

21 소독약 사용과 보존 시 주의사항
- 제품별 용량, 용법, 주의사항, 유통기한 등을 지킨다.
- 소독약은 미리 만들어 놓지 말고 필요한 양만큼 만들어 쓴다.
- 사용한 기구, 도구는 세척 후 소독한다.
- 소독액의 농도를 측정한 후 사용한다.
- 밀폐시켜 일광이 직사되지 않는 곳에 둔다.
- 냉암소에 보관하고, 라벨이 오염되지 않도록 한다.
- 병원성 미생물의 종류, 저항성, 소독의 목적에 따라 적절한 시간을 선정한다.

22 여름 유형의 머리카락 색은 중간색으로, 밝은 회갈색, 로즈 브라운이 많다.

23 장소별(실내) 웨딩 메이크업의 연출 및 특징

호텔	• 화사하고 밝은 이미지 • 여성스럽고 우아하면서도 화사하고 밝은 색상 사용 • 피부 표현과 아이섀도 색상은 펄감 있는 제품 사용
예식장	• 사랑스럽고 로맨틱한 이미지 • 화사하고 자연스러운 핑크 계열의 피부 톤 표현 • 피부 톤보다 약간 더 밝은 파운데이션 선택 • 핑크 계열 메이크업 베이스와 파운데이션 혼합 사용
성당·교회	• 차분하고 우아한 이미지 • 강한 색조와 펄 제품보다 차분한 컬러 사용 • 정숙하고 우아한 이미지를 연출할 수 있는 색상 선택

24 야외 웨딩 메이크업 시의 피부 표현
- 피부 톤은 너무 밝으면 화장이 들떠 보이거나 부자연스러울 우려가 있으므로, 밝게 하되 창백해 보이지 않아야 한다.
- 화장이 들뜨거나 뭉칠 수 있으므로 티슈와 수분 공급 스프레이, 라텍스 스펀지 등으로 파운데이션 수정 작업을 준비해야 한다.
- 햇빛이 강할 경우 쉽게 유분기가 올라와 번들거리고 끈적이기 때문에 베이스 메이크업은 속은 촉촉하게, 겉은 세미 매트로 완성한다.

25 로션은 수분 60~80%, 유분 30% 이하의 점성이 낮은 크림이다.

26 파우더에 필요한 성질

피복성	주근깨, 기미 등 잡티를 감추고 피부색을 조정한다.
신전성	부드럽고 매끄럽게 피부에 쉽게 잘 발려서 피부에 생동감을 부여한다.
착색성	적절한 광택 유지를 통해 피부색을 자연스럽게 조정하고 유지한다.
흡수성	피부 분비물을 흡수하고 파우더의 지속성을 높인다.
부착성	피부에 오랜 시간 부착할 수 있어야 한다.

27 ③ 피부색을 일정하게 조절하는 것은 파운데이션의 역할이다.

프라이머의 역할
- 넓은 모공, 주름, 여드름 등 피부 요철을 메워 피부 표면을 매끈하게 정돈
- 과도한 유분 분비를 억제하여 피지 조절, 번들거림 방지, 피부 질감 보정
- 다음 단계 화장품의 밀착력을 높여 화장 지속력을 높임

28 생석회는 산화칼슘을 98% 이상 함유한 백색 분말로 가격이 저렴하다. 오물, 분변, 화장실, 하수도 소독에 사용된다.

29 지성 피부는 유분기 높은 화장품의 사용을 자제하고, 수렴 성분이 있는 화장수와 수분 전용 에센스, 크림을 사용하여 관리한다.

30 컨실러 브러시는 잡티나 다크서클과 같이 커버가 필요한 곳에 사용하는 1~1.5cm의 납작한 브러시이다. 사선형의 브러시는 노즈섀도 브러시로, 얼굴에 음영을 줄 때 사용한다.

31 각진 턱, 뺨, 볼 뼈, 코 벽, 헤어라인 등에 주로 음영을 주는 방법은 셰이딩이다. 하이라이트는 눈 밑 다크서클, 눈 아래 튀어나온 부분, 턱 끝, 눈썹 뼈 등 낮은 부분과 좁은 부분에 사용하여 돌출되고 팽창된 느낌을 표현한다.

32 트래디셔널(traditional) 이미지
한복의 고전적 느낌을 극대화하고 단아함, 절제됨을 은은하게 연출한다.

베이스 (base)	• 메이크업 베이스로 피부 톤을 맞추고, 파운데이션으로 밝고 화사하게 표현한다. • 파우더로 마무리하되 너무 건조하지 않도록 유분기를 조절하여 마무리한다. • 베이스 단계에서 크림 블러셔를 이용하여 자연스러운 피부 톤을 만든다.
아이 (eye)	• 한복 깃과 한복의 고름 색상을 고려하여 아이섀도는 은은하게 표현한다. • 아이라인은 점막 부분을 채우고, 눈매 라인을 교정하여 마무리한다.
치크 (cheek)	• 블러셔는 한복의 기본 컬러에 맞춘다. • 소프트한 느낌의 컬러를 이용하여 광대뼈가 강조되지 않게 하고 화사하게 마무리한다.
립(lip)	• 입술은 살짝 붉은색을 사용하여 자연스럽게 입술을 표현한다. • 입술 주변 어두운 부분 형태 등은 컨실러로 마무리한 후 자연스럽게 표현한다.

33 ④ 여름 메이크업에 해당한다.

34 ① 가는 눈썹 : 온화하고 여성적인 이미지
② 처진 눈썹 : 부드럽고 온화한 이미지. 자칫 어리숙해 보일 수 있다.
③ 아치형 눈썹 : 여성적이고 우아한 이미지

35 눈 사이가 먼 눈의 경우 눈 앞머리에 포인트를 주어 눈 사이가 좁아 보이도록 표현한다.

36 마스카라가 얼굴에 묻었을 때 바로 지우려고 하면 번진다. 마스카라 액이 모두 마른 후에 스크루 브러시로 긁어내듯이 떼면 깨끗하게 정리된다.

37 기본형 입술의 윗입술과 아랫입술의 비율은 1 : 1.5 정도의 비율로 한다.

38 여드름 피부는 오렌지 색상 등을 사용하면 붉은 기가 두드러질 수 있다.

39 **가모의 굵기별 특징**
- 0.10mm : 마스카라를 약 2번 덧바른 느낌으로 자연스럽다.
- 0.15mm : 마스카라를 약 3번 덧바른 느낌으로 또렷한 이미지를 연출한다.
- 0.20mm : 마스카라를 약 4번 덧바른 느낌으로 풍성하고 진한 눈매를 연출한다.

40 눈썹꼬리는 콧방울과 눈꼬리를 사선으로 연결했을 때 45°가 되는 지점에 그린다.

41 블러셔는 아이섀도, 립스틱과 함께 안면에 혈색을 도와 입체감을 부여하는 포인트 메이크업 종류에 해당된다.

42 로맨틱 이미지 메이크업은 깨끗하고 밝은 피부 표현을 위해 한 톤 밝은 색상의 윤광을 주는 파운데이션을 이용하여 화사하게 표현한다.

43 장염비브리오균 식중독은 여름철에 부패된 어류 섭취 또는 오염된 어패류에 접촉한 식기, 도마, 행주에 의한 2차 감염이 원인이다. 구토, 발열, 설사, 급성 위장염 등의 증상이 있다.

44 이용사 또는 미용사의 면허를 받은 자가 아니면 이용업 또는 미용업을 개설하거나 그 업무에 종사할 수 없다. 다만, 이용사 또는 미용사의 감독을 받아 이용 또는 미용 업무의 보조를 행하는 경우에는 그러하지 아니하다(법 제8조 제1항).

45 명암법으로 배우의 실제 나이보다 20년 이상 차이나는 표현은 불가능하다.

46 ① 명암법 : 음영을 이용하여 착시효과를 통해 노인처럼 보이게 하는 방법이다.
② 라텍스 빌드업 : 라텍스를 이용하여 피부의 주름을 사실적으로 만들어 주는 방법이다.
③ 플라스틱 빌드업 : 액체 플라스틱에 아타겔(파우더)을 이용하여 농도를 조절한 후 주름의 두께에 따라 발라서 피부의 주름을 표현하는 방법이다.

47 ③ 관객이 무대 위에 있는 배우의 얼굴 중에서 가장 먼저 인지하게 되는 부분은 눈썹이다.

48 얼굴이 검붉게 나오는 경우는 촬영 장소의 배경색과 조명이 지나치게 밝은 경우이므로 이때에는 밝은색 베이스를 사용하여 보정한다.

49 T.P.O 메이크업은 아티스트의 개성보다는 고객의 상황과 목적에 맞춰 조절하는 메이크업을 말한다.

50 ③ 의상 : 무채색 계열 또는 헤링본 무늬의 신사복

51 **공기의 자정작용**

희석작용	공기의 대류작용에 의한 희석작용
세정작용	강우, 강설에 의한 용해성 가스 분진의 세정작용
산화작용	산소, 오존 등에 의한 산화작용
살균작용	태양광선(자외선)에 의한 살균작용
교환작용	식물의 이산화탄소 흡수와 산소 배출에 의한 정화작용

52 ④ 발진티푸스는 이 병원소 질환이다.
돼지 병원소 질환 : 렙토스피라증, 탄저, 일본뇌염, 살모넬라증, 브루셀라(파상열)

53 손톱은 매일 약 0.1mm씩 한 달에 3mm가량 성장한다.

54 석탄산수 소독은 석탄산 3% + 물 97%의 수용액인 석탄산수에 10분 이상 담가 소독하는 방법으로, 실험기기, 의료용기, 오물 등의 소독에 사용된다.

55 역성비누는 양이온 계면활성제의 일종으로, 세정력은 거의 없고 살균력과 침투력이 높다. 물에 잘 녹고 흔들면 거품이 발생한다. 주로 식기, 과일·야채, 손 소독에 사용하며, 손 소독 시 10%의 용액을 100~200배 희석하여 사용한다.

56 자비소독법은 100℃의 끓는 물에 15~20분간 가열하는 소독법이다. 유리제품, 소형기구, 스테인리스 용기, 도자기, 수건 등의 소독법으로 적합하나, 포자는 죽이지 못하므로 아포형성균, B형간염 바이러스에는 부적합하다.

57 공중위생영업을 하고자 하는 자는 공중위생영업의 종류별로 보건복지부령이 정하는 시설 및 설비를 갖추고 시장·군수·구청장(자치구의 구청장에 한함)에게 신고하여야 한다. 보건복지부령이 정하는 중요사항을 변경하고자 하는 때에도 또한 같다(법 제3조 제1항).

58 "공중위생영업"이라 함은 다수인을 대상으로 위생관리 서비스를 제공하는 영업으로서 숙박업·목욕장업·이용업·미용업·세탁업·건물위생관리업을 말한다(법 제2조 제1항).

59 이·미용업 영업신고 신청 시 필요한 **구비서류(규칙 제3조)**
- 영업시설 및 설비개요서
- 영업시설 및 설비의 사용에 관한 권리를 확보하였음을 증명하는 서류
- 교육수료증(미리 교육을 받은 경우에만 해당)

60 공중위생영업의 신고를 하고자 하는 자는 미리 위생교육을 받아야 한다. 다만, 보건복지부령으로 정하는 부득이한 사유로 미리 교육을 받을 수 없는 경우에는 영업개시 후 6개월 이내에 위생교육을 받을 수 있다(법 제17조 제2항).

제3회 | 모의고사 정답 및 해설

◎ 모의고사 p.131

01	①	02	③	03	③	04	①	05	②	06	③	07	②	08	④	09	①	10	③
11	④	12	④	13	①	14	③	15	③	16	①	17	③	18	②	19	④	20	④
21	②	22	③	23	①	24	④	25	③	26	①	27	④	28	③	29	③	30	④
31	③	32	③	33	②	34	③	35	③	36	②	37	①	38	④	39	①	40	①
41	④	42	②	43	②	44	③	45	③	46	④	47	③	48	④	49	③	50	④
51	①	52	③	53	②	54	③	55	③	56	④	57	④	58	④	59	③	60	①

01 고대 말갈인들은 피부의 미백효과와 보습을 위해 오줌으로 세수를 하였다고 전해진다.

02 1960년대에는 국내 화장품 산업이 본격적으로 발전하면서 화장품의 종류가 다양화되었다.

03 ③ 전문성이 돋보이는 메이크업 표현은 맞으나, 자연스러운 메이크업이 적절하다.
   메이크업 작업자의 용모 위생관리
   - 헤어스타일은 단정한 느낌으로 깔끔하게 연출
   - 눈 화장은 너무 진하지 않게 표현
   - 손톱은 깨끗하게 정돈한 후 네일 색상은 무난한 색으로 하며, 손톱은 항상 손질이 되어 있는 청결한 상태여야 함
   - 복장을 단정하고 청결하게 갖춰 입도록 함

04 알코올(에탄올)은 70% 농도에서 살균력이 가장 강하며 피부, 미용기구, 의료기구, 유리 소독에 사용한다.

05 진피는 피부의 약 90%를 차지하는 층으로, 콜라겐, 엘라스틴, 기질 등으로 구성된다.

06 **필수 예방접종**

결핵	생후 4주 이내
홍역, 볼거리	• 1차 접종 : 생후 12~15개월 • 2차 접종 : 만 4~6세

일본 뇌염	• 약독화 생백신 : 생후 12~23개월에 1회 접종, 1차 접종 12개월 후에 2차 접종
	• 불활성화 백신
	  - 기초접종 : 생후 12~23개월에 7~30일 간격으로 2회 접종하고 2차 접종 만 12개월 뒤 3차 접종
	  - 추가접종 : 만 6세, 만 12세에 각각 1회 접종

07 **비타민 C의 효과** : 미백작용, 모세혈관벽 강화, 콜라겐 합성에 관여, 항산화제

08 **무기질**
   - 인체 내의 대사과정을 조절하는 중요 성분
   - 신경자극 전달, 체액의 산과 알칼리 평형 조절에 관여
   - 신체의 골격과 치아조직의 형성에 관여

09 건강한 모발은 단백질 70~80%, 수분 10~15%, 색소 1%, 지질 3~6% 등으로 구성되어 있으며, pH는 약 4.5~5.5 정도이다.

10 자비소독법은 100℃의 끓는 물에 15~20분 가열하여 소독하는 방법이다. 포자는 죽이지 못하므로 아포형성균, B형간염 바이러스에는 부적합하다. 주로 의류, 식기, 도자기류의 소독에 사용한다.

11 ④ B림프구에 의해 만들어진 항체에 의해 면역 반응이 일어나는 것은 특이성 면역에 해당한다.

12 ④ 페이스 파우더는 메이크업 화장품에 속한다.

13 화장품의 4대 품질 요건
- 안전성 : 피부에 대한 자극, 알레르기, 독성이 없을 것
- 안정성 : 보관에 따른 산화, 변질, 미생물의 오염 등이 없을 것
- 사용성 : 피부에 도포했을 때 사용감이 우수하고 매끄럽게 잘 스밀 것
- 유효성 : 피부에 적절한 보습, 세정, 노화 억제, 자외선 차단 등을 부여할 것

14 팩이 피하지방의 흡수 및 분해작용을 하지는 않는다.

15 캐리어 오일(베이스 오일)은 에센셜 오일을 피부 속으로 운반시켜 주는 오일을 말하며, 마사지 오일을 만들 때 혼합한다. 에센셜 오일의 향을 방해하지 않도록 향이 없어야 하고 피부 흡수력이 좋아야 한다. 종류로 호호바 오일, 아몬드 오일, 아보카도 오일 등이 있다.

16 소독은 병원성 미생물의 생활력을 파괴 또는 멸살시켜 감염 및 증식력을 없애는 것으로, 유해한 병원균 증식과 감염의 위험성을 제거한다(포자는 제거되지 않음).

17 ① 피부가 악건성이면 일반 스펀지보다 물에 적셨다가 짜내어 쓰는 수분 스펀지를 이용한다.

18 ① 트래디셔널(traditional) : 한복의 고전적 느낌 극대화, 단아함·절제됨
③ 내추럴(natural) : 자연스러우면서도 신부의 순결함이 묻어나는 청초한 느낌
④ 엘레강스(elegance) : 차분하고 세련된 이미지, 여성스럽고 기품 있는 분위기

19 메이크업 베이스 색상별 피부
- 초록 : 붉은 피부
- 핑크 : 창백한 피부
- 보라 : 노란 피부
- 파랑 : 잡티 피부
- 흰색 : 칙칙한 피부

20 이탈 방지프로그램을 유지하는 방법은 단골에 대한 관리 방법이다.

21 국가 입장에서의 고객 상담이 필요한 이유
- 소비자의 올바른 소비로 소상공인, 프리랜서 양성
- K-pop 성장으로 인한 K-beauty 시장의 국제적 확장
- K-beauty를 통한 인재 양성으로 인해 일자리 창출
- K-beauty의 글로벌화로 국내 중소기업 제품의 개발과 수출

22 위턱뼈에서 일어나 입꼬리 피부로 닿는 얼굴 근육으로, 입꼬리를 위쪽으로 올리는 기능을 하는 근육은 입꼬리 올림근이다.

23 난색 계열의 고채도가 감정을 흥분시키고, 한색 계열의 저채도는 진정시키는 효과가 있다.

24 겨울 유형은 차가운 색상의 딥 톤에 해당하는 유형으로 심플하고 강렬함이 느껴진다. 겨울 유형 코디네이션은 도도하고 세련되며 도시적인 이미지를 연출하는 것이 효과적이며 비비드, 베리 페일, 다크 톤이 어울린다.

25 어두운 피부인 경우 진한 컬러의 파운데이션은 나이 들어 보일 수가 있으며, 시간이 지나면 붉은 톤이 올라와 컬러 조화를 망칠 수도 있으므로 연한 핑크빛의 자연스러운 베이지 컬러를 선택한다.

26 해면 스펀지는 건조 상태에서는 딱딱하나 물에 담그면 부드러워지는 천연 제품으로, 클렌징 도포 시에 사용한다.

27 ④ 가급적 소량의 다크 베이지 컬러 파우더로 마무리한다.

28 엘레강스(elegance) 이미지
- 우아, 고상, 품위, 세련, 성숙한 부드러움, 단정하면서 흘러내리는 듯 우아한 드레이핑 형태
- 메이크업 표현

베이스	부드러우면서도 격조가 느껴지게 결점을 커버하며 파운데이션을 바른다.
아이브로	그레이 브라운 색상으로 부드러운 아치형 눈썹을 그려 여성의 우아한 눈매를 만든다.
아이	• 아이섀도 : 소프트한 색상 또는 샤이니한 질감의 아이섀도로 눈두덩이에 광택을 준 후 포인트 색상으로 눈매를 선명하게 표현한다. • 아이라인 : 너무 진하지 않게 그린 후 마스카라로 마무리한다.
립	소프트한 핑크 베이지 또는 레드 색상의 립스틱으로 입술을 표현한다.
치크	• 부드럽게 얼굴을 감싸며 하이라이트와 셰이딩을 한다. • 피치 색상을 이용해 혈색 있는 볼을 만든다.

29 피부의 유·수분 균형을 조절하기 위한 목적으로 사용하는 제품은 로션이다. 화장수는 피부의 pH 균형을 조절하여 피부를 촉촉하게 하고, 각질층 수분 공급 및 모공 수축기능으로 피부결을 정리하며 팩의 잔여물을 완전히 제거하여 피부를 청결하게 하는 등의 목적으로 사용한다.

30 인공조명 아래 돋보여 파티 메이크업으로 자주 사용되며, 노란 피부를 중화하는 파우더는 퍼플 파우더이다. 그린 파우더는 잡티를 커버하고 붉은 피부를 중화하여 투명한 피부를 연출한다.

31 역삼각형 얼굴은 콧등과 눈 밑, 양쪽 볼에 하이라이트를 연출한다.

32 파리가 전파할 수 있는 소화기계 감염병으로 이질, 파라티푸스, 콜레라, 장티푸스 등이 있다.

33 노폐물이 피부에 침투하지 못하도록 피부결을 따라 가볍고 신속하게 문지른다.

34 숱이 두꺼운 눈썹은 얼굴형에 맞게 자연스럽게 손질하여 갈색과 회색 섀도로 정리 후 나머지 눈썹 부분은 제거한다.

35 인구 구성의 기본형 중 생산연령 인구가 많이 유입되는 도시 지역의 인구 구성을 나타내는 것은 별형으로, 생산층(15~49세) 인구가 전체 인구의 50% 이상이다.
① 피라미드형 : 출생률이 증가하고, 사망률이 낮은 형태(후진국형, 인구증가형)
③ 항아리형 : 출생률이 사망률보다 낮은 형태 (선진국형, 인구감소형)
④ 종형 : 출생률과 사망률이 모두 낮은 형태(인구정지형)

36 눈두덩이가 나온 부어 보이는 눈은 펄감이 없는 매트하고 어두운 컬러의 아이섀도를 사용한다.

37 아이라인을 그릴 때에는 눈꺼풀의 위치를 확인한 뒤 눈 앞부분 → 눈 중앙 → 눈 끝부분 순으로 그린다.

38 기본형 입술의 라인은 본래 입술보다 1~2mm 정도 작게 그린다.

39 화장품과 의약품
- 화장품 : 정상인의 청결·미화를 목적으로 전신에 사용되며, 부작용은 인정되지 않는다.
- 의약품 : 환자에게 질병의 치료 및 진단 목적으로 사용되며, 부작용은 어느 정도까지 인정된다.

40 ② 내추럴(natural) : 색조를 최대한 배제하며, 아이라인과 컬링된 속눈썹으로 또렷한 눈매를 표현한다.
③ 모던(modern) : 베이지, 브라운 계열 섀도를 사용하고 다크 브라운과 블랙 젤 라인을 믹스하여 아이라인을 그려준다.
④ 트래디셔널(traditional) : 섀도는 은은하게 표현하며 아이라인은 점막 부분을 채우고, 눈매 라인을 교정하여 마무리한다.

41 블러셔(치크) 위치는 정면에서 눈동자보다 중앙으로 들어오지 않게, 코끝보다 아래로 내려오지 않도록 둔다.

42 지방층이 두껍고 쌍꺼풀이 없으며 강한 아이 메이크업을 선호하는 경우에는 인조 속눈썹을 일반적인 길이보다 1~2mm 정도 길게 재단한다.

43 ㉡ 눈썹산의 위치는 눈썹 길이의 2/3 지점에 위치한다.
㉢ 아이섀도의 가장 주된 컬러는 메인 컬러이다.
㉣ 리퀴드 타입 아이라이너는 선명하고 오래 지속되지만 수정이 어려워 많은 연습이 필요하다.

44 감각온도의 3대 요소 : 기온, 기습, 기류

45 Y2K는 'Year 2000'의 줄임말로 2000년 세기말과 밀레니엄 시대를 떠오르게 만드는 당시 유행을 모티브로 한 스타일을 말한다. Y2K 트렌드 메이크업의 컬러 배색은 '연회색, 연핑크, 보라'이다.

46 리퀴드 파운데이션은 수분 함량이 많고 오일 함량이 적어 산뜻하다. 그러나 커버력, 지속력은 약한 편이다.

47 지면 광고는 신문, 잡지 화보, 포스터, 카탈로그, DM 등 전달 매체가 지면이므로 모델의 얼굴을 더욱 입체적으로 완결성 있게 표현하도록 한다.

48 ① 베이스 메이크업 시 피부 톤보다 한 톤 어두운 파운데이션으로 셰이딩을 넣어 준다.
② 헤어 컬러와 맞는 아이섀도로 숱을 채운 후 같은 톤의 펜슬로 눈썹 모양을 잡아 준다.
③ 눈썹 마스카라를 이용해 눈썹 앞쪽의 결을 아래에서 위로 살려 준다.

49 ① 지문 : 대사를 제외한 괄호 안의 지시문으로, 캐릭터의 속마음이나 행동들을 기록한다.
② 대화 : 배우가 하는 말을 대사라고 하며, 대사를 통해 대화가 이루어진다.
④ 배경 : 작품의 배경이 되는 시대적 상황이나 환경이다.

50 ① 처진 입술 : 비관적, 진지함, 고집이 있음
② 작은 입술 : 보수적, 소심, 자주성 결여
③ 얇은 입술 : 겸손함, 정확함, 냉정함

51 비례사망지수는 한 국가의 건강 수준을 나타내는 지표로 '50세 이상의 사망자 수/연간 전체 사망자 수×100'이다. 세계보건기구(WHO)의 보건 수준을 나타내는 대표적 지표는 비례사망지수, 평균수명, 조사망률이다.

52 피지선은 진피의 망상층에 위치하여 모낭에 연결되어 있으며, 1일 분비량은 1~2g 정도이다.

53 근육통은 주로 근육의 과도한 사용으로 생기며, 감염성 질환을 비롯한 수없이 많은 질환이나 장애에서도 근육통은 발생할 수 있다.

54 산소 유무에 따른 세균의 분류

호기성 세균	산소가 필요한 균 예 결핵균, 디프테리아균 등
혐기성 세균	산소가 없어야 하는 균 예 파상풍균, 보툴리누스균 등
통성혐기성 세균	산소의 유무와 관계없는 균 예 살모넬라균, 포도상구균 등

55 생석회는 산화칼슘을 98% 이상 함유한 백색 분말로, 냄새가 없고 가격이 저렴하다. 재래식 화장실, 하수구, 쓰레기통의 소독에 사용된다.

56 공중위생영업자가 준수하여야 하는 위생관리기준 등(규칙 [별표 4])
• 영업소 내부에 이·미용업 신고증 및 개설자의 면허증 원본을 게시하여야 한다.
• 영업소 내부에 최종지급요금표(부가가치세, 재료비 및 봉사료 등이 포함된 요금표)를 게시 또는 부착하여야 한다.

57 행정처분기준(규칙 [별표 7])
신고를 하지 않고 영업소의 소재지를 변경한 경우
• 1차 위반 : 영업정지 1월
• 2차 위반 : 영업정지 2월
• 3차 위반 : 영업장 폐쇄명령

58 공중위생영업자가 준수하여야 할 위생관리기준 기타 위생관리서비스의 제공에 관하여 필요한 사항으로서 건전한 영업질서유지를 위하여 영업자가 준수하여야 할 사항은 보건복지부령으로 정한다(법 제4조 제7항).

59 시·도지사는 공중위생영업소(관광숙박업 제외)의 위생관리 수준을 향상시키기 위하여 위생서비스 평가계획을 수립하여 시장·군수·구청장에게 통보하여야 한다(법 제13조 제1항).

60 ① 1년 이하의 징역 또는 1천만 원 이하의 벌금에 처한다(법 제20조 제2항).
② 6월 이하의 징역 또는 500만 원 이하의 벌금에 처한다(법 제20조 제3항).
③ 300만 원 이하의 벌금에 처한다(법 제20조 제4항).
④ 300만 원 이하의 과태료에 처한다(법 제22조 제1항).

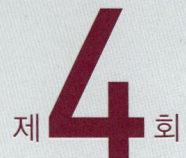

제4회 | 모의고사 정답 및 해설

모의고사 p.143

01	②	02	③	03	③	04	②	05	②	06	③	07	③	08	②	09	②	10	①
11	④	12	①	13	①	14	③	15	④	16	④	17	①	18	④	19	③	20	④
21	②	22	③	23	①	24	②	25	③	26	④	27	③	28	①	29	③	30	④
31	②	32	③	33	①	34	④	35	④	36	③	37	②	38	②	39	③	40	②
41	③	42	②	43	④	44	③	45	②	46	②	47	③	48	①	49	②	50	④
51	①	52	①	53	④	54	①	55	③	56	③	57	③	58	③	59	①	60	②

01 ①은 장식설, ③은 신분 표시설, ④는 종교설에 대한 설명이다.

02 고려시대에 역사상 최초로 국가에서 정책적으로 화장을 장려하였으며, 화장품 면약(액체 형태의 피부 보호제)을 만들어 사용하였다. 또한 신분에 따른 이원화된 화장 기술이 자리 잡았다.

03 방부제와 소독제는 봉하여 안전한 장소에 두어야 하며, 분명하게 사용 목적, 사용량과 유효기간을 표시하고 실수로도 다른 제품과 혼동하지 않도록 주의해야 한다.

04

푼	용액 10mL 속 용질의 함량
퍼센트	용액 100mL 속 용질의 함량
퍼밀리	용액 1,000mL 속 용질의 함량
피피엠	용액 1,000,000mL 속 용질의 함량

05 자외선 살균법은 260~280nm의 자외선이 가장 높은 살균효과를 보이며, 바이러스나 박테리아를 살균하는 데 가장 효과적이다.

06 **반흔(흉터)** : 속발진으로, 피부 손상이나 질병에 의해 진피와 심부에 생긴 조직결손이 새로운 결체조직으로 대치된 치유의 흔적이다.

07 에크린선(소한선)에서 분비되는 땀은 약산성(pH 3.8~5.6)으로 세균 번식을 억제한다.

08 콜라겐(교원섬유)은 진피 망상층에 주로 존재하며, 섬유아세포에서 생성된다. 콜라겐은 피부에 탄력성, 신축성, 보습성을 부여하므로 부족 시 피부의 탄력도가 떨어지고 주름이 발생하기 쉽다.

09 **영양소의 구성**

구성 영양소	신체조직을 구성 예 단백질, 지방, 무기질, 물
열량 영양소	에너지로 사용 예 탄수화물, 지방, 단백질
조절 영양소	대사조절과 생리기능 조절 예 비타민, 무기질, 물

10 **AHA(Alpha Hydroxy Acid)**
- 과일과 식물에서 추출한 천연산
- 각질 간 지질의 결합을 약화시켜 각질 탈락을 유도

11 천연보습인자(NMF)는 아미노산, 젖산, 요소 등으로 구성되어 있으며, 피부의 수분 보유량을 조절한다.

12 구충(십이지장충)은 소장의 상부에서 기생하며 경구감염 또는 경피감염된다.

13 **에센셜 오일의 추출 방법**

수증기 증류법	식물의 향기 부분을 물에 담근 후 가온하여 증발 기체를 추출
압착법	열대성 과일에서 향을 추출할 때 사용
용매 추출법	• 휘발성 : 에테르 등 휘발성 유기용매를 이용하여 낮은 온도에서 추출 • 비휘발성 : 동식물의 지방유를 이용하여 추출

14 보디관리 화장품은 기능에 따라 세정용, 트리트먼트용, 일소용, 일소 방지용, 액취 방지용 등으로 분류할 수 있다. 연마(갈고 닦아 표면을 반들반들 하게 만듦)는 거리가 멀다.

15 워터프루프 마스카라는 유성 타입 제품으로, 땀이나 물에 잘 지워지지 않아 여름철에 사용하기에 적당하다.

16 고객에 대한 인지 및 친밀감을 유발하는 방법은 재방문 고객에 대한 관리 방법이다.

17 사람 간 직접 전파되는 성병은 접촉자 발견이 어렵고 기타 합병증을 유발하므로 접촉자의 색출 및 치료가 가장 중요하다.

18 보툴리누스균은 오염된 햄, 소시지, 육류 등에서 발생하는 혐기성균으로 치명적인 신경독소를 만들어내는 세균이다. 현기증, 시야 흐림, 호흡 불가, 삼킴 장애, 무기력, 호흡기 정지 등의 증상을 보이며, 식중독 중에서 치명률이 가장 높다.

19 ④ 체형을 고려하여 상황에 적합한 패션 스타일을 연출하기 위한 것

20 실내 웨딩 메이크업 시 강한 색상 및 과도한 윤곽 수정, 눈 화장은 피하는 것이 좋다.

21 전화벨이 세 번 이상 울리지 않도록 하며 그 전에 받도록 한다.

22 수평선은 정적인 느낌으로 무난하고 차분하지만 지루해 보일 수 있다.

23 중량감은 색의 3속성 중 명도의 영향이 가장 크다.

24 ① 봄 유형에 어울리는 파운데이션 색조
③ 가을 유형에 어울리는 파운데이션 색조
④ 겨울 유형에 어울리는 파운데이션 색조

25 기미와 주근깨 등 잡티가 많은 피부는 옐로나 그린 컬러의 메이크업 베이스로 잡티를 중화한 후 피부색과 비슷한 베이지 컬러의 스틱 파운데이션으로 커버력 있게 도포한다.

26 클렌징 후 무알코올 화장수와 수딩 세럼, 영양 크림을 사용하면 좋은 피부는 민감성 피부이다. 지성 피부는 수렴 성분이 있는 화장수와 수분 전용 에센스, 크림을 사용한다.

27 $$\text{농도}(\%) = \frac{\text{용질 } 10}{\text{용액(용질 } 10 + \text{용매 } 40)} \times 100 = 20\%$$

28 어떤 민족풍의 메이크업을 하는지에 따라 매트 또는 촉촉하게 연출하는 것은 에스닉(ethnic) 이미지를 위한 메이크업이다. 아방가르드(avant-garde) 이미지를 위한 메이크업 시 베이스는 매트 또는 글로시로 피부 질감을 표현한다.

29 T.P.O에 따른 메이크업

Time (시간)	데이 메이크업	• 햇빛 아래서 보여지므로 자연미를 강조한 면 위주의 메이크업 • 짙은 베이스나 원색적 컬러 사용은 자제, 가볍고 은은하게 피부 표현, 파스텔 톤의 포인트 컬러를 정하여 사용
	나이트 메이크업	• 인공조명 아래서 보여지므로 선을 강조한 뚜렷한 메이크업 • 광택 또는 펄이 있는 글로스 제품으로 하이라이트를 주어 입체감과 화려함 표현
Place (장소)	오피스 메이크업	착용한 옷에 맞는 색상을 선택, 비슷하거나 같은 색상 배색을 이용하여 무난하고 밝게 메이크업 연출
	파티 메이크업	파티가 열리는 장소의 조명, 분위기 등을 고려하여 콘셉트를 미리 정하고 그에 맞는 메이크업 연출
	무대 공연 메이크업	배우가 맡은 역할, 캐릭터의 특징을 살리고, 무대와 관객 사이의 거리 등을 생각하여 입체감 있게 연출
Occasion (상황)	하객	분위기를 살리기 위해 완벽한 메이크업 필요
	조문객	조의를 표하기 위해 내추럴 메이크업 필요
	면접	자신감을 어필하기 위해 단정하고 깔끔한 메이크업 필요

30 유분 분비를 억제하여 피지를 조절하고 번들거림을 방지하는 것은 프라이머의 기능이다.

31 ① 면봉 : 눈 주위나 입술 등 섬세한 화장을 수정할 때, 포인트 메이크업을 지울 때 등에 사용된다.
③ 스크루 브러시 : 뭉친 마스카라를 풀거나 눈썹 결을 정리할 때 사용하는 나선형의 브러시이다.
④ 컨실러 브러시 : 작은 잡티나 다크서클처럼 커버가 필요한 곳에 사용하는 브러시이다.

32 둥근 얼굴형은 어려 보이며 귀여운 이미지이다.

33 역삼각 얼굴형은 콧등, 눈 밑, 양쪽 볼에 하이라이트를 연출한다. T존에 하이라이트를 길게 주면 뾰족한 턱이 더 강조되어 보일 수 있다.

34 ④ 염소 : 살균력이 강하고 저렴하며 잔류효과가 크고 냄새가 강해서 상수 또는 하수의 소독에 주로 사용한다.
① 알코올 : 70% 에탄올을 사용해서 미용 도구와 손 소독에 이용한다.
② 약용비누 : 세척 및 살균효과가 있어서 손 소독, 의료 또는 위생용으로 사용한다.
③ 승홍수 : 0.1% 수용액을 사용해서 손, 피부 소독에 이용한다.

35 메이크업 도구
• 스패출러 : 베이스 메이크업 제품을 위생적으로 덜어 쓰기 위해 사용하는 도구이다.
• 샤프너 : 눈, 눈썹, 입술 등에 선을 그릴 때 사용하는 펜슬을 깎는 데 사용한다.
• 면봉 : 눈 주위나 입술 등 섬세한 화장의 수정 시 많이 사용된다.

36 아이섀도 기법

가로 기법	• 자연스러움, 부드러움, 차분한 분위기 연출 • 눈두덩이가 나오고 지방이 많은 눈에 적합
사선 기법	• 강렬함, 섹시함, 지적인 분위기 연출 • 눈꼬리가 처진 눈이나 눈 사이가 좁은 눈에 적합
아이홀 기법	• 화려함, 클래식함, 서양인 눈매처럼 깊고 그윽한 눈매 연출 • 움푹 패인 눈에 적합

37 마스카라 액을 많이 사용하면 컬 형성이 어렵다. 양을 조절하여 얇게 3~4회 바른다.

38 립스틱은 입술에 착색되지 않는 것을 선택해야 한다.

39 ① 달걀형 : 다양한 연출과 테크닉이 가능하다.
② 긴 형 : 귀에서 볼 중앙을 향하여 가로 방향으로 블러셔를 바른다.
④ 역삼각형 : 파스텔 톤 블러셔를 이용하여 광대뼈 윗부분을 부드럽게 표현한다.

40 가모는 약 4주 안에 자연스럽게 떨어진다. 일반적인 리터치 주기는 4주를 기본으로 하며 4주 이후에 리터치할 때에는 전체를 제거한 후 재시술하는 것이 바람직하다.

41 **여름 메이크업의 특징 및 연출 방법**

특징	시원함, 청량감, 상쾌함, 건강미(태닝 메이크업)
베이스	가볍고 투명한 이미지 표현, 오렌지색 메이크업 베이스로 구릿빛 피부 표현
아이브로	그레이와 브라운을 혼합하여 연출, 시원한 느낌의 각진 눈썹형 표현
아이	화이트, 블루 톤으로 시원하게 연출, 워터프루프 마스카라 사용
립·치크	펄 든 립스틱, 치크는 핑크 색상(생략해도 됨)으로 시원해 보이도록 연출

42 **아이브로 메이크업의 기능**
- 얼굴형과 눈매의 단점을 보완한다.
- 사람의 인상을 결정 짓는다.
- 얼굴의 이미지에 따른 개성을 연출할 수 있다.
- 얼굴의 좌우 균형을 이루게 하여 안정감을 준다.

43 **쿨 톤(cool tone)**
타고난 개인의 신체 컬러로서, 여름 쿨 톤과 겨울 쿨 톤을 통틀어 쿨 톤이라고 한다. 대개 명도와 채도가 높은 컬러를 매치했을 때 생기 있어 보이는 피부색을 뜻한다.

44 1950년대 대표 아이콘으로 사랑스럽고 소녀 같은 이미지의 굵은 눈썹을 유행시킨 오드리 햅번, 윤기 있는 빨간 입술과 밝은 금발로 성적 매력을 강조한 메릴린 먼로가 있다.

45 볼드캡 재료 중 플라스틱 캡은 액체 플라스틱에 아세톤을 첨가하여 농도를 조절하여 제작한 것이다.

46 캐릭터 메이크업은 연기자에게 외형적 변화를 부여하여 전달하는 것으로, 연령, 직업, 성격, 건강 등을 표현해 준다.

47 무대 메이크업에서 관객의 위치는 메이크업의 강약에 가장 크게 영향을 준다.

48 ② 낮은 코 : 의존적, 감수성이 둔하고 수동적, 소심함
③ 긴 코 : 책임감, 경계적, 인내심, 조심스러움
④ 짧은 코 : 명랑함, 낙천적

49 **클래식(classic)**
단아하면서 고급스럽고, 전형적이면서 기품 있는 신부의 느낌을 연출하는 웨딩 콘셉트

50 보건행정은 국민의 건강 유지와 증진을 위한 활동(질병 예방, 수명 연장 등)으로, 국가나 지방자치단체가 주도하여 국민의 보건 향상을 위해 시행하는 공적인 행정활동이다.

51 용존산소량(DO)은 물에 녹아 있는 산소량으로, DO가 낮을수록 물의 오염도가 높고, 높을수록 오염도는 낮다.

52 산업피로의 대책
- 작업 편의성의 자율화
- 작업환경의 안정화, 위생적 관리
- 작업시간과 휴식시간의 적정 배분
- 작업 방법의 합리화

53 소독제의 조건
- 살균력이 강하고 미량으로도 빠르게 침투하여 효과가 우수해야 한다.
- 냄새가 강하지 않고 인체에 독성이 없어야 한다.
- 대상물을 부식시키지 않고 표백이 되지 않아야 한다.
- 안정성 및 용해성이 있어야 한다.
- 사용법이 간단하고 경제적이어야 한다.
- 환경오염을 유발하지 않아야 한다.

54 표피의 각질층에서 4주 주기로 각질이 비듬이나 때처럼 떨어져 나간다.

55 이용사 또는 미용사는 면허증의 기재사항에 변경이 있는 때, 면허증을 잃어버린 때 또는 면허증이 헐어 못쓰게 된 때에는 면허증의 재발급을 신청할 수 있다(규칙 제10조 제1항).

56 시장·군수·구청장은 이용사 또는 미용사의 면허를 취소하거나 6월 이내의 기간을 정하여 그 면허의 정지를 명할 수 있다(법 제7조 제1항).

57 다음의 어느 하나에 해당하는 자는 300만 원 이하의 벌금에 처한다(법 제20조 제4항).
- 다른 사람에게 이용사 또는 미용사의 면허증을 빌려주거나 빌린 사람
- 이용사 또는 미용사의 면허증을 빌려주거나 빌리는 것을 알선한 사람
- 면허의 취소 또는 정지 중에 이용업 또는 미용업을 한 사람
- 면허를 받지 아니하고 이용업 또는 미용업을 개설하거나 그 업무에 종사한 사람

58 영업소 외에서의 이용 및 미용 업무(규칙 제13조)
- 질병·고령·장애나 그 밖의 사유로 영업소에 나올 수 없는 자에 대하여 이용 또는 미용을 하는 경우
- 혼례나 그 밖의 의식에 참여하는 자에 대하여 그 의식 직전에 이용 또는 미용을 하는 경우
- 사회복지시설에서 봉사활동으로 이용 또는 미용을 하는 경우
- 방송 등의 촬영에 참여하는 사람에 대하여 그 촬영 직전에 이용 또는 미용을 하는 경우
- 이외에 특별한 사정이 있다고 시장·군수·구청장이 인정하는 경우

59 ①·②·④ 공중위생영업자는 매년 위생교육을 받아야 한다(법 제17조 제1항).
③ 위생교육은 집합교육과 온라인 교육을 병행하여 실시하되, 교육시간은 3시간으로 한다(규칙 제23조 제1항).

60 화장품은 화장품의 기술 및 제형에 따라 가용화(solubilization) 제품, 유화(emulsion) 제품, 분산(dispersion) 제품으로 나뉜다.

제5회 | 모의고사 정답 및 해설

◎ 모의고사 p.154

01	①	02	②	03	②	04	④	05	②	06	③	07	①	08	①	09	②	10	②
11	④	12	④	13	①	14	④	15	③	16	④	17	②	18	②	19	③	20	①
21	③	22	②	23	③	24	②	25	①	26	②	27	③	28	②	29	②	30	②
31	②	32	④	33	②	34	②	35	③	36	②	37	②	38	②	39	②	40	②
41	②	42	②	43	④	44	④	45	②	46	②	47	③	48	③	49	②	50	④
51	②	52	①	53	④	54	②	55	③	56	②	57	②	58	②	59	④	60	③

01 고구려 시기에 무녀와 악공으로부터 곤지 풍습이 시작되었다는 기록이 삼국사기에 남아 있다.

02 쾌적한 작업 환경과 공기순환 촉진을 위한 실내·외 온도차는 5~7℃ 유지가 적절하다.

03 표피의 기저층에는 멜라닌 세포(색소형성 세포)가 가장 많이 분포하여 피부색 결정, 색소 형성의 역할을 한다.

04 ④ 피지선에서 분비된 피지는 모공을 통해 배출된다.
땀샘의 역할 : 체온 조절, 분비물 배출, 피부 습도 유지, 피부막과 산성막 형성

05 ② 피부에 윤기가 없으며 푸석푸석한 피부는 건성 피부이다.

06 ① 비타민 C : 미백작용, 모세혈관벽 강화, 콜라겐 합성에 관여(대표적인 항산화제)
② 비타민 E : 항산화제, 호르몬 생성, 노화 방지
④ 비타민 K : 혈액응고 작용에 관여, 모세혈관벽 강화

07 남성호르몬인 안드로젠의 경우 피지 분비를 활성화하며, 여성호르몬인 에스트로젠은 피지 분비를 억제하는 작용을 한다.

08 인(P)은 뼈와 치아를 형성하는 성분으로, 비타민 및 효소의 활성화에도 관여한다.

09 ② 항체는 미생물의 운동성을 저하하고, 미생물의 확산을 억제한다.

10 무구조충은 소고기 생식으로 감염될 수 있다.

11 ④ 헤어 에센스는 모발용 화장품에 해당한다.

12 납 중독의 증상은 빈혈, 피로, 신경마비, 뇌중독 증상, 체중 감소 등이다.

13 자외선 차단지수(SPF ; Sun Protection Factor)는 자외선 차단제가 UV-B를 차단하는 정도를 나타내는 지수이다.

14 ④ 파운데이션의 번들거림을 방지하고 메이크업을 고정하는 역할을 하는 것은 파우더이다.

15 ③ 산을 너무 높이 올리지 않도록 주의한다.

16 팩은 제거 방법에 따라 필 오프 타입, 워시 오프 타입, 티슈 오프 타입 등으로 구분하며, 형태에 따라 파우더 타입, 젤 타입, 크림 타입, 패치 타입, 고무 타입 등으로 구분할 수 있다.

17 고객 신뢰도 5단계

단계	내용
1단계	인사말만 주고받는 관계
2단계	이야기는 나눌 수 있지만 고객이 원하는 시간 예약만 가능한 관계
3단계	용건을 말하지 않아도 시간을 내어 줄 수 있는 관계
4단계	신뢰가 돈독해 비즈니스에 필요한 유익한 정보를 제공해 주고 응원하는 관계
5단계	고객이 온전하게 신뢰하는 관계

18 담당 메이크업 작업자가 있는 경우 작업자의 일정을 확인한 후 예약을 협의해서 확정한다.

19 메이크업 디자인 요소 : 색, 형태, 질감, 착시

20 진단 환경은 조명을 사용할 경우 95~100W의 중성광이 적당하다.

21 노인 보건교육은 개별 접촉을 통한 교육이 가장 적절하다.

22 웨딩드레스 컬러에 따른 메이크업

컬러	이미지	메이크업
화이트	순수함, 깨끗함	핑크와 베이지 톤으로 깨끗한 내추럴 이미지로 표현
핑크, 아이보리	귀여움, 로맨틱함	치크와 립에 포인트를 준 사랑스러운 이미지로 표현
크림	우아함, 고급스러움	골드와 피치 톤으로 우아하고 고급스러운 이미지로 표현

23 여름 유형의 신체 색상
- 자외선에 노출되었을 때도 쉽게 붉어졌다 원래 상태로 돌아온다.
- 불그스름한 피부에 로즈 베이지가 혼합된 피부이다.
- 피부 톤이 밝거나 어둡기보다는 중간색이 많으며, 붉은 경향을 띤다.
- 머리카락 색은 중간색으로, 밝은 회갈색, 로즈 브라운이 많다.
- 눈동자 색도 흐린 빛의 회색이 가미된 로즈 브라운, 그레이 브라운이 많다.
- 신체 색상 간의 콘트라스트가 적어, 전체적으로 소프트하고 여성스러운 이미지이다.

24 ① 메이크업 베이스는 기초화장 후, 파운데이션 전에 사용하여 파운데이션의 색소침착을 방지한다.
③ 젤 타입 메이크업 베이스는 청량감이 있어 여름에 사용하기 좋다. 보습 성분 함유로 겨울에 사용하거나 건성 피부에 좋은 타입은 에센스 메이크업 베이스이다.
④ 핑크색은 희고 창백한 피부에 혈색을 부여한다. 붉은 기가 많은 피부를 중화하는 색상은 녹색이다.

25 ② 지성 피부 : 수분은 적고 유분은 많으므로 리퀴드, 파우더, 팬케이크 타입이 적당하다.
③ 복합성 피부 : 유분기가 적은 U존은 리퀴드·크림 타입, 유분기가 많은 T존은 리퀴드 타입이 적당하다.
④ 민감성 피부 : 파우더 타입은 건조함을 유발할 수 있어 민감성 피부에 부적합하다.

26 ① 블렌딩(blending) : 셰이딩 색, 하이라이트 색 등을 파운데이션 베이스 색과 경계가 생기지 않도록 혼합하듯 바르는 방법이다.
③ 페더링(feathering) : 선 경계가 뚜렷하지 않게 연결되어 자연스러워 보이게 한다.
④ 에어브러시(airbrush) : 에어브러시 건으로 파운데이션을 고르게 분사하는 방법이다.

27 B형간염은 혈액을 통해 감염되므로 면도기를 소독하지 않거나 비위생적으로 사용할 경우 감염의 위험성이 높아진다.

28 라텍스 스펀지는 세척이 불가능하여 오염되면 해당 부분을 가위로 잘라 사용한다.

29 ① 둥근형 얼굴 : 얼굴 양쪽 볼 측면
③ 사각형 얼굴 : 이마 양옆, 턱뼈 부분
④ 역삼각형 얼굴 : 이마 양 끝, 턱 끝

30 ① 팬 브러시 : 파우더나 아이섀도 가루 등 메이크업 시 피부에 남아 있는 잔여물을 털어낼 때 사용하는 브러시이다.
② 치크 브러시 : 치크를 바를 때 사용하는 브러시로 붓끝이 둥글고 부드러운 촉감을 가졌다.
③ 컨실러 브러시 : 작은 잡티나 다크서클처럼 커버가 필요한 곳에 사용하는 탄력 있는 작은 브러시이다.

31 에스닉(ethnic) 이미지
• 특정 지역의 자연환경, 생활 풍습, 민속 의상, 장신구 등에서 영감을 얻은 독특한 색이나 소재, 수공예적 디테일 등을 넣어 소박한 느낌을 강조한다.
• 잉카의 기하학적인 문양, 인도네시아의 바틱, 인도의 사리, 중국의 차이나 칼라, 유럽의 자수 문양, 아랍권의 민속 의상, 아프리카의 토속 의상 등이 이에 해당한다.

32 ④ 립(lip) : 립 라인이 없는 경우 입술 색과 동일한 펜슬로 살짝 잡아준다.

33 소각법은 병원체를 불꽃으로 태우는 방법으로, 감염병 환자의 배설물, 오염된 가운, 수건 등을 처리하는 데 적합하다.

34 아치형 눈썹은 여성적이고 우아한 이미지를 주며 이마가 넓은 얼굴, 각진 얼굴, 역삼각형 얼굴에 잘 어울린다.

35 계절에 따른 아이섀도 컬러
• 봄 : 핑크, 피치, 옐로, 오렌지, 그린
• 여름 : 화이트, 블루, 라이트블루, 실버
• 가을 : 브라운, 베이지, 카키, 골드
• 겨울 : 와인, 레드, 버건디, 퍼플, 화이트펄

36 눈꼬리가 내려간 눈은 위 라인을 약간 올려서 굵게 채워 그리고 언더라인은 생략하거나 연하게 그린다.

37 돌출형 입술은 짙은 색 립라이너로 라인을 그리고, 수축되고 후퇴되어 보일 수 있는 짙은 색을 선택하여 안쪽을 채운다.

38 치크 타입

젤 타입	파운데이션과 파우더의 중간 단계에서 사용하여 얼굴의 수분 유지를 돕는다.
크림 타입	• 유분기가 있어 파우더 처리 전 사용한다. • 그러데이션이 용이하고 글로시한 질감 표현에 적합하다. • 케이크 타입보다 지속력과 발색력이 좋다.
케이크 타입	• 일반적으로 사용되는 타입이다. • 파우더 처리 후 브러시로 발색한다.

39 아이래시컬러를 사용하면 컬이 꺾이거나 가모에 무리를 주어 쉽게 탈락할 수 있으므로 사용하지 않는 것이 좋다.

40 ⓒ 로즈 블러셔는 화사하고 여성스러운 이미지를 연출하는 데 적합하다.
ⓒ 둥근 얼굴은 광대뼈 윗부분에서 입꼬리 끝을 향하여 사선으로 표현한다.
ⓗ 건성 피부에 적합하며 글로시한 질감을 표현하기 쉬운 제품은 크림 타입이다.

41 트렌드 자료 정보 수집 절차
관련 사이트 방문 → 콘셉트에 맞는 카테고리 조사 → 트렌드 연구 → 새로운 트렌드 수집

42 농도(%) = $\dfrac{용질}{용액} \times 100$

$3(\%) = \dfrac{원액}{900} \times 100$

따라서 3%의 크레졸 비누액 900mL는 크레졸 원액 27mL에 물 873mL를 가하면 만들 수 있다.

43 1990년대 메이크업은 특정한 스타일의 메이크업보다 다양한 스타일이 공존하는 경향을 보인다.

44 ① 숏(shot) : 영화의 컷(cut)과 같은 뜻으로 쓰이며 한 번에 촬영된 화면으로 하나의 숏은 여러 개의 프레임으로 구성된다.
② 시퀀스(sequence) : 특정 상황의 시작부터 끝까지를 묘사하는 영상 단락 구분으로 몇 개의 신(scene)이 한 시퀀스를 이룬다.
③ 아웃 포커스(out focus) : 초점이 맞지 않은 화면이나 사진, 즉 탈초점 상태로 촬영하는 것이다.

45 ④ 플라스틱 캡에 대한 설명이다.

46 블루 메이크업 색상에 옐로 조명을 비추었을 경우 바이올렛 색상으로 보인다.
① 옅은 레드 : 바이올렛 메이크업 색상에 레드 조명을 비추었을 경우
③ 옅은 블루 : 블루 메이크업 색상에 블루 조명을 비추었을 경우나 바이올렛 메이크업 색상에 그린 조명을 비추었을 경우
④ 핑크 : 바이올렛 메이크업 색상에 옐로 조명을 비추었을 경우

47 중극장 무대 공연 메이크업은 눈썹과 아이라인을 강조하고 얼굴 윤곽을 강조하는 명암법이 사용된다. 뒷자리의 관객들이 배우의 얼굴을 인지할 수 있도록 메이크업을 한다.

48 인수공통감염병은 동물과 사람 사이에 상호 전파되는 병원체에 의해 발생되는 감염병이다.

페스트	페스트균은 숙주 동물인 쥐에 기생하는 벼룩에 의해 사람에게 전파된다. 인수공통감염병이나 사람 간 전파도 일어날 수 있다.
우형 결핵	소에게 결핵을 일으키는 우형(牛型) 결핵균이 사람에게 감염되어서 결핵을 일으키는 경우도 외국에서는 드물게 있다.
야토병	야토균 감염에 의한 인수공통병으로 감염된 매개체나 동물 병원소와의 접촉이 주요 원인이다.

49 보습제는 각질층의 보습을 증가시키는 작용을 하는데, 휘발성이 있으면 수분이 증발하므로 적합하지 않다.

50 ① 봄 : 옐로, 오렌지, 피치, 핑크, 그린
② 여름 : 화이트, 실버, 라이트블루, 블루
③ 가을 : 골드, 베이지, 브라운, 카키

51 **내추럴(natural) 이미지**
자연스럽고 부드러워 싫증이 나지 않는 편안한 느낌으로 소박한 감각에 온화하고 차분한 이미지를 지닌 스타일이다. 실루엣이 편안하고 여유가 있는 패턴이며 색상, 디자인, 소재 등이 자연스러운 것이 특징이다. 소재 역시 인공적인 소재보다 천연 소재로 따뜻하고 편안한 느낌이다.

52 **후천적 면역**
- 자연능동면역 : 감염병에 감염된 후 형성되는 면역
- 인공능동면역 : 예방접종 후 획득하는 면역
- 자연수동면역 : 모체로부터 태반, 수유를 통해 얻는 면역
- 인공수동면역 : 항독소 등 인공제제를 주사하여 항체를 얻는 면역

53 ④ 기온이 가장 낮을 때는 새벽 4~5시경이고, 가장 높을 때는 오후 2시경이다.

54 레이저는 소독된 일회용 면도날을 사용하며, 면도날은 손님 1인에 한하여 사용한다.

55 승홍수는 강력한 살균력이 있어 0.1% 수용액을 손, 피부 소독에 사용한다. 단, 상처가 있는 피부에는 적합하지 않은데, 피부 점막에 자극이 강하기 때문이다.

56 "미용업"이라 함은 손님의 얼굴, 머리, 피부 및 손톱·발톱 등을 손질하여 손님의 외모를 아름답게 꾸미는 영업을 말한다(법 제2조 제5호).

57 위생교육의 내용은 공중위생관리법 및 관련 법규, 소양교육(친절 및 청결에 관한 사항을 포함), 기술교육, 그 밖에 공중위생에 관하여 필요한 내용으로 한다(규칙 제23조 제2항).

58 이용업 또는 미용업의 경우에는 면허를 소지한 자에 한하여 공중위생영업자의 지위를 승계할 수 있다(법 제3조의2 제3항).

59 **청문(법 제12조)**
보건복지부장관 또는 시장·군수·구청장은 다음의 어느 하나에 해당하는 처분을 하려면 청문을 하여야 한다.
- 이용사와 미용사의 면허취소 또는 면허정지
- 공중위생영업소의 영업정지명령, 일부 시설의 사용중지명령 또는 영업소 폐쇄명령

60 ③ 고등학교 또는 이와 같은 수준의 학력이 있다고 교육부장관이 인정하는 학교에서 이용 또는 미용에 관한 학과를 졸업한 자(법 제6조 제1항)

제6회 | 모의고사 정답 및 해설

모의고사 p.164

01	④	02	③	03	③	04	④	05	③	06	④	07	④	08	②	09	④	10	④
11	③	12	①	13	①	14	①	15	②	16	①	17	①	18	②	19	②	20	③
21	④	22	①	23	②	24	①	25	②	26	③	27	③	28	③	29	④	30	①
31	②	32	①	33	①	34	①	35	④	36	②	37	①	38	③	39	④	40	①
41	①	42	④	43	③	44	③	45	③	46	②	47	④	48	③	49	①	50	①
51	①	52	③	53	①	54	③	55	④	56	①	57	①	58	④	59	③	60	①

01 박가분은 얼굴을 하얗고 뽀얗게 만들어 주는 분으로, 근대에 제조·판매된 제품이다.

02 1940년대 세계 대전 중에는 성적 매력을 강조하여 두껍고 또렷한 곡선형 눈썹과 치켜올린 눈화장이 유행하였다. 인형같은 눈매와 누드톤의 창백한 입술 표현이 유행한 때는 1960년대이다.

03 이·미용업소의 적정 기온 및 습도
 • 기온 : 실내 18±2℃
 • 기습 : 쾌적 습도 40~70%
 • 기류 : 0.2~0.3m/s(실내)

04 피부에 적절한 양의 햇볕을 쬐면 비타민 D가 생성되는데, 비타민 D는 뼈와 근육에 중요한 역할을 하며 구루병을 예방할 수 있다. 비타민 B는 체내에서 생성되지 않는다.

05 생물학적 산소요구량(BOD)과 용존산소량(DO)
 • BOD가 높을수록, DO가 낮을수록 물의 오염도가 높다.
 • BOD가 낮을수록, DO가 높을수록 물의 오염도가 낮다.

06 각화란 피부세포가 기저층에서 각질층까지 분열되어 올라가 죽은 각질세포로 되는 현상으로, 턴오버 주기는 28일이다.

07 비만세포는 피부의 진피층에 존재하며, 염증매개 물질을 생성하거나 분비하는 작용을 한다.

08 성인의 경우 피부가 차지하는 비중은 체중의 약 15~17%이다.

09 신랑 웨딩 메이크업 시 메이크업을 과도하게 하면 역효과를 일으킬 수 있으므로 파운데이션의 양은 최대한 적게 사용해야 한다.

10 모발의 성장단계는 '성장기 → 퇴행기 → 휴지기'의 순서이다.

11 ③ 노화를 촉진하는 것은 자외선이다.
적외선은 열을 이용하여 혈관을 확장시키고 혈액순환을 촉진하며, 노폐물 배출을 용이하게 한다.

12 컨실러는 커버력이 우수하여 잡티나 흉터 커버용으로 사용된다.

13 안료와 레이크를 유성 성분에 섞어 잘 분쇄하고 혼합하여 향료를 첨가한 후 성형기에 붓고 급속 냉각시키면 굳어져 쉽게 성형기에서 립스틱이 떨어져 나온다.

14 자연환기는 자연이 갖는 에너지에 의해 이루어지는 것이며, 실내외의 온도 차, 기류, 기체의 확산작용 등이 있다.

15 팩의 제거 방법에 따른 분류

필 오프 타입	팩이 건조된 후에 피막을 떼어내는 형태
워시 오프 타입	팩 도포 후 일정 시간이 지나면 미온수로 닦아내는 형태
티슈 오프 타입	팩 도포 후 일정 시간이 지나면 티슈로 닦아내는 형태

16 향수의 부향률 순서

퍼퓸 > 오드 퍼퓸 > 오드 토일렛 > 오드 코롱 > 샤워 코롱

17 저색소 침착(멜라닌 색소 감소로 발생)
- 백반증 : 백색 반점이 피부에 나타나는 후천적 탈색소성 질환
- 백색증 : 멜라닌 합성의 결핍으로 인해 눈, 피부, 털 등에 색소 감소를 나타내는 선천성 유전 질환

18 용건을 말하지 않아도 시간을 내어 줄 수 있는 관계는 고객 신뢰도 3단계에 해당하는 내용이다.

19 온라인 고객 응대 방법
- 시간대별 전문 온라인 상담사 배치
- 텔레마케터와 같은 스크립트를 활용하지만, 구전으로만 하는 상담이 아닌 이미지나 영상을 고객에게 맞춤 자료로 제공

20 소독에 필요한 인자
- 물리적 인자 : 열, 수분, 자외선
- 화학적 인자 : 물, 온도, 농도, 시간

21 웨딩드레스가 H 라인인 경우 아이 메이크업은 핑크 톤을 사용한다. 음영이 강조된 아이섀도로 표현하는 것은 머메이드 라인이다.

22 ② 로맨틱(romantic) : 청순하고 사랑스러운 이미지
③ 클래식(classic) : 단아하면서 고급스럽고, 전형적이면서 기품 있는 이미지
④ 트래디셔널(traditional) : 고전적, 단아함, 절제됨의 이미지

23 감염병과 매개 곤충

모기	말라리아, 일본뇌염, 황열, 뎅기열
파리	장티푸스, 파라티푸스, 콜레라, 이질, 결핵, 디프테리아
바퀴벌레	장티푸스, 이질, 콜레라
진드기	쯔쯔가무시증, 록키산홍반열
이	발진티푸스, 재귀열, 참호열

24 봄 유형의 신체 색상에 어울리는 톤은 선명하고 밝은 비비드, 라이트, 브라이트, 페일 톤 등이 있다.

25 ① 봄 유형에 어울리는 패션컬러는 노란빛이 가미된 선명한 색과 중간색의 베이지, 아이보리, 코럴, 핑크 베이지, 피치, 오렌지, 오렌지 브라운, 옐로, 옐로 그린, 블루 그린 등으로 밝고 화사한 색이다.
③ 가을 유형에 어울리는 패션컬러는 황색 빛을 띠는 색으로 자연스럽고 차분한 계열의 골드, 오렌지, 베이지, 산호색, 살구색, 머스터드, 카키, 브라운, 코럴 핑크, 올리브 그린 등이다.
④ 겨울 유형에 어울리는 패션컬러는 푸른빛을 띠는 차가운 색조의 핑크, 블루, 퍼플, 버건디, 블루 그린, 마젠타, 화이트, 블랙, 실버, 그레이, 와인, 레드와인, 블루 그레이 등이다.

26 클렌징 오일은 물에 지워지지 않는 색조 화장, 포인트 화장과 같은 진한 메이크업 제거에도 효과적이다.

27 하이라이트는 팽창된 느낌, 셰이딩은 수축되거나 움푹하게 보이는 느낌을 표현한다.

28 파운데이션의 사용 목적은 이상적인 피부 톤을 표현하고 피부 입체감을 연출하는 것으로, 피지 등을 억제하는 기능은 없다.

29 눈 밑 다크서클 등 다소 넓은 부위를 커버하기 좋은 컨실러는 리퀴드 타입이다. 스틱 타입은 커버력이 좋지만 발림성이 좋지 않다.

30 세척 시 미지근한 물에 중성세제를 풀어 씻어 낸다.

31 매니시(mannish)는 남성적 이미지 속 화려함과 격조, 침착, 기품 등이 특징이다. 건강미, 생동감, 적극성이 특징인 패션 이미지 유형은 액티브(active)이다.

32 심플하고 깨끗하면서도 강렬한 이미지에 지성미까지 더한 메이크업은 겨울 메이크업에 해당한다. ①은 봄 메이크업의 연출 방법이다.

겨울 메이크업의 연출 방법

베이스	유·수분을 함유한 크림 타입 파운데이션을 사용하고, 건조하므로 파우더는 조금 사용한다.
아이브로	흑갈색 계열을 사용하며 조금 강한 느낌이 나도록 그려준다.
아이	와인·브라운 계열을 사용하며 아이라인을 뚜렷하게 그리고 검정 마스카라로 연출한다.
립·치크	립은 다크 브라운과 레드나 와인 계열을 혼합하여 스트레이트형으로 발라 주고, 치크는 누드 베이지나 핑크 베이지로 깔끔하고 자연스럽게 표현한다.

33 단백질은 가열하면 응고되어 세균의 기능을 상실한다.

34 계란형 얼굴은 가장 이상적인 얼굴형이자 메이크업 시 표준형이 되는 얼굴형으로, 다양한 연출과 테크닉을 구사할 수 있다.

35 눈썹꼬리는 눈썹 앞머리보다 아래로 내려오면 안 되고, 눈 길이보다 약간 길게 그린다.

36 포인트 컬러는 눈매를 강조하기 위해 쌍꺼풀 라인이나 눈꼬리 쪽에 바르는 아이섀도이다.

37 ① 긴 속눈썹 : 숱이 많고 두꺼운 오버 사이즈 브러시
② 일자로 처진 속눈썹 : 볼록한 땅콩 모양 브러시
④ 가늘고 숱이 적은 속눈썹 : 끝이 점점 가늘어지는 원뿔 모양 브러시

38 입꼬리가 처진 입술은 우울하고 나이가 들어보일 수 있으므로 입술 구각 부분을 살짝 올려서 그리고, 밝고 펄이 든 립스틱을 선택하여 환한 분위기를 연출한다.

39 ① 귀여운 이미지 : 핑크 계열로 광대뼈를 중심으로 둥글게 바른다.
② 화려한 이미지 : 레드 계열로 볼뼈를 중심으로 감싸듯 둥글려 준다.
③ 오리엔탈 이미지 : 오렌지 컬러의 크림 치크를 애플 존에 발라 노란기의 피부 색조를 중화한다.

40 인조 속눈썹은 눈 앞머리에서 5mm 떨어진 부분부터 속눈썹 가까이 붙인다.

41 포르말린
- 폼알데하이드 36% 수용액으로 수증기와 혼합하여 사용하는 훈증 소독법에 이용된다.
- 고온일수록 소독력이 강하며, 세균의 포자에 강력한 살균작용을 한다.
- 무균실, 병실 등의 소독 및 금속제품, 고무제품, 플라스틱 등의 소독에 적합하다.

42 ① 움푹 들어간 눈 : 눈두덩 중앙에 밝은색이나 펄이 들어간 아이섀도를 넓게 바른다.
② 지방이 많은 눈 : 펄이 없는 어두운 딥 톤 색상 아이섀도를 바른다.
③ 큰 눈 : 진하지 않은 아이섀도를 아이홀을 따라 엷게 그러데이션한다.

43 1900년대는 신흥 부르주아의 문화적이고 도회적인 양식인 아르누보(art nouveau)가 예술 분야에 나타난 시기이다. 당시 부드럽고 관능적인 모습을 위해 족집게로 손질한 눈썹을 가진 릴리언 러셀을 최고의 미인으로 여겼다. 1900년대 초기 눈썹은 펜슬로 눈썹을 짙게 하고 눈의 윤곽이 잘 보이도록 눈썹의 모양을 잡아 주었다.

44 내추럴 이미지 메이크업은 베이지 브라운 색상을 이용하여 눈썹 결을 살리며 부드럽게 모델의 얼굴형에 어울리는 기본형으로 눈썹을 그리고, 베이지, 핑크, 피치 등의 소프트한 색상으로 아이섀도를 표현한다.

45 수건은 자비소독 또는 세탁하여 일광소독 후 사용한다.

46 캐릭터 이미지를 표현할 때 영향을 주는 요소
인상학적 요소, 환경적 요소, 건강적 요소, 상처적 요소, 시대적 요소

47 프로세이드, 스피릿 검은 수염 분장 시 수염 접착제로 쓰이는 재료이다.

48 ①·② 상황(Occasion), ③ 시간(Time)에 따른 메이크업에 속한다.

49 무대 공연 메이크업 도구
- 1회용 도구 : 라텍스 스펀지, 면봉, 화장 솜, 물티슈, 비닐팩 등
- 재사용 도구 : 가위, 브러시, 아이래시컬러, 스패출러, 팔레트 등

50 피부와의 경계면은 아세톤을 사용하여 얇게 녹여 자연스럽게 마무리하고, 두꺼운 부위는 프로세이드를 사용하여 메꾸어 준 후 파우더로 마무리한다.

51 메이크업 의자 및 상담 의자는 전용 세제를 활용하여 닦고, 광택제를 뿌려 마른걸레질을 하여 광택을 낸다.

52 요충은 집단감염이 가장 잘 되는 기생충으로 맹장, 충수돌기, 결장 등에서 기생하며, 항문 주위에서 산란, 부화한다. 어린 연령층이 집단생활하는 공간에서 쉽게 감염된다. 감염되면 항문 주위 소양감, 수면장애 등의 증상이 발현한다.

53 수질오염에 따른 질환

미나마타병	• 수은 중독현상으로 산업폐수에 오염된 어패류 섭취 시 나타남 • 신경마비, 언어장애, 시력 약화, 팔다리 통증, 근육위축 등 증상
이타이이타이병	• 카드뮴에 의한 지하수 오염으로 발생 • 전신권태, 호흡기능 저하, 신장기능 장애, 피로감, 골연화증 등 증상

54 역성비누
- 양이온 계면활성제이며 물에 잘 녹고 흔들면 거품이 발생한다.
- 색과 냄새가 거의 없고 자극성이 약하다.
- 세정력은 거의 없고 살균력과 침투력이 높다.
- 기구, 식기, 손 소독 등에 적당하다.

55 고압증기멸균법은 100~135℃ 고온의 수증기로 포자까지 사멸하는 소독법으로, 가장 빠르고 효과적인 방법이다. 고무, 유리기구, 금속기구, 의료기구, 무균실 기구, 약액 등에 사용된다.

56 시장·군수·구청장은 보건복지부령이 정하는 바에 의하여 위생서비스평가의 결과에 따른 위생관리등급을 해당 공중위생영업자에게 통보하고 이를 공표하여야 한다(법 제14조 제1항).

57 과태료는 대통령령으로 정하는 바에 따라 보건복지부장관 또는 시장·군수·구청장이 부과·징수한다(법 제22조 제4항).

58 ① 1차 처분은 영업정지 1월이다(규칙 [별표 7]).
② · ③ 1차 처분은 영업장 폐쇄명령이다(규칙 [별표 7]).

59 이용사 또는 미용사의 면허를 받을 수 없는 자(법 제6조 제2항)
- 피성년후견인
- 정신질환자(전문의가 이용사 또는 미용사로서 적합하다고 인정하는 사람은 그러하지 아니함)
- 공중의 위생에 영향을 미칠 수 있는 감염병환자로서 보건복지부령이 정하는 자
- 마약 기타 대통령령으로 정하는 약물 중독자
- 면허가 취소된 후 1년이 경과되지 아니한 자

60 청문(법 제12조)
보건복지부장관 또는 시장·군수·구청장은 다음의 어느 하나에 해당하는 처분을 하려면 청문을 하여야 한다.
- 이용사와 미용사의 면허취소 또는 면허정지
- 공중위생영업소의 영업정지명령, 일부 시설의 사용중지명령 또는 영업소 폐쇄명령

제7회 모의고사 정답 및 해설

모의고사 p.176

01	②	02	③	03	②	04	①	05	②	06	③	07	①	08	②	09	④	10	④
11	④	12	③	13	④	14	②	15	①	16	③	17	②	18	②	19	③	20	②
21	①	22	③	23	②	24	①	25	②	26	②	27	③	28	①	29	③	30	①
31	③	32	①	33	②	34	②	35	②	36	②	37	④	38	②	39	④	40	②
41	①	42	①	43	②	44	②	45	③	46	③	47	②	48	①	49	③	50	①
51	②	52	②	53	②	54	②	55	②	56	①	57	③	58	③	59	③	60	③

01 백제인들은 시분무주(분은 바르되, 연지는 하지 않음) 화장을 하였으며, 화장품 제조기술과 화장법을 일본에 전수했다는 일본 문헌의 기록이 있다.

02 고객에게 사용한 모든 설비는 알코올 용액에 적신 면 패드로 닦거나 분무기로 분사하여 소독한다.

03 라텍스 스펀지의 경우 더러워지면 가위로 잘라서 사용하는 것이 위생적이다.

04 표피 기저층은 표피에서 가장 아래층으로, 진피의 유두층으로부터 영양분을 공급받는다. 기저층에는 각질형성 세포와 멜라닌 세포가 존재한다.

05 머켈 세포는 표피의 기저층에 위치하며, 신경섬유의 말단과 연결되어 있어 촉각을 감지하는 세포로 작용한다.

06 불량 조명으로 인한 직업병으로는 안정피로, 근시, 안구진탕증(눈떨림) 등이 있으며, 전안부의 압박감, 안통증, 두통, 시력 감퇴 등의 증상이 나타난다.

07 피부 각질층의 세포간지질은 세라마이드가 주성분이다(약 50%). 그 외 콜레스테롤, 유리지방산으로 구성되어 있다.

08 비타민 B_2(리보플라빈)는 단백질 대사 및 성장 촉진에 관여하며, 피부 보습 및 탄력 부여에 도움을 준다. 비타민 B_2 결핍 시 구순염, 구각염, 설염 등이 나타난다.

09 아이오딘(요오드)은 갑상선 호르몬인 티록신 합성에 쓰이며, 모세혈관 기능 정상화에 관여한다.

10 주름 개선 기능성 화장품은 섬유아세포의 활동을 촉진하여 콜라겐의 생성 및 합성을 촉진한다.

11 라놀린은 양모에서 추출한 기름을 정제한 것으로, 수분 흡수력을 가진 유화제이다.

12 리퀴드 파운데이션은 수분 함량이 많고 오일 함량이 적어 산뜻하며 자연스러운 화장에 적합하고 젊은 연령층이 선호한다.

13 블러셔는 얼굴을 생기있어 보이게 하고 건강한 이미지를 부여하며, 입체감을 준다. 또한 얼굴형을 수정하여 개성을 연출하는 기능을 한다.

14 수렴 화장수는 피지의 과잉 분비를 억제해주므로 지성 피부 타입에 적합하다.

15 천연팩도 민감한 경우 피부 트러블이 발생할 수 있으므로 적용시간을 지나치게 길게 하는 것은 부적합하다.

16 ③ 잡티나 기미 등의 피부 결점은 컨실러를 이용해 완벽히 수정해야 한다.

17 지속적이고 안정적인 고객 만족도를 위해서는 고객과 신뢰도 4단계 이상을 유지한다.

18 ① 고객 : 경제에서 창출된 재화와 용역을 구매하는 개인 또는 가구로 상점에 물건을 사러 오는 손님
③ 고객관리 : 신규고객의 확보, 고객 선별 및 기존 고객의 재구매 유도뿐만 아니라 고객과의 관계 형성 등을 통해 수익을 증대시키기 위한 일련의 활동
④ 고객 관계 관리 : 고객과 관련된 자료를 분석하고 통합하여 고객의 특성에 맞도록 마케팅 활동을 계획하고 평가하는 경영기법

19 ① 펄 : 화려하고 감각적인 이미지
② 매트 : 차갑고 강한 이미지
④ 루미네이슨스 : 은은한 윤광이 느껴지는 이미지

20 ① 봄 유형은 선명하고 밝은 비비드, 라이트, 브라이트, 페일 톤이 어울린다.

③ 가을 유형은 짙고 차분한 그레이시, 스트롱, 딥, 덜 톤이 어울린다.
④ 겨울 유형은 비비드, 베리 페일, 다크 톤이 어울린다.

21 **내추럴 이미지 메이크업**
- 자연스럽고 촉촉한 피부 표현을 위하여 쉬머한 베이스 제품과 액상 파운데이션을 이용하여 가볍게 베이스 처리한다.
- 베이지 브라운색을 이용하여 눈썹결을 살리며 부드럽게 모델의 얼굴형에 어울리는 기본형으로 눈썹을 그린다.
- 베이지, 핑크, 피치 등의 소프트한 색상으로 아이섀도를 표현한다.
- 자연스럽게 아이라인을 그리고 속눈썹은 마스카라로 마무리한다.
- 립스틱은 누드 톤이나 생기 있어 보이는 색상을 선택하여 촉촉한 입술로 보이도록 표현한다.
- 모델의 얼굴형을 보완하여 하이라이트와 셰이딩을 가볍게 한다.
- 핑크 또는 피치 색상으로 부드럽게 볼을 감싸는 듯한 터치로 표현한다.

22 ① 리퀴드 파운데이션은 얇고 투명하게 표현되나 커버력, 지속력이 약하다.
② 물에 녹여 해면 스펀지로 바르고 전용 스펀지로 마무리하는 파운데이션은 팬케이크 파운데이션이다.
④ 트윈케이크 파운데이션은 매트함므로 자주 사용하면 피부 건조를 유발할 수 있어 민감성, 건성 피부에는 부적합하다.

23 야외 촬영장은 인공조명이 아닌 햇빛이라는 자연광에서 사진 촬영을 위한 메이크업을 해야 한다. 햇빛 아래서는 펄감이 없는 제품이 분위기 있는 눈매를 연출해 주기 때문에 아이섀도는 펄감이 없는 제품으로 선택한다.

24 건성 피부는 수분함량 10~12% 이하에 피지 분비량도 부족하여 유·수분 균형이 맞지 않는 피부로, 이를 정상화시키기 위해 보습효과가 있는 화장수 및 에센스, 영양성분이 높은 건성용 크림을 사용한다.

25 인수공통감염병과 매개체
- 페스트 : 쥐
- 탄저 : 양, 말, 소
- 큐열 : 소, 양, 염소
- 야토병 : 토끼

26 핑크 메이크업 베이스 색상은 희고 창백한 피부에 혈색을 부여한다.

27 ① 헤어라인에 가까울수록 파운데이션 및 파우더를 적게 사용한다.
② 움직임이 많고 피부가 얇은 눈과 입 주변 부위인 O존에는 파운데이션을 얇게 발라 들뜨지 않도록 한다.
④ T존 부위는 유분이 많은 부위로 화장이 뭉칠 수 있으므로 파운데이션을 소량만 사용하여 얇게 바른다.

28 긴 얼굴형의 경우 이마에서 턱 끝 방향으로 세로로 하이라이트를 주면 얼굴이 길어 보이므로 이마 중앙, 눈 밑에 가로 방향으로 하이라이트를 준다.

29 면 퍼프는 미온수와 폼 클렌저로 세척한 후 마른 타월로 물기를 제거하고 통풍이 잘 되는 그늘에서 건조한다.

30 ① 세균성 식중독은 잠복기가 짧다.

31 이마가 좁고 턱이 발달한 삼각형 얼굴의 경우 아이브로 꼬리 부분을 본래 형태보다 늘려 전체적으로 약간 긴 형태로 그리면 좁은 이마도 넓어 보이고 얼굴이 작아 보인다.

32 ② 아이섀도 색상끼리 경계가 생기지 않도록 주의한다.
③ 한 번에 너무 많은 양을 바르지 말고 소량을 여러 번 나누어 바른다.
④ 브러시는 용도에 맞는 것을 골라 사용한다.

33 펜슬 타입 아이라이너는 초보자도 쉽게 사용할 수 있으며 그러데이션이 자연스러우나 번짐이 많고 지속력이 떨어진다.

34 아웃 커브형은 원래 입술보다 1~2mm 크게 라인을 그리고 입술선을 둥글게 그린다. 성숙하고 여성적이며 매혹적이고 섹시한 느낌을 연출할 수 있다.

35 석탄산은 승홍수 1,000배의 살균력이 있으며 독성이 있어 인체에는 잘 사용하지 않는다. 고온일수록 효과가 높으며 소독제의 살균력 평가 기준으로 사용한다. 금속 부식성이 있으며, 포자나 바이러스에는 효과가 없다.

36 파리가 전파 매개체인 감염병은 장티푸스, 파라티푸스, 콜레라, 이질 등이다.

37 피부 톤에 따른 치크 컬러
- 핑크 계열 : 희고 밝은 피부
- 오렌지, 코럴 계열 : 노르스름하고 약간 창백한 피부
- 브라운 계열 : 짙은 황갈색 피부

38 엘레강스 이미지
- 여성스럽고 기품이 있는 우아함과 고상하며 세련된 이미지이다.
- 엘레강스 이미지는 보라, 인디언 핑크, 자주색 등으로 톤은 차분하고 부드러운 라이트 그레이시 톤이 적합하다.
- 베이지, 그레이시 핑크 등을 주조색으로 배색을 할 때는 부드럽고 채도가 낮은 색조와 차분하고 어두운 톤을 함께 사용하면 섬세한 느낌이 표현된다. 낮은 채도의 노랑, 파랑, 연두색을 함께 사용하면 아기자기한 느낌을 연출하는 데 효과적이다.

39 시크한 이미지 연출을 위하여 7~12mm의 J컬 또는 JC컬을 사용하여 뒷머리에 포인트를 둔다. 앞머리 숱을 적게 하고 뒷머리로 갈수록 숱의 풍성함을 표현한다.

40 매트한 립스틱은 광택이 없고 색이 강하게 표현되며 지속력이 우수하지만 건조해지기 쉬운 단점이 있다.

41 피부의 색은 피부조직 중에 포함되는 멜라닌 색소나 헤모글로빈, 카로틴 등의 양과 진피 내 혈관의 혈행 상태에 따라서 정해진다. 클로로필 색소는 식물의 엽록체 속에 카로티노이드와 공존하는 색소이다.

42 1940년대 메이크업은 전쟁 중에는 또렷한 곡선의 눈썹 형태와 속눈썹을 강조하였으며, 입술은 크고 선명하게 그려 섹시하게 표현하였다. 전쟁이 끝난 후에는 하얀 피부, 두껍고 부드러운 곡선형 눈썹과 아이라인으로 우아하게 표현하였다.
② 1920년대 메이크업으로 대표 아이콘으로 클라라 보우가 있다.
③ 1960대의 브리짓 바르도 메이크업이다.
④ 1910년 메이크업으로 테다 바라가 대표 아이콘이다.

43 피부의 질감은 포인트 메이크업과 조화를 이루며 효과를 상승시키고, 전체의 이미지에 영향을 미치게 되므로 피부의 상태와 여건을 고려하여 표현해야 한다.

44 클래식(classic) 이미지의 특징
- 복고적인 패션 스타일
- 독창성 유지(유행에 민감하지 않음)
- 전통성과 윤리성을 존중하며 풍요로움을 지님
- 몸의 선을 강조하거나 장식이 강하지 않음

45 '오트쿠튀르'란 '고급 맞춤 의상이나 그러한 의상을 만드는 의상점'을 의미한다. 오트쿠튀르 패션쇼에서는 아트적, 실험적, 창의적 메이크업 연출이 가능하다.

46 장시간의 촬영으로 입술색이 지워지면 처음의 색상으로 덧발라 주어 신에서 메이크업의 변화가 느껴지지 않도록 한다. 이때 너무 자주 바르면 각질이 도드라져 보일 수 있으므로 필요할 때에만 보완한다.

47 치크 메이크업은 전체적인 색조 화장 톤과 비슷한 계열의 색으로 표현해야 자연스럽다.

48 충격을 받은 직후 붉은색을 띠고 시간이 지나면서 머룬과 퍼플 색상이 드러나며 진해진다. 이후 회복 과정에서 외곽 부분을 중심으로 그린과 옐로 색상이 드러난다.

49 소독약과 희석액의 관계

$$농도(\%) = \frac{용질}{용액} \times 100$$

$$70(\%) = \frac{x(용질)}{400\text{mL}} \times 100$$

$$x = \frac{70 \times 400\text{mL}}{100} = 280\text{mL}$$

50 레드 조명, 옐로 조명, 오렌지 조명에서는 그린 메이크업 색상이 어두워진다. 그린 조명에서는 옅은 그린 색으로 보인다.

51 ① 봄 : 옐로, 오렌지, 피치, 핑크, 그린
③ 가을 : 골드, 베이지, 브라운, 카키
④ 겨울 : 화이트펄, 레드, 버건디, 퍼플

52 파상풍은 제3급 감염병이다.

53 바이러스(virus)에 의해 전파되는 감염병

호흡기계	유행성 이하선염, 홍역, 두창
소화기계	유행성 간염, 폴리오
피부점막계	에이즈(AIDS), 일본뇌염, 광견병

54 고압증기멸균법의 소독 시간
- 10파운드(lbs) : 115℃ → 30분간
- 15파운드(lbs) : 121℃ → 20분간
- 20파운드(lbs) : 126℃ → 15분간

55 ① 금속은 물이 끓기 시작한 후에 넣고 유리는 처음부터 물에 넣어 끓여야 한다.
③ 열탕 소독법은 아포형성균, B형간염 바이러스 살균에 부적합하다.
④ 열탕 소독은 100℃ 이상의 물속에 10분 이상 끓여 주는 것이다.

56 1회용 면도날은 손님 1인에 한하여 사용하여야 한다(규칙 [별표 4]).

57 면허가 취소되거나 면허의 정지명령을 받은 자는 지체 없이 관할 시장·군수·구청장에게 면허증을 반납하여야 한다(규칙 제12조 제1항).

58 다음의 어느 하나에 해당하는 자는 6월 이하의 징역 또는 500만 원 이하의 벌금에 처한다(법 제20조 제3항).
- 변경신고를 하지 아니한 자
- 공중위생영업자의 지위를 승계한 자로서 신고를 하지 아니한 자
- 건전한 영업질서를 위하여 공중위생영업자가 준수하여야 할 사항을 준수하지 아니한 자

59 영업신고 전에 위생교육을 받아야 하는 자 중 다음의 어느 하나에 해당하는 자는 영업신고를 한 후 6개월 이내에 위생교육을 받을 수 있다(규칙 제23조 제6항).
- 천재지변, 본인의 질병·사고, 업무상 국외출장 등의 사유로 교육을 받을 수 없는 경우
- 교육을 실시하는 단체의 사정 등으로 미리 교육을 받기 불가능한 경우

60 시장·군수·구청장은 공중위생영업자가 영업신고를 하지 아니하거나 시설과 설비기준을 위반한 경우 6월 이내의 기간을 정하여 영업의 정지 또는 일부 시설의 사용중지를 명하거나 영업소 폐쇄 등을 명할 수 있다(법 제11조 제1항).

참 / 고 / 문 / 헌 및 자 / 료

- 교육부(2022). **NCS 학습모듈(세분류 : 메이크업)**. 한국직업능력연구원.

- 김효정, 백송이, 윤지영, 지양숙, 에듀웨이 R&D 연구소(2025). **기분파 미용사 메이크업 필기**. 에듀웨이.

- 이진영(2025). **시대에듀 답만 외우는 미용사 일반 필기 CBT기출문제 + 모의고사 14회**. 시대고시기획.

- 정홍자(2025). **시대에듀 답만 외우는 미용사 피부 필기 CBT기출문제 + 모의고사 14회**. 시대고시기획.

- 진희정(2025). **에듀윌 메이크업 미용사 필기 1주끝장 + 자동암기특강**. 에듀윌.

- 크리에이티브 메이크업 랩(2025). **완전합격 미용사 메이크업 필기시험문제**. 크라운출판사.

좋은 책을 만드는 길, 독자님과 함께하겠습니다.

답만 외우는 미용사 메이크업 필기 CBT기출문제 + 모의고사 14회

개정1판1쇄 발행	2026년 01월 05일 (인쇄 2025년 11월 04일)
초 판 발 행	2025년 06월 10일 (인쇄 2025년 04월 22일)
발 행 인	박영일
책 임 편 집	이해욱
편 저	이정연
편 집 진 행	윤진영·김미애
표지디자인	권은경·길전홍선
편집디자인	정경일
발 행 처	(주)시대고시기획
출 판 등 록	제10-1521호
주 소	서울시 마포구 큰우물로 75 [도화동 538 성지 B/D] 9F
전 화	1600-3600
팩 스	02-701-8823
홈 페 이 지	www.sdedu.co.kr
I S B N	979-11-434-0431-2(13590)
정 가	23,000원

※ 저자와의 협의에 의해 인지를 생략합니다.
※ 이 책은 저작권법의 보호를 받는 저작물이므로 동영상 제작 및 무단전재와 배포를 금합니다.
※ 잘못된 책은 구입하신 서점에서 바꾸어 드립니다.

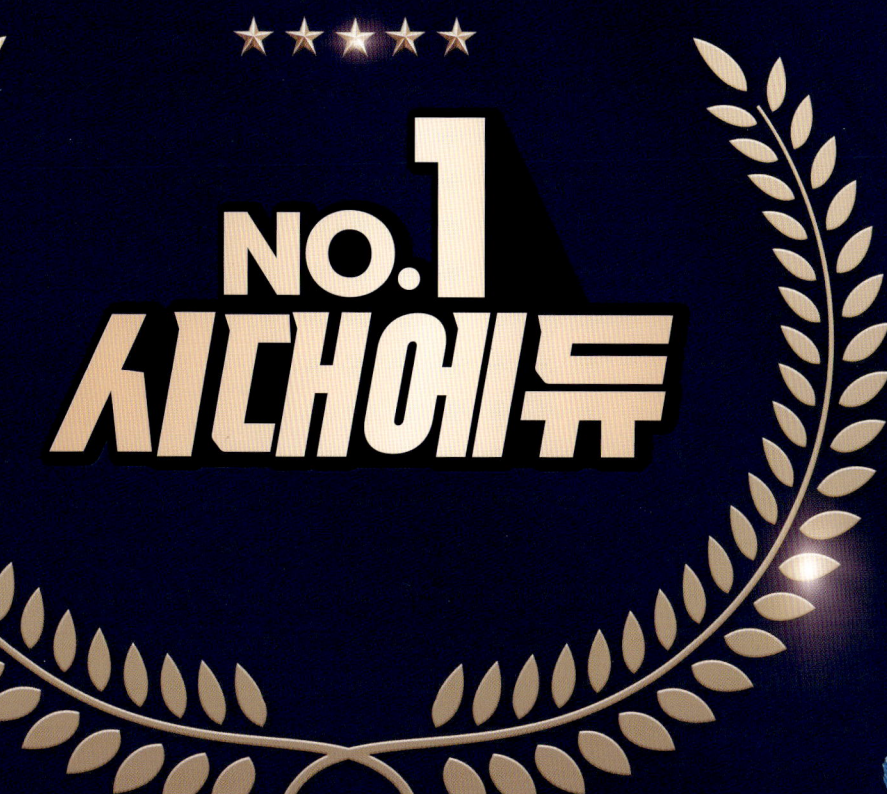

60점만 맞으면 합격!

'답'만 외우고 한 번에 합격하는

2026 **답만 외우는** SERIES

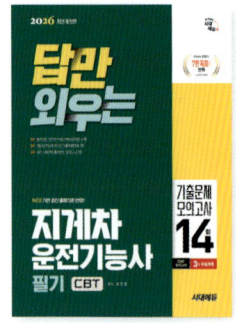
답만 외우는
지게차운전기능사 필기

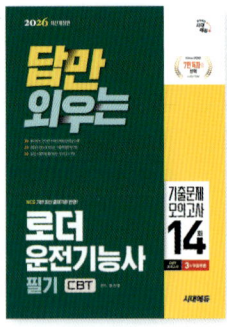
답만 외우는
로더운전기능사 필기

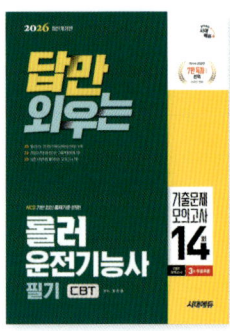
답만 외우는
롤러운전기능사 필기

답만 외우는
굴착기운전기능사 필기

답만 외우는
기중기운전기능사 필기

답만 외우는
천공기운전기능사 필기

답만 외우는
천장크레인운전기능사 필기

답만 외우는
화물운송종사자격 필기

CBT 기출문제 + 모의고사 14회

- ☑ 합격 키워드만 정리한 핵심요약집 **빨간키**
- ☑ 문제를 보면 답이 보이는 **기출복원문제**
- ☑ 해설 없이 풀어보는 **모의고사**
- ☑ CBT 모의고사 **무료 쿠폰**

답만 외우는
한식조리기능사 필기

답만 외우는
양식조리기능사 필기

답만 외우는
제과기능사 필기

답만 외우는
제빵기능사 필기

답만 외우는
미용사 일반 필기

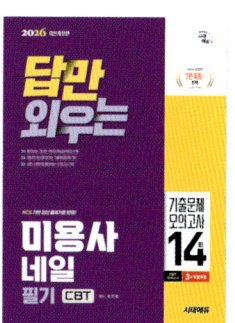

답만 외우는
미용사 네일 필기

답만 외우는
미용사 피부 필기

답만 외우는
미용사 메이크업 필기

※ 도서의 이미지 및 구성은 변경될 수 있습니다.

전문 바리스타를 꿈꾸는 당신을 위한
합격의 첫걸음

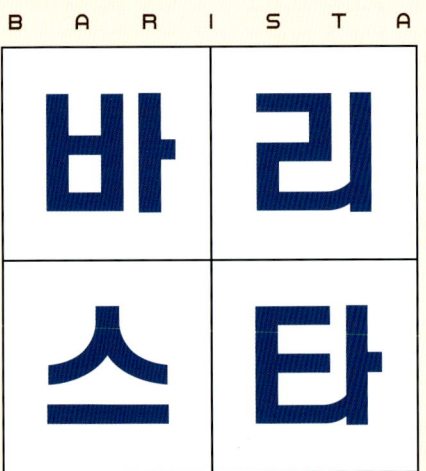
BARISTA
바리스타 자격시험

'답'만 외우는 바리스타 자격시험 시리즈는 여러 바리스타 자격시험 시행처의 출제범위를 꼼꼼히 분석하여 구성하였습니다. 이 한 권으로 다양한 커피협회 시험에 응시 가능하다는 사실! 쉽게 '답'만 외우고 필기시험 합격의 기쁨을 누리시길 바랍니다.

'답'만 외우는
바리스타 자격시험 1급
기출예상문제집
류중호 / 17,000원

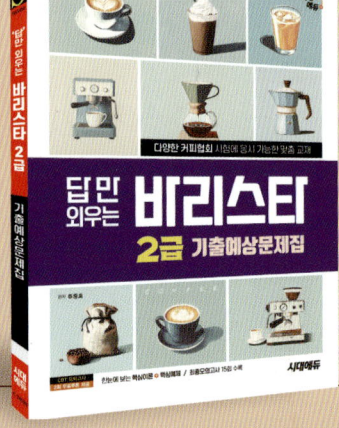

'답'만 외우는
바리스타 2급
기출예상문제집
류중호 / 17,000원

※ 표지 이미지와 가격은 변경될 수 있습니다.